现代数学译丛 13

最优可靠性设计：基础与应用

〔美〕 Way Kuo V. Rajendra Prasad
Frank A. Tillman Ching-Lai Hwang 著

郭进利 阎春宁 译

史定华 校

本书获得

国家自然科学基金项目(批准号：70871082)资助
上海市重点学科建设项目(批准号：S30504)资助

科学出版社

北京

图字：01-2009-7760

内 容 简 介

本书提供了系统可靠性和可靠性最优化的详细介绍. 从元件可靠度提高和冗余排列的角度，论述了最大化系统可靠度的最新技术，展示了几个研究案例，并说明了最优化技术是如何应用于实际问题的. 也特别注意寻找可靠性和费用之间平衡的最优化方法.

本书开始回顾了关键的背景材料，讨论了许多最优化模型，接着涉及了最优化工具，如启发式方法、离散最优化、非线性规划、混合整数规划、最优指派和智能化启发式算法，也描述了这些工具的计算机实现. 案例研究涵盖了工程应用的不同领域，包括微电子组装、软件开发及核反应堆维护.

本书有大量的数值例子，还包含了超过 180 道习题. 因此，本书适合作为可靠性工程和运筹学研究生水平的教材，对工程师也有参考价值.

本书第一作者郭位(Way Kuo)是美国国家工程院院士，台湾“中央研究院”院士，中国工程院外籍院士，国际品质学院院士及国际电机电子工程学会、工业工程学会等的会士，现任香港城市大学校长, *IEEE Trans. On Rel.* 杂志主编.

***Optimal Reliability Design*, ISBN 978-0521-031912** by **Way Kuo, V. Rajendra Prasad, Frank A. Tillman, and Ching-Lai Hwang** first published by Cambridge University Press **2001**

图书在版编目(CIP)数据

最优可靠性设计：基础与应用/(美)郭位(Kuo,W.)等著；郭进利，阎春宁译.
—北京：科学出版社，2011
ISBN 978-7-03-030273-1
Ⅰ. ①最… Ⅱ. ①郭… ②郭… ③阎… Ⅲ. ①最优化-可靠性-设计 Ⅳ. ①TB114.3
中国版本图书馆 CIP 数据核字(2011) 第 022183 号

责任编辑：王丽平 房 阳 / 责任校对：包志虹
责任印制：徐晓晨 / 封面设计：陈 敬

科学出版社出版
北京东黄城根北街 16 号
邮政编码：100717
http://www.sciencep.com

北京厚诚则铭印刷科技有限公司 印刷
科学出版社发行 各地新华书店经销
*
2011 年 3 月第 一 版 开本: B5 (720 × 1000)
2019 年 1 月第四次印刷 印张: 22 5/8
字数: 423 000

定价:138.00元

(如有印装质量问题，我社负责调换)

译　者　序

很高兴《最优可靠性设计：基础与应用》中译本与大家见面了.

可靠性理论诞生于 20 世纪 40 年代末, 首先应用于通信和运输系统. 随着社会的发展和技术的进步, 可靠性理论也逐步成熟, 其应用领域涵盖了所有的工业部门.

Way Kuo, V. Rajendra Prasad, Frank A. Tillman 和 Ching-Lai Hwang 著的《最优可靠性设计：基础与应用》提供了系统可靠性和可靠性最优化的详细介绍. 读者通过本书的学习, 不仅可以掌握系统可靠性及其最优化方面的基础知识, 还可以了解大量的实际应用案例. 本书内容对于大学高年级学生和研究生深入学习和掌握运筹学及其相关理论极有帮助, 而书中的案例研究对于从事具体工作的工程师有着很好的指导意义.

上海大学阎春宁教授翻译了第 1~6 章, 研究生林斐、曹盼盼、周伟、侯卜魁、鲁姣、张伟、海蕴博、祝罗骁等参加了前 6 章的研讨和稿件录入工作. 上海理工大学郭进利教授翻译了其余部分, 研究生王卿、周章金、张恬以及上海理工大学 2007 级 “质量控制与管理” 课程的研究生参加了研讨和稿件录入工作.

译者诚挚地感谢史定华教授对全书进行了译文润色和专业术语的校订. 感谢王丽平编辑及科学出版社诸多同志对全书作了极其认真和辛苦的编辑工作.

中译本的出版得到了国家自然科学基金项目 (批准号：70871082) 和上海市重点学科建设项目 (批准号：S30504) 资助.

将一本高水平且涵盖面甚广的可靠性优化专著原汁原味地翻译成中文, 是一项艰巨的工作. 限于译者水平, 对原著的理解和翻译难免有不妥之处, 敬请读者不吝批评指正. 如能将译著中的纰漏之处用电子邮件的方式告诉我们 (phd5816@163.com, chniyan@shu.edu.cn), 译者将不胜感激.

译　者
2010 年 5 月

译者序

前　言

诞生于 20 世纪 40 年代末 50 年代初的可靠性工程首先应用于通信和运输系统. 许多早期的工作局限于系统可靠性分析. 这些基于假设所发展的理论, 并没有认真考虑由设计者和用户提出的实际问题. 例如, 在平衡费用和性能这个传统与现代工业的关键内容方面, 早期的理论既没有受到实际工作的系统验证, 也没有分析人员应用后提出的完整报告. 进一步, 理论假设与实际涉及的问题常有脱节, 因此, 大量的现有理论已无法解决许多现存的可靠性问题. 自从 20 世纪 80 年代起, 工业界增强了质量意识, 可靠性工作者更专注于理论结合实际地在设计和维修阶段去寻找提高产品和过程可靠性的途径. 为了胜出对手, 在有竞争力的费用下保证高的系统可靠性是基本前提. 本书将介绍系统可靠性及其最优化方面的基础和应用. 这些基础知识能成为有用的设计工具. 贯穿本书的是各种算法的释例和拓广情况研究.

第 1 章呈现了可靠性系统基础知识的完整框架, 包括许多重要的系统结构和建模方法. 通过仔细的设计和分析, 在经济和物理约束限制下, 说明了高可靠性是如何进入系统的. 这一章非正式地讨论了后面各章将深入展开的可靠性最优化问题. 而建模技巧的应用在案例研究中能被找到. 提高系统可靠性的某些重要原则如下：

(1) 保持系统尽可能简单, 同时尽可能与性能要求相符;

(2) 提高系统中元件的可靠度;

(3) 对低可靠元件使用并联冗余;

(4) 当工作元件失效时, 若能自动接入, 则使用储备冗余;

(5) 若不能自动接入, 则通过修理去替换故障元件;

(6) 一旦元件故障或某个固定时间周期先出现, 采用预防维修用新元件替换旧元件;

(7) 对可互换的元件采用更好的安排;

(8) 采用大的安全系数和产品改进管理程序;

(9) 如 Kuo 等[174] 指出的那样, 采用老化元件避免高的早期失效率.

上述步骤的实现通常会消耗更多的资源. 因此, 系统可靠性最优化问题一般都较为困难. 本书提供了问题的完整讨论和可靠性最优化技巧. 可靠性最优化可以分成以下几方面：① 冗余分配问题, 决策变量是冗余数; ② 可靠性分配问题, 决策变量是元件可靠度; ③ 可靠性–冗余分配问题, 决策变量是冗余数和元件可靠度的组合; ④ 元件指派问题, 决策变量是元件的安排, 它能使系统可靠度不同. 从计算复杂性角度来看, 即使串联系统中具有线性约束的简单冗余分配问题也是 NP 困难的. 要得到 NP 困难问题的精确最优解, 几乎不可能存在计算上有效的算法.

第 2 章介绍了 8 种类型可靠性最优化问题的概况, 以及简化问题规模的方法. 大多数系统可靠性最优化问题是具有特殊结构的非线性规划问题, 而决策变量或是整数、实数、0 和 1 或两者的混合. 尽管对非线性规划问题提出了许多算法, 但用于大规模问题时仅有少数算法是有效的. 对求解一般的非线性规划问题, 没有一种能被分类为 "算法" 的方法证明它肯定优于另一种. 为冗余分配问题开发的几种强有力的启发式方法, 以及某些具有优势的周知的数学规划方法, 已被巧妙地用于可靠性最优化. 事实上, 某些启发式方法也是建立在非线性规划方法的基础上. 20 世纪 90 年代, 智能化算法开始用于求解各种可靠性最优化问题. 那时, 遗传算法、禁忌搜索法、模拟退火法及多目标最优化方法同时被提了出来. 可靠性最优化技术大致分类如下：

(1) 解冗余分配的启发式方法;

(2) 解冗余分配的智能化方法, 包括遗传算法、禁忌搜索法及模拟退火法;

(3) 解冗余分配的精确算法：

(i) 动态规划;

(ii) 隐枚举法;

(iii) 分支定界方法;

(iv) 字母顺序搜索法;

(v) 整数规划;

(vi) 混合整数规划;

(vii) 非线性规划技术;

(4) 解可靠性–冗余分配的近似方法 (基于非线性规划);

(5) 多目标最优化方法;

(6) 单调关联系统中的元件最优指派;

(7) 效用函数最优化.

第 3~8 章描述了这些方法并提供了释例. 在第 3~7 章的基础上, 第 8 章介绍了几种可靠性–冗余分配方法. 第 8 章提出的问题都是混合整数规划类型, 系统设计师可以选择特定的设计参数.

第 9 章提出了可靠性系统中可互换元件的最优指派, 此时全局最优解总是存在. 第 9 章描述的问题不是典型的数学规划, 它们是顺序统计量的特殊情形. 对 n

中取 k 和 n 中连续取 k 的结构, 第 9 章给出了各种最优设计样式.

第 10 章讨论具有多个准则和目标的可靠性最优化. 可靠性最优化的其他方法 (如效用函数极小化方法) 在第 11 章介绍.

大量案例的详细讨论呈现在第 12~15 章. 对由集成电路组装的产品, 在有限资源下老化试验的最优化在第 12 章介绍. 同时还讨论了一个实际的案例, 该案例包括在老化方案、老化设备以及通过老化提高可靠性之间取得平衡. 随着现代系统的复杂性增加, 大量使用各种软件. 关注软件可靠性的软件设计最优化在第 13 章有所涉及. 在那里, 由不同软件公司开发的冗余软件往往存在共因失效. 设计参数是困难的混合整数型问题, 包括确定软件调试时间和选择冗余软件数目. 第 14 章介绍最优维修计划策略的一个案例研究, 其中一种实现多个准则的决策方法被用于可靠性最优化问题. 其他三个重要的最优化案例研究在第 15 章中, 包括涉及维修性模型的案例、压水堆 (PWR) 冷却系统的案例以及天然气管道设计的案例.

在案例研究中, 会出现无法达到最优解的情况. 进一步, 认识到在可靠性最优化问题中, 存在估计可靠性和经济与物理约束两方面参数的不确定性. 然而, 为了作出一个好的决策, 基于第 3~11 章的原理和算法, 用一种优化的思考过程去替代试探式的方法是必要的.

在每章末尾附有练习, 书末包括了 4 个附录.

目 录

图 目 录

表 目 录

第 1 章　系统可靠性简介

1.1 背　景

可靠性工程产生于 20 世纪 40 年代末 50 年代初, 早期的应用领域是通信和运输系统. 初期的可靠性工作大部分局限于对系统性能方面的分析. 在过去的半个世纪中, 出版了很多关于可靠性方面的好书籍, 其中关于系统可靠性方面的有 Grosh[116] 的入门知识介绍、Barlow 和 Proschan[23] 的理论基础、O'Connor[256] 以及 Kapur 和 Lamberson[151] 的实用工程技术. 作为一个可靠性工程师, 其主要目的是要寻找提高系统可靠性的最优化方法. 而提高系统可靠性所应遵循的原则包括: ① 在满足系统功能要求的前提下越简单越好; ② 尽可能提高系统中元件的可靠度; ③ 对可靠度较低的元件采用并联冗余; ④ 发生故障时切换到储备冗余的元件; ⑤ 如果发生故障的元件不能如④那样自动切换到储备冗余的元件, 则要采用可修元件; ⑥ 在固定的时间间隔采用预防性的手段, 用新元件替代旧元件, 当然如果没有达到固定的时间间隔元件就发生了故障, 则及时更换新元件; ⑦ 对可互换的元件采用更好的安排; ⑧ 使用大的安全系数或产品改进管理程序; ⑨ 选择经过老化试验的元件以避免较高的早期失效. 执行上述步骤来提高系统的可靠性, 通常会消耗资源增加成本, 因此, 有必要在系统的可靠性和资源消耗两者之间进行平衡.

1.2 问题的一般描述

有很多表示系统特性的指标, 最常用的指标有可靠度、可用度和系统有效度. 可靠度是系统正常工作的概率, 而可用度是系统在需要时能正常工作的概率. 系统有效度是指其能够正常工作的总能力, 这个总能力涵盖了产品的可靠度和可用度两个方面. 本书将重点讨论提高系统可靠度的方法, 这些方法是通过有约束条件的最优可靠度分配、和/或系统的冗余设计来实现的.

可靠度的定义如下: "系统在规定的时间内和规定的条件下, 完成规定功能的概率"[4]. 因此, 系统正常工作的概率就是 "系统可靠度", 也称为 "生存概率". 本书中, 不可靠称为失效概率.

系统可靠度是一个指标, 它用来衡量系统满足设计目标的程度, 系统可靠度表达了系统中的子系统和元件的可靠程度. 为了进一步说明问题, 给出如下定义: "单元" 是一个系统中最基本的, 在没有损毁的情况下, 这些基本单元不可拆分. "元件"

是单元的组合, 并且能执行系统的功能. “组件” 和 “元件” 是同义词, 组合 “组件” 或 “元件” 便形成 “子系统”. “系统” 是由子系统组合而成的, 用以完成一个或多个特定的功能任务.

为了描述给定系统的可靠度, 需要阐明：① 设备故障的过程; ② 系统的结构, 即系统中的元件是如何连接在一起以及系统的运行规则; ③ 系统失效状态的定义. 首先, 设备故障的过程应该描述其失效的概率规律. 其次, 系统的结构需要定义相应的系统可靠度函数形式. 第三, 对于不可修系统, 在形成其可靠度函数时要明确系统失效的条件.

1.3　系统的硬件, 人的因素, 软件及环境

许多为了完成规定任务而设计的系统中既有硬件也有人参与, 而这些系统中往往都是由人来操作硬件. 硬件可能产生故障或磨损, 因此, 它会导致系统性能降低. 而人为因素, 通常比硬件更不可预测, 因此, 对系统整体性能的影响也更大. 此外, 几乎所有现代化的系统都包含一个非常重要的软件部分来辅助或控制该系统顺利运行. 例如, 所有在 1999 年生产的汽车都使用了快速处理集成电路程序, 而这个软件程序常常会发生故障. 随着环境的改变, 硬件可靠性、软件可靠性和人的可靠性也会随之改变. 对于硬件而言, 它的运行条件, 包括温度和湿度, 都将使得其可靠度有所不同, 而使用者的状况将决定软件可靠度. 人是极易受工作环境, 如温度、湿度和振动等因素影响的.

在概念上, 要使一个现代化系统能高效运行, 需要尽可能地保证环境中的硬件、软件和人都有较高的性能和良好的表现, 示意图如图 1.1 所示. 在现实中, 让系统性能达到最优会受到各种限制, 仅仅是硬件和软件的属性以及人为故障就让人们很难去找出一个普遍意义的解决方法.

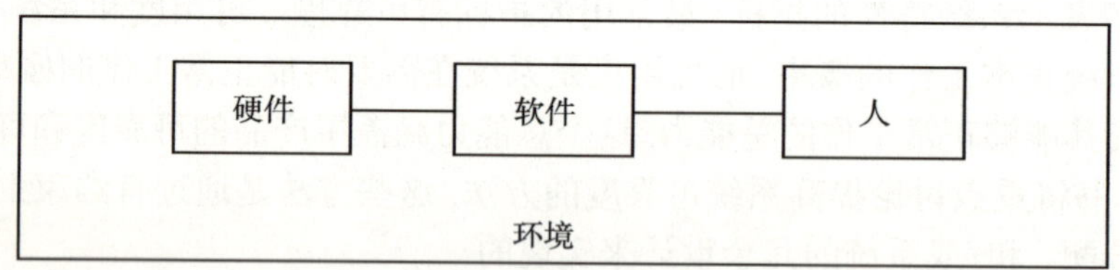

制约因素：物理的和经济的

图 1.1　系统性能要素示意图

1.3.1　硬件可靠性

一件产品的可靠性在很大程度上取决于设计过程中所作的决策. 粗劣的设计会影响到产品的可靠性, 并且将大大增加产品生命周期的成本. 因此, 采取科学的

设计方法, 降低其产生故障的可能性就显得尤为重要. 例如, 对硬件而言, 其故障率会随时间变化: 在早期阶段, 失败率会逐渐降低; 在正常使用寿命期间, 其故障率通常为常数; 之后, 在磨损阶段, 故障率则会增加. 三个阶段的不同类型故障率正好形成一条浴盆曲线. 通常采用不同的统计分布来描述浴盆曲线的不同失效模式. Kuo 等[174] 对于早期失效提出了详细的改进方法.

总的来说, 所有的硬件产品, 包括机械、电气和电子元件以及系统都将遵循浴盆曲线所描述的失效模式. 提倡在设计阶段考虑硬件可靠性问题, 尤其是开发复杂的产品或涉及未经实际使用的新技术时, 否则, 在后期将会为获得高可靠性而付出非常昂贵的代价.

1.3.2 人的因素

在大多数情况下, 人和机器共同组成一个系统. 从众多的系统发生故障的报告中, 人们发现有很大比例的事故起因是 "人为错误" 或 "人员可靠性". 因此, 最近人们开始致力于开发预测人员可靠性的技术. 目前的焦点集中在努力研究一种能够适用于实际的人机系统的学术方法. 例如, 在美国海军的资助下, 已经研发出一个产品生命周期技术用于预测与评估人机可靠度[188]. 美国海军已经把发展人因可靠度的最优分配、预测和评估性技术作为研究内容.

对可能的人为错误应持谨慎态度, 也应尽量避免将所有责任都压在操作员身上. 在现实中, 人机系统发生的错误往往源于相当特定的条件组合, 所以要特别引起对整个系统这种特定条件组合的关注. 要解决在系统性能方面的人为错误, 还需要对员工进行培训, 使他们掌握并可以积极运用相关理论及方法去达到程序的开发目标. 即使在军事或航空系统这些硬件可靠度十分高的领域, 仍然可以经常检测到由于人为错误所导致的较低的系统有效度.

1.3.3 软件

由软件和硬件构成的系统可能会由于软件不能执行外部指令而失败. 在一个不达标的环境中使用软件可能会导致故障. 软件故障被定义为偏离了预期的原结论或输出了不符合要求的运行程序. 换言之, 程序运行偏离了预期一定是因为有故障发生, 而故障可能是由于一个软件失效或别的原因所致.

软件已成为许多工业、军事和商业系统不可或缺的部分. 在如今的大系统中, 软件产品生命周期成本已超过硬件, 费用中的 80%~90%都用在了对已交付使用的软件进行维护和调整, 并扩大其使用范围, 以满足不断变化和日益增长的用户需求.

目前, 系统成本的趋势是接近由软件成本来主导, 而不是由硬件成本. 不幸的是, 软件故障和硬件故障发生的相对频率可高达 100:1[298]. 通常, 集成电路越复杂, 则该比例越高. 软件可靠度和硬件可靠度各有其鲜明的特点. 一些主要的差异如表 1.1 所示的概述.

表 1.1　硬件可靠度和软件可靠度的差异

分类	硬件可靠度	软件可靠度
基本概念	源于物理效应	源于程序员的错误 (或程序缺陷或故障)
产品生命周期中的原因		
分析	不能正确理解顾客	不能正确理解顾客
可行性	对使用者的不当要求	对使用者的不当要求
设计	不正确的实体设计	不正确的程序设计
研发	质量控制问题	不正确地编程
运行	老化和故障	程序错误 (存在缺陷或错误)
使用效果	硬件磨损后失效	软件没有磨损, 但由于未知的 缺陷 (或错误) 而失效
功能设计	故障物理学	程序员技能
域	时间 (t)	时间与数据
时间关系	浴盆曲线	减函数
数学模型	理论已经建立并被广泛接受	理论已经建立但还没有被广泛接受
时域	$R=f(\lambda,t)$, $\lambda=$ 故障率	$R=f$ (故障 [或缺陷或失效], t)
函数	指数分布 (λ 为常数), 韦布尔分布 (λ 逐渐增长)	在所提出的各种时间函数 模型上还未达成共识
数据域	没有含义	故障 $=f$ (数据测试)
增长模型	存在一些模型	存在一些模型
测度	λ, MTBF(平均故障间隔时间), MTTF(平均寿命)	失效率, 检测到缺陷 (或失效) 次数或持续时间
可靠性增长的应用	设计, 预测	预测
预测方法	方框图, 故障树	路径分析 (对于所有路径的实际 分析是一个尚未有定论的难题, 也就是说即便是简单程序的动态 路径也可能有无穷条), 复杂性, 模拟
检验和评估	设计许可和制造许可	设计许可
设计	MIL-STD-781C(指数的) 其他方法 (非指数的)	路径检测, 模拟, 试错, 编排 贝叶斯
运行	MIL-STD-781 C	无
采用冗余		
并联	能提高可靠度	需要考虑共同原因
储备	自动错误检测和纠正, 自动故障检测和切换	自动错误检测和纠正, 自动审查软件和软件重装
多值逻辑	n 中取 m 系统	不能实现

1.3.4　物理和经济约束

所有的硬件和软件系统都是在特定的物理约束和经济约束下运行的. 这两种类型的约束在系统的设计和运行方面都有重要影响. 物理的约束通常涉及系统的具

体参数, 如长度、体积、重量、密度等. 此外, 元件的排列、温度、辐射、湿度等也是必须要考虑到的、会制约系统成功运行的因素. 系统设计时一般仅受物理因素的制约. 所有系统都需要一定的资源, 随着系统设计方案的不同对资源的消耗也会变化. 经济的约束包括可动用的预算、人力、物资、时间等. 在系统可靠性设计和运行中满足经济资源的约束是非常重要的.

1.4 系统有效度模型

由于存在不同的需求, 一个全面的系统有效度模型所应该包括的一些属性如图 1.2 所示. 系统有效度的概念是 20 世纪 50 年代末 60 年代初引入的, 主要用来描述系统完成其规定功能的总能力. 任务 (指完成某种规定功能) 常被认为是系统运行最终要输出的结果. 系统有效度有不同的定义. 航空无线电公司 (ARINC) 的定义[4]是: “系统可以在规定的时间内, 在特定的条件下顺利完成运行要求的概率.” 对只使用一次的系统, 如导弹, 该定义则为 “该系统 (导弹) 在特定条件下, 按规定要求成功运行 (击中目标) 的概率.” 有效度显然会受到设备设计和构造的影响. 因此, 对设备的使用和维护也很重要. 另一个著名且被广泛使用是美国军标 MIL-STD-721B[218] 的定义: “项目达到特定功能要求的度量, 它也被表达成可用度、可靠度和性能的函数.” 在其他场合, 还有某些对系统有效度的不同定义. 系统有效度的使用早期局限于军事和航空系统, 终端客户是美国政府的相关部门, 如国防部和航空航天总署. 在图 1.2 中, 操作员的表现、硬件和软件都对于整个系统有效度起到了很大的影响作用.

1.4.1 系统有效度的指标

Tillman 等在文献 [307] 中描述了若干个系统有效度的模型. 每一个模型都有一些不同的指标, 所用的术语也不尽相同. 以下是模型中用到的一些指标. 美国海军、空军和陆军使用的美国军标 MIL-STD-721B 的定义也引述如下.

(1) 可靠度: 系统在特定的条件下和规定的时间内完成特定功能的概率. 主要考虑系统能否在较短时间内正常运行, 这个正常运行的概率称为功能可靠度.

(2) 可用度: 任何时候 (随机的时间点) 被要求执行任务时, 系统能够正常运行的一个测度[174]; 正常运行的定义是能够完成规定的功能.

(3) 可修度: 一个故障系统在规定的时间内, 通过有效的修理, 恢复到可运行状况的概率[4].

(4) 维修度: 一个故障系统在特定的停机时间内能恢复到可运行状况的概率. 维修度与可修度类似. 不过, 维修度基于总停机时间, 而可修度侧重有效的修复时间[4].

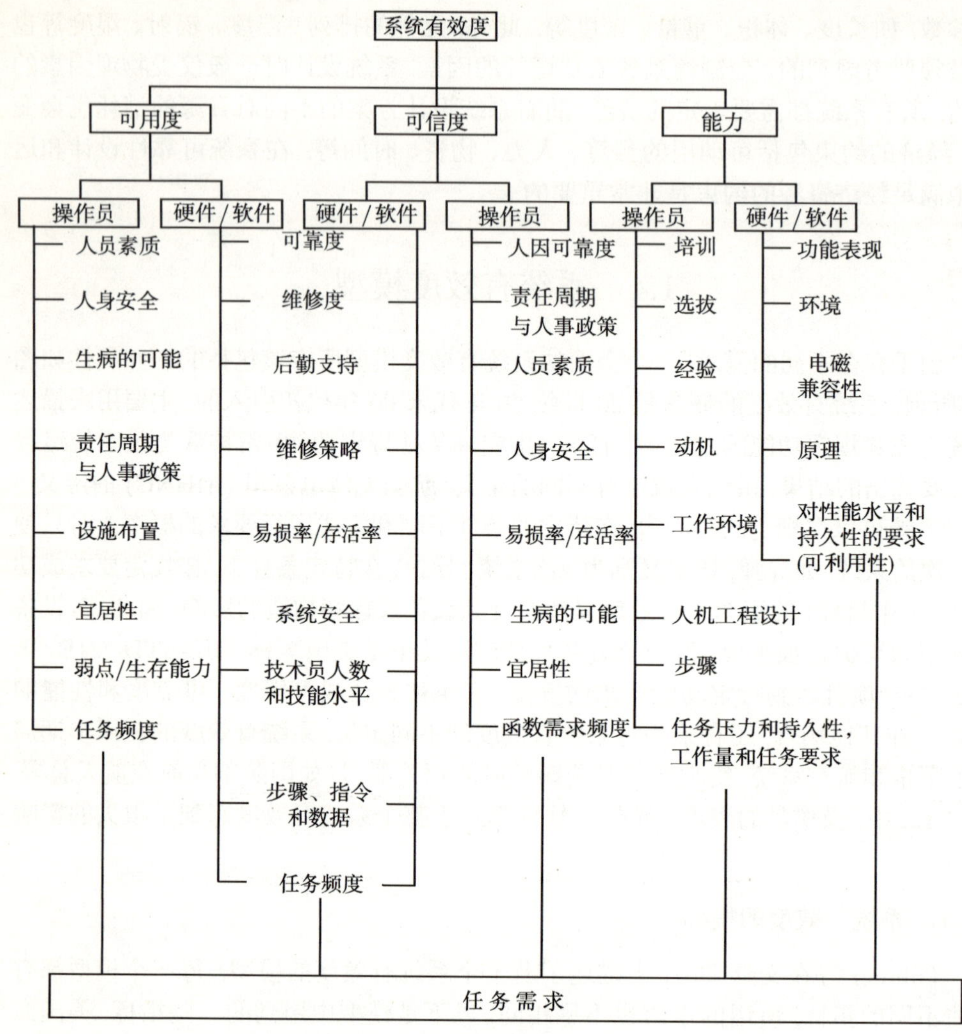

图 1.2　系统有效度的综合模型

(5) 耐用度：关于元件在规定时间内, 在特定条件下耐用程度的一个度量. 在其定义中, 耐用是指元件可以持续运作, 而不包括任何其他预防性或纠错性质的维修.

(6) 设计完备度：系统通过特定的设计, 在整个任务的使命过程中, 可以顺利完成任务的概率[4].

(7) 能力：关于元件在给定条件下和给定的时间过程中, 完成任务目标能力的一个度量. 这个定义在实践中很难落实. 在美国军标 MIL-STD-721B 中, 其衍生的定义是："在一个可用和可靠的系统中, 系统的设计性能水平达到任务要求的概率."

这意味着系统中有大量元件能正常工作, 从而使得系统运行符合特定环境下的设计要求, 系统正常工作当然包括系统中的机器、软件和人员.

(8) 可信度: 关于元件在给定的时间过程中, 在一个或多个时间点上都能正常工作的一个度量, 包括在给定条件下和在任务起始时, 元件的可靠度、维修度和生存能力.

(9) 人的可靠度: 严重的人为失误是导弹系统运行失败的原因之一. 众所周知, 由人为失误导致的高故障率是系统在其研发过程中的一个特征.

(10) 环境影响: 在任务完成过程中, 环境因素也影响到系统性能. 恶劣的环境条件会使实际任务的期限比理想的任务完成期限更长, 因而影响到任务的可靠性. 影响系统有效度的环境条件可有以下几种: ① 任务的可用度可能因为恶劣的天气原因而大大降低, 如高速公路因为恶劣的天气而暂时关闭; ② 工作环境常常会影响到操作员的表现; ③ 硬件可靠度会受湿度、气压、温度等因素的限制. 尽管成本作为一个重要的约束因素被广泛地考虑到, 但在系统有效度中涉及的这些因素通常却不作为约束来考虑.

1.4.2　系统有效度中人的因素

因为系统中会涉及人, 他们的能力和局限性会体现在他们的任务和工作表现上. 由于人是系统运作中必不可少的, 因此, 度量人员状况对系统可靠度的影响是十分必要的. 有证据表明, 人的因素可以不同程度地导致 20%~90% 的系统失效[188,191]. 人力因素专家通常只对人机系统中的人为因素进行定性分析. 一个更好的方法是在系统有效度中将人为因素与硬件性能结合起来, 形成一个更有意义的指标去度量这种人员和硬件互动的系统. 在表 1.2 中对比了人员和硬件的可靠度. 相关文献中建议了多种度量系统中人员状况的方法. 在文献 [190] 中, Lee 等介绍了这些方法. 最广泛采用的人机系统中评价人员状况的方法有① 分析法; ② 计算机模拟法. 计算机仿真模型被认为是刻画人机系统有效度较为恰当的模型.

表 1.2　硬件和人的可靠性对比表

分类	硬件可靠度	人员可靠度	
		离散任务	连续任务
系统定义	一套完成其设定职能的元件	一项由几个人员行为单元组成的任务	持续控制任务, 如进行警戒, 追踪故障能力和保持稳定性
系统结构	元件的功能关系	行为单元的任务关系 (任务分类)	在任务单元之间不必定义功能关系
系统故障分析	故障树分析	人为失误分类: 对于一个给定任务的人为失误的全部组合进行枚举	对连续系统响应建立二元失误逻辑

续表

分类	硬件可靠度	人员可靠度	
		离散任务	连续任务
故障性质	主要的二元故障逻辑 多元故障 共因故障	有时对于人类行为 很难运用二元失误逻辑 多元失误 共因失误 失误更正	与离散任务相同
故障原因	物理和化学定律可以解释大部分硬件故障	许多不成文的规律解释了许多人为误差	与离散任务相同
系统可靠度评估	通过故障逻辑的概率处理在元件之间统计独立性假设下推导数学模型，对于网络可靠度和分阶段的任务可靠度，由于存在组件之间统计相依性，因此，很难对系统可靠度进行评估	很难描述人类行为单元之间的功能关系	通过二元失误逻辑的概率处理推导系统响应的随机模型
数据	大多数种类的机器都比人员可靠度有较多且可靠的数据来源	人类行为单元没有比较实用或较为可信的数据，来源很大程度取决于专家的判断	与离散任务相同

1.4.3　任务有效度

任务有效度定义为成功实现特定任务目标的概率，用它来描述系统完成特定任务的能力. 任务 (完成某些特定功能) 往往被视为一个系统的最终目标. 文献 [307] 提供了一个关于任务有效度模型论文的综述. 还有几个任务有效度模型，可参见文献 WSEIAC[325]. 这些模型采用了可靠度和维修度的联合概率测度来刻画任务有效度. 每个模型可以有几种表示方法，反映出了模型设计者的一些建模要领. Tillman 等[308,310] 认为现有的任务有效度模型缺乏理论的探讨，于是他们建立了一个随机模型去衡量任务有效度. Tillman 等在文献 [312] 中计算了任务有效度，把可用度函数与可靠度函数的乘积作为任务有效度，其中可用度函数取任务到达时间 t 时的值，而相应 t 时刻的可靠度函数则用从此时刻开始固定时间周期 x 来评估.

Tillman 等在文献 [310] 中只考虑了一个任务到达时间的任务有效度，Lee 等[189] 和 Lie 等[196] 改进了这项工作，建立了一个更一般的任务有效度模型，考虑了在整个过程中会有几个任务随机到达的情况. 这时任务有效度就定义为在每个任务到达时刻的可用度和可靠度的组合测度. 由此在一套普遍的假设下，他们推导出一个任务有效度的分析模型，并给出了算例.

1.5 基本系统结构与可靠度函数

在大多数情况下，一个系统不会只由一个元件组成. 因此，需要对简单的和复杂的系统进行可靠度评估. 考虑一个包含 n 个元件的可靠性系统，这些元件可以是硬件、人员，甚至是软件. 如果一些元件是软件产品，那么这个模型就需要被特别注意了. 令 $\Pr(A_i)\,(1 \leqslant i \leqslant n)$ 表示在规定时间内元件 i 正常工作这个事件 A_i 的概率，则元件 i 的可靠度表示为 $r_i = \Pr(A_i)$. 同样地，令 $\Pr(\bar{A}_i)$ 表示在规定时间内元件 i 失效这个事件 $\bar{A}_i$ 的概率. 除非另作说明，假设各个元件的故障互相独立. 接下来，讨论几个最重要的可靠度结构以及对应的可靠度函数. 用 $R_{\rm s}(t)$ 表示随时间 t 变化的系统可靠度，当考虑固定时间的情况时，系统可靠度可被简单地表示为 $R_{\rm s}$.

1.5.1 串联结构

串联结构是最简单也是最常用的结构之一. 图 1.3 给出了一个由 n 个元件组成的串联结构方框图.

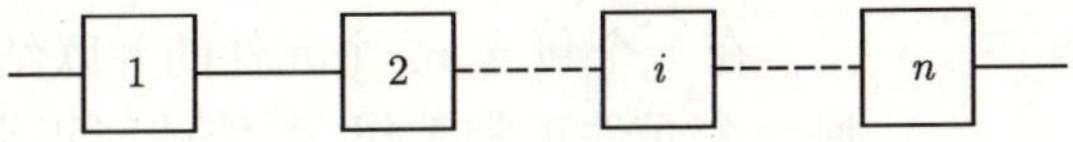

图 1.3 串联结构

在此结构中，所有 n 个元件都必须正常工作才能保证系统正常工作. 换言之，任意一个元件失效，系统就不能正常工作.

因此，一个串联结构的可靠度为

$$\begin{aligned} R_{\rm s} &= \Pr(\text{所有元件都正常工作}) \\ &= \Pr(A_1 \cap A_2 \cap \cdots \cap A_n) \\ &= \prod_{i=1}^{n} \Pr(A_i). \end{aligned}$$

当系统中元件正常工作这个事件相互独立时，最后一个等式成立. 因此，一个串联系统的可靠度为

$$R_{\rm s} = \prod_{i=1}^{n} r_i. \tag{1.1}$$

串联系统的寿命等于其中最短寿命元件的时间. 假设元件 $i\,(1 \leqslant i \leqslant n)$ 的失效时间服从失效率为 λ_i 的负指数分布，系统规定的工作时间为 t，则元件 i 的可靠度为 $r_i = {\rm e}^{-\lambda_i t}$，代入式 (1.1) 可导出如下公式：

$$R_{\rm s} = \exp\left[-\left(\sum_{i=1}^{n} \lambda_i\right) t\right]. \tag{1.2}$$

从式 (1.2) 中可以看出, 系统的失效时间服从失效率为 $\sum_{i=1}^{n}\lambda_i$ 的负指数分布. 因此, 系统的平均寿命为 $1\Big/\sum_{i=1}^{n}\lambda_i$.

1.5.2 并联结构

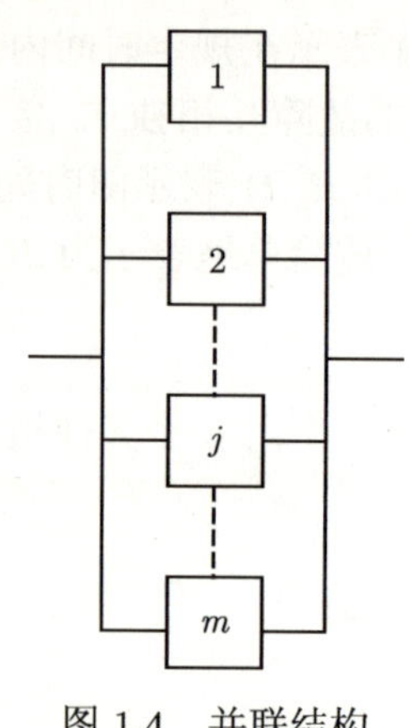

图 1.4 并联结构

在许多系统中, 一些相同的路径组合起来从而形成了并联结构. 图 1.4 给出了并联系统的方框图, 其中有 m 条路径连接输入端与输出端, 只有当所有的元件都失效时, 系统才会失效. 有时, 也称并联结构为冗余结构. 通常当系统要提高其可靠度, 从而并联多余的相同路径时, 才称为 "冗余". 因此, 在进行系统可靠度设计时, 并联结构可能是一个基本的系统结构, 也可能是为了提高可靠度而设计的冗余结构. 在本书中, "并联冗余的元件数" 就是指 "冗余水平".

在一个包含 m 个元件的并联结构中, 只要其中任何一个元件正常工作, 系统就能正常工作. 因此, 一个并联系统的可靠度是所有 m 个事件 $A_1, A_2, \cdots, A_m$ 的并的概率, 即

$$\begin{aligned}
R_{\mathrm{s}} &= \Pr\left(A_1 \cup A_2 \cup \cdots \cup A_m\right) \\
&= 1 - \Pr\left(\overline{A_1} \cap \overline{A_2} \cap \cdots \cap \overline{A_m}\right) \\
&= 1 - \prod_{j=1}^{m} \Pr\left(\overline{A_j}\right) \\
&= 1 - \prod_{j=1}^{m} [1 - \Pr(A_j)].
\end{aligned}$$

当元件失效互相独立时, 一个并联系统的可靠度为

$$R_{\mathrm{s}} = 1 - \prod_{j=1}^{m} (1 - r_j). \tag{1.3}$$

如果并联结构中的元件都服从负指数失效规律, 则式 (1.3) 变为

$$R_{\mathrm{s}} = 1 - \prod_{j=1}^{m} (1 - \mathrm{e}^{-\lambda_j t}), \tag{1.4}$$

其中, λ_j 为元件 j 的失效率. 并联系统的寿命等同于最长寿命元件的时间.

1.5.3 串–并联结构

假设一个系统包含 k 个并联的子系统, 同时子系统 i 又包含 n_i 个串联的元件, $i=1,\cdots,k$, 那么这个系统就是一个串–并联系统, 如图 1.5 所示. 记 R_i 为子系统 i 的可靠度, 而 r_{ij} 是子系统 i 中元件 j 的可靠度, 并且 $1\leqslant j\leqslant n_i$. 这时

$$R_i=\prod_{j=1}^{n_i} r_{ij},$$

系统的可靠性为

$$R_{\mathrm{s}}=1-\prod_{i=1}^{k}(1-R_i).$$

结合以上两个公式, 则

$$R_{\mathrm{s}}=1-\prod_{i=1}^{k}\left(1-\prod_{j=1}^{n_i} r_{ij}\right). \tag{1.5}$$

如果每个子系统中的元件相同, 那么系统的可靠度为

$$R_{\mathrm{s}}=1-\prod_{i=1}^{k}(1-r_i^{n_i}),$$

其中 r_i 是子系统中每个元件的可靠度, $i=1,\cdots,k$.

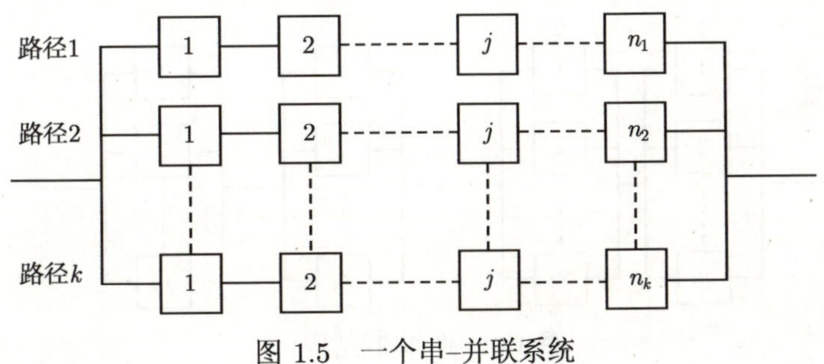

图 1.5 一个串–并联系统

1.5.4 并–串联结构

假设一个系统包含 k 个串联的子系统, 同时子系统 $i\,(1\leqslant i\leqslant k)$ 包含 n_i 个并联的元件, 则这种系统就被称为并–串联系统.

并–串联系统如图 1.6 所示. 记 R_i 为子系统 i 的可靠度, 而 r_{ij} 是子系统中元件 j 的可靠度, 并且在子系统 i 中有 $1\leqslant j\leqslant n_i$. 这时

$$R_i=1-\prod_{j=1}^{n_i}(1-r_{ij}), \tag{1.6}$$

系统的可靠度为

$$R_s = \prod_{i=1}^{k} R_i. \tag{1.7}$$

结合前面的几个等式有

$$R_s = \prod_{i=1}^{k}\left[1 - \prod_{j=1}^{n_i}(1 - r_{ij})\right]. \tag{1.8}$$

如果子系统 i 中所有的元件都相同, 则 r_{ij} 都是一样的, 记 $r_{ij} = r_i$, 这时系统的可靠度为

$$R_s = \prod_{i=1}^{k}(1 - q_i^{n_i}),$$

其中, $q_i = 1 - r_i$ 是子系统 i 中任一个元件的失效概率, 当 r_i 很大时, 系统的可靠度近似为

$$R_s \approx 1 - \sum_{i=1}^{k} q_i^{n_i}.$$

注意图 1.5 和图 1.6 的结构命名, 在不同文献中, 不同的作者会不一致. 有的称图 1.5 为并–串联, 称图 1.6 为串–并联. 在本书中, 对这两种系统结构遵循我们自己的叫法.

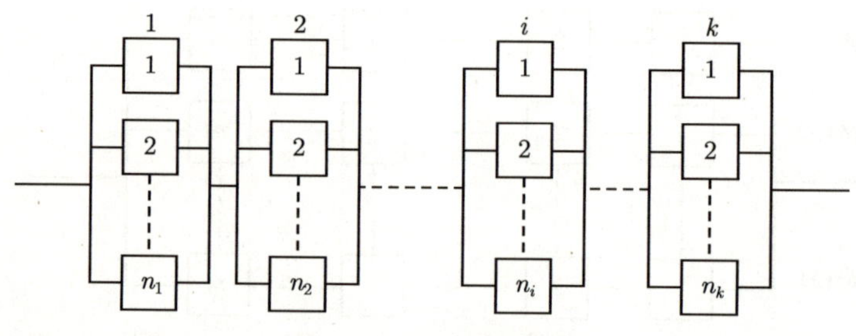

图 1.6　并–串联结构

通常来说, 如果两种结构使用相同的元件, 那么并–串联结构的可靠度要高于串–并联结构的可靠度. 假设元件 1, 2, 3, 4 组成图 1.7 所示的 (a) 和 (b) 两个结构, 则结构 (a) 的可靠度为

$$\begin{aligned} R_a &= [1 - (1 - r_1)(1 - r_3)][1 - (1 - r_2)(1 - r_4)] \\ &= r_1r_2 + r_1r_4 - r_1r_2r_4 + r_2r_3 + r_3r_4 - r_2r_3r_4 - r_1r_2r_3 - r_1r_3r_4 + r_1r_2r_3r_4, \end{aligned}$$

其中 r_1, r_2, r_3, r_4 分别为元件 1, 2, 3, 4 的可靠度.

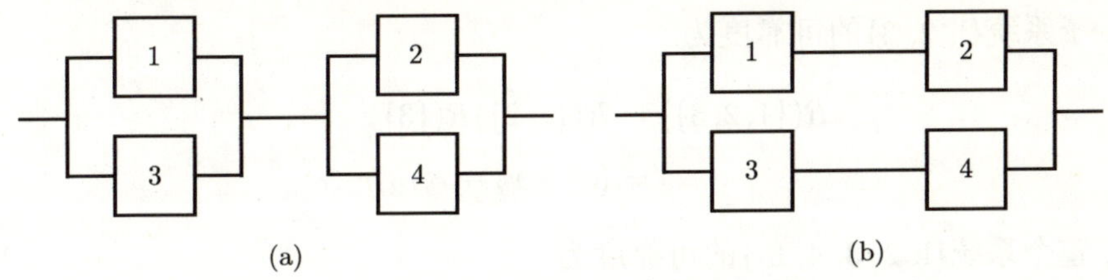

图 1.7 并–串联与串–并联结构的比较

结构 (b) 的可靠度为

$$\begin{aligned}R_{\mathrm{b}} &= 1-(1-r_1r_2)(1-r_3r_4)\\ &= r_1r_2+r_3r_4-r_1r_2r_3r_4.\end{aligned}$$

由此可计算

$$\begin{aligned}R_{\mathrm{a}}-R_{\mathrm{b}} &= r_1r_4-r_1r_2r_4-r_1r_3r_4+r_1r_2r_3r_4+r_2r_3-r_2r_3r_4-r_1r_2r_3+r_1r_2r_3r_4\\ &= r_1r_4(1-r_3-r_2+r_2r_3)+r_2r_3(1-r_1-r_4+r_1r_4)\\ &= r_1r_4(1-r_2)(1-r_3)+r_2r_3(1-r_1)(1-r_4).\end{aligned}$$

因为所有的 r_i 都小于 1, 所以 $R_{\mathrm{a}}-R_{\mathrm{b}}>0$, 从而导出结构 (a) 的可靠度高于结构 (b).

1.5.5 层次型的串–并联结构

如果一个系统由一系列串联或并联的子系统构成, 每个子系统有相似的结构, 而且每个子系统的子系统也有相似的结构 …… 则这个可靠性系统就称为层次型的串–并联系统 (HSP). 例如, 考虑图 1.8 所示的系统. 这个由元件 1, 2, 3, 4, 5 组成的系统包含两个并联的子系统{1, 2, 3}和{4, 5}. 第一个子系统中, 元件 1, 2 并联后和元件 3 串联; 第二个子系统则是元件 4, 5 串联.

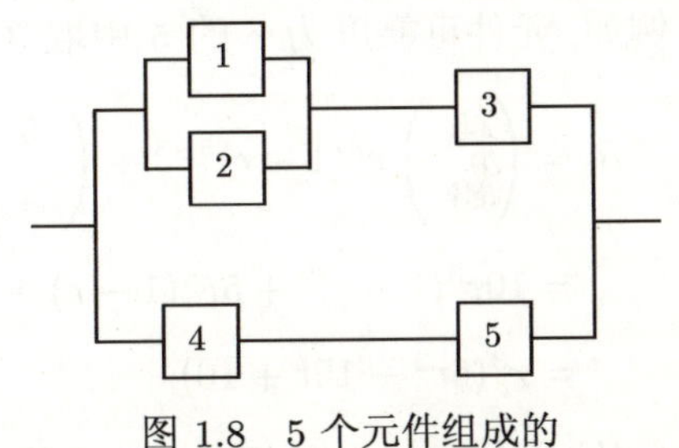

图 1.8 5 个元件组成的层次型串–并联结构

通过式 (1.1) 或 (1.3) 可以很容易地计算出每个子系统的可靠度. 因此, 层次型串–并联系统的可靠度可以通过从基层的并联或串联系统开始, 采用递归的方法计算而得. 例如, 令 r_j 为图 1.8 中元件 j 的可靠度, $j=1,\cdots,5$, 那么子系统{1, 2}和{4, 5}的可靠度分别为

$$\begin{aligned}R(\{1,2\}) &= r_1+r_2-r_1r_2,\\ R(\{4,5\}) &= r_4r_5,\end{aligned}$$

进一步, 子系统{1, 2, 3}的可靠度为

$$\begin{aligned}R(\{1,2,3\}) &= R(\{1,2\})R(\{3\}) \\ &= (r_1 + r_2 - r_1 r_2) r_3.\end{aligned}$$

类似地, 整个系统{1, 2, 3, 4, 5 }的可靠度为

$$\begin{aligned}R(\{1,2,3,4,5\}) &= 1 - [1 - R(\{1,2,3\})][1 - R(\{4,5\})] \\ &= 1 - [1 - (r_1 + r_2 - r_1 r_2) r_3](1 - r_4 r_5).\end{aligned}$$

1.5.6　n 中取 k 系统

一个 n 中取 k 系统由 n 个元件组成, 当其中至少 k 个元件工作时, 系统才能正常工作. 有时用这种冗余系统代替单纯的并联系统. n 中取 k 系统往往被定义为 n 中取 k 个好的系统, 记为 k-out-of-n: G 系统. 显然, 由 n 个元件串联而成的系统就是 n-out-of-n: G 系统; 由 n 个元件并联而成的系统就是 1-out-of-n: G 系统. 当系统中所有的元件互相独立且相同时, n 中取 k 系统的可靠度为

$$R_{\rm s} = \sum_{j=k}^{n} \binom{n}{j} r^j (1-r)^{n-j},$$

其中 r 是元件的可靠度.

例如, 元件可靠度为 r 的 5 中取 3: 好系统的可靠度为

$$\begin{aligned}R_{\rm s} &= \binom{5}{3} r^3(1-r)^{5-3} + \binom{5}{4} r^4(1-r)^{5-4} + \binom{5}{5} r^5(1-r)^{5-5} \\ &= 10r^3(1-r)^2 + 5r^4(1-r) + r^5 \\ &= r^3(6r^2 - 15r + 10).\end{aligned}$$

另外, 也考虑 n 中取 k 个坏的系统, 记为 k-out-of-n: F 系统. 一个 k-out-of-n: F 系统是指在包含 n 个元件的系统中, 当有 k 个元件失效后, 系统将不能正常工作. 如果有连续 k 个元件失效而使一个包含 n 个元件的系统失效, 这样的系统被称为连续的 n 中取 k 个坏的系统. 附录 4 详细介绍了连续的 k-out-of-n 系统. 连续的 k-out-of-n: G 系统可以与连续的 k-out-of-n: F 系统类似定义.

1.5.7　复杂结构

除了一些可以被简化为串联和并联的可靠性系统, 还存在一些混合的串–并联系统, 被称为复杂系统或者非串–并联系统, 如图 1.9(a) 和图 1.10 所示, 下面予以介绍.

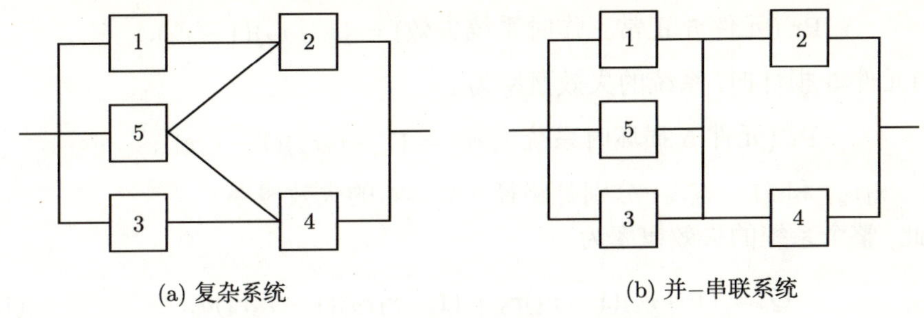

图 1.9　并–串联系统与复杂系统的比较

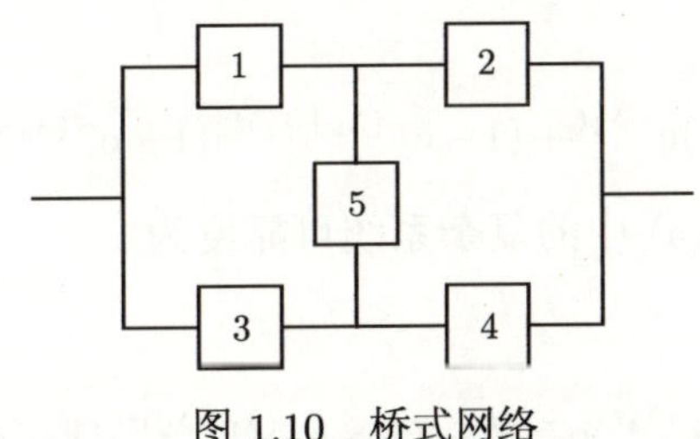

图 1.10　桥式网络

非串–并联系统

两个等同路径的串联子系统 1-2 和 3-4 被并联, 如图 1.9(a) 所示, 从而保证只要一条路径畅通则输出正常. 但是, 由于元件 1 和 3 可靠度不高, 第三个等价的元件 5 就被插入到电路中, 以连接元件 2 或 4. 因此, 路径 1-2, 5-2, 5-4 和 3-4 都可以保证系统正常工作. 注意图 1.9(a) 是可靠性框图, 图 1.9(b) 是 5 个元件的复杂系统图, 二者不同.

图 1.9(b) 的 5 个元件系统图与图 1.9(a) 的可靠性框图看上去类似, 但图 1.9(b) 中 1-4, 3-2 依然可以保证系统正常. 显而易见, 图 1.9(b) 是由两个并联的子系统{l, 3, 5}和{2, 4}串联而成的并–串联结构.

复杂系统的失效概率 Q_s 可以表示为

$$Q_s = \Pr(i \text{ 正常时系统失效})\, r_i + \Pr(i \text{ 不正常时系统失效})\, q_i, \tag{1.9}$$

其中, q_i 为元件 i 失效的概率, r_i 为元件 i 可靠的概率. 式 (1.9) 对系统中任意元件都成立.

系统的可靠度为

$$R_s = 1 - Q_s. \tag{1.10}$$

当式 (1.9) 中 $i = 5$ 时, 图 1.9(a) 中系统的失效概率为

$$Q_s = \Pr\ (\text{元件 5 正常工作时系统失效})\ r_5 + \Pr\ (\text{元件 5 损坏时系统失效})\ q_5.$$

如果元件 5 正常工作, 那么只有当元件 2, 4 损坏时, 系统才会失效. 因为元件 2, 4 是并联的, 那么当元件 5 正常工作时, 系统的失效概率为

$$\Pr(\text{元件 5 正常工作时系统失效}) = (1-r_2)(1-r_4).$$

同样, 当元件 5 损坏时, 系统的失效概率为

$$\Pr(\text{元件 5 损坏时系统失效}) = (1-r_1r_2)(1-r_3r_4),$$

其中 $(1-r_1r_2)$ 和 $(1-r_3r_4)$ 分别是路径 1-2, 3-4 的失效概率.

因此, 整个系统的失效概率为

$$Q_s = (1-r_2)(1-r_4)r_5 + (1-r_1r_2)(1-r_3r_4)q_5. \tag{1.11}$$

如果元件 1, 2, 3, 4, 5 的失效时间分别服从失效率为 $\lambda_1, \lambda_2, \lambda_3, \lambda_4$ 和 λ_5 的指数分布, 则

$$Q_s = (1-e^{-\lambda_2 t})(1-e^{-\lambda_4 t})e^{-\lambda_5 t} + (1-e^{-(\lambda_1+\lambda_2)t})(1-e^{-(\lambda_3+\lambda_4)t})(1-e^{-\lambda_5 t}). \tag{1.12}$$

因此, 带时间参数的图 1.9(a) 中的复杂系统可靠度为

$$\begin{aligned} R_s &= 1-Q_s \\ &= 1-(1-e^{-\lambda_2 t})(1-e^{-\lambda_4 t})e^{-\lambda_5 t} - (1-e^{-(\lambda_1+\lambda_2)t})(1-e^{-(\lambda_3+\lambda_4)t})(1-e^{-\lambda_5 t}). \end{aligned}$$

复杂系统

这个复杂系统被称为桥式网络. 无论中间插入的元件 5 是否完好, 只要 1-2 路径或 3-4 路径其中之一正常, 则系统就能正常工作. 但是, 如果系统中元件 (1,4) 或 (3,2) 同时失效, 那么元件 5 将起到非常重要的作用. 有两种方法来评定图 1.10 的桥式网络可靠度.

方法 1　这个方法是基于简单的概率理论

$$\Pr(X \cup Y) = \Pr(X) + \Pr(Y) - \Pr(X \cap Y), \tag{1.13}$$

其中 X, Y 代表两个事件.

使用式 (1.13) 时, 需要找出所有从输入端到输出端的可能路径. 考虑元件的组合{1, 2}, {3, 4}, {1, 5, 4}和{3, 5, 2}, 只要其中任何一个组合正常工作, 则系统就正常工作. 这时系统的可靠性为 $\Pr(1-2 \cup 3-4 \cup 1-5-4 \cup 3-5-2)$, 可重复利用式 (1.13) 计算而得. 因为所有的元件工作相互独立, 则

$$\begin{aligned} \Pr(\{1, 2\}) &= r_1r_2, \\ \Pr(\{3, 4\}) &= r_3r_4, \\ \Pr(\{1, 5, 4\}) &= r_1r_5r_4, \\ \Pr(\{3, 5, 2\}) &= r_3r_5r_2. \end{aligned}$$

利用式 (1.13), 可得

$$\Pr(\{1,2\} \cup \{3,4\}) = \Pr(\{1,2\}) + \Pr(\{3,4\}) - \Pr(\{1,2\} \cap \{3,4\})$$

$$= r_1r_2 + r_3r_4 - r_1r_2r_3r_4.$$

同样, 可以得到

$$\begin{aligned}&\Pr[(\{1,2\}\cup\{3,4\})\cup\{1,5,4\}]\\&= r_1r_2 + r_3r_4 - r_1r_2r_3r_4 + r_1r_5r_4 - r_1r_2r_5r_4 - r_1r_3r_4r_5 + r_1r_2r_3r_4r_5\end{aligned}$$

以及

$$\begin{aligned}&\Pr[(\{1,2\}\cup\{3,4\}\cup\{1,5,4\})\cup\{3,5,2\}]\\&= r_1r_2 + r_3r_4 + r_1r_5r_4 + r_2r_3r_5 - r_1r_2r_3r_4 - r_1r_2r_4r_5\\&\quad - r_1r_3r_4r_5 - r_1r_2r_3r_5 - r_2r_3r_4r_5 + 2r_1r_2r_3r_4r_5.\end{aligned} \tag{1.14}$$

因此, 系统可靠度由等式 (1.14) 的右半边给出. 如果 $r_i = r\,(i = 1, \cdots, 5)$, 则式 (1.14) 可以简写为

$$r_{\mathrm{s}} = r^2(2 + 2r - 5r^2 + 2r^3). \tag{1.15}$$

方法 2　这个方法基于条件概率. 可以把图 1.10 中的桥式网络可靠度 R_{s} 写为

$$\begin{aligned}R_{\mathrm{s}} &= \Pr\,(\text{元件 5 正常时系统正常工作})\,r_5\\&\quad + \Pr\,(\text{元件 5 损坏时系统正常工作})\,(1 - r_5).\end{aligned} \tag{1.16}$$

如果元件 5 正常工作, 那么原始的桥式网络能被简化成图 1.11(a) 中的并–串联结构, 其可靠度为

$$\Pr\,(\text{元件 5 正常时系统正常工作}) = (r_1 + r_3 - r_1r_3)(r_2 + r_4 - r_2r_4). \tag{1.17}$$

如果元件 5 损坏, 那么原始的桥式网络能被简化为图 1.11(b) 中的串–并联结构, 其可靠度为

$$\Pr\,(\text{元件 5 损坏时系统正常工作}) = r_1r_2 + r_3r_4 - r_1r_2r_3r_4. \tag{1.18}$$

将式 (1.17) 和 (1.18) 代入式 (1.16) 便得到与式 (1.14) 相同的系统可靠度.

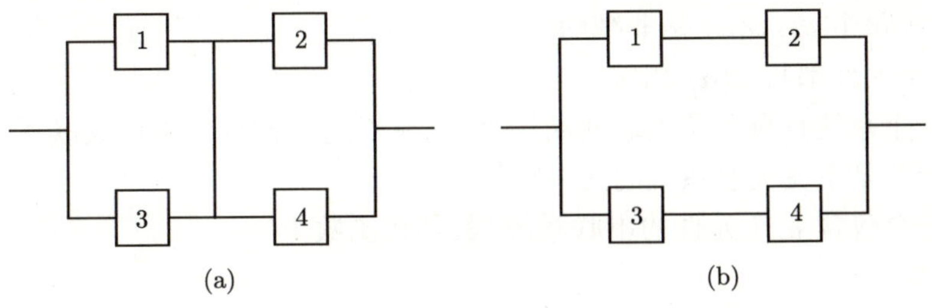

图 1.11　在图 1.10 基础上的 5 元件结构图

1.5.8　单调关联系统

在非串联系统中, 系统正常工作并不需要所有的元件都必须正常工作. 因此, 可以发现, 这类系统中存在一些元件的子集合, 一旦这些子集合中的元件全部失效, 将导致系统也失效. 关联系统理论就是用来研究系统与其元件之间函数关系的. 这种函数关系对于计算大型的复杂系统可靠度有着重要意义.

假设一个系统包含 n 个元件, $1,2,\cdots,n$, 而系统和它的元件有两种状态: 工作状态和失效状态. 定义一个二状态变量 a_j 来代表元件 j 的状态, $j=1,2,\cdots,n$, 令

$$a_j=\begin{cases}1, & \text{元件 } j \text{ 处于工作状态},\\ 0, & \text{元件 } j \text{ 处于失效状态}.\end{cases}$$

令 $\boldsymbol{a}=(a_1,\cdots,a_n)$. 同样, 定义一个二状态变量 ϕ 来代表系统的状态. 当系统处于工作状态时, $\phi=1$; 否则, $\phi=0$. 向量 $\boldsymbol{a}$ 的值可以是 2^n 个 n 维二进制向量中的任何一个. ϕ 是 1, 代表了向量 $\boldsymbol{a}$ 的一些可能值, 而 0 则代表了其他的可能值. 对于大多数可靠性系统, 都可以写出 $\boldsymbol{a}$ 的 ϕ 函数, 即 $\phi(\boldsymbol{a})$, 因此, 关于向量 $\boldsymbol{a}$ 的系统状态 ϕ 可以写成

$$\phi=\phi(\boldsymbol{a}).$$

函数 $\phi(\boldsymbol{a})$ 称为系统的结构函数. $\phi(\boldsymbol{a})$ 的形式取决于系统的结构. 考虑一个有结构函数 $\phi(\boldsymbol{a})$ 的系统, 如果对元件 $1,2,\cdots,j-1,j+1,\cdots,n$ 的某些状态 $a_1,\cdots,a_{j-1}$, $a_{j+1},\cdots,a_n$ 有

$$\phi(a_1,\cdots,a_{j-1},0,a_{j+1},\cdots,a_n)=0$$

和

$$\phi(a_1,\cdots,a_{j-1},1,a_{j+1},\cdots,a_n)=1,$$

那么元件 j 被认为与函数 $\phi(\boldsymbol{a})$ 息息相关.

一个相关的元件失效将至少在一种情况 (其他 $n-1$ 个元件状态的一种组合) 下导致系统失效. 结构函数 $\phi(\boldsymbol{a})$ 被称为单调关联的, 如果

(1) 对于每个 a_j, $\phi(\boldsymbol{a})$ 是非减的;

(2) 每个元件都与 $\phi(\boldsymbol{a})$ 相关.

如果一个系统具有单调关联的结构函数, 那么它就被称为单调关联系统. 串联与并联系统就是单调关联系统的两个特例.

对于一个包含 n 个元件的串联系统, 其结构函数为

$$\phi(\boldsymbol{a})=\prod_{j=1}^{n}a_j.$$

当且仅当对于所有 j 而言 $a_j = 1$ 时, $\phi = 1$, 因此, 它是单调关联系统. 同样, 对于一个包含 n 个元件的并联系统, 其结构函数为

$$\phi(\boldsymbol{a}) = 1 - \prod_{j=1}^{n}(1 - a_j).$$

为了验证它是单调关联系统, 只需注意到当且仅当对于所有 j 而言 $a_j = 0$ 时, $\phi = 0$.

假设对某个元件状态向量 $\boldsymbol{a}$ 有 $\phi(\boldsymbol{a}) = 1$, 则集合 $P = \{j : a_j = 1\}$ 称为路集, 向量 $\boldsymbol{a}$ 称为路向量. 一旦集合 P 中的所有元件都正常工作, 那么系统才能正常工作. 如果对于向量 $\boldsymbol{a}$ 有 $\phi(\boldsymbol{a}) = 0$, 那么 $C = \{j : a_j = 0\}$ 就称为割集, 而向量 $\boldsymbol{a}$ 则称为割向量.

令 P 是一个路集, $\boldsymbol{a}$ 为相应的路向量 (即对 $j \in P$ 有 a_j=1; 而对 $j \in \overline{P}$ 有 a_j=0). 如果对于任意的二状态向量 $\boldsymbol{b}$ 而言, 当 $\boldsymbol{b} \leqslant \boldsymbol{a}$ 且 $\boldsymbol{b} \neq \boldsymbol{a}$ 时有 $\phi(\boldsymbol{b}) = 0$, 那么 P 就被称为最小路集. 如果 P 是最小路集, 那么 P 中就不可能存在更小的集合构成路集. 令 C 为割集, $\boldsymbol{a}$ 为相应的割向量 (即对 $j \in C$ 有 $a_j = 0$; 而对 $j \in \overline{C}$ 有 $a_j = 1$), 如果对于任意 $\boldsymbol{b} \geqslant \boldsymbol{a}$ 且 $\boldsymbol{b} \neq \boldsymbol{a}$ 都有 $\phi(\boldsymbol{b}) = 1$, 那么 C 就被称为最小割集. 如果 C 是最小割集, 那么 C 就不可能存在更小的集合构成割集.

在图 1.9 所示的复杂系统中, $P = \{1, 4, 5\}$ 是一个路集, 而 $P' = \{3, 4\}$ 则是最小路集. $C = \{1, 2, 3, 4\}$ 是一个割集, 而 $C' = \{2, 4\}$ 则是最小割集.

令 $\{P_1, P_2, \cdots, P_r\}$ 为关联结构 $\phi(\boldsymbol{a})$ 中的全部最小路集, 则

$$\phi(\boldsymbol{a}) = 1 - \prod_{i=1}^{r}\left(1 - \prod_{j \in P_i} a_j\right). \tag{1.19}$$

通过寻找所有的最小路集并采用式 (1.19), 就可以得到系统可靠度的结构函数. 例如, 对于图 1.5 中的串–并联系统, 令

$$a_{ij} = \begin{cases} 1, & \text{在第 } i \text{ 个串联子系统中的 } j \text{ 元件正常工作}, \\ 0, & \text{其他}, \end{cases}$$

其中 $i = 1, \cdots, k$, 同时 $j = 1, \cdots, n_i$, 系统的路集为 $P_1, \cdots, P_k$, P_i = {所有在第 i 个串联子系统中的元件}.

通过式 (1.19) 可得到该串–并联系统的结构函数为

$$\phi(\boldsymbol{a}) = 1 - \prod_{i=1}^{k}\left(1 - \prod_{j=1}^{n_i} a_{ij}\right),$$

其中 $\boldsymbol{a} = (a_{11}, \cdots, a_{1n_1}, \cdots, a_{k1}, \cdots, a_{kn_k})$.

假设$\{C_1, C_2, \cdots, C_s\}$为 $\phi(\boldsymbol{a})$ 的所有最小割集, 则

$$\phi(\boldsymbol{a}) = \prod_{i=1}^{s}\left[1 - \prod_{j\in C_i}(1-a_j)\right]. \tag{1.20}$$

通过寻找所有的最小割集并采用式 (1.20) 可以得到 $\phi(\boldsymbol{a})$. 如图 1.6 中的并–串联结构, 令

$$a_{ij} = \begin{cases} 1, & \text{在第 } i \text{ 个串联子系统中的 } j \text{ 元件正常工作}, \\ 0, & \text{其他}, \end{cases}$$

其中 $i = 1, \cdots, k$, 同时 $j = 1, \cdots, n_i$, $C_1, \cdots, C_k$ 为系统的割集, 其中 $C_i = \{$所有在第 i 个并联子系统中的元件$\}$. 通过式 (1.20), 该并–串联系统的结构函数也能写为

$$\phi(\boldsymbol{a}) = \prod_{i=1}^{k}\left[1 - \prod_{j=1}^{n_i}(1-a_{ij})\right].$$

一个系统可靠度的结构函数 $\phi(\boldsymbol{a})$ 能够通过反复使用枢轴分解法则

$$\phi(\boldsymbol{a}) = a_j\phi(a_1, \cdots, a_{j-1}, 1, a_{j+1}, \cdots, a_n) + (1-a_j)\phi(a_1, \cdots, a_{j-1}, 0, a_{j+1}, \cdots, a_n)$$

得到. 这种方法对于得到一个复杂系统的结构函数相当有用. 对于任意 0-1 变量 y 都有 $y = y^m\,(m = 2, 3, \cdots)$. 利用这个特性, 可以把 $\phi(\boldsymbol{a})$ 表示成多重线性函数 $a_1, \cdots, a_n$ (每个 a_j 都是线性). 在多重线性形式 $\phi(\boldsymbol{a})$ 中, 可用元件 j 的可靠度 P_j 替代 a_j, 从而得到系统的可靠度. 单调关联结构的相关理论可以参见 Barlow 和 Proschan[23] 的文献. 单调关联系统的可靠度函数与最小路集 (割集) 的关系可以参见 El-Neweihi[85] 的文献. 多重单调关联系统的结构分析可以参见 Andrzejczak[12] 和 Zettwitz[334] 的文献.

1.5.9　单元件系统的冷储备冗余

考虑一个系统仅包含一个元件. 为了提高系统的可靠性, 设计者可能会提供一系列相似类型的元件作为备用. 这些备用元件与系统中的单个元件所起作用完全一样. 有三种冗余的类型: ① 冷储备; ② 温储备; ③ 热储备. 在冷储备类型中, 元件在使用前的储备期间不会失效. 在温储备类型中, 元件在使用前的储备期间存在一个较低的失效率. 在热储备类型中, 元件的失效率在储备和工作期间都一样.

如果所有冗余元件从零时刻开始工作, 而系统在任何时候都只需要其中一个元件正常就能工作, 那么这种情况就被称为并联 (或活动) 冗余. 当系统中一个元件失效时, 选择或启用一个完好的元件来替代它显得尤为重要. 下面将分析并联冗余. 热储备和并联冗余的数学模型是一致的. 通常进行冷储备冗余, 当系统中的工作元

件失效时，冗余的元件才被有序地接入系统使用. 而每一个在冷储备过程的冗余元件只有被接入系统后才会工作. 当一个工作的元件失效时，冗余的元件就被立即接入系统继续开始工作. 冷储备冗余也被称为备用. 当最后一个备用元件失效后，系统就随之失效. 冷储备冗余比热储备冗余系统的寿命会更长. 例如，一个单元件系统有 m 个备用元件，令 X_0 表示系统元件的寿命，X_i 表示第 i 个备用元件的寿命，$i=1,\cdots,m$. 假设所有的 X_i 统计上是互相独立的. 系统元件在 X_0 时失效，第 i 个备用元件的失效时间为 $X_0+X_1+\cdots+X_i\,(i=1,2,\cdots,m)$，则系统在时刻 t 的可靠度为

$$\begin{aligned}R_{\mathrm{s}}(t)&=\Pr(\text{系统正常工作到时刻 }t)\\&=\Pr(X_0+X_1+\cdots+X_m>t).\end{aligned}$$

令 $F_i(t)$ 表示寿命 X_i 的概率分布函数，$f_i(t)$ 表示相应的密度函数. 令 $R_i(t)=1-F_i(t)\,(i=0,1,\cdots,m)$. 对于 $m=1$，系统可靠度为

$$\begin{aligned}R_{\mathrm{s}}(t)&=\Pr(X_0+X_1>t)\\&=\int_0^t\Pr(X_1>t-x_0)f_0(x_0)\mathrm{d}x_0+R_0(t).\end{aligned}$$

同样，当 $m=2$ 时，系统可靠度为

$$\begin{aligned}R_{\mathrm{s}}(t)&=\Pr(X_0+X_1+X_2>t)\\&=\int_0^t\Pr(X_1+X_2>t-x_0)f_0(x_0)\mathrm{d}x_0+R_0(t)\\&=\int_0^t\left[\int_0^{t-x_0}\Pr(X_2>t-x_0-x_1)f_1(x_1)\mathrm{d}x_1+R_1(t-x_0)\right]f_0(x_0)\mathrm{d}x_0+R_0(t).\end{aligned}$$

对于任意 m，都可以用此式来表达系统的可靠度 $R_{\mathrm{s}}(t)$. 但对于一般的 m 来说，这个表达式显得十分复杂. 通过计算系统的失效概率 $\Pr\,(X_0+X_1+\cdots+X_m\leqslant t)$，同样可以得到 $R_{\mathrm{s}}(t)$ 的值. 显然，当 $X_0+X_1+\cdots+X_m$ 的分布已知，失效概率就可以计算. 对于这个和的分布，使用拉普拉斯变换非常有效. 对于一些难以处理的情况，可以采用蒙特卡罗模拟算法来计算失效概率. 假设系统中的元件和冗余元件是一样的，都服从均值为 μ 的负指数分布，于是有

$$f_i(t)=\frac{1}{\mu}\mathrm{e}^{-1/\mu},\quad t\geqslant 0,\ i=0,1,\cdots,m,$$

系统寿命 $X_0+X_1+\cdots+X_m$ 服从伽马分布，其密度函数为

$$f(t)=\frac{1/\mu}{m!}\left(\frac{t}{\mu}\right)^m\mathrm{e}^{-t/\mu},\quad t\geqslant 0.$$

因此, 系统在时间 t 时刻的失效概率为

$$\Pr(X_0 + X_1 + \cdots + X_m \leqslant t) = 1 - \sum_{t=0}^{m} \frac{(t/\mu)^i}{i!} \mathrm{e}^{-t/\mu},$$

系统的可靠度为

$$R_{\mathrm{s}}(t) = \sum_{i=0}^{m} \frac{(t/\mu)^i}{i!} \mathrm{e}^{-t/\mu}. \tag{1.21}$$

系统寿命的均值和方差分别为 $(m+1)\mu$ 和 $(m+1)\mu^2$.

由式 (1.21) 给出的系统可靠度同样可以使用泊松过程理论来获得. 若冗余元件的数目是无穷大, 则元件的失效时间就是概率为 $1/\mu$ 的泊松过程. 进一步, 在 t 时间内的失效元件数服从均值为 t/μ 的泊松分布, 因此, 式 (1.21) 的右边部分就是在时间 t 内失效元件数不超过 m 的概率. 这个概率与所要计算的系统可靠度相同.

1.5.10　开关有缺陷的冗余系统

如上所述, 通过进行元件冗余可以提高系统的可靠度. 当冷储备冗余可行时, 它比并联冗余更可取, 因为它能更有效地延长系统寿命. 若可以采用高可靠的开关装置 (如高质量传感器, 在工作元件失效时将备用元件接入), 则冷储备冗余的应用范围会更广泛. 前面考虑的冗余模型假设了开关装置和传感器是理想的 (完全可靠). 然而, 任何一个开关系统都有可能发生故障或者传感器可能发出错误信号, 因而造成系统失效. 事实上, 开关装置包括多种失效模式: 人为电路短路、工作元件没有失效的情况下开启接入备用元件的电路、工作元件故障发生时接入电路却无法开启等. 对于开关有缺陷的冷储备冗余, 系统可靠度不仅取决于冗余元件的失效模式, 也取决于开关装置和传感器的失效模式.

当开关装置有多种失效模式时, 很难分析冷储备冗余模型. 因此, 为了确定冗余系统的状态, 常假设开关装置要么处于正常状态, 要么处于失效状态. 为了使问题简化, 进一步假设传感器是理想的不会发生失效.

包含 m 个冷储备元件的冗余系统

考虑一个系统中有一个原始的工作元件 C_0 和 m 个冷储备元件 $C_1, \cdots, C_m$. 每当一个工作的元件发生故障时, 开关 S 就开启并接入一个好的冷储备元件. 开关的作用仅仅是接入冷储备的元件, 并要求在任何时候都处于工作状态. 令 X_j 表示 C_j 的寿命, $j = 0, 1, \cdots, m$, Y 表示开关 S 的寿命, 有如下假设:

(1) C_0 和 S 在时间零点同时开始工作;

(2) S 能在任何时间发生故障, 甚至在第一个冗余元件 C_1 投入工作前;

(3) 如果 S 在时间 y 发生故障, 则不可能在 y 之后接入任何冗余的元件;

(4) 当元件 $C_0, C_1, C_2, \cdots, C_{j-1}$ 失效后, 元件 C_j 开始工作且开关 S 应该在正常工作状态;

(5) 元件的寿命 $X_0, X_1, \cdots, X_m$ 服从失效率为 λ 的指数分布;

(6) 开关 S 的寿命 Y 服从失效率为 μ 的指数分布;

(7) 元件失效与开关失效相互独立.

系统在时刻 t 能正常工作的条件如下:

- 元件 C_0 在时刻 t 处于工作状态且开关 S 没有失效;
- 在时刻 t 元件 $C_0, C_1, C_2, \cdots, C_{j-1}$ 失效后, 元件 C_j 已进入了工作状态且开关 S 到 C_{j-1} 都没有失效.

在时刻 t, 元件 C_0 正常工作的概率为

$$P_0 = \Pr(X_0 > t) = \mathrm{e}^{-\lambda t}. \tag{1.22}$$

现在推导在时刻 t 元件 C_j 正常工作的概率 P_j. 事件 P_j 发生仅当① C_0 在时刻 x 已经失效, 并且 $x < t$; ② C_{j-1} 在时刻 $(x+y) < t$ 发生失效, 即有 $\sum\limits_{k=1}^{j-1} X_k = y$; ③ 直到 $x+y$ 时刻 S 都没有失效; ④ 在时间 $t-(x+y)$ 内, C_j 不会失效. 因为 $\sum\limits_{k=1}^{j-1} X_k$ 服从伽马分布, 而且元件寿命互相独立. 于是可得到

$$\begin{aligned}
&\Pr(C_j \text{ 在 } t \text{ 时刻正常工作 } |C_0 \text{ 在 } x<t \text{ 时已经失效}) \\
=&\int_0^{t-x} [\mathrm{e}^{-\lambda(t-x-y)}\mathrm{e}^{-\mu(x+y)}] \frac{\lambda^j}{(j-1)!} y^{j-1}\mathrm{e}^{-\lambda y}\mathrm{d}y \\
=&(\lambda/\mu)^j \mathrm{e}^{-\lambda(t-x)-\mu x}\left[1-\sum_{k=0}^{j-1}\frac{\mu^k(t-x)^k}{k!}\mathrm{e}^{-\mu(t-x)}\right].
\end{aligned}$$

因此,

$$\begin{aligned}
P_j &= \int_0^t \Pr(C_j \text{ 在 } t \text{ 时刻正常工作 } |C_0 \text{ 在 } x \text{ 时刻已经失效})\,\lambda\mathrm{e}^{-\lambda x}\mathrm{d}x \\
&= \int_0^t (\lambda/\mu)^j \mathrm{e}^{-\lambda(t-x)-\mu x}\left[1-\sum_{k=0}^{j-1}\frac{\mu^k(t-x)^k}{k!}\mathrm{e}^{-\mu(t-x)}\right]\lambda\mathrm{e}^{-\lambda x}\mathrm{d}x.
\end{aligned}$$

简化最后一个式子可得到

$$P_j = (\lambda/\mu)^{j+1}\mathrm{e}^{-\lambda t}\left[1-\sum_{k=0}^{j}\frac{\mu^k t^k}{k!}\mathrm{e}^{-\mu t}\right]. \tag{1.23}$$

由于系统在 t 时刻的可靠度为 $R_{\mathrm{s}}(t) = P_0 + P_1 + \cdots + P_m$, 根据式 (1.22) 和 (1.23) 可以得到

$$R_{\mathrm{s}}(t) = \mathrm{e}^{-\lambda t}\left\langle 1+\sum_{j=1}^{m}(\lambda/\mu)^{j+1}\left[1-\sum_{k=0}^{j}\frac{\mu^k t^k}{k!}\mathrm{e}^{-\mu t}\right]\right\rangle.$$

包含 m 个热储备元件的冗余系统

考虑系统中有 m 个热储备的冗余元件, 即每个元件在使用之前的储备阶段就有一个参数为 λ 的失效率. 假设开关失效系统就会失效, 则系统在以下两种情况时会正常工作:

- 情况 E_1: 直到 t 时刻 C_0 都没有失效.
- 情况 E_2: 在 t 时刻之前 C_0 已经失效, 但开关和至少 m 中的一个冗余元件直到 t 时刻都在正常工作.

于是有

$$\begin{aligned}\Pr(E_1) &= \mathrm{e}^{-\lambda t},\\ \Pr(E_2) &= \Pr(X_0 \leqslant t, Y > t, \max\{X_1, \cdots, X_m\} > t)\\ &= \Pr(X_0 \leqslant t)\Pr(Y > t)\Pr(\max\{X_1, \cdots, X_m\} > t)\\ &= (1-\mathrm{e}^{-\lambda t})\mathrm{e}^{-\mu t}[1-\Pr(X_1 \leqslant t, X_2 \leqslant t, \cdots, X_m \leqslant t)]\\ &= (1-\mathrm{e}^{-\lambda t})\mathrm{e}^{-\mu t}[1-(1-\mathrm{e}^{-\lambda t})^m].\end{aligned}$$

因此, 系统在时刻 t 的可靠度为

$$R_{\mathrm{s}}(t) = \mathrm{e}^{-\lambda t} + (1-\mathrm{e}^{-\lambda t})\mathrm{e}^{-\mu t}[1-(1-\mathrm{e}^{-\lambda t})^m]. \tag{1.24}$$

当 $\mu = 0$ 时, 也就是说, 开关完好, 式 (1.24) 可以简化为

$$R_{\mathrm{s}}(t) = 1-(1-\mathrm{e}^{-\lambda t})^{m+1}.$$

如果考虑冗余元件失效时开关的可靠程度, 则冗余系统的可靠度 $R_{\mathrm{s}}(t)$ 将很难推导.

1.5.11 多因失效模型

考虑包含 m 个元件的冗余系统, 这些元件会产生共因失效. 共因失效是一类在高危系统运行过程中需要面对的问题, 如核反应堆和软件系统. 令 $M=\{1,2,\cdots,m\}$ 代表元件集, 系统可能由 n 个原因导致失效, 但这些失效原因之间是互相独立的. 引起第 j 个失效原因的发生率为 $\lambda_j\,(j=1,\cdots,n)$. 因此, 第 j 个失效原因发生的时间服从参数为 $1/\lambda_j$ 的指数分布. 一般来说, 假定 $n \leqslant 2^m - 1$, 令 C_j 代表由于第 j 个原因而导致的失效元件集, $j=1,\cdots,n$. 一个元件可能因为一个或多个原因产生失效. 如果元件 i 是因为原因 j 而产生失效, 则令 $a_{ij}=1$; 反之, 则为 0. 令 $\boldsymbol{A}=(a_{ij})_{mn}$, 称为关联矩阵.

如果 F 中的所有原因都可能导致系统中所有的元件失效, 则子集 F 被称为一个覆盖集. 也就是说, 如果 $\bigcup\limits_{j\in F} C_j = M$, 则 F 为覆盖集. 如果 F 的子集不是一个覆盖集, 那么 F 就是最小覆盖集.

令 $\{F_1, F_2, \cdots, F_v\}$ 是最小覆盖集的全体. 定义事件 $E_i\,(i=1,\cdots,v)$ 当且仅当 F_i 中所有情况产生时, E_i 产生. 令 $V=\{1,2,\cdots,v\}$, 对于任意 $G=\{i_1,\cdots,i_r\}\subseteq V$, 令 $\Pr\left(\bigcup\limits_{i\in G} E_i\right)$ 代表事件 $E_{i1}, E_{i2},\cdots,E_{ir}$ 发生的概率, 那么系统的失效概率为

$$F_s=[\Pr(E_1)+\cdots+\Pr(E_v)]-\sum_{i=1}^{v}\sum_{\substack{j=1\\j>i}}^{v}\Pr(E_iE_j)+\cdots+(-1)^{r+1}\sum_{\substack{G\subseteq V\\|G|=r}}\Pr\left(\bigcap_{i\in G}E_i\right)$$
$$+\cdots+(-1)^{v+1}\Pr(E_1\cap E_2\cap\cdots\cap E_v).$$

在下面的例子中记 $a=1-\mathrm{e}^{-\lambda t}$, $b=1-\mathrm{e}^{-\mu t}$.

例 1-1 令元件数 $m=2$, 引起失效的原因数 $n=3$, 则关联矩阵为

		原因		
		1	2	3
元件	1	1	0	1
	2	0	1	1

由于原因 1, 3 可能导致所有元件失效, 所以 $F=\{1, 3\}$为一个覆盖集. 同样, 子集$\{3\}$也是一个覆盖集. 实际上, 它是一个最小覆盖集. 注意子集 $F'=\{1\}$不是一个覆盖集.

这里最小覆盖集是 $F_1=\{1, 2\}$和 $F_2=\{3\}$. 令原因 1, 2 的发生率为 λ, 原因 3 的发生率为 μ, 其中原因 3 的发生会导致元件 1, 2 失效. 于是在 t 时刻系统的失效概率为

$$\begin{aligned}F(t)&=\Pr(E_1\cup E_2)\\&=\Pr(E_1)+\Pr(E_2)-\Pr(E_1E_2)\\&=a^2+b-a^2b.\end{aligned}$$

因此, t 时刻系统的可靠度为 $R_s(t)=1-a^2-b+a^2b$.

例 1-2 令 $M=\{1,2,3\}$, $N=\{1,2,3,4\}$, 那么关联矩阵 $\boldsymbol{A}$ 为

		原因			
		1	2	3	4
元件	1	1	0	0	1
	2	0	1	0	1
	3	0	0	1	0

令原因 1, 2, 3 的发生率为 λ, 原因 4 的发生率为 μ.

最小覆盖集为 $F_1 = \{1, 2, 3\}$和 $F_2 = \{3, 4\}$. 在这种情况下, t 时刻系统的失效概率为

$$F(t) = a^3 + ab - a^3 b,$$

而系统的可靠度为

$$R_{\rm s}(t) = 1 - a^3 - ab + a^3 b.$$

练　习

1.1 表示设备正常工作的测度是什么? 定义和说明三个测度.

1.2 哪种过程与产品的可靠度高度关联? 怎样降低人为误差?

1.3 证明当 q_i 很小时, $R_{\rm s} = \prod_{i=1}^{k}(1 - q_i^{n_i})$ 近似等于 $R_{\rm s} \approx 1 - \sum_{i=1}^{k} q_i^{n_i}$.

1.4 对于图 1.5 中的串–并联系统和图 1.6 中的并–串联系统, 令 t_{ij} 表示 i 子系统中元件 j 的失效时间. 证明串–并联系统的失效时间为

$$T_{\rm SP} = \max_{1 \leqslant i \leqslant k} \min_{1 \leqslant j \leqslant n_i} t_{ij},$$

并–串联系统的失效时间为

$$T_{\rm PS} = \min_{1 \leqslant i \leqslant k} \max_{1 \leqslant j \leqslant n_i} t_{ij}.$$

1.5 令 $\varepsilon > 0$ 为一个很小的数, 图 1.6 中的并–串联系统, 对于所有 i 和 j 都有 $1 - r_{ij} = v_i$. 根据下列条件找出 $v_{\max}$ 的值:

$$R_{\rm s} - \varepsilon \leqslant 1 - \sum_{i=1}^{k} v_i^{n_i} \leqslant R_{\rm s} + \varepsilon, \quad v_i \in (0, v_{\max}), 1 \leqslant i \leqslant k.$$

1.6 对于图 1.8 中的层次型串–并联系统, 利用 1.5.7 小节中的方法 2, 选取元件 3 作为分解单元, 推导系统的可靠度.

1.7 证明图 1.9(b) 中的并–串联系统可靠度不低于图 1.9(a) 的复杂系统可靠度.

1.8 考虑图 1.11 中由 4 个同样元件组成的两个系统, 若所有元件的可靠度相同, 证明并–串联结构系统的可靠度要高于串–并联结构.

1.9 假设下图中所有的元件可靠度相同, 计算系统的可靠度:

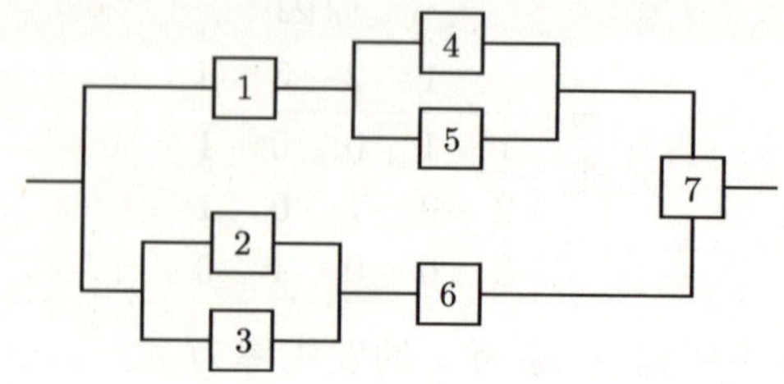

1.10 计算一个 5 中取 3: 坏系统的可靠度. 假设所有元件的可靠度相同, 分析 5 中取 3: 坏系统与 5 中取 3: 好系统之间的关系?

1.11 令

$$a_i = \begin{cases} 1, & \text{元件 } i \text{ 正常工作}, \\ 0, & \text{其他}. \end{cases}$$

找出 4 中取 3: 好系统中的最小路集和最小割集.

1.12 令 $\boldsymbol{a} = (a_1, a_2, a_3, a_4, a_5)$,

(a) 用最小路集的方法写出一个 5 中取 3: 好系统的结构函数;

(b) 用最小割集的方法写出一个 5 中取 3: 好系统的结构函数.

1.13 根据练习 1.9 的网络, 写出结构函数.

1.14 计算图 1.10 中复杂系统的单调关联结构函数 $\phi(\boldsymbol{a})$.

1.15 考虑系统中有 n 个元件, 其关联结构函数是 $\phi(\boldsymbol{a})$, n 个元件的可靠度分别为 $r_1, \cdots, r_n$. 证明系统的可靠度为

$$R_{\mathrm{s}} = \sum_{a_1, \cdots, a_n} \phi(a_1, \cdots, a_n) \prod_{j=1}^{n} r_j^{a_j} (1 - r_j)^{1-a_j}.$$

1.16 考虑一个 5 中取 2 系统, 其元件可靠度分别为 $r_1, \cdots, r_5$, 推导出系统的单调关联结构函数并利用练习 1.15 中的公式计算系统的可靠度.

1.17 一个夜间保安每天带三个手电筒在身边 10 h. 他一天开启一个手电筒 30 min. 如果一个手电筒没电了, 他就用另外一个. 计算出在一年的时间里夜间保安需要用到的手电筒不超过三个的概率 R_{s}. 假设备用的手电筒都相同, 每个的寿命都服从均值为 $\mu = 50$ h 的指数分布.

1.18 一个系统由一个开关、一个原始元件和两个备用元件组成. 如果一个元件在工作中失效, 那么开关就会开启一个备用元件工作. 但是, 开关并不是完好的. 假设所有的元件都相同, 每个的寿命都服从均值为 $\mu = 5$ 个月的指数分布, 而开关的寿命服从均值为 2 年的指数分布. 计算系统至少工作一年的概率 R_{s}.

1.19 一个由 m 个备用元件组成的冷储备系统, 每个元件的失效率均为 λ, 证明系统的平均寿命为 $\mathrm{MTTF} = \dfrac{m+1}{\lambda}$, 同时计算出 MTTF 的方差.

1.20 设计一种新的元件. 压力分析显示元件受到拉伸应力. 因为负载是变化的, 因此, 拉伸应力服从均值为 3500 kg/m^2, 标准差为 400 kg/m^2 的正态分布. 制造元件时会产生出残余压力, 它服从均值为 1000 kg/m^2, 标准差为 150 kg/m^2 的正态分布. 对于元件进行强度分析表明, 其拉伸强度的均值可达 5000 kg/m^2. 现在, 对改变元件强度的因素还不是很清楚. 工程师们想要知道此元件强度的最大标准差, 以确保元件的可靠度不低于 0.999.

1.21　一个二状态的随机系统服从失效率为 λ, 修复率为 μ 的指数分布. 推导其瞬态和稳态的可用度.

1.22　证明系统的失效率能唯一确定它的可靠度函数.

1.23　假想并列出 4 种在建立可靠性软件模型中关于程序错误的情况.

1.24　令 p_i 为第 i 个元件完好的概率. $p_i \to 1.0$, q_i 等于 $1-p_i$, $\phi_i = q_i/p_i$, 用 s 代表“系统”.

(a) 如果串联系统由 n 个单元组成, 证明 $\phi_{\mathrm{s}} \approx \sum_{i=1}^{n} \phi_i$;

(b) 如果并联系统由 n 个单元组成, 则证明 $\phi_{\mathrm{s}} \approx \prod_{i=1}^{n} \phi_i$;

(c) 下图中已知 $p_1 = 0.86$, $p_2 = 0.93$, $p_3 = 0.92$, $p_4 = 0.95$ 及 $p_5 = 0.98$:

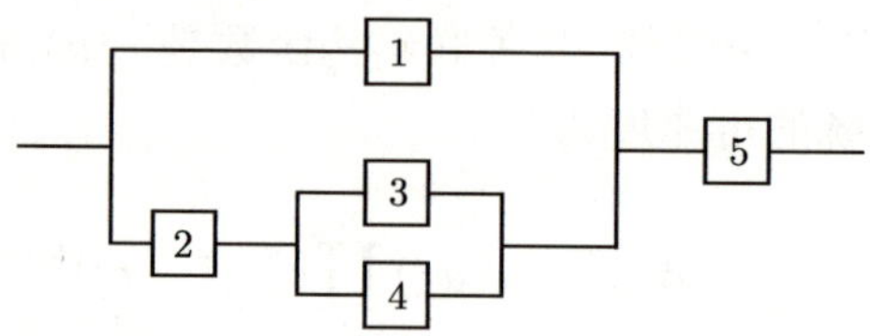

用 (a) 和 (b) 计算出系统的可靠度.

第 2 章　可靠性最优化模型分析与分类

2.1　引言与符号

符号说明

b_i	第 i 个可用资源的总量,
$f(\boldsymbol{x})$	(对固定元件的可靠度) 冗余分配 $\boldsymbol{x}$ 的系统可靠度,
$h(R_1,\cdots,R_n)$	各阶段可靠度为 $R_1,\cdots,R_n$ 时的系统可靠度,
j	阶段指标,
ℓ_j	x_j 的下限,
m	资源数,
n	系统中的阶段数,
$R_j(x_j)$	$1-(1-r_j)^{x_j}$, 第 j 阶段的可靠度,
R_s	系统可靠度,
r_j	在第 j 阶段含 x_j 个冗余的元件可靠度,
r_j^l	元件可靠度 r_j 的下限,
r_j^u	元件可靠度 r_j 的上限,
u_j	可冗余元件数 x_j 的上限,
$\boldsymbol{x}$	$(x_1,\cdots,x_n)$,
x_j	在第 j 阶段的冗余元件数.

第 1 章介绍了提高系统可靠度的几种方法. 提高系统可靠度总是需要消耗一些资源, 因此, 为了达到系统可靠度的最大化, 本章考虑如下 4 种可以选择的方案:

(1) 提高元件的可靠度;

(2) 对元件进行并联冗余;

(3) 将 (1) 和 (2) 两种方案结合, 即同时采取提高元件的可靠度和对元件进行并联冗余;

(4) 重新分配可互换的元件.

从第 3 章开始的一些系统可靠度最优化模型就是基于这些方案的, 还相应探讨了模型的应用和求解方法. 本章的 8 个最优化模型中分别用到这些方案. 另外, 向读者推荐: 对系统进行可靠度分配时, 方案 (1) 在 20 世纪六七十年代得到了很好的发展, 这方面的文献可参见 Tillman 等[306] 的介绍; 要提高现代半导体产品的元件可靠度可参见文献 Kuo 和 Kim[176] 以及 Kuo 和 Kuo[177] 的文献; 方案 (2)~(4) 也有许多发展 (在实际中, 由于方案 (4) 没有对资源的新要求, 所以显得更诱人).

首先考虑一个 n 阶段的系统可靠度问题. 在每一阶段开始只有一个元件而没有冗余的情况. 资源 i 的总消耗用函数 $g_i(\cdot)$ 表示. 当选择是元件可靠度时, 记作 $g_i(r_1,\cdots,r_n)$. 同样, 当选择是冗余设计而达到 $x_1, \cdots, x_n$ 时, 资源 i 的总消耗可用函数 $g_i(x_1,\cdots,x_n)$ 表示. 若同时选择两者, 则资源 i 的总消耗可用函数 $g_i(x_1,\cdots,x_n;r_1,\cdots,r_n)$ 表示. 如果所有的约束条件就是资源的消耗, 那么资源的消耗总量可以分解到各个阶段. 记 $g_{ij}(\cdot)$ 表示资源 i 在第 j 阶段的消耗量. 对于方案 (1)~(3), 可分别有

$$g_{ij}(\cdot) = g_{ij}(r_j),$$

$$g_{ij}(\cdot) = g_{ij}(x_j),$$

$$g_{ij}(\cdot) = g_{ij}(x_j,r_j),$$

函数 $g_{ij}(\cdot)$ 可以是成本、重量、体积等. 在接下来的章节中有这些函数的应用示例. 对所有的可靠度最优化问题, 都用函数 $f(\cdot)$ 来表示系统的可靠度. 对方案 (1) 和方案 (2) 分别有

$$f(r_1,\cdots,r_n) = h(r_1,\cdots,r_n)$$

和

$$f(r_1,\cdots,r_n) = h[R_1(x_1),\cdots,R_n(x_n)].$$

对方案 (3), 系统的可靠度函数表示为

$$f(x_1,\cdots,x_n;r_1,\cdots,r_n).$$

如果没有给定 x_j 的下限 l_j, 可以认为其下限为 0. 同样地, 若没有给定 x_j 的上限 u_j 时, 则认为其无穷大.

2.2 最优化模型

由于系统结构、资源约束以及可靠性改进方案的多样性, 于是形成了许多不同的最优化模型结构和分析方法. 文献上大量讨论过的可靠性最优化模型可以纳入下面的一般框架.

模型 1: 连续元件的可靠度分配

通常可以选用较高可靠度的元件来提高系统的可靠度. 在资源约束条件下, 依靠元件可靠度的选择使系统可靠度达到最大的模型如下:

$$\begin{aligned} \max \quad & R_{\mathrm{s}} = f(r_1, \cdots, r_n), \\ \text{s.t.} \quad & g_i(r_1, \cdots, r_n) \leqslant b_i, i = 1, \cdots, m, \\ & r_j^{\mathrm{l}} \leqslant r_j \leqslant r_j^{\mathrm{u}}, j = 1, \cdots, n. \end{aligned}$$

此模型称为可靠度分配问题. 许多学者采用可分离性假设

$$g_i(r_1, \cdots, r_n) = \sum_{j=1}^{n} g_{ij}(r_j).$$

该问题属于典型的非线性规划问题.

模型 2：离散和连续元件的可靠度分配

假设元件的可靠度在阶段 $j(j = 1, \cdots, k, k \leqslant n)$ 有 u_j 个离散的选择, 而在阶段 $k+1, \cdots, n$ 元件可靠度的选择是连续的. 用 $r_j(1), r_j(2), \cdots, r_j(u_j)$ 表示阶段 $j(j = 1, \cdots, k)$ 所选择元件的可靠度, 则使系统可靠度最大化的元件最优可靠度选择模型可以表示为

$$\begin{aligned} \max \quad & R_{\mathrm{s}} = h[(r_1(x_1), \cdots, r_k(x_k), r_{k+1}, \cdots, r_n)], \\ \text{s.t.} \quad & g_i[(r_1(x_1), \cdots, r_k(x_k), r_{k+1}, \cdots, r_n)] \leqslant b_i, \ i = 1, \cdots, m, \\ & x_j \in \{1, 2, \cdots, u_j\}, \ j = 1, \cdots, k, \\ & r_j^{\mathrm{l}} \leqslant r_j \leqslant r_j^{\mathrm{u}}, \ j = k+1, \cdots, n. \end{aligned}$$

该问题一个是非线性混合整数规划问题.

模型 3：冗余分配

通过对元件进行冗余来提高系统可靠度也是常用的方法. 在资源约束条件下, 寻找最优的元件冗余数 $x_1, \cdots, x_n$ 使系统可靠度最大化模型为

$$\begin{aligned} \max \quad & R_{\mathrm{s}} = f(x_1, \cdots, x_n), \\ \text{s.t.} \quad & g_i(x_1, \cdots, x_n) \leqslant b_i, i = 1, \cdots, m, \\ & \ell_j \leqslant x_j \leqslant u_j, j = 1, \cdots, n, \end{aligned}$$

其中 x_j 为整数.

以上问题被称为冗余分配问题, 是一个非线性整数规划问题. 有关冗余分配的大多数文章都作了可分离性假设

$$g_i(x_1, \cdots, x_n) = \sum_{j=1}^{n} g_{ij}(x_j),$$

这比较接近实际情况. 此模型将贯穿全文. 许多具体的求解方法, 如启发式、精确算法、智能算法、近似方法等将在第 3~7 章阐述.

模型 4: 可靠度–冗余分配

可以既选择有较高可靠度的元件又同时对其进行冗余来提高系统的可靠度. 在资源约束条件下, 寻找最优的元件冗余数 $x_1, \cdots, x_n$ 同时选择元件的可靠度 $r_1, \cdots, r_n$ 使系统可靠度最大化模型为

$$
\begin{aligned}
\max \quad & R_{\mathrm{s}} = f(x_1, \cdots, x_n; r_1, \cdots, r_n), \\
\text{s.t.} \quad & g_i(x_1, \cdots, x_n; r_1, \cdots, r_n) \leqslant b_i,\ i = 1, \cdots, m, \\
& \ell_j \leqslant x_j \leqslant u_j,\ j = 1, \cdots, n, \\
& r_j^{\mathrm{l}} \leqslant r_j \leqslant r_j^{\mathrm{u}},\ j = 1, \cdots, n,
\end{aligned}
$$

其中 x_j 为整数.

此问题称为可靠度–冗余分配问题. 同样地, 其约束条件也作可分离性假设, 即

$$
g_i(x_1, \cdots, x_n; r_1, \cdots, r_n) = \sum_{j=1}^{n} g_{ij}(x_j, r_j), \quad i = 1, \cdots, m.
$$

模型的求解方法在第 8 章讨论. 如模型 2 一样, 此模型也可以对元件可靠度进行离散选择.

模型 5: 离散的元件可靠度分配和冗余

在模型 3 和模型 4 中, 若 j 阶段的冗余形成一个 x_j 中取 1: 好系统, 即每一阶段要求至少有一个元件正常工作. 如果在 j 阶段要求至少有 ℓ_j 个元件正常工作, 则在 j 阶段的并联冗余形成 x_j 中取 ℓ_j: 好系统. 假设元件的可靠度只能从一些离散值中选择, 并且在阶段 $1, \cdots, k(\leqslant n)$ 中不允许有冗余; 而在阶段 $j = k+1, \cdots, n$ 进行冗余 (冗余元件有固定的可靠度), 并且要求有 $\ell_j(\geqslant 1)$ 个元件同时正常工作.

用 $\{r_j(1), r_j(2), \cdots, r_j(u_j)\}$ 表示在阶段 $j(j = 1, \cdots, k)$ 元件可靠度的可选集. 如果在阶段 $j(> k)$ 用可靠度为 r_j 的 x_j 个元件进行并联冗余, 则此阶段的可靠度为

$$
R_j(x_j) = \sum_{\omega=\ell_j}^{x_j} \binom{x_j}{\omega} r_j^{\omega} (1 - r_j)^{x_j - \omega}.
$$

此时系统可靠度最优化模型为

$$
\begin{aligned}
\max \quad & R_{\mathrm{s}} = h[(r_1(x_1), \cdots, r_k(x_k), R_{k+1}(x_{k+1}), \cdots, R_n(x_n)], \\
\text{s.t.} \quad & g_i[(r_1(x_1), \cdots, r_k(x_k), x_{k+1}, \cdots, x_n)] \leqslant b_i,\ i = 1, \cdots, m, \\
& x_j \in \{1, 2, \cdots, u_j\},\ j = 1, \cdots, k, \\
& x_j \in \{\ell_j, \ell_j + 1, \cdots, u_j\},\ j = k+1, \cdots, n.
\end{aligned}
$$

这个模型是例 3-3 的一般形式. 在模型中所有变量都取整数, 因此, 它是一个非线性整数规划问题. 第 3 章中介绍的方法对求解此类问题非常有效.

模型 6: 成本最小化的冗余分配

成本最小化是进行系统可靠度冗余分配的重要目标. 这类问题可以表述为求最小成本

$$\begin{aligned}\min\quad & C_{\mathrm{s}}=\sum_{j=1}^{n}c_j(x_j),\\ \text{s.t.}\quad & g_i(x_1,\cdots,x_n)\geqslant b_i,\ i=1,2,\cdots,m,\\ & \ell_j\leqslant x_j\leqslant u_j,\ j=1,2,\cdots,n,\end{aligned}$$

其中 C_{s} 是系统元件的总成本, $c_j(x_j)$ 是在 j 阶段 x_j 个元件的成本. 系统可靠度的下限通常是一个约束条件.

成本可作为在解析或经验函数中的任何参数. 例如, 成本可以看成是元件失效率的函数或者软件系统故障率的函数 (见第 13 章的释例). 如果目标是设计一个系统, 使其成本最小, 那么可以控制失效率, 即使 C_{s} 最小.

模型 7: 元件指派

考虑一个 n 阶段的系统, 各阶段的元件可互换. 当各元件有不同可靠度时, 可以在不消耗任何资源的条件下, 通过重新指派各阶段的元件而使系统可靠度达到最大. 假设在阶段 $1,\cdots,n$ 的元件可互换, 并用数字 $1,\cdots,n$ 分别编号. 用 r_j 表示元件 j 的可靠度. 用 $\pi=(\pi_1,\cdots,\pi_n)$ 表示元件 $1,\cdots,n$ 的排列次序, 用 $f(\pi_1,\cdots,\pi_n)$ 表示元件 π_j 指派到阶段 $j\,(j=1,\cdots,n)$ 时的系统可靠性. 这时有

$$f(\pi_1,\cdots,\pi_n)=h(r_{\pi_1},\cdots,r_{\pi_n}),$$

此时, 最优化问题是求最大的系统可靠度

$$\begin{aligned}\max\quad & R_{\mathrm{s}}=f(\pi_1,\cdots,\pi_n),\\ \text{s.t.}\quad & (\pi_1,\cdots,\pi_n)\in P,\end{aligned}$$

其中 P 表示 $1,\cdots,n$ 的所有 $n!$ 排列. 如果序列 $(\pi_1,\cdots,\pi_n)$ 不满足约束条件, 即元件 π_j 不能被指派到位置 j, 这时约定 $f(\pi_1,\cdots,\pi_n)=0$. 当系统要求在某些阶段元件相同, 并且现有元件的年龄不相同时, 也属于此类问题. 值得注意的是, 除了服从指数寿命分布的情况, 元件的可靠度依赖于元件的年龄. 从数学的角度来看, 这是一个非线性指派问题.

最优元件指派对某些特殊结构, 如串–并联结构和 n 中取连续 2: 坏系统已被解析导出. 基于各阶段临界值比较的启发式算法和精确算法更适用于一般结构. 占优的概念和 Schur 凸函数的性质在求解程序中会用到. 这类问题的相关理论及求解方法在第 9 章中讨论.

模型 8: 多目标最优化

设计工程师通常不仅要考虑系统可靠度最大, 还要考虑其他问题, 如最低成本及体积和重量等的限制. 因此, 在满足约束条件下使每一个子目标都最优是很难做到的. 这时, 设计师需要在各个子目标的最优化方面进行协调. 这种情况在飞机设计中很典型. 假设设计师仅考虑采用冗余方案实现最优化目标, 从数学的角度来看, 这个问题可以描述为最大化向量

$$\begin{aligned} \max \quad & z = [f_1(x_1, \cdots, x_n), f_2(x_1, \cdots, x_n), \cdots, f_s(x_1, \cdots, x_n)], \\ \text{s.t.} \quad & g_i(x_1, \cdots, x_n) \leqslant b_i, \ i = 1, \cdots, m, \\ & \ell_j \leqslant x_j \leqslant u_j, \ j = 1, \cdots, n, \end{aligned}$$

其中 x_j 为整数, $f_1(\boldsymbol{x})$, $f_2(\boldsymbol{x})$, $\cdots$, $f_s(\boldsymbol{x})$ 是要优化的目标函数. 解决多目标最优化问题的一般方法是找到一系列可行基, 然后相互权衡作出决定. 第 10 章将讨论系统可靠度的多目标最优化问题.

以上的 8 个模型, 除了模型 6 和模型 8, 其他的模型都是求系统的最大可靠度.

2.3　问题的简化

在实际中, 可靠度最优化问题的变量大多数是整数变量. 解决这类问题的计算技术通常依赖于变量的个数、约束条件的数量和约束函数的类型. 当涉及部分枚举或隐枚举技术时, 其计算效果还依赖于变量的限制. 当系统具有单调关联结构并且约束 $g_i(\cdot)$ 是非减函数时, 通过对整数变量加强限制, 有可能缩短寻找最优解的过程. 当约束函数 $g_i(\cdot)$ 关于每个变量非减时上限能被降低, 而对串联系统可以运用可行解来提高下限. 下面介绍加强整数变量限制的步骤.

考虑模型 3. 一个串联系统的可靠度函数为

$$f(x_1, \cdots, x_n) = \prod_{j=1}^{n} [1 - (1 - r_j)^{x_j}],$$

它对每一个 x_j 都是非减的. 问题只含有整数变量. 假设对每一个 x_j 函数 $g_i(x_1, \cdots, x_n)$ 都是非减的, 令 $(x_1^*, \cdots, x_n^*)$ 表示最优解, 并且 $R_s^* = f(x_1^*, \cdots, x_n^*)$.

串联系统基于目标函数的新下限

假设在已知可行解 $\boldsymbol{x}^0$ 的条件下其系统可靠度为 R_s^0, 则 $R_s^0 (\leqslant R_s^*)$ 是最优可靠度 R_s^* 的一个下限. 如果任意给定一个可行解 $\boldsymbol{x} = (x_1, \cdots, x_n)$ 最优, 则每个阶段 j 的可靠度 R_j 至少为 R_s^*, 即

$$R_j(x_j) = 1 - (1 - r_j)^{x_j} \geqslant R_s^* \geqslant R_s^0.$$

经计算得

$$x_j \geqslant \left\lceil \frac{\ln(1-R_s^0)}{\ln(1-r_j)} \right\rceil,$$

其中 $\lceil a \rceil$ 是大于等于 a 的最小整数. 记

$$\underline{x}_j = \max\left\{ \left\lceil \frac{\ln(1-R_s^0)}{\ln(1-r_j)} \right\rceil, \ell_j \right\}, \quad j=1,\cdots,n.$$

现在, 使 $\boldsymbol{x}$ 最优化的一个必要条件是

$$x_j \geqslant \underline{x}_j, \quad j=1,\cdots,n. \tag{2.1}$$

在式 (2.1) 中, 为了简化被探索的解集 S, $\underline{x}_j$ 可看成 x_j 的下限. 注意新下限非常依赖于 R_s^0 的值. 用简单的启发式算法就可以找到一个好的可行解. 为了得到一个好的可行解, 可以先找一个简单的初始可行解, 如 $(1,\cdots,1)$, 然后重复此过程, 每次重复都使变量值增加, 直至不能满足约束条件时停止.

基于约束条件和下限的新上限

对所有的 i 和 j 假设函数 $g_i(x_1,\cdots,x_n)$ 关于每个 x_j 非减. 为了缩减可行解集 S, 变量的上限可以缩减为

$$\bar{x}_j = \max\left\{v : v \leqslant u_j, g_i(\ell_1,\cdots,\ell_{j-1},v,\ell_{j+1},\cdots,\ell_n) \leqslant b_i, i=1,\cdots,m, v \text{ 为整数}\right\}, \tag{2.2}$$

其中 $j=1,\cdots,n$. 若对所有的 i 和 j 有 $g_i(x_1,\cdots,x_n) = \sum_{j=1}^{n} g_{ij}(x_j)$ 且函数 $g_{ij}(x_j)$ 关于 x_j 非减, 则

$$\bar{x}_j = \max\{v : v \leqslant u_j, g_{ij}(v) - g_{ij}(\ell_j) \leqslant s_i, i=1,\cdots,m, v \text{ 为整数}\},$$

其中 $s_i = b_i - \sum_{j=1}^{n} g_{ij}(\ell_j)$, $i=1,\cdots,m$.

为了缩减在集合 S 上的搜索过程, 可用 $\bar{x}_j$ 代替上限 u_j. 新上限的有效程度取决于 n, b_i 和 $g_{ij}(\ell_j)$ 的值. 对于 n 值很大的情况, 此缩减过程不适用. Hochbaum[127] 在文献中提出了最优分配问题和其他非线性最优化问题的上、下限.

2.4 系统可靠性最优化分类

可靠性质量的概念并不新, 有关质量的问题在 20 世纪 60 年代就开始引起人们的注意, 原因是人们对系统和元件可靠性的安全和便宜方面的要求越来越高. 在第 1 章中, 介绍了几种提高系统可靠性的方法, 通常可靠性设计专家更愿意采用可

靠度分配和元件冗余的方法来使系统可靠度达到最大. 考虑在系统运行时不能对失效的元件进行更换, 或者无法维修失效的元件条件下, 这类方法尤显重要. 在可靠性设计中, 通过寻找有效的可靠度分配方法来实现系统可靠度最大化仍是一个富有挑战性的任务.

在本章将介绍系统可靠度最优化的主要内容, 它是基于 Tillman 等[306] 的第 2 章以及 Kuo 和 Prasad[180] 的最近观点阐述的. 内容包括求解最优冗余分配问题的遗传算法, 模拟退火法、启发式算法和精确算法, 求解最优可靠度–冗余分配问题的启发式算法, 可靠性系统中的多准则最优化法, 以及最优系统装配 (可互换元件或子系统的重新指派).

根据 Chern[49] 所介绍方法, 对于冗余分配问题用多目标约束通常很难找到可行解. 在早期工作中, Tillman 等[305,306] 和 Misra[227] 的观点很好. Tillman 等[305] 写了一系列从系统结构、问题类型和求解方法的角度使可靠性最优化的文章. Kuo 和 Prasad[180] 的贡献就是在 Tillman 等[305] 之前就提出了相关观点.

有关系统可靠性最优化方法的所有文章可以从以下三个标准进行分类：

(1) 系统的结构;

(2) 问题类型;

(3) 适用的最优化技术.

按系统结构分类

求解可靠性最优化问题的方法常常受到系统结构的影响. 因此, 表 2.1 给出了

表 2.1　按系统结构分类的参考文献

问题类型	参考文献
串联系统	[7],[20],[37],[38],[40],[41],[91],[107],[114],[123], [193],[240],[248],[249], [254],[285],[286],[301],[309],[320],[321]
并联系统	[7],[8],[114],[123],[144],[161],[201],[240],[248],[285],[301],[309],[320],[321]
串–并联系统	[123],[144],[148],[222],[240],[252],[285],[286],[320], [321]
储备系统	[37],[123],[132],[146],[193],[234],[239],[240],[248],[274],[285],[320],[321]
并–串联结构	[5],[20],[24],[30],[37],[38],[43],[49]～[52],[60]～[62],[80],[86],[87],[89]～[91], [96],[101],[107],[112]～[115],[123],[136],[142]～[144],[146],[148],[150],[152], [164],[171],[173],[175],[178],[184],[201],[204],[213]～[215],[221],[223]～[225], [228]～[232],[234],[240],[245]～[248],[252],[258],[261],[262],[267],[271]～[274], [277],[282],[285],[286],[290],[295],[297],[301],[304],[309],[311],[320],[321], [326],[328],[330]
一般网络包含复杂系统	[6]～[8],[21],[41],[43],[53],[54],[70],[73],[74], [126],[133],[153]～[155],[163], [175],[194],[197],[235],[248],[255],[275],[286],[292],[296],[303], [309], [316],[317],[333]
n 中取 k: 好 (坏) 系统	[19],[79],[82],[83],[87],[140],[141],[206],[322],[337]
不确定的系统	[28],[34],[55],[68],[263],[270]

所有有关系统最优化文献按照系统的结构进行分类的情况. 可靠性最优化方法中出现的几种结构包括:

- 串联系统、并联系统、串–并联系统和储备系统, 如第 1 章所定义;
- 并–串联系统, 在此系统中的一些阶段是串联的, 并且用冗余元件提高阶段和系统的可靠度 (既对阶段进行冗余又对元件进行冗余);
- 一般网络系统, 包括桥式网络、非串非并结构和其他复杂的系统结构;
- n 中取 k: 好 (坏) 系统, 包括连续和非连续系统;
- 不确定系统, 此类系统的结构不明确或系统模型没有明确的物理背景.

上述 5 种系统结构可以根据第 1 章的基本分析进一步分类. 表 2.1 所示的是 7 种结构: 串联、并联、串–并联、储备、并–串联、n 中取 k: 好 (坏) 系统和不确定的系统结构.

按问题的类型分类

前面讨论的 8 种模型大都是用数学形式来描述可靠性最优化问题. 求解这些问题的方法一般都采用数学结构. 表 2.2 是对文献按照问题的类型进行分类.

表 2.2 按问题类型分类的参考文献

问题类型	参考文献
模型 1: 串联系统的可分离约束	[33],[168],[171],[202],[222],[254]
模型 3: 受成本约束的最优冗余分配和最大系统可靠度	[7],[20],[30],[37],[42],[43],[89],[91],[96],[114],[123],[132],[143],[146],[148],[152],[164], [171],[204],[213]~[215],[221]~[225],[229],[234],[239],[240],[242],[248],[249],[285],[286],[290],[295],[301],[302],[309],[311],[320],[321],[324], [332]
模型 1 和模型 3: 单调关联系统的可分离约束和系统可靠度最大化	
可靠度分配	[43],[133],[171],[303]
冗余分配	[5],[8],[248],[309]
模型 6: 满足系统可靠度最低要求时成本最小化问题	[20],[38],[132],[133],[146],[171],[221],[240],[248],[250],[277],[288],[301],[311]
模型 7	[24],[40],[79],[82],[83],[86],[87],[140],[141],[197],[198],[206],[266],[267],[272],[273],[322],[337]
模型 8	[80],[101],[103],[126],[145],[194],[195],[231],[232],[246],[282],[283]
其他模型	
系统盈利最大化	[90],[277]
满足系统功率时系统可靠度最大化	[201]

按使用的最优化方法进行分类

近年来的研究主要集中在求解冗余分配问题的启发式算法和智能算法方面, 但有关此类问题的直接求解方法文献很少. 据我们所知, 现有关于可靠性系统在这方面的研究都基于单调关联系统. 在 20 世纪 60~80 年代, 许多成熟的数学规划技术已经应用到求解表 2.2 中的一些问题了, 其中较新的发展成果如下：

(1) 为了求解可靠度问题而发展的冗余分配的启发式算法;

(2) 冗余分配的智能算法, 这或许是近 10 年最受欢迎的方法;

(3) 冗余分配或可靠度分配的精确算法 (大多是基于数学规划方法, 如 Hwang 等[136] 提出的简约梯度法);

(4) 可靠度–冗余的启发式算法, 这在可靠性最优化中是较困难但比较实用的方法;

(5) 系统可靠性的多目标最优化方法, 此方法在可靠度最优化问题中很重要, 但研究并不广泛;

(6) 可靠性系统中可互换元件的最优指派, 此方法是最常用和最受关注的;

(7) 其他方法, 如分解法、模糊分配法和效用函数最小化法.

大多数系统可靠性最优化问题都是非线性整数规划问题, 由于解必须是整数, 因而在求解上往往比一般的非线性规划问题更难. 表 2.3 中罗列了一些比较有用的最优化方法, 注意所列的每一种方法都可以很成功地求解某一类可靠性最优化问题. 但是, 只选择一种方法来求解所有的可靠性最优化问题是不可能的.

随着状态变量的增加以及当约束条件超过三个时, 就很难用动态规划的方法求解问题. 虽然整数规划方法要求是整数解, 但可以将非线性目标函数与约束条件转化为线性形式, 以便能够用整数规划方法求解问题, 但这项转化过程很困难. 另外, 整数规划方法并不能保证在有效的时间里计算出最优解, 而分支定界法和枚举法则对计算能力要求很高.

对离散的可靠性最优化问题有时可以借助连续化方法求解. 虽然求解非线性规划问题的算法有很多, 但是能够很有效地求解大规模非线性规划问题的算法仅有序贯无约束极小化方法 (SUMT)、广义简约梯度法 (GRG)、改进的连续单纯形搜索算法、广义的拉格朗日函数法. 在这些有效的算法中, 用极大值原理求解带有三个以上约束条件是很难的问题. 同样, 带有多项式函数的几何规划也是很难求解的.

遗传算法和模拟退火法可以求解复杂的离散最优化问题. 这些方法更加灵活, 并且对目标假设和约束函数的要求更少. 当目标函数没有解析表达式, 而数学模型又非常复杂时, 这些方法显得更加有效, 并且更容易在计算机上实现. 然而, 这些方法也表现出下列三个缺点：① 计算量很大; ② 必须采用启发式算法; ③ 需要更多的技巧去开发. 由 Glover 和 Laguna[110] 提出的禁忌算法在求解离散最优化问题时非常有用. 但是, 有效的禁忌搜索算法需要更多的技巧以及对问题有很透彻的理解.

表 2.3 按照最优化方法分类的参考文献

最优化方法	参考文献
动态规划	[30],[43],[96],[148],[152],[168],[184],[201],[215],[274]
冗余分配或可靠度	[19],[24],[50]～[52],[115],[136],[149],[220]
分配的精确算法	[228],[230],[235],[246],[270],[292],[301]
广义简约梯度法	[171]
冗余分配的启发式算法	[5],[6],[47],[71],[112],[113],[150],[153],[163],[171],[175],[178],[245],[247],[255],[261],[267],[290],[292],[296]
可靠度–冗余分配的启发式算法	[43],[55],[80],[113],[126],[178],[304],[326]
整数规划	[43],[104],[107],[132],[143],[164],[186],[204],[214],[215],[234],[291],[301],[311]
线性规划	[164],[288]
极大值原理	[90],[222],[277],[294],[302],[324]
冗余分配的智能算法	[44],[58],[60]～[63],[71],[73],[98],[99],[102],[144],[205],[258],[275],[300],[318],[328]～[330]
拉格朗日乘子法和 K-T 条件	[37],[38],[89],[171],[215],[222],[229],[250],[294]
改进的连续单纯形搜索算法	[8],[225]
多目标可靠性优化	[80],[101],[103],[126],[145],[194],[195],[231],[232],[246],[282],[283]
可互换元件最优指派	[24],[40],[79],[82],[83],[86],[87],[140],[141],[197],[198],[206],[266],[267],[272],[273],[280],[281],[322],[337]
参数方法	[8],[20],[21],[107]
伪布尔规划	[146]
序贯无约束极小化法	[53],[133],[295],[302],[309]
其他方法	[33],[37],[38],[68],[80],[91],[114],[123],[142],[161],[171],[195],[223],[224],[239], [240],[248],[254],[260],[271],[285],[286],[320],[321]

2.5 可靠性最优化的新发展

Tillman 等[306] 综述了 1980 年以前有关系统可靠性最优化问题的文献, 而 Misra[227] 综述了 1986 年以前系统可靠性设计的相关文献. 从那以后, 更有意义的现代书籍和文章相继出版.

近年来这方面的主要研究是以 Kuo 和 Prasad 的工作[180] 为基础发展起来的, 主要基于冗余分配问题的启发式算法和遗传算法. 而在求解这些问题的精确算法方面少见研究成果. 据我们所知, 先前关于系统可靠性的研究都是针对单调关联系统的. 有关系统可靠性最优化的新发展成果可以分为以下 7 类:

(1) 冗余分配的启发式算法;

(2) 冗余分配的智能算法, 包括遗传算法、模拟退火法和禁忌搜索法;

(3) 冗余分配的精确算法;

(4) 可靠度–冗余分配的启发式算法;

(5) 可靠性系统的多目标最优化法;

(6) 可靠性系统中可互换元件的最优指派;

(7) 效用函数最优化方法.

2.5.1 冗余分配的启发式算法

1980 年以前, 几乎所有关于冗余分配的启发式算法 (见 2.2 节模型 3) 都有一个普遍的特征, 即每一次迭代过程其解都是通过对其中一个变量增加 1 得到的, 而要增加的变量是基于敏感性因素选择. Nakagawa 和 Miyazaki[246] 通过数值计算比较了 Nakagawa 和 Miyazaki[247], Kuo 等[175], Gopal 等[112] 以及 Sharma 和 Venkateswaran[290] 具有非线性约束的冗余分配启发式算法, 他们对不同方法的求解计算时间和相对误差作了比较.

有趣的是, 1980 年以后的启发式算法都是基于截然不同的途径. 对模型 3 中具有可分单调递增约束函数, 史定华[296] 提出了随时间调整冗余元件的启发式算法. 众所周知, 史定华的方法要求确定可靠性系统的全部最小路集, 在迭代过程中, 把每次迭代分成两步. 基于不同的敏感性因素, 首先选择系统的最小路集, 然后再在选中的最小路集中调整冗余的元件.

在模型 3 中, Kohda 和 Inoue[163] 提出了相邻两次的迭代过程与一个或两个变量不同的启发式算法, 即使约束函数不全是增函数时, 此方法也适用. 如果 $\boldsymbol{x}$ 是经迭代所得的一个解, $\boldsymbol{x}'$ 是 $\boldsymbol{x}$ 经下一次迭代后所得的另一个解, 则遵循下列条件之一:

(1) 对一个变量增加 1;

(2) 对两个变量同时增加 1;

(3) 一个变量增加 1, 而另一个变量减少 1.

条件 (1) 和条件 (3) 用单阶段敏感因素 $S(i)$, 而条件 (2) 是基于两阶段敏感因素 $S(i,j)$.

Kim 和 Yum[153] 针对模型 3 中约束函数是单调递增且可分离的情况提出了启发式算法, 此方法是通过改进不可行解的一个有界子集而得到可行解的. 假设系统是单调关联的, 并且对每个 j 约束函数 $g_{ij}(x_j)$ 关于 x_j 递增, 首先从一个可行解出发, 通过增加变量来改善它, 然后得到另一个可行解, 在事先给定的不可行区间 B 中通过对变量增加 1 或减少 1 得到一系列解, 最后得到改进的最终可行解. 此循环过程一直重复直至到达区间 B 以外的不可行解停止.

Kuo 等[178] 基于分支定界法和拉格朗日乘子法对模型 3 提出了启发式算法, 即

- 初始节点与模型 3 中的松弛变量有关;
- 每个相继节点与非线性规划问题有关, 即模型 3 中的某些松弛变量取整数值.

与节点有关的界限是相应最优化问题的最优值, 而与节点有关的非线性规划问题可利用拉格朗日乘子法求解.

最近, Jianping[150] 对模型 3 的冗余分配问题提出了有界启发式算法. 假设约束函数对于每个变量是递增的, 如果对任意 x_j 无可行增量, 则可行解 $(x_1, \cdots, x_n)$ 叫做分界点. 在每一次迭代过程中, 通过对某一选定变量增加 1 并改变其他变量, 从一个分界点变换到另一个分界点. 这与 Kohda 和 Inoue[163] 提出的方法很相似, 即在一些迭代过程中, 在两个阶段里同时完成变量增加或减少.

2.5.2 冗余分配的智能启发式算法

如 Tillman[306] 所述, 有大量的最优化方法用来求解不同的可靠性最优化问题. 曾经应用到可靠性最优化问题的极大值原理现在不再适用, 原因是这种方法既难理解又会产生不良解. 从不同途径来发展求解可靠性最优化的研究思想, 在 20 世纪 90 年代形成了一股浪潮.

近几年, 智能算法已成功地运用到求解可靠度最优化问题中, 不过主要用于求解冗余分配问题. 这些智能算法主要是基于仿真推断而不是古典数学的优化问题, 如遗传算法、模拟退火法和禁忌搜索法. 遗传算法是模拟父母与子女关系的生物进化现象的一种方法. 模拟退火法是基于冶金学中的物理过程提出来的. 禁忌搜索法源于求解智能问题时所收集的原理.

遗传算法

遗传算法是求解最优化问题的概率搜索方法. Holland[129] 对遗传算法的发展做出了先驱性的贡献, 在 20 世纪 80~90 年代遗传算法获得了很大发展并有了广泛应用. 遗传算法被看成是基于生物进化原理对概率方法的一种改进. 遗传算法可以有效运用于复杂组合问题, 然而它只提供了一种启发式算法. 90 年代, 有学者运用此方法求解可靠性最优化问题, 从表 2.3 中可以看出. Gen 和 Cheng[99] 详细描述了遗传算法在组合问题中和可靠性最优化问题中的应用.

Painton 和 Campbell[258] 用遗传算法求解计算机 (PC) 设计中的可靠性最优化问题. 计算机中的功能框图是一个串–并联结构. 对每个元件有三种选择: 第一个选择是保持现状, 其余两个选择是通过增加不同成本来提高其可靠度. 每种选择条件下元件的失效率都是随机的, 并且服从已知的三角分布. 由于输入的随机性, 系统的平均寿命 (MTBF) 也是随机的. Painton 和 Campbell[258] 考虑了以下问题: 在预算限制的条件下通过选择元件使置信度为 95% 的平均寿命最大. 此问题包含组合与随机两方面的因素: 组合因素指的是元件的选择, 而随机因素指的是输入 (元件失效率) 和输出 (平均寿命) 的随机性. 在遗传算法设计中, Painton 和 Campbell 将选择元件的过程看成是染色体上基因分布的过程. 非可行解的适应度是零, 而当置信度为 95% 的平均寿命与事先确定的目标之间的差距递减时, 其可行解的适应度是线性递增的. 由于很难分析确定置信度, 所以他们通过采用 200 个样本由蒙特卡罗模拟法来估计. 通过数次运行遗传算法并比较结果, Painton 和 Campbell 获得了三个较好的解, 而且这三个解的数值很接近.

Tillman[301] 考虑了在串联系统中寻找最优冗余分配的问题, 此串联系统中每个子系统的元件都受两类故障模式的约束, 他用隐枚举法求解此问题. Ide 等[144] 和 Yokota 等[328] 为串联系统的最优冗余分配设计了一种遗传算法, 如问题 2.1, 此串联系统中每个子系统的元件也都受两类故障模式的约束.

问题 2.1

一个含有 n 个子系统的串联系统, 子系统 j 中有 x_j+1 个并联元件, 元件受两类故障模式的约束：O 和 A. 如果 x_j+1 个元件中至少有一个元件发生 O 类故障, 则子系统 j 就会发生故障; 相反, 当 x_j+1 个元件都发生 A 类故障时, 子系统 j 才发生故障. 通常, 子系统 j 受限于 s_j 故障模式 $1,2,\cdots,s_j$, 其中前 h_j 个模式 $1,2,\cdots,h_j$ 属于 O 类, 其余的属于 A 类. 用 q_{ju} 表示由于子系统 j 中元件发生故障导致故障模式 u 发生的概率, 其中 $1\leqslant u\leqslant s_j$ 和 $1\leqslant j\leqslant n$.

用 $Q_j^{\mathrm{O}}(x_j)$ 表示含有 x_j+1 个冗余元件的子系统 j 由于 O 类故障模式 h_j 之一发生故障的概率. 同样, 用 $Q_j^{\mathrm{A}}(x_j)$ 表示子系统 j 由于 A 类故障模式 s_j-h_j 之一发生故障的概率. 于是 $Q_j(x_j)=Q_j^{\mathrm{O}}(x_j)+Q_j^{\mathrm{A}}(x_j)$ 表示子系统 j 发生故障的概率, 系统可靠度最大化模型为

$$
\begin{aligned}
\max \quad & R_{\mathrm{s}}=\prod_{j=1}^{n}[1-Q_j(x_j)],\\
\text{s.t.} \quad & \sum_{j=1}^{n} g_{ij}(x_j)\leqslant b_i,\ i=1,\cdots,m,\\
& \ell_j\leqslant x_j\leqslant u_j,\ j=1,\cdots,n.
\end{aligned}
$$

于是有

$$
Q_j^{\mathrm{O}}(x_j)\approx\sum_{u=1}^{h_j}\left[1-(1-q_{ju})^{x_j+1}\right]
$$

和

$$
Q_j^{\mathrm{A}}(x_j)\approx\sum_{u=h_j+1}^{s_j}(q_{ju})^{x_j+1},
$$

其中 x_j 为非负整数.

Gen 和 Cheng[99], Gen 等[101,102], Ida 等[144] 以及 Yokota 等[328] 对问题 2.1 设计了一种遗传算法, 即

$$\max \quad f(x_1,\cdots,x_n)=\prod_{j=1}^{n}\left(1-\sum_{u=1}^{h_j}\left[1-(1-q_{ju})^{x_j+1}\right]-\sum_{u=h_j+1}^{s_j}(q_{ju})^{x_j+1}\right),$$

$$\text{s.t.} \quad \sum_{j=1}^{n} g_{ij}(x_j)\leqslant b_i,\ i=1,\cdots,m,$$

$$\ell_j\leqslant x_j\leqslant u_j,\ j=1,\cdots,n,$$

其中 x_j 为非负整数, q_{ju} 是已知的失效概率.

在设计遗传算法时, 用上、下限将决策变量转化为二进制的字符串, 然后将该字符串作为解的染色体表示. 对不可行解赋予大的罚函数.

问题 2.2

Coit 和 Smith[58,60,61] 发展了遗传算法, 他们考虑的串–并联系统中, 每个子系统都是 n 中取 k: 好系统, 并且其中的元件都不相同. 他们的模型描述如下:

一个可靠性系统中包含 n 个串联的子系统 $P_1,\cdots,P_n$, 其中子系统 P_i 至少有 l_i 个元件正常工作子系统才能正常工作. 在子系统 P_i 中有 m_i 种可用元件, 并且在此子系统中第 j 种元件的可靠度为 r_{ij}. 用 x_{ij} 表示子系统 P_i 中第 j 种元件的个数. 于是向量 $\boldsymbol{x}_i=(x_{i1},x_{i2},\cdots,x_{im_i})$ 表示 m_i 种元件在子系统 P_i 中的分配情况. 用 $c_i(\boldsymbol{x}_i)$ 和 $w_i(\boldsymbol{x}_i)$ 分别表示当子系统 P_i 中的元件分配为 $\boldsymbol{x}_i$ 时的总成本和总重量. Coit 和 Smith[58,60] 给出的系统可靠度最优化模型为

$$\max \quad R_{\mathrm{s}}=\prod_{i=1}^{n} R_i(\boldsymbol{x}_i|l_i), \tag{2.3}$$

$$\text{s.t.} \quad \sum_{i=1}^{n} c_i(\boldsymbol{x}_i)\leqslant C,$$

$$\sum_{i=1}^{n} w_i(\boldsymbol{x}_i)\leqslant W,$$

$$\ell_i\leqslant \sum_{j=1}^{m_i} x_{ij}\leqslant u_i,\ i=1,2,\cdots,n,$$

其中 x_{ij} 为非负整数, $R_i(\boldsymbol{x}_i|\ell_i)$ 是子系统 P_i 的可靠度; ℓ_i 和 u_i 是 P_i 中元件总个数的下限和上限; C 和 W 分别表示系统的总成本和总重量限制.

Coit 和 Smith[60] 也考虑了总成本最小化的问题, 即仅满足系统可靠度的最低要求和其他一些约束条件如重量的限制. 他们的目标函数中包含一个对不可行解的

二次罚函数, 根据不可行解的程度确定罚函数的处罚值. 之后, Coit 和 Smith[58] 介绍了一种带有鲁棒性的罚函数来惩罚不可行解. 该函数是基于所有约束条件下的可行邻域阈值 (NFT) 提出的, 采用 NFT 使遗传算法能探索可行域和紧靠可行域边界的不可行域. 在罚函数中, 他们也用到了依赖于代际数的动态 NFT. 经过大量研究, 他们指出, 在罚函数中运用动态 NFT 的遗传算法优于使用多个惩罚策略的遗传算法, 其中包括只考虑可行解的遗传算法. 经过大量试验, 他们发现遗传算法的结果比 Nakagawa 和 Miyazaki[245] 提出的替代约束法更好.

Coit 和 Smith[61] 为最优冗余分配问题设计了一种遗传算法, 该方法与问题 2.2 一样, 只是另外考虑了满足系统可靠度最低要求的成本最小情况. 他们对总成本的不可行解考虑一个二次惩罚值. 用神经网络法估计出系统的可靠度. 假设元件的可靠度随机服从已知的概率分布, Coit 和 Smith[62] 对问题 2.2 开发的遗传算法, 目标是求解系统可靠度在给定置信度时的最大值, 同样这种遗传算法也可以用于求解系统失效时间在给定置信度时的最大值. 他们采用牛顿–拉夫森搜索法来逼近系统可靠度和系统失效时间的目标函数.

基于采用罚函数的思想, Majety 和 Rajagopal[205] 提出了一种进化策略来求解可靠度最优化, 此方法适用于并–串联系统和串–并联系统. 该方法的一个显著特点就是, 惩罚不仅给予非可行解, 还给予远离最优解的可行解. 随着不断使用该方法, 解会迅速地逼近最优解.

遗传算法还用于网络设计的成本最优问题. 假设一个通信网络有 $1,2,\cdots,n$ 个节点, h_{ij} 是节点 i 和 j 之间的可用路线. 这些网络可用路线的可靠度不同且与成本有关, 当节点 i 和 j 直接相连时, h_{ij} 只有一条可用路线. 只要所有的节点都相连, 则说明网络系统情况很好, 即这些网络路线包含一个生成树. 用 x_{ij} 表示连接线 (i, j) 上的参数. 如果 (i, j) 不是直接相连, 则 $x_{ij}=0$. 所要考虑的问题是

$$\begin{aligned} \min \quad & Z=C(\boldsymbol{x}), \\ \text{s.t.} \quad & R(\boldsymbol{x}) \geqslant R_0. \end{aligned}$$

对于网络结构 $\boldsymbol{x}$, $C(\boldsymbol{x})$ 和 $R(\boldsymbol{x})$ 分别表示总成本和网络系统的可靠度, R_0 则是网络系统可靠度所要求的下限.

当 $h_{ij}=1$, $C(x)=\sum\sum c_{ij}x_{ij}$ 时, Dengiz 等[74] 发展了一种遗传算法去求解成本最小的网络设计. 他们考虑对于任意特定的节点对只用一条线路连接. 要精确估计网络系统的可靠度需要很大的计算量. 为了避免计算量过大, 首先用最大生成树法和 2 连通法对网络系统进行连通性检验, 如果通过检验, 则求出网络可靠度的上限并应用到目标函数的计算中 (解的适应度). 对于网络设计, 上限至少为 R_0 且总成本最低, 用蒙特卡罗模拟法估计出系统的可靠度. 不满足可靠度最低要求的惩罚数与 $[R(\boldsymbol{x})-R_0]^2$ 成比例. Deeter 和 Smith[71] 对成本最小的网络设计开发了遗

传算法, 该算法对 h_{ij} 没有任何假设, 据此得出的惩罚数包含不同的 $R_0 - R(\boldsymbol{x})$ 值、种群规模和代际数.

模拟退火法

模拟退火法是求解组合优化问题的一般方法, 它包含了解的概率转变过程. 与迭代算法连续改进目标值不同, 模拟退火在解的进程中会出现对目标值不利的改变. 这种改变的目的是试图得到全局最优解, 而不是局部最优解.

退火就是先将固体温度加到很高, 再缓慢降温的一个物理过程. 在此过程中, 所有的粒子缓慢地围绕一个低能量状态水平排列, 最终的能量是由温度和冷却速率决定的. 退火过程可以用以下随机模型描述: 对于每个温度 T, 固体在不同的能量级间进行大量的随机转变, 直至达到热平衡, 而固体出现在能量水平 E 状态的概率是由玻尔兹曼分布给定的. 随着温度 T 下降, 与高能量级相关的热平衡状态概率也会降低. 当温度接近零时, 只有最低能量水平的状态概率非零. 如果冷却速度不够慢, 在任何温度下都不会达到热平衡, 最后固体会处于一种亚稳态.

在固定温度 T, 为了模拟各状态之间的随机转变过程和达到热平衡, Metropolis 等[216] 提出了一种方法, 指出从一种状态转变到另一种状态是由随机扰动造成的. 如果扰动导致能量水平下降, 则认为到达的新状态是可以接受的. 相反, 如果扰动造成能量水平增加了 $\Delta E\,(>0)$, 则得到的新状态按玻尔兹曼分布给定的概率接受. 此方法称为 Metropolis 算法, 接受转变的准则叫做 Metropolis 准则.

基于对退火过程的模拟, Kirkpatrick 等[158] 提出了求解组合优化问题的模拟退火法. 虽然用该方法可以得到组合优化问题的满意解, 但是它的主要缺点是计算量过大. 为了提高收敛速度并减少计算次数, Cardoso 等[44] 通过修正 Metropolis 等[216] 的算法, 介绍了一种非平衡模拟退火法 (NESA), 此方法不需要在固定温度下通过大量转变达到平衡状态. 只要得到一个改进的解, 温度就会下降. Ravi 等[275] 引入如单纯形算法那样的启发式算法改进了非平衡模拟退火法, 用 I-NESA 表示改进的非平衡模拟退火法, 并将其运用到可靠性最优化问题中. 它包含两个阶段: 阶段 1, 使用 NESA 并收集由此方法得到的解; 阶段 2, 从阶段 1 得到的一系列解出发, 然后用启发式算法逐步改进得到最优解.

禁忌搜索法

禁忌搜索法是另一种启发式算法的扩展, 它能避免局部最优解. 禁忌搜索法是一种优化每一阶段记忆 (求解过程的信息) 的人工智能技术, 这为最优化问题提供了有效的研究途径. 基于 Fred Glover 的思想, Glover 和 Laguna[110] 详细介绍了禁忌搜索法.

组合最优化问题的禁忌搜索法就是将人工智能的优点与最优化过程相结合. 禁忌搜索法允许启发式过程超出可行解的边界或局部最优解, 这两个方面是局部搜索过程中的主要障碍. 禁忌搜索法最显著的特点是根据人类的记忆特性进行全局性邻域搜索, 它通过加强对每一阶段搜索的限制来确保灵敏搜索. 这一方法对那些靠精确方法很难解决的大规模复杂优化问题很有用. 为了求解冗余分配问题, 推荐单独使用禁忌搜索法或是将其与 2.1 节提到的启发式算法结合来提高启发式算法的质量.

2.5.3 冗余分配的精确方法

精确算法的目的是希望得到问题的精确解, 但用此方法求解可靠性最优化问题十分困难, 因为可靠性最优化问题等价于非线性整数规划问题. 精确算法的计算量一般很大, 并且要求有很大的计算机内存. 由于这个原因, 研究可靠性最优化问题的学者将注意力集中在启发式算法上. 然而, 好的精确算法对启发式算法也形成了挑战, 当问题规模不是很大时, 精确算法就显示出了其特殊的优点, 而且精确解能够评价启发式算法的效果. Tillman 等[305] 综述了 1980 年前后发展起来的一些精确算法.

当有两个约束条件 (关于资源的约束) 并且目标和约束是可分离的, Nakagawa 和 Miyazaki[245] 采取替代约束方法解决了模型 3 中的问题.

问题 2.3

可以利用拉格朗日乘子法或定义所有约束条件下的状态空间来运用动态规划 (DP) 求解. 当然, 运用拉格朗日乘子的动态规划不一定能得到精确的最优解. Nakagawa 和 Miyazaki[246] 运用替代约束法求解下列问题:

$$
\begin{aligned}
\max\quad & z(w)=\sum_{j=1}^{n} f_j(x_j),\\
\text{s.t.}\quad & \sum_{j=1}^{n}\left[(1-w)g_{1j}(x_j)+wg_{2j}(x_j)\right]\leqslant(1-w)b_1+wb_2,\\
& \ell_j\leqslant x_j\leqslant u_j,\ j=1,\cdots,n,
\end{aligned}
$$

其中 x_j 是非负整数, w 取值于 [0,1] 区间. 如果问题 2.3 的最优解满足模型 3 的离散约束, 其中对某个 $w(0\leqslant w\leqslant 1)$ 和 $m=2$, 则此解就是原问题的最优解. 如果这样的 w 不存在, 根据终止规则[245], 可停止对替代问题的求解. Nakagawa 和 Miyazaki[245] 指出, 在这种情况下, 他们的方法优于拉格朗日乘子的动态规划方法, 同时他们还指出, 动态规划法有可能找不到精确的最优解.

Misra[223] 基于邻近可行域的搜索, 针对模型 3 的冗余分配问题提出了一种精确算法, 这个方法后来被 Misra 和 Sharma[230], Sharma 等[292] 以及 Misra[220] 用来求解多种冗余分配问题. 不过该方法并不能给出所以问题的精确解. 近来, Prasad 和 Kuo[270] 根据对系统可靠度上限的按字母顺序搜索方式提出了部分枚举法, 这种方法既可用于大系统问题, 也可用于小系统问题. 对于大系统若具有好的模块结构,

Li 和 Haimes[195] 对受资源约束的可靠性最优化问题提出了一种三级分解法. 第一级, 求解每一模块的非线性规划问题. 第二级, 将问题转化为多目标最优化问题, 然后采用 Chankong 和 Haimes[46] 提出的 ε 约束法求解. 第三级 (最高级), 选择多目标函数的下限 ε_i, 它是第二级中给定的 ε 条件下所选择的 K-T 倍数. 对于固定的 K-T 倍数和 ε, 可求解第一级中每一模块的非线性规划问题. 之后, Li 和 Haimes[195] 也对受资源约束的非离散目标函数最优化提出了一种参数动态规划法, 该方法可以用来求解具有好的模块结构的大系统可靠度最优化问题.

Mohan 和 Shanker[235] 采用随机搜索技术寻找系统可靠度最大化问题的最优解, 在成本约束下只通过选择元件的可靠度来提高系统的可靠度. Bai 等[19] 考虑了一种共因失效的 n 中取 k: 好系统, 系统中的元件不仅受自身故障的约束, 还受服从指数分布的共因失效的约束. 如果系统没有自动检测装置, 则失效后通过更换元件可使系统恢复到初始状态. 如果系统有自动检测装置, 则在检测发现元件失效后进行更换. 针对上述两种情况, Bai 等[19] 根据更新过程理论, 得出一个最优的 n, 使得平均成本率最小, 他们用大量的例子给出了这种方法的求解步骤.

2.5.4 冗余可靠性分配的启发式算法

通常可以通过对元件进行冗余或提高元件的可靠度这两种方式来提高系统的可靠度. 然而, 这两种方式都会增加系统的成本. 因此, 对于有预算限制的可靠性最优化问题就需要对这两种选择进行权衡. 这种通过冗余元件或选择更高可靠度的元件, 使系统可靠度最大化的问题就是可靠度–冗余分配问题. 从数学的角度来看, 它可以用模型 4 进行描述. 模型 4 是一个混合整数规划问题, 它比单纯的冗余–分配问题要困难. 在 20 世纪 80~90 年代, 逐渐发展起来一些求解模型 4 的启发式算法.

Tillman 等[304] 是用启发式搜索技术求解的首创之一. Gopal 等[113] 提出了另一种启发式算法, 即首先把系统中每一阶段的元件可靠度设为 0.5, 然后在搜索过程中, 对元件的可靠度增加一个固定值 h. 根据敏感性因子来选择可以提高元件可靠度的阶段. 对任意选择的元件可靠度 $r_1, \cdots, r_n$, 都可以通过启发式算法得到一个最优冗余分配方案 $x_1, \cdots, x_n$. 任何启发式算法都可以实现这一目的. 当提高元件的可靠度再不能使系统可靠度提高时, 就减小 h 的值, 用新得到的 h 值重复上述步骤, 当 h 值降到一个确定值 h_0 时停止.

在 8.5 节中由 Kuo 等[178] 提出的分支定界法可以有效地求解模型 4. 与节点有关的界限就是模型 4 的初始值, 要求这些值取整数变量. 该方法假设问题的所有函数都是可微的. 可以用拉格朗日乘子法求解非线性整数规划问题. Kuo 等[178] 用 5 个子系统组成的串联系统说明了该方法.

之后, 假设函数 f 和 g_{ij} 不仅可微且单调递增时, Xu 等[326] 针对带有离散约束

的模型 4, 提出了一种循环启发式算法. 每一次循环过程中, 通过下列两种方式之一从前一个解得到一个新解:

(1) 一个 x_j 增加 1, 根据新的 $(x_1, \cdots, x_n)$ 求解非线性规划问题得出一个最优向量 $(r_1, \cdots, r_n)$;

(2) 一个 x_j 增加 1, 另一个减少 1, 根据新的 $(x_1, \cdots, x_n)$ 求解非线性规划问题得出一个最优向量 $(r_1, \cdots, r_n)$. 虽然这个方法能用来解决模型 4 的问题, 但是当约束不是可分离时, 该方法可能很难计算.

Hikita 等[126] 对带有离散约束的模型 4 提出了替代约束法. 该方法基于 Luenberger[203] 提出的在凸约束下使凸函数最小化理论. 这种方法可以求解一系列替代最优化问题, 并且其中每一个问题都包含单一的约束. 每个替代问题的目标与模型 4 一样, 但是其单一约束是由 m 个约束的凸线性组合得到的. 求解模型 4(离散的约束条件) 的替代约束法就是寻找一个凸的线性组合, 该线性组合可以给出替代问题的最优解, 并且这个最优解就是原来问题所要求的最小值.

Hikita 等[126] 用动态规划法求解单一约束的替代问题. 该方法要求其目标函数 f 是离散的或者其替代问题能够表示成多阶段决策问题. 替代约束法对特殊的结构很有用, 如并–串联结构和串–并联结构.

冗余–可靠性分配问题起源于软件可靠性最优化问题. 软件的冗余元件可以通过不同组的人员分别开发研究得到. 任何软件的元件可靠性可以通过额外测试得到提高, 这需要各种各样的资源. 软件系统的另一个特点就是其元件不必完全独立. Chi 和 Kuo[55] 用混合非线性规划问题表示了软件系统的冗余可靠度分配, 该系统包括软件和硬件.

2.5.5 可靠性系统中的多目标最优化

系统设计中的单一目标最优化问题包括在资源消耗约束下使系统可靠度最大化的问题, 或是在满足系统可靠度下限和其他资源限制条件下使消耗最小化问题. 当设计一个可靠性系统时, 通常希望同时满足这两方面的要求, 即同时达到系统可靠度最大和资源消耗最小. 然而, 同时满足系统可靠度最大和资源消耗最小有时是难以实现的, 尤其是资源耗费的限制不能精确表示出来时, 最好采用多目标方法来进行系统设计. 使用该方法也许得不到一个能够使每一个目标最优的解, 它需要确定所有的 Pareto 最优解.

一个工程设计师不仅要考虑到系统可靠度最大化, 还有考虑其他目标, 如成本、体积、重量等最小化问题. 此时在约束条件下对每一个目标进行优化是不容易的. 因此, 设计师们面临的问题就是同时兼顾所有的目标来进行最优化. 这种问题在飞机设计中很常见.

问题 2.4

假设一个工程设计师正考虑通过冗余手段来达到最优化目的. 从数学的角度来看, 问题可以表示为

$$
\begin{aligned}
\max \quad & \boldsymbol{z} = [f_1(x_1, \cdots, x_n), f_2(x_1, \cdots, x_n), \cdots, f_s(x_1, \cdots, x_n)], \\
\text{s.t.} \quad & g_i(x_1, \cdots, x_n) \leqslant b_i,\ i = 1, \cdots, m, \\
& \ell_j \leqslant x_j \leqslant u_j,\ j = 1, \cdots, n,
\end{aligned}
$$

其中 x_j 为整数, $f_1(\boldsymbol{x}), f_2(\boldsymbol{x}), \cdots, f_s(\boldsymbol{x})$ 是 s 个要优化的目标函数, $\boldsymbol{x} = (x_1, \cdots, x_n)$. 求解这种多目标最优化问题通常采用的方法是寻找一系列可行解, 然后基于这一系列可行解再作出权衡.

Sakawa[282] 采用大规模多目标优化方法来求解最优元件可靠度水平和冗余水平问题. 他考虑到大规模串联系统的 4 个目标：系统可靠度最大化以及成本、重量、体积最小化. 在该方法中, 他通过最优化元件的目标函数得到 Pareto 最优解, 它们是 4 个目标函数的线性组合. 每个复合问题的拉格朗日函数被分解成不同的部分, 通过运用双重分解法和替代值权衡法使函数达到最优. 将冗余水平看成连续变量, 并通过双重分解法求拉式函数的最优值, 运用双重分解法的目的是为了得到近似 Pareto 解. Sakawa[283] 提出了序列替代最优技术 (SPOT) 的理论框架, 它是一种从 Pareto 最优解集中交替选择的多目标决策技术. 他用 SPOT 法对有约束条件的串联系统来优化系统的可靠度、成本、重量及体积.

为了解决可靠性系统中的多目标冗余分配问题, Misra 和 Sharma[231] 使用了整数规划算法, 该方法涉及 Misra 的工作 (3.3.1 小节讨论) 和多标准最优化方法. Misra 和 Sharma[232] 还提出了一种与求解可靠性系统中多目标可靠度–冗余分配问题相似的方法. 他们的方法考虑了两个目标：系统可靠度的最大化和在资源约束条件下总成本的最小化.

Dhingra[80] 采用了另一种多目标方法来使系统的可靠度最大化和资源耗费：成本、重量及体积最小化. 他用目标规划法求得 Pareto 最优解. 由于在系统设计过程中往往不能精确地表示出问题的参数和目标, 他建议用多目标模糊最优化方法. 他将此方法用到 4 阶段的串联系统中, 此系统受成本、重量和体积的约束. 同样地, Gen 等[100] 也用目标规划方法求解了可靠度最优化问题.

2.5.6 单调关联系统中可互换元件的最优指派

如果系统中可靠度不同的元件之间可互换, 则系统的可靠度由这些元件所处位置的不同而决定. 对于单调关联系统中可互换元件的最优指派问题, 已经有了许多的讨论, 特别是对 n 中取连续 k 系统. 一些学者将元件的指派问题归结成系统的最优装配问题. 在概述该工作之前, 首先对其进行一个简单描述.

考虑一个单调关联系统, 它由 n 个可互换的元件 $(1,\cdots,n)$ 组成. 用 $f(a_1,\cdots,a_n)$ 表示系统的可靠度, 其中 a_i 表示处于位置 i 的元件可靠度, $1\leqslant i\leqslant n$. 元件的可靠度根据其所处的位置不同会取某个固有值, 假设把元件 j 分配到位置 i 时的元件可靠度为 p_{ij}. 如果将元件 v_i 指派到位置 $i(i=1,\cdots,n)$, 则系统的可靠度是 $f(p_{1v_1},\cdots,p_{nv_n})$. 现在的问题就是找到一个元件的指派 $(v_1,\cdots,v_n)$, 使系统的可靠度最大:

$$\max \quad f(p_{1v_1},\cdots,p_{nv_n}).$$

如果元件的可靠度 p_{ij} 独立于位置 i, 系统的最优指派只依赖于元件可靠度的高低, 而与它们实际的大小无关. 这类指派文献上称为不变最优指派.

El-Neweihi 等[86] 在求解串–并联结构优化问题时, 假设元件的可靠度在某一位置上是不变的, 即对任意的 i, j 有 $p_{ij}=r_j$. 他们建议用 0-1 线性规划求解并–串联结构问题, 并用他们自己的优化方法求解了串–并联和并–串联这两种结构. 之后, Prasad 等[272] 提出了一种求解串–并联结构的优化方法, 该方法是在假设条件 $p_{ij}=g_ir_j$ 成立时提出的, 对这一问题, 他们提出了两种贪婪算法. 如果两种算法得到的解相同, 则这个解即最优解. 当 $p_{ij}=r_j$ 时, 他们为并–串联结构提供了一种简单算法, 在该结构中的每个并联的子系统只包含两个元件.

在对 p_{ij} 没有任何假设的条件下, Prasad 等[267] 提出了一种求解串–并联结构的启发式算法, 该方法涉及一些经典的指派问题. Baxter 和 Harche[24] 在假设对任意的 i, j 有 $p_{ij}=r_j$ 成立时, 提出了求解并–串联系统最优元件指派问题的自顶向下启发式算法, 并得到了系统启发式最优可靠度的绝对和相对误差上界. 假设 r_j 在 [0,1] 区间上是一个独立服从相同均匀分布的随机变量, 他们指出随着元件数 n 和子系统规模趋向无限大, 由启发式算法得到的系统可靠度逐渐收敛于最优值. Prasad 和 Raghavachari[273] 在假设条件 $p_{ij}=r_j$ 成立时, 提出了求解串–并联结构的启发式算法. Prasad 和 Raghavachari 用到了 El-Neweihi 等[86] 提出的一些重要结论, 并把问题当成一个混合整数规划问题. 他们先得到一个松弛问题的最优解, 取整后得到一个可行解, 再用转换法则重复地进行改善直到不能再提高为止. Prasad 等[266] 提出了一种求解包含两个子系统的并–串联结构和串–并联结构的元件最优指派方法. 这些方法在对 p_{ij} 没有任何假设的条件下给出了精确的最优指派方案.

El-Neweihi 等[87] 考虑了将 m 类元件装配到 n 阶段的串联系统中, 在特定情况下, 他们得到了使功能系统的数目随机地最大的分配方式. 作为推论, 这一分配也使 n 中至少取 k 系统的可靠度达到最大. 他们还分析了每个系统 (不一定是串联的) 要求每种类型一个元件的情况. Malon[208] 提出了一个贪婪规则来装配单调关联系统的模块而不是收集可用元件. 贪婪规则就是用最有用的元件一个接一个地进行模块装配. 如果模块是串联结构, 该规则就给出整个系统元件的最优指派, 即在系统中以最优的方式安排模块. Boland 等[40] 建议用元件的成对互换来达到单调关联系统的最优元件分配. 他们引入了和评判系统中两个位置的比较记号, 并用它通过元件的成对互换来提高系统的可靠度.

Lin 和 Kuo[197] 提出了当元件可靠度在各位置上不变时, 求解一般单调关联系统的最优元件分配问题的贪婪方法. 在一般框架下, 已经对单一元件并联/储备冗余到单调关联系统的最优指派做了某些有趣的研究工作. 通过与斐波那契序列的关系, 给定顺序 k, 由 Lin 等[198] 得到了一个 n 中取连续 k 系统每个元件结构重要度的封闭解.

n 中取连续 k: 坏系统的元件最优指派问题也得到了发展, 这种系统的元件以直列或环形两种方式排列. 对于 n 中取连续 2: 坏的直列系统, Derman 等[79] 作了以下推测, 当 $r_1 \leqslant r_2 \leqslant \cdots \leqslant r_n$ 时, 下列指派可使系统的可靠度最大:

$$u^* = (1, n, 3, n-2, \cdots, n-3, 4, n-1, 2).$$

Wei 等[322] 证明了在两种特殊情况下的推测. 为了将该推测扩展到环形排列方式的系统, Hwang[139] 推测使 n 中取连续 2: 坏系统的最大可靠度为

$$v^* = (n, 1, n-1, 3, n-3, \cdots, n-4, 4, n-2, 2, n).$$

Du 和 Hwang[82] 证明了 Hwang 的推测, 并指出含 n 个元件的直列系统最优指派问题等价于含 n+1 个元件具有 $r_{n+1} = 1$ 的环形系统的指派问题, 所以 Derman 等[79] 有关 n 中取连续 2: 坏直列系统的推测是个特例. 注意, u^* 和 v^* 分别是 n 中取连续 2: 坏直列或环形系统的不变最优指派. Malon[206] 直接独立地证明了 n 中取连续 2: 坏直列系统的推测. 后来, Malon[207] 指出只有当 $k \in \{1, 2, n-2, n-1, n\}$ 时, n 中取连续 k: 坏直列系统才有不变的元件最优指派方案. 通过与斐波那契序列的关系, 给定顺序 k, 由 Lin 等[198] 也得到了一个 n 中取连续 k 系统每个元件结构重要度的封闭解.

Hwang[140] 考虑了两阶段的 n 中取连续 k: 坏系统的元件指派问题, 该系统中有 n 个子系统且每个子系统都是一个 m_i 中取连续 h_i: 坏系统. 他在满足下面两种情况时得到一个最优指派: ① 对所有的 i, $h_i = h$; ② n 个子系统是并联的, 或者它们每个子系统中都有串联结构. 他还提出了解决一般情况的启发式算法. Hwang 和 Shi(史定华)[141] 曾考虑过 n 中取连续 k: 坏冗余系统, 该系统的 n 个阶段中每个都包含有 h 个并联元件. 他们也指出一些系统并没有不变的最优指派. Zuo 和 Kuo[337] 总结了 n 中取连续 k: 坏系统的不变最优设计的可行结果. 他们识别出一些 n 中取连续 k: 坏系统的不变最优设计, 并证明了在另一些 n 中取连续 k: 坏系统中不存在不变的最优设计. Zhang 等[335] 将最优设计的不变理念应用于铁路管理系统中. Shen 和 Zuo[293] 研究了由直列 n 中取连续 k: 好系统组成的串联系统的最优设计. 当 $k < n \leqslant 2k$ 时, 对每个子系统的不变最优设计是一样的.

2.5.7 效用函数的最优化

提高系统可靠度的常用方法之一就是提高元件的可靠度. 然而, 元件可靠度的提高要消耗资源, 这些耗费可能是对成本、体积、重量、能源等的消耗, 因此, 系统可靠度的提高也相应要消耗资源. 假设元件可靠度从一个水平提高到另一个水平所消耗的资源可以用数学函数评价, 这样的数学函数就叫做效用函数, 该函数有时没有明确的函数形式. 可靠性工程师常根据开发过程的知识来形成效用函数. 所要考虑的问题是对一般单调关联系统, 如何将元件的可靠度从一个水平提高到所要求的水平时使资源消耗达到最小. Albert[9] 解决了当所有元件的效用函数都相同时的串联系统问题. Lloyd 和 Lipow[202] 对该方法作了很好的描述. Dale 和 Winterbottom[68] 提出了一种对一般单调关联结构的求解方法.

2.6 应　　用

随着各种各样系统设计工具的应用, 可靠度优化技术也得到了发展. 在表 2.4 中总结了相关的应用情况. 由于软件的发展和复杂性的提高, 人们希望在将来的发展中看到更多软件可靠性方面的运用. Kuo 等[174] 已经将可靠性最优化理论和技术应用到半导体老化中了. 另外, 期望更多的网络优化技术用来满足需求不断增加的通信行业.

表 2.4　系统可靠度最优化方法的应用

应用	参考文献
软件发展	[15],[28],[34],[55],[263],[284],[327]
有共因失效的系统	[19],[55]
装配	[24],[87],[142],[208]
维修策略	[63]
老化	[53],[173],[174]
网络	[17],[147],[160],[165],[169],[170],[318]

2.7 讨　　论

已经回顾了自从 1977 年以来有关可靠度最优化的工作, 其中的大部分都是关于冗余分配问题的启发式算法和智能算法的发展与应用, 也可以扩展到可靠度–冗余分配问题. 有趣的是, 启发式算法是基于不同的观点发展起来的. 然而, 并不能肯定扩展所得到的方法都优于以前的方法. 启发式算法的发展与寻找下面两个问题的答案有关: ① 启发式算法在什么情况下能给出最优解; ② 由启发式算法给出的满意解在什么条件下更好? 这两个问题的答案可以加强启发式算法应用的重要性.

对于大规模问题, 只有通过与以前的启发式算法比较才会发现其优点. 对冗余分配问题, Nakagawa 和 Miyazaki[245] 通过大量实验比较了几种启发式算法. 对于可靠度–冗余分配问题, Xu 等[326] 全面比较了各种启发式算法.

被视为概率启发式方法的遗传算法是一种模拟生物进化过程的智能算法. 它们在求解复杂离散最优化问题时很有用, 并且不需要复杂的数学处理. 可以通过计算机对该算法进行设计和执行来求解大范围的不连续问题. 遗传算法被设计用来求解可靠性系统中的冗余分配问题. 采用遗传算法求解特殊问题时其染色体的定义和所选择的遗传算法参数有很大的灵活性. 然而, 在确定参数的近似值以及非可行的惩罚数时有些困难. 如果这些值选得不恰当, 遗传算法或者很快收敛于局部最优, 或者很慢才能收敛于全局最优解. 通过增加计算量使得种群规模大和后代多可以提高解的质量. 通过大量实验得到具体问题的遗传算法近似参数. 遗传算法的一个很重要的优点就是它能求出几个很好的解 (最优或接近最优). 根据遗传算法求得的多个解在可靠性设计时有很大的灵活性.

模拟退火法是一个求解大规模组合最优化问题的全局最优化技术. 与许多离散最优化方法不同的是, 模拟退火法不要求目标函数或约束条件存在特殊的结构, 通常它在求解没有特殊结构但很复杂的问题时非常有效. 可靠性系统的冗余分配问题是非线性整数规划问题. 因此, 模拟退火法在求解复杂可靠性问题时很有用. 虽然本书提供了几种有效的模拟退火算法, 但在实际设计过程中仍需要智慧和大量试验. 模拟退火法的一个主要缺点就是需要大量的计算努力 (大量的函数估计和解的可行性检验), 但是它在求最优解或是近似最优解上有很大的潜力.

禁忌搜索法在求解大规模复杂最优化问题时很有效. 这种方法的突出特点就是利用记忆 (之前解的信息) 来搜索全局最优解而不是局部最优. 禁忌搜索法没有固定的操作顺序, 它的操作是由具体问题决定的. 因此, 禁忌搜索法通常被描述成一种有效而不是一个方法. 简单的禁忌搜索法只用短期记忆来实现, 当能准确定义属性、禁忌期限和期望标准时, 可用此方法得到很好的解. 简单禁忌搜索法可以用来求冗余分配问题和可靠度–冗余分配问题, 该方法的一个主要缺点就是它很难定义独立于问题的记忆结构和基于记忆的策略. 这项工作要有问题性质的全面知识, 还需要智慧和某些试验. 一个好的禁忌搜索法可以为大规模系统可靠度最优化问题提供很好的解答.

为了得到可靠性系统的精确最优冗余分配, Misra[228] 提出了一种搜索方法, 好几篇文章都用该方法来求解各种可靠性最优化问题, 其中也包括求解多目标最优化问题. 不幸的是, 该方法是无效的, 如 2.3 节所示. 虽然这项工作给系统工程师们提供了交流的环境, 但在多目标最优化问题上的进步很小. Park[260] 和 Dhingra[80] 用模糊最优化方法求解了模糊环境下的可靠度最优化问题.

可靠性系统中可互换元件的最优指派是一个非线性问题. 从数学的角度来看,

该问题的性质不同于冗余分配问题, 这是因为最优指派不需要消耗资源. 启发式算法适用于一般结构, 而精确算法适用于特殊结构. 有一些特殊结构可以进行不变最优指派, 而有一些却不能. 偶尔, 当资源函数没有明确表达时, 也可以得到资源最小化的最优安排. Dale 和 Winterbottom 在文献 [68] 中提出了这一应用.

注意到将这些最优化技术结合在一起使用时, 功能会很强大. 例如, 可以将拉格朗日乘子法、分支定界法、字母顺序搜索法以及其他的搜索方法与一些最优化方法结合起来应用. 另外, 为了缩减搜索空间, 需要经常用到 2.3 节介绍的缩小问题的技术. 为了提高计算效率, 在设计启发式算法时考虑可靠性系统的物理意义将大有帮助.

练　习

2.1　描述几个能用模型 3, 模型 4 和模型 6 表示的可靠度最优化问题.

2.2　讨论模型 3 和模型 6 的相同点与不同点.

2.3　说明模型 4 和模型 5 所表述的问题也可以用更一般的术语表述成模型 2.

2.4　将模型 7 用模型 3 的形式表示, 并且说明这样表述的优点和缺点.

2.5　找出 n 中取连续 2: 坏直列系统和 n 中取连续 2: 坏环形系统的不变最优元件指派. 讨论哪种排列方式更优, 为什么?

2.6　精确的最优算法有哪些? 描述这些精确算法. 分支定界法和动态规划法有哪些不足?

2.7　用来求解复杂离散最优化问题的方法有遗传算法、模拟退火法和禁忌搜索法. 比较这些方法, 它们都有哪些优点与缺点?

2.8　什么时候可以用多目标最优化方法? 举一个实际例子, 并描述 SPOT 和目标规划法.

2.9　什么是元件可靠度分配问题? 指出其一般表示形式. 它们是非线性规划问题吗? 你用哪种方法来求解它们?

2.10　描述简化问题的优点. 通常用哪种方法来简化?

2.11　如果非线性函数是不可微的, 你将用什么方法来寻找最优解?

2.12　什么是可分离规划? 讨论它的优点并指出它的函数类型.

2.13　讨论能用来解决混合整数规划问题的方法.

2.14　找出一个能用标准指派技术求解元件指派的单调关联系统.

第 3 章　用启发式方法进行冗余分配

3.1　引　　言

众所周知, 在系统运行的每一阶段利用冗余来实现可靠度最大化问题, 实质上是一个涉及非线性约束的非线性整数规划问题. 这种通过元件冗余实现系统可靠度最优化的方法, 最早是由 Moskowitz 和 McLean[240] 以及 Mine[219] 提出的. 虽然文献上有几种方法可以得到问题的精确最优解, 但这些方法需要在计算方面付出很多努力和时间, 并且不是那么容易就可以求解的. Chern[49] 曾指出, 即使一个简单的带有线性约束的串联系统冗余分配问题都是 NP 困难的. 从计算量的角度来看, NP 困难问题属于高难度复杂问题, 并且很难用简单高效的算法获得精确最优解. Garey 和 Johnson[97] 对这类问题作了很好的阐述. 因此, 采用启发式方法可以更好地解决问题, 尽管启发式方法不够精确, 却能减少计算量. 对于许多实际问题, 并不需要得到精确最优解. 只要能使系统可靠度接近最优值的解, 就都是令人满意的解. 在实际工程中, 由于存在对元件可靠度和资源消耗的评估误差及取近似值的情况, 因此, 最优解的精确性显得不那么重要. 然而, 实际中任何一种简单和计算上有效的启发式算法对于解决大规模可靠性最优化问题都更有价值.

在最近 40 年中, 为解决可靠性最优化问题已经发展了不少启发式方法. 几乎所有的启发式方法都是从一个可行解开始, 通过迭代来逼近最优解. 本章中, 将介绍其中最重要的几种启发式方法. 3.2 节包含了一些符号, 定义和例子. 3.3 节所阐述的启发式方法是: 每次迭代都只有一个变量增加一个冗余, 被增加变量的选取基于一个敏感因子. 3.4 节的启发式方法则在每次迭代中会有多个变量增加一个冗余.

3.2　定义和例子

一般的冗余最优化问题就是求系统可靠度 R_s 的最大值

$$\max \quad R_s = f(x_1, \cdots, x_n), \tag{3.1}$$

$$\text{s.t.} \quad \sum_{j=1}^{n} g_{ij}(x_j) \leqslant b_i,\ i = 1, 2, \cdots, m, \tag{3.2}$$

$$\ell_j \leqslant x_j \leqslant u_j, j = 1, 2, \cdots, n, \tag{3.3}$$

其中 x_j 是整数, $f(x_1, \cdots, x_n)$ 是系统可靠度函数, $g_{ij}(x_j)$ 表示 x_j 个元件在第 j

阶段所消耗资源 i 的量. 这个问题就是第 2 章介绍的模型 3 的一个特例. 函数 $f(x_1,\cdots,x_n)$ 对于每个变量 x_j 都是非递减的. 由于方程 (3.2) 有资源消耗的约束, 因而要假设 $g_{ij}(x_j)$ 随 x_j 递增. 令

$$\Delta g_{ij}(x_j)=g_{ij}(x_j+1)-g_{ij}(x_j),\quad i=1,2,\cdots,m,j=1,2,\cdots,n, \tag{3.4}$$

增量 $\Delta g_{ij}(x_j)$ 表示 x_j 因增加了一个元件而多消耗的第 i 种资源量. 令 $\Delta R_s(\boldsymbol{x},j)$ 表示 x_j 增加了一个元件而带来的系统可靠度增值, 即

$$\Delta R_s(\boldsymbol{x},j)=f(x_1,x_2,\cdots,x_j+1,\cdots,x_n)-f(x_1,x_2,\cdots,x_j,\cdots,x_n).$$

令 $s_i=b_i-\sum\limits_{j=1}^{n}g_{ij}(x_j)\,(i=1,2,\cdots,m)$, 对于一个可行解 $\boldsymbol{x}=(x_1,\cdots,x_n)$, s_i 表示资源 i 的余额且非负.

k 阶邻域

令 $\boldsymbol{x}=(x_1,\cdots,x_n)$ 是一个任意解. 如果解 $\boldsymbol{y}=(y_1,\cdots,y_n)$ 满足 x_j 与 y_j 差的绝对值之和不超过 k, 即

$$\sum_{j=1}^{n}|y_j-x_j|\leqslant k.$$

于是可以认为解 $\boldsymbol{y}$ 在 $\boldsymbol{x}$ 的 k 阶邻域内. $\boldsymbol{x}$ 的 k 阶邻域表示为

$$N_k(\boldsymbol{x})=\left\{(y_1,\cdots,y_n):\sum_{j=1}^{n}|y_j-x_j|\leqslant k\right\}.$$

如果 $y_j=x_j+1$, 并且对所有 $h\neq j$, $y_h=x_h$, 则 $(y_1,\cdots,y_n)$ 是在 $\boldsymbol{x}$ 的 1 阶邻域 $N_1(\boldsymbol{x})$ 中.

$$令\ S_k(\boldsymbol{x})=\left\{\boldsymbol{y}:\sum_{j=1}^{n}|y_j-x_j|\leqslant k\ 且\ \boldsymbol{y}\ 满足式\ (3.2)\ 和\ (3.3)\right\},$$

集合 $S_k(\boldsymbol{x})$ 称为 $\boldsymbol{x}$ 的可行 k 阶邻域. 令 $S_1^+(\boldsymbol{x})=\{\boldsymbol{y}:y_r=x_r+1,y_j=x_j$ 对某个 r 和所有的 $j\neq r$ 定义, 并且 $\boldsymbol{y}$ 满足式 (3.2) 和 (3.3)$\}$.

值得指出的是, $S_1^+(\boldsymbol{x})$ 是 $\boldsymbol{x}$ 的可行 1 阶邻域 $S_1(\boldsymbol{x})$ 的子集, 并且 $S_1^+(\boldsymbol{x})$ 中解的数目不多于 n.

饱和阶段

一个阶段 j 关于解 $\boldsymbol{x}$ 饱和, 如果满足下列条件:

$$x_j=u_j\ 或者对某个\ i\ 满足\ \Delta g_{ij}(x_j)>s_i. \tag{3.5}$$

这意味着, 如果对第 i 种资源的增量 $\Delta g_{ij}(x_j)$ 达到上限 u_j(由于对某个 i 或 x_j 再增加一个元件, 将超过第 i 种资源的余额), 那么第 j 阶段就饱和了.

设 $\boldsymbol{x}=(x_1,x_2,\cdots,x_n)$ 和 $\boldsymbol{y}=(y_1,y_2,\cdots,y_n)$ 是两个可行解, 并且对所有 j 满足 $y_j \geqslant x_j$. 如果 j 阶段关于 $\boldsymbol{x}$ 饱和, 则 j 阶段同样关于 $\boldsymbol{y}$ 饱和.

例 3-1 考虑下面 5 阶段串联系统的冗余分配问题. 求最大的可靠度

$$
\begin{aligned}
\max \quad & R_{\mathrm{s}}=\prod_{j=1}^{5} R_j(x_j), \\
\text{s.t.} \quad & g_1=\sum_{j=1}^{5} p_j x_j^2 \leqslant P, \\
& g_2=\sum_{j=1}^{5} c_j\left[x_j+\exp\left(\frac{x_j}{4}\right)\right] \leqslant C, \\
& g_3=\sum_{j=1}^{5} w_j x_j \exp\left(\frac{x_j}{4}\right) \leqslant W,
\end{aligned}
$$

其中 x_j 是正整数, P, C, W 表示给定的资源; 当 j 阶段有 x_j 个冗余元件且每个元件的可靠度为 r_j 时, $R_j(x_j)=1-(1-r_j)^{x_j}$ 表示 j 阶段有 x_j 个冗余元件的可靠度. 上面约束条件中的取值在表 3.1 中给出.

表 3.1 例 3-1 中的系数

j	r_j	p_j	P	c_j	C	w_j	W
1	0.80	1		7		7	
2	0.85	2		7		8	
3	0.90	3	110	5	175	8	200
4	0.65	4		9		6	
5	0.75	2		4		9	

这个问题首先由 Tillman 和 Littschwager[311] 提出, 然后 Tillman[302] 以及 Sharma 和 Venkateswaran[290] 等来证明一些最优化技巧.

例 3-2 考虑一个 5 阶段的复杂系统如图 1.10 所示. 元件的可靠度和成本由表 3.2 给出.

表 3.2 例 3-2 中的系数

j	1	2	3	4	5
r_j	0.70	0.85	0.75	0.80	0.90
c_j	2	3	2	3	1

若所有元件的总成本不能超过 20 个单位, 那么如何找到一个最优的冗余分配

方案, 使系统可靠度最大. 从数学的角度来看, 是系统的不可靠程度这个目标值最小化的问题, 即

$$\begin{aligned}\min \quad & Q_s = Q_1Q_3 + Q_2Q_4 + Q_1Q_4Q_5 + Q_2Q_3Q_5 - Q_1Q_2Q_3Q_4 \\ & -Q_1Q_3Q_4Q_5 - Q_1Q_2Q_3Q_5 - Q_1Q_2Q_4Q_5 - Q_2Q_3Q_4Q_5 \\ & +2Q_1Q_2Q_3Q_4Q_5, \\ \text{s.t.} \quad & g = \sum_{j=1}^{5} c_jx_j \leqslant 20,\end{aligned}$$

其中 x_j 是正整数, $Q_j = (1 - r_j)^{x_j}$ 是第 j 阶段有 x_j 个冗余元件的失效概率.

例 3-3 考虑一个 4 阶段的串联系统. 阶段 1 不允许对元件冗余, 但可以通过选择更高可靠度的元件来提高阶段 1 的可靠性. 在阶段 1 有 6 个不同元件可供选择, 可靠度分别为 $r_1(1), r_1(2), \cdots, r_1(6)$. 在阶段 2 和阶段 4, 只能通过冗余来提高可靠度. 而在阶段 3 则有一个 n 中取 2: 好结构. 求最大的可靠度

$$\max \quad R_s = \prod_{j=1}^{4} R_j(x_j),$$

$$\text{s.t.} \quad 10\exp\left[\frac{0.02}{1 - R_1(x_1)}\right] + 10x_2 + 6x_3 + 15x_4 \leqslant 150, \tag{3.6}$$

$$10\exp\left(\frac{x_1}{2}\right) + 4\exp(x_2) + 2\left[x_3 + \exp\left(\frac{x_3}{4}\right)\right] + 6x_4^2 \leqslant 200, \tag{3.7}$$

$$40x_1^2 + 6\exp(x_2) + 3x_3\exp\left(\frac{x_3}{4}\right) + 8x_4^3 \leqslant 750, \tag{3.8}$$

其中 x_j 是正整数, 各阶段的可靠度分别为

$R_1(x_1) = 0.94, 0.95, 0.96, 0.965, 0.97, 0.975$, 分别对应于 $x_1 = 1, 2, \cdots, 6$,

$R_2(x_2) = 1 - (1 - 0.75)^{x_2}$,

$R_3(x_3) = \sum_{k=2}^{x_3} \binom{x_3}{k} (0.90)^k (1 - 0.90)^{x_3 - k}$,

$R_4(x_4) = 1 - (1 - 0.95)^{x_4}$.

这个例子类似于 Nakagawa 和 Nakashima[247] 提出的一个例子, 而且也是模型 5 的一个特例.

例 3-4 考虑一个由 n 阶段组成的多功能系统. 可以使用任何冗余类型 (如冷/温/热) 来提高各个阶段的可靠度. 用 $R_j(x_j)$ 表示阶段 j 无故障运行的概率, 而在阶段 j 采用了 $x_j - 1$ 个冗余元件来保证其性能完好. 令 c_j 为阶段 j 每个元件的成本, 系统需要完成 k 项功能. 功能 $i(i = 1, 2, \cdots, k)$ 的完成需要多阶段的集合 J_i, 完成功能 i 的概率必须大于等于 $R_{\min}(i)$. 对这个冗余优化问题, Ushakov[314] 提出

求解成本最小

$$\min \quad C_{\mathrm{s}} = \sum_{j=1}^{n} c_j x_j,$$

$$\text{s.t.} \quad R(i) = \prod_{j \in J_i} R_j(x_j) \geqslant R_{\min}(i),\ i = 1, 2, \cdots, k,$$

其中 x_j 是非负整数, J_i 表示完成功能 $i(i=1,2,\cdots,k)$ 所需的最小阶段集合. 令 $n=3$, 则三个阶段中元件的可靠度和成本如表 3.3 所示.

表 3.3 例 3-4 中的系数

j	1	2	3
r_j	0.8	0.75	0.85
c_j	3	2	4

令 $J_1=\{1,2\}$, $J_2=\{1,3\}$, $R_{\min}(1)=0.94$, $R_{\min}(2)=0.96$.

3.3 基于 1 阶邻域解的启发式方法

在发展启发式算法方面不少学者都作出了贡献, 他们是 Sharma 和 Venkateswaran[290], Aggarwal[5], Aggaral 等[7], Gopal 等[112], Nakagawa 和 Nakashima[247], Kuo[175] 以及 Shi 等[296]. 这些贡献有以下相似之处:

(1) 从一个可行解开始, 通过迭代来提高系统的可靠度;

(2) 每次的迭代计算, 都从前一次的可行 1 阶邻域中得到一个解;

(3) 在每次迭代中都计算非饱和阶段的敏感因子 $F_j(x)$, 其中 $\boldsymbol{x}=(x_1,\cdots,x_n)$ 是从前面迭代中获得的解;

(4) 如果在一次迭代中某个阶段 v 得到最大的敏感因子, 则对应的变量 x_v 增加 1, 这里假定值增加后不会破坏约束条件;

(5) 当所有的阶段达到饱和时, 计算结束.

下面是启发式方法的一个普遍算法. 在每次迭代中, 如果当前可行解 $\boldsymbol{x}$ 的 1 阶邻域子集 $S_1^+(\boldsymbol{x})$ 为非空, 则基于敏感因子在 $S_1^+(\boldsymbol{x})$ 中选择一个解. 当 $S_1^+(\boldsymbol{x})$ 为空时, 算法停止.

普遍算法

- 步骤 0: 找到一个可行解 $\boldsymbol{x}=(x_1,\cdots,x_n)$.
- 步骤 1: 确定剩余资源 $s_i = b_i - \sum_{j=1}^{n} g_{ij}(x_j)(i=1,\cdots,m)$. 如果某个 i 使得 $s_i=0$, 则进入步骤 3; 否则, 找出非饱和阶段的子集 $U(\boldsymbol{x})=\{j : x_j < u_j$ 且对于

所有的 i 有 $\Delta g_{ij}(x) \leqslant s_j\}$, 如果 $U(\boldsymbol{x})$ 是空集, 则直接进入步骤 3; 否则, 计算集合 $U(\boldsymbol{x})$ 中各阶段的敏感因子 $F_j(\boldsymbol{x})$, 然后找出集合 $U(\boldsymbol{x})$ 中敏感因子最大的阶段 v.

- 步骤 2: 令 $x_v = x_v + 1$, 然后回到步骤 1.
- 步骤 3: 求出的 $\boldsymbol{x}$ 即是启发式算法的解, 计算结束.

对初始可行解, 既可取 $(\ell_1, \cdots, \ell_n)$, 也可以任意选定非饱和阶段通过迭代得到一个更好的. 本章介绍的启发式算法初始可行解都从 $(1, \cdots, 1)$ 开始. 前面文献所发展的启发式方法主要区别在于使用了不同的敏感因子. 下面将通过算例一一介绍这些启发式算法, 同时对相应的敏感因子进行评述.

3.3.1 Misra 和 Sharma 及 Venkateswaran 的方法

Sharma 和 Venkateswaran[290] 提出了一种求解串联系统可靠度最优化的启发式算法：这是所有采用启发式算法求解冗余分配最优化问题中最简单的. 由于 Misra[233] 也同时独立地提出了相同的方法, 因此, 该方法就被称为 MSV 方法, 它只适用于串联系统的冗余最优化. 对一个 n 阶段的串联系统, 当分配方案为 $\boldsymbol{x} = (x_1, \cdots, x_n)$ 时, 其可靠度为

$$f(x_1, \cdots, x_n) = \prod_{j=1}^{n} (1 - q_j^{x_j}),$$

其中 q_j 是元件在 j 阶段的失效概率. 值 $q_j^{x_j}$ 给出了 j 阶段的失效概率, 同时假设 $q_j^{x_j}$ 足够小, 使得目标函数可以近似写成

$$f(x_1, \cdots, x_n) \approx 1 - \sum_{j=1}^{n} q_j^{x_j}.$$

在 MSV 方法中, j 阶段的敏感因子是这个阶段的失效概率, 即

$$F_j(\boldsymbol{x}) = q_j^{x_j}.$$

需要指出的是, 在 MSV 法的每次迭代中, 只对有最大失效概率的阶段加入一个元件. Misra[233] 以及 Sharma 和 Venkateswaran[290] 所建议的最初可行解是 $(1, \cdots, 1)$.

采用 MSV 方法求解例 3-1 例 3-1 中近似的目标函数为

$$f(x_1, x_2, \cdots, x_n) = 1 - (q_1^{x_1} + q_2^{x_2} + q_3^{x_3} + q_4^{x_4} + q_5^{x_5}),$$

其中 $(q_1, q_2, q_3, q_4, q_5) = (0.20, 0.15, 0.10, 0.35, 0.25)$. 以下是迭代过程：

- 步骤 0: 取 $\boldsymbol{x} = (1, 1, 1, 1, 1)$ 为初始可行解.
- 步骤 1: 当解为 $\boldsymbol{x} = (1, 1, 1, 1, 1)$ 时, 资源剩余数量为

$$s_1 = P - \sum_{j=1}^{5} p_j x_j^2 = 110 - [(1.0)(1)^2 + (2.0)(1)^2 + (3.0)(1)^2 + (4.0)(1)^2 + (2.0)(1)^2] = 98,$$

$$\begin{aligned}s_2 =& C - \sum_{j=1}^{5} c_j \left[x_j + \exp\left(\frac{x_j}{4}\right)\right]\\ =&174 - [(7.0)(1+\mathrm{e}^{0.25}) + (7.0)(1+\mathrm{e}^{0.25})\\ &+ (5.0)(1+\mathrm{e}^{0.25}) + (9.0)(1+\mathrm{e}^{0.25}) + (4.0)(1+\mathrm{e}^{0.25})] = 101.91,\\ s_3 =& W - \sum_{j=1}^{5} w_j x_j \exp\left(\frac{x_j}{4}\right)\\ =&200-[(7.0)(1)\mathrm{e}^{0.25}+(8.0)(1)\mathrm{e}^{0.25}+(8.0)(1)\mathrm{e}^{0.25}+(6.0)(1)\mathrm{e}^{0.25}+(9.0)(1)\mathrm{e}^{0.25}]\\ =&151.21.\end{aligned}$$

非饱和阶段的集合为 $U(\boldsymbol{x}) = \{1,2,3,4,5\}$. 对于分配方案 $\boldsymbol{x} = (1,1,1,1,1)$, 其非饱和阶段的敏感因子为

$$\begin{aligned}F_1(\boldsymbol{x}) &= q_1^{x_1} = (0.20)^1 = 0.20,\\ F_2(\boldsymbol{x}) &= q_2^{x_2} = (0.15)^1 = 0.15,\\ F_3(\boldsymbol{x}) &= q_3^{x_3} = (0.10)^1 = 0.10,\\ F_4(\boldsymbol{x}) &= q_4^{x_4} = (0.35)^1 = 0.35,\\ F_5(\boldsymbol{x}) &= q_5^{x_5} = (0.25)^1 = 0.25.\end{aligned}$$

- 步骤 2: 因为阶段 4 的敏感因子最大, 所以对其增加一个元件, 即 x_4 从 1 增到 2. 这时可行解变为 $\boldsymbol{x} = (1,1,1,2,1)$.

迭代过程一直重复下去, 直到一个约束出现等号或者不再满足约束条件. 通过此算法得到的最终分配方案是 (3,2,2,3,3), 此时系统的可靠度为 0.9045. 迭代过程中每种分配方案 $\boldsymbol{x}$ 所对应的资源消耗量和敏感因子 (只针对于不破坏约束而能提供额外冗余的阶段) 如表 3.4 所示.

表 3.4 运用 MSV 方法所得例 3-1 的迭代结果

系统可靠度	分配方案	剩余资源			敏感因子				
	$(x_1,\cdots,x_5)$	s_1	s_2	s_3	1	2	3	4	5
0.29835	(1,1,1,1,1)	98.00	101.91	151.21	0.200	0.150	0.100	0.350[a]	0.250
0.40277	(1,1,1,2,1)	86.00	89.63	139.13	0.200	0.150	0.100	0.122	0.250[a]
0.50347	(1,1,1,2,2)	80.00	84.17	121.01	0.200[a]	0.150	0.100	0.122	0.063
0.60416	(2,1,1,2,2)	77.00	74.62	106.91	0.040	0.150[a]	0.100	0.122	0.063
0.69478	(2,2,1,2,2)	71.00	65.06	90.80	0.040	0.023	0.100	0.122[a]	0.063
0.75783	(2,2,1,3,2)	51.00	51.85	72.48	0.040	0.023	0.100[a]	0.043	0.063
0.83361	(2,2,2,3,2)	42.00	45.03	56.38	0.040	0.023	0.010	0.043	0.063[a]
0.87529	(2,2,2,3,3)	32.00	39.15	28.89	0.040[a]	0.023	0.010	b	b
0.90447	(3,2,2,3,3)	27.00	28.88	7.52	b	b	b	b	b

a 敏感因子的最大值; b 饱和阶段.

3.3.2 Gopal, Aggarwal 和 Gupta 的方法

Aggarwal[5] 提出了一种解一般系统最优冗余分配的启发式方法. 他给出的敏感因子为

$$F_j(x_1,\cdots,x_n)=\frac{r_j(1-r_j)^{x_j}\partial R_\mathrm{s}/\partial R_j}{\prod_{i=1}^{m}\Delta g_{ij}(x_j)},\tag{3.9}$$

其中 r_j 是 j 阶段的元件可靠度, R_j 和 R_s 分别表示 j 阶段和系统的可靠度. 式 (3.9) 中的分子表示当 x_j 增加一个元件时, 系统可靠度的增加量. 由此可知, 当元件可靠度 p_j 增加 $\varDelta$ 时, 单调关联系统的可靠度函数 $h(p_1,\cdots,p_n)$ 的增量为

$$h(p_1,\cdots,p_j+\varDelta,\cdots,p_n)-h(p_1,\cdots,p_n)=\Delta\frac{\partial h}{\partial p_j}.$$

敏感因子不仅考虑了系统可靠度的增加, 也考虑了对资源消耗的增加. 需要注意的是, 在约束条件增加的情况下, 式 (3.9) 的乘积项降低了启发式算法的有效性, Gopal 等[112] 对 Aggarwal 提出的敏感因子进行了修正. 改进的敏感因子为

$$F_j(x_1,\cdots,x_n)=\frac{r_j(1-r_j)^{x_j}\partial R_\mathrm{s}/\partial R_j}{\max_i\Delta\bar{g}_{ij}(x_j)},\tag{3.10}$$

其中 $\Delta\bar{g}_{ij}(x_j)=\dfrac{\Delta g_{ij}(x_j)}{\max\limits_j\Delta g_{ij}(x_j)}$. 经过敏感因子修正的算法被称为 GAG1 方法.

采用 GAG1 方法求解例 3-1 下面是应用 GAG1 方法求解例 3-1 的过程.

- 步骤 0: 将 $\boldsymbol{x}=(1,1,1,1,1)$ 作为初始可行解.
- 步骤 1: 与利用 MSV 方法求解该例相同, 对应初始解 $\boldsymbol{x}=(1,1,1,1,1)$ 的剩余资源为

$$s_1=P-\sum_{j=1}^{5}p_jx_j^2=98.00,$$

$$s_2=C-\sum_{j=1}^{5}c_j\left[x_j+\exp\left(\frac{x_j}{4}\right)\right]=101.91,$$

$$s_3=W-\sum_{j=1}^{5}w_jx_j\exp\left(\frac{x_j}{4}\right)=151.21.$$

非饱和阶段的集合为 $U(\boldsymbol{x})=\{1,2,3,4,5\}$.

当对所有的 j 有 $x_j=1$ 时, $\Delta g_{ij}(x_j)$ 对于 $i=1,2,3,j=1,2,3,4,5$ 的值如下表所示:

i	j					$\max_j \Delta g_{ij}(x_j)$
	1	2	3	4	5	
1	3.00	6.00	9.00	12.00	6.00	12.00
2	9.55	9.55	6.82	12.28	5.46	12.28
3	14.09	16.11	16.11	12.08	18.12	18.12

$\Delta\bar{g}_{ij}(x_j)$ 的值为

i	j				
	1	2	3	4	5
1	0.25	0.50	0.75	1.00	0.50
2	0.78	0.78	0.56	1.00	0.44
3	0.78	0.89	0.89	0.67	1.00

因为系统是串联结构, 所以有

$$\frac{\partial R_s}{\partial R_j} = \prod_{i \neq j} R_i(x_i) = \frac{R_s}{1-(1-r_j)^{x_j}}.$$

对于 $\boldsymbol{x} = (1,1,1,1,1)$ 有

$$[R_1(x_1), \cdots, R_5(x_5)] = (0.80, 0.85, 0.90, 0.65, 0.75),$$

$$R_s = 0.29835.$$

现在, 阶段 1 的敏感因子为

$$F_1(\boldsymbol{x}) = \frac{r_1(1-r_1)^{x_1}\partial R_s/\partial R_1}{\max\limits_{1\leqslant i\leqslant 3} \Delta\bar{g}_{i1}(x_1)} = \frac{(0.80)(1-0.80)(0.37294)}{\max(0.25, 0.78, 0.78)} = 0.077.$$

同样, 其他非饱和阶段的敏感因子为

$$F_2(\boldsymbol{x}) = 0.050, \quad F_3(\boldsymbol{x}) = 0.034, \quad F_4(\boldsymbol{x}) = 0.104, \quad F_5(\boldsymbol{x}) = 0.075.$$

- 步骤 2: 由于阶段 4 给出了最大的敏感因子, 所以对 x_4 从 1 增加到 2. 可行解变为 $\boldsymbol{x} = (1,1,1,2,1)$.

迭代过程一直重复下去, 直到一个约束出现等号或者不再满足约束条件. 通过此算法得到的最终分配方案为 (3,2,2,3,3), 相应的系统可靠度为 0.9045. 迭代过程中每种分配方案 $\boldsymbol{x}$ 所对应的资源消耗量和敏感因子如表 3.5 所示.

表 3.5　运用 GAG1 方法所得例 3-1 的迭代结果

系统可靠度	分配方案 $(x_1,\cdots,x_5)$	剩余资源			敏感因子				
		s_1	s_2	s_3	F_1	F_2	F_3	F_4	F_5
0.29835	(1,1,1,1,1)	98.00	101.91	151.21	0.077	0.050	0.034	0.104[a]	0.075
0.40277	(1,1,1,2,1)	86.00	89.63	139.13	0.105[a]	0.069	0.046	0.037	0.102
0.48333	(2,1,1,2,1)	83.00	80.08	125.03	0.016	0.096	0.064	0.044	0.143[a]
0.60416	(2,1,1,2,2)	77.00	74.62	106.91	0.026	0.125[a]	0.103	0.055	0.030
0.69478	(2,2,1,2,2)	71.00	65.06	90.80	0.030	0.015	0.119[a]	0.063	0.035
0.76426	(2,2,2,2,2)	62.00	58.24	74.70	0.033	0.017	0.008	0.069[a]	0.038
0.83361	(2,2,2,3,2)	42.00	45.03	56.38	0.036	0.018	0.009	0.024	0.042[a]
0.87529	(2,2,2,3,3)	32.00	39.15	28.89	0.041[a]	0.024	0.013	b	b
0.90447	(3,2,2,3,3)	27.00	28.88	7.52	b	b	b	b	b

a 敏感因子的最大值;　b 饱和阶段.

3.3.3　Nakagawa-Nakashima 的方法

Nakagawa 和 Nakashima(NN)[247] 提出了一种处理串联系统最优冗余分配的启发式方法. 令 $\boldsymbol{x}=(x_1,\cdots,x_n)$ 是初始的分配方案, 并且

$$s_i=b_i-\sum_{j=1}^{n}g_{ij}(x_j),\quad \Delta x_j=\min\frac{s_i}{\Delta g_{ij}(x_j)}.$$

NN 方法中的敏感因子为

$$F_j(x_1,\cdots,x_n)=[\ln R_j(x_j+1)-\ln R_j(x_j)][\alpha\Delta x_j+(1-\alpha)\min_{k\in L(x)}\Delta x_k],$$

其中 $L(\boldsymbol{x})=\{j:\Delta x_j\geqslant 1\}$, α 是一个平衡系数.

注意到 $L(\boldsymbol{x})$ 是分配方案 $\boldsymbol{x}$ 的非饱和阶段集合, 这种情况暗示了对所有的 j, 满足 $u_j=\infty$, 因此有 $L(\boldsymbol{x})=U(\boldsymbol{x})$. 在 NN 方法中, 将普遍算法分别应用于 α 的 14 个值: $0,0.1,0.2,\cdots,0.9,1.0,1/0.9,1/0.6,1/0.3$. 由算法所产生的 14 个解中, 取其中的最优解作为最终的解.

采用 NN 方法求解例 3-3　当 $\alpha=0.5$ 时, 通过 NN 方法求解例 3-3 的迭代步骤如下:

初始解取 $\boldsymbol{x}=(1,2,2,1)$. 资源剩余量为

$$s_1=99.04,\quad s_2=159.34,\quad s_3=675.80.$$

当 $i=1,2,3,j=1,2,3,4$ 时, $\Delta g_{ij}(\ell_j)=g_{ij}(\ell_j+1)-g_{ij}(\ell_j)$ 的值如下表所示:

i	j			
	1	2	3	4
1	0.9621	10.0000	6.0000	15.0000
2	10.6956	18.6831	2.9366	18.0000
3	120.0000	28.0246	9.1607	56.0000

分配方案 $\boldsymbol{x}=(1,2,2,1)$ 对应的非饱和阶段集合是 $L(\boldsymbol{x})=\{1,2,3,4\}$. 为了计算阶段 j 的敏感因子 $F_j(x_j)$, 首先需要对所有的 $j\in L(\boldsymbol{x})$ 计算 Δx_j 和 $\ln R_j(x_j+1)-\ln R_j(x_j)$ 的值. 这时有

$$\Delta x_1=\min_{1\leqslant i\leqslant 3}\frac{s_i}{\Delta g_{i1}(1)}=\min\left\{\frac{99.04}{0.9621},\frac{159.34}{10.6956},\frac{675.80}{120.0000}\right\}=5.63.$$

同样可计算

$$\Delta x_2=\min\left\{\frac{99.04}{10.0000},\frac{159.34}{18.6831},\frac{675.80}{28.0246}\right\}=8.53,$$

$$\Delta x_3=\min\left\{\frac{99.04}{6.0000},\frac{159.34}{2.9366},\frac{675.80}{9.1607}\right\}=16.51,$$

$$\Delta x_4=\min\left\{\frac{99.04}{15.0000},\frac{159.34}{18.0000},\frac{675.80}{56.0000}\right\}=8.53.$$

因此,

$$\min_{j\in L(x)}\Delta x_j=\min\{5.63,8.53,16.51,6.60\}=5.63.$$

当 $j\in L(\boldsymbol{x})$, 对应 $[\ln R_j(x_j+1)-\ln R_j(x_j)]$ 的值为

$$\ln R_1(2)-\ln R_1(1)=\ln 0.95-\ln 0.94=0.0106,$$

$$\ln R_2(2)-\ln R_2(1)=\ln[1-(1-0.75)^2]-\ln[1-(1-0.75)^1]=0.2232,$$

$$\ln R_3(3)-\ln R_3(2)=\ln\left[\begin{pmatrix}3\\2\end{pmatrix}(0.9)^2(0.1)^1+\begin{pmatrix}3\\3\end{pmatrix}(0.9)^3(0.1)^0\right]-\ln\begin{pmatrix}2\\2\end{pmatrix}(0.9)^2(0.1)^0=0.1823,$$

$$\ln R_4(2)-\ln R_4(1)=\ln[1-(1-0.95)^2]-\ln[1-(1-0.95)^1]=0.0488.$$

因此, 对于所有非饱和阶段的敏感因子为

$$F_1(\boldsymbol{x}) = [\ln R_1(2) - \ln R_1(1)][\alpha\Delta x_1 + (1-\alpha)\min_{k\in L(\boldsymbol{x})}\Delta x_k]$$
$$= (0.0106)[(0.5)(5.63) + (0.5)(5.63)] = 0.0597,$$
$$F_2(\boldsymbol{x}) = [\ln R_2(2) - \ln R_2(1)][\alpha\Delta x_2 + (1-\alpha)\min_{k\in L(\boldsymbol{x})}\Delta x_k]$$
$$= (0.2232)[(0.5)(8.53) + (0.5)(5.63)] = 1.5803,$$
$$F_3(\boldsymbol{x}) = [\ln R_3(3) - \ln R_3(2)][\alpha\Delta x_3 + (1-\alpha)\min_{k\in L(\boldsymbol{x})}\Delta x_k]$$
$$= (0.1823)[(0.5)(16.51) + (0.5)(5.63)] = 20181,$$
$$F_4(\boldsymbol{x}) = [\ln R_4(2) - \ln R_4(1)][\alpha\Delta x_4 + (1-\alpha)\min_{k\in L(\boldsymbol{x})}\Delta x_k]$$
$$= (0.0488)[(0.5)(6.60) + (0.5)(5.63)] = 0.2984.$$

由于阶段 3 给出了最大的敏感因子，所以对 x_3 从 2 增加到 3. 对于 $\alpha = 0.5$ 的其他迭代结果由表 3.6 给出.

表 3.6 运用 NN 方法所得例 3-3 的迭代结果

分配方案	剩余资源			敏感因子			
$(x_1,\cdots,x_4)$	s_1	s_2	s_3	F_1	F_2	F_3	F_4
(1,1,2,1)	99.0439	159.3422	675.7980	0.0597	1.5803	2.0181[a]	0.2984
(1,1,3,1)	98.0439	156.4057	666.6373	0.0588	1.5538[a]	0.2600	0.2868
(1,2,3,1)	78.0439	137.7226	638.6127	0.0425	0.1323	0.2044[a]	0.2012
(1,2,4,1)	77.0439	134.5200	625.0463	0.0416	0.1292	0.0251	0.1899[a]
(1,2,4,2)	62.0439	116.5200	569.0463	0.0372	0.1119[a]	0.0205	0.0072
(1,3,4,2)	52.0439	65.7341	492.8674	0.0333[a]	b	0.0176	0.0052
(2,3,4,2)	51.0818	55.0385	372.8674	0.0194[a]	b	0.0168	0.0044
(3,3,4,2)	49.5128	37.4044	172.8674	b	b	0.0152[a]	0.0027
(3,3,5,2)	43.5128	33.8603	153.1316	b	b	0.0013	0.0024[a]
(3,3,5,3)	28.5128	3.8603	1.1316	b	b	b	b

a 敏感因子的最大值; b 饱和阶段.

当 $\alpha = 0.5$, 通过 NN 方法得到的最优配置是 (3,3,5,3), 相应的系统可靠度为 0.9444. 顺便提及, 当 α 取其他值时, 所得到的最优分配方案不变. 但是, 最优分配的排列顺序却不一样.

3.3.4 NN 方法针对复杂系统的一种扩展

Kuo 等[175] 通过改进 Nakagawa 和 Nakashima 提出的敏感因子, 将 NN 方法的适用范围扩展到一般可靠性系统. 这里当 j 阶段的元件数量从 x_j 增到 x_j+1 时,

第 j 阶段的可靠度增加值为 $r_j(1-r_j)^{x_j}$, 对应系统的可靠度增加值为

$$\Delta R_s(\boldsymbol{x}, j) = r_j(1-r_j)^{x_j}\frac{\partial R_s}{\partial R_j}.$$

因此, 改进后的 Nakagawa 和 Nakashima 敏感因子为

$$F_j(x_1, \cdots, x_n) = \left[r_j(1-r_j)^{x_j}\frac{\partial R_s}{\partial R_j}\right]\left[\alpha\Delta x_j + (1-\alpha)\min_{k\in L(\boldsymbol{x})}\Delta x_k\right]. \tag{3.11}$$

如果 R_s 对于 R_j 不可微, 那么用 $\Delta R_s/\Delta R_j$ 代替 $\partial R_s/\partial R_j$.

当 $\alpha = 1/0.6$ 时, 应用扩展 NN 方法可以得到例 3-2 的精确最优解 (3,2,2,1,1), 此时系统可靠度为 0.9932. 具体计算过程由表 3.7 给出.

表 3.7 用扩展的 NN 方法所得例 3-2 的解

分配方案	剩余资源	敏感因子				
$(x_1,\cdots,x_5)$	s_1	F_1	F_2	F_3	F_4	F_5
(1,1,1,1,1)	9.00	0.2914	0.0744	0.3035[a]	0.0745	0.0693
(1,1,2,1,1)	7.00	0.0681[a]	0.0578	0.0590	0.0636	0.0483
(2,1,2,1,1)	5.00	0.0146	0.0429[a]	0.0138	0.0415	0.0138
(2,2,2,1,1)	2.00	0.0051[a]	b	0.0042	b	0.0042
(3,2,2,1,1)	0	b	b	b	b	b

a 敏感因子的最大值; b 饱和阶段.

3.3.5 史定华方法

Shi(史定华)[296] 提出了一种处理复杂系统中冗余最优化问题的启发式方法. 这种方法在每次迭代时, 对系统中的每个非饱和最小路集计算出一个指数, 然后挑选出指数最大的那个最小路集. 如果存在一个非饱和的最小路集, 那么至少会有一个阶段是非饱和的. 然后, 计算所选中路集的全部非饱和阶段的敏感因子, 并且在敏感因子最大的阶段增加一个元件.

令 $P_1, \cdots, P_k$ 是系统的最小路集, $\boldsymbol{x} = (x_1, \cdots, x_n)$ 是一组可行解. 定义解 $\boldsymbol{x}$ 所对应的路集 P_h 指数为

$$a_h(\boldsymbol{x}) = \frac{\prod\limits_{j\in P_h} R_j(x_j)}{\sum\limits_{j\in P_h}\sum\limits_{i=1}^{m} g_{ij}(x_j)/(mb_i)}, \quad h = 1, 2, \cdots, k.$$

阶段 j 的敏感因子定义如下:

$$F_j(\boldsymbol{x}) = \frac{R_j(x_j)}{\sum\limits_{i=1}^{m} g_{ij}(x_j)/(mb_i)}.$$

采用普遍算法清楚地描述史定华[296] 方法的计算过程是很困难的. 由于这个原因, 下面是史定华给出的计算步骤.

- 步骤 0：找出系统中的所有最小路集, 计算它们的指数 $a_h(x)$. 取 $\boldsymbol{x} = (1,\cdots,1)$ 为初始解.
- 步骤 1：确定剩余资源 $s_i = b_i - \sum_{j=1}^{n} g_{ij}(x_j)$, 其中 $i = 1,2,\cdots,m$. 如果出现 i 使得 $s_i = 0$, 则转入步骤 4.
- 步骤 2：如果已没有满足条件的非饱和最小路集, 就直接转入步骤 4; 否则, 计算每个非饱和的最小路集指数 $a_h(\boldsymbol{x})$, 然后找出指数最大的最小路集 P_{h*}. 计算在 P_{h*} 中每个非饱和阶段 j 的敏感因子 $F_j(\boldsymbol{x})$, 找出敏感因子最大的阶段 v.
- 步骤 3：令 $x_v = x_v + 1$, 如果新的解 $\boldsymbol{x}$ 破坏了任意一个约束, 则从系统的最小路集中去掉 P_{h*}, 令 $x_v = x_v - 1$, 转入步骤 2; 如果 $\boldsymbol{x}$ 符合所有的约束条件, 则转入步骤 1.
- 步骤 4：取 $\boldsymbol{x}$ 作为最优解, 计算停止.

采用史定华方法求解例 3-2　例中的最小路集为

$$P_1 = \{1,2\},\quad P_2 = \{3,4\},\quad P_3 = \{1,4,5\},\quad P_4 = \{2,3,5\},$$

约束的个数为 $m = 1$. 下面给出一次迭代的计算过程.

- 步骤 0：令初始解为 $\boldsymbol{x} = (1,1,1,1,1)$.
- 步骤 1：剩余资源量是 $b_1 - \sum_{j=1}^{5} c_j x_j = 20 - (2+3+2+3+1) = 9$. 因为剩余资源值为正, 转入步骤 2.
- 步骤 2：各阶段的可靠度为

$$\begin{aligned}
R_1(x_1) &= R_1(1) = 1 - (1-0.70)^1 = 0.70,\\
R_2(x_2) &= R_2(1) = 1 - (1-0.85)^1 = 0.85,\\
R_3(x_3) &= R_3(1) = 1 - (1-0.75)^1 = 0.75,\\
R_4(x_4) &= R_4(1) = 1 - (1-0.80)^1 = 0.80,\\
R_5(x_5) &= R_5(1) = 1 - (1-0.90)^1 = 0.90.
\end{aligned}$$

$\sum_{i=1}^{m} g_{ij}(x_j)/(mb_i)$ 的值如下：

阶段 j	1	2	3	4	5
$\sum_{i=1}^{m} g_{ij}(x_j)/(mb_i) = c_j x_j/20$	0.10	0.15	0.10	0.15	0.05

最小路集 $P_1 = \{1,2\}$ 的指数为

$$a_1(\boldsymbol{x}) = \frac{\prod_{j\in P_1} R_j(x_j)}{\sum_{j\in P_1}\sum_{i=1}^{m} g_{ij}(x_j)/(mb_i)} = \frac{R_1(x_1)R_2(x_2)}{\sum_{i=1}^{m} g_{i1}(x_1)/mb_i + \sum_{i=1}^{m} g_{i2}(x_2)/mb_i}$$

$$= \frac{(0.70)(0.85)}{0.10+0.15} = 2.38.$$

同样可计算出 $a_2(\boldsymbol{x}) = 2.40, a_3(\boldsymbol{x}) = 1.68, a_4(\boldsymbol{x}) = 1.91$. 因为最小路集 $P_2 = \{3,4\}$ 给出了最大指数值 2.40, 阶段 3 和阶段 4 的敏感因子计算如下:

$$F_3(\boldsymbol{x}) = \frac{R_3(x_3)}{\sum_{i=1}^{m} g_{i3}(x_3)/(mb_i)} = 7.5,$$

$$F_4(\boldsymbol{x}) = \frac{R_4(x_4)}{\sum_{i=1}^{m} g_{i4}(x_4)/(mb_i)} = 5.3.$$

- 步骤 3: 因为阶段 3 比阶段 4 具有更高的敏感因子, 则将 x_3 从 1 增到 2. 当新的解满足约束条件时, 转入步骤 1. 其余迭代的结果由表 3.8 给出.

表 3.8 用史定华方法所得例 3-2 的解

分配方案	剩余资源	最小路集的指数				敏感因子				
$(x_1, x_2, \cdots, x_5)$	$20 - \sum_{j=1}^{5} c_j x_j$	P_1	P_2	P_3	P_4	F_1	F_2	F_3	F_4	F_5
(1,1,1,1,1)	9	2.38	2.40[a]	1.68	1.91			7.5[b]	3.3	
(1,1,2,1,1)	7	2.38[a]	2.14	1.68	1.79	7.0[b]	5.7			
(2,1,2,1,1)	5	2.21[a]	2.14	1.64	1.79	4.6	5.7[b]			
(2,2,2,1,1)	2	1.78	2.14[a]	1.64	1.50			4.7	5.3[b]	
(2,2,2,2,1)	−1[c]	1.78[a]	d	1.64	1.50	4.6[b]	3.3			
(3,2,2,1,1)	0									

a 最小路集的最大指数; b 最高的敏感因子; c 不满足约束; d 计算过程中剔除的最小路集.

由史定华方法求出的最终分配方案为 (3,2,2,1,1), 给出的系统可靠度为 0.9932, 这个分配方案求出的是最优的精确解.

3.4 其他启发式方法

3.4.1 Kohda-Inoue 方法

Kohda 和 Inoue(KI)[163] 提出了一种针对一般单调关联系统冗余最优化的启发式方法. 该方法也是从一个可行解开始通过迭代求解, 但不需要约束函数 $g_{ij}(x_j)$ 具有增长的性质.

这种方法在每次迭代时, 若当前解 $\boldsymbol{x}$ 的可行 1 阶邻域子集 $S_1^+(\boldsymbol{x})$ 非空, 那么就从 $S_1^+(\boldsymbol{x})$ 中选择最优解; 否则, 从 $\boldsymbol{x}$ 的可行 2 阶邻域 $S_2(\boldsymbol{x})$ 中寻找更好的可行解. 由于没有满足 $\boldsymbol{y} \leqslant \boldsymbol{x}$ 的更好解 $\boldsymbol{x}$, 因此, 在 $S_2(\boldsymbol{x})$ 中可行解的类型为 $(x_1, \cdots, x_i+1, \cdots, x_j+1, \cdots, x_n), (x_1, \cdots, x_i-1, \cdots, x_j+1, \cdots, x_n)$ 和 $(x_1, \cdots, x_i+1, \cdots, x_j-1, \cdots, x_n)$ 的范围内搜寻求优. 在 KI 方法中可以很容易看出, 通过连续迭代得到的两个可行解存在于彼此的 2 阶邻域中, 因此, 不必考虑其 1 阶邻域.

3.4.2 Kim-Yum 方法

Kim-Yum(KY)[153] 为解决冗余分配问题, 提出了一种启发式方法. 该算法从一个合理的可行解出发, 通过迭代改进当前的解. 在连续的两次改进中, 该算法从非可行解的有限集中采集一些解. 当迭代改进产生了非可行解时, 算法停止. 在该方法中, 连续迭代得到的两个可行解不需要在彼此的 2 阶邻域中获得.

令 $\delta_1, \delta_2, \cdots, \delta_m$ 是 m 个非负值, B 是满足下面条件的非可行解集:

$$\left| b_i - \sum_{j=1}^{n} g_{ij}(x_j) \right| \leqslant \delta_i, \quad i = 1, \cdots, m.$$

KY 方法的计算量会随着集合 B 的规模增长而增加, 同时随着值 $\delta_1, \delta_2, \cdots, \delta_m$ 的增加而增加. 这些值可以通过几种方法来选择. 例如, 对某些常数 a_i, δ_i 可以设定为 $\delta_i = a_i b_i$. 如果约束条件是线性的, 则 $g_{ij}(x_j) = a_{ij} x_j$. Kim 和 Yum[153] 建议设 $\delta_i = 2 \max\limits_j a_{ij}$. 为了提高 KY 方法的可操作性, 把集合 B 改进为满足下列条件的解集:

$$\sum_{j=1}^{n} g_{ij}(x_j) \leqslant b_i + \delta_i, \quad i = 1, \cdots, m,$$

并且至少有一个 i 满足 $\sum\limits_{j=1}^{n} g_{ij}(x_j) > b_i$.

考虑一个解 $\boldsymbol{x} = (x_1, \cdots, x_n)$. 选取 $u\,(1 \leqslant u \leqslant n)$, 使得

$$\frac{\Delta R_s(\boldsymbol{x},u)}{\sum_{i=1}^{m}\Delta g_{iu}(x_u)/b_i}=\max_{1\leqslant j\leqslant n}\frac{\Delta R_s(\boldsymbol{x},j)}{\sum_{i=1}^{m}\Delta g_{ij}(x_j)/b_i},\tag{3.12}$$

其中 $\Delta R_s(\boldsymbol{x},j)$ 是 x_j 增加 1 带来的系统可靠度增加量. 以同样的条件选取 v, 则

$$\frac{\Delta R_s(\boldsymbol{x},-v)}{\sum_{i=1}^{m}\Delta g_{iv}(x_v-1)/b_i}=\max_{1\leqslant j\leqslant n}\frac{\Delta R_s(\boldsymbol{x},-j)}{\sum_{i=1}^{m}\Delta g_{ij}(x_j-1)/b_i},\tag{3.13}$$

其中 $\Delta R_s(\boldsymbol{x},-j)$ 是 x_j 减少 1 带来的系统可靠度减少量. 称 x_u 加 1 为一个递增操作, 反之, x_v 减 1 为一个递减操作. 式 (3.12) 等号右边的部分可作为 j 阶段的敏感因子, 其中 j 可取任意值. u 和 v 的选择可以依据 Aggarwal[5], Nakagawahe 和 Nakashima[247] 以及 Gopal 等 [112] 提出的任何一个敏感因子.

S 表示所有可行解的集合, D 表示集合 B 以外的所有非可行解的集合. 在算法进行的每个阶段, 得到当前最优可行解后, 通过收集可以得到两个有界非可行解集 (E 和 F). 该算法的特性可以用动态系统来描述, 如图 3.1 所示.

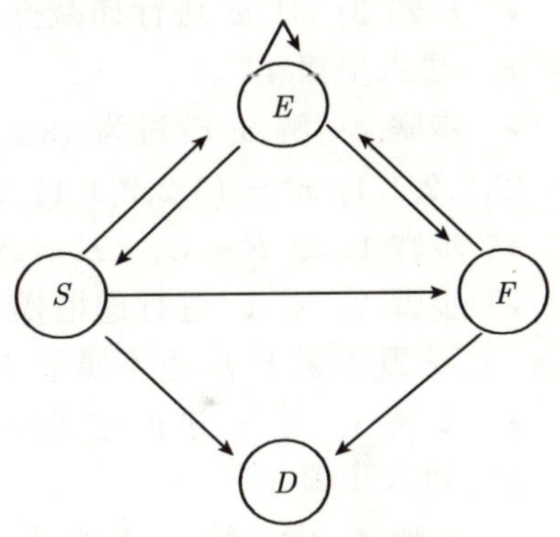

图 3.1 4 个状态间的转移

如果当前解在集合 S 中, 就称系统的状态为 S. 该解释同样适用于 E, F 和 D. 系统起始于状态 S, 通过递增或递减操作在状态之间转移, 最后到达状态 D 停止. 4 个状态间的转换如图 3.1 所示. 在状态 S 和 F 中使用递增操作, 在状态 E 中使用递减操作. 如果 E 中的递减操作没有产生向状态 S 或 F 的转移, 那么就称系统在该阶段停留于 E. 初始集合 E 和 F 为空, 当得到更好的可行解 S 时更新 E 和 F. 当 E 转移到 F, 或者在转换到 S 时得到次优解, 将 F 更新为 $F=F\cup E$, 使 E 为空集. KY 方法的计算过程通过下列步骤给出:

- 步骤 0: 确定 $\delta_i\,(i=1,2,\cdots,m)$. 找到初始可行解 $\boldsymbol{x}=(x_1,x_2,\cdots,x_n)$, 令 $\boldsymbol{x}^*=\boldsymbol{x}$, $R_s^*=f(\boldsymbol{x}^*)$.
- 步骤 1: 令 $F=\varnothing, E=\varnothing$.
- 步骤 2: 对 $\boldsymbol{x}$ 作递增操作得到新解 $\boldsymbol{x}^+$. 令 $\boldsymbol{x}=\boldsymbol{x}^+$. 如果 $\boldsymbol{x}\in D$, 启发式解为 $\boldsymbol{x}^*$, 停止计算; 如果 $\boldsymbol{x}\in F$, 重复步骤 2; 如果 $\boldsymbol{x}$ 既不属于 D 也不属于 F, 令 $E=\{\boldsymbol{x}\}$, 进入步骤 3.
- 步骤 3: 对 $\boldsymbol{x}$ 作递减操作得到新解 $\boldsymbol{x}^-$. 如果 $\boldsymbol{x}^-$ 属于 S, 令 $\boldsymbol{x}=\boldsymbol{x}^-$, 进入步骤 4; 如果 $\boldsymbol{x}^-$ 属于 F, 令 $F=F\cup E$, $E=\varnothing$, $\boldsymbol{x}=\boldsymbol{x}^-$, 进入步骤 2; 如果 $\boldsymbol{x}^-$ 即

非可行解又不在 F 内, 令 $E = E \cup \{\boldsymbol{x}^-\}$, $\boldsymbol{x} = \boldsymbol{x}^-$, 重复步骤 3.

- 步骤 4: 在不破坏约束的条件下, 通过增加 $x_1, x_2, \cdots, x_n$ 的值, 尽可能地改进可行解 $\boldsymbol{x}$. 如果可行解得到改进, 就把改进后的解作为 $\boldsymbol{x}$. 如果 $R_s^* < f(\boldsymbol{x})$, 令 $\boldsymbol{x}^* = \boldsymbol{x}$, $R_s^* = f(\boldsymbol{x}^*)$, 进入步骤 1; 否则, 令 $F = F \cup E$, $E = \varnothing$, $\boldsymbol{x} = \boldsymbol{x}^*$, 进入步骤 2.

采用 KY 方法求解例 3-2

- 步骤 0: 取 $\delta_1 = 6$, 初始解 $\boldsymbol{x} = (2,2,1,2,2)$. 令 $\boldsymbol{x}^* = (2,2,1,2,2), R_s^* = f(\boldsymbol{x}^*) = 0.9765$.
- 步骤 1: 令 $F = \varnothing, E = \varnothing$.
- 步骤 2: 对 $\boldsymbol{x}$ 进行递增操作得到 $\boldsymbol{x}^+ = (2,2,2,2,2)$. 令 $\boldsymbol{x} = \boldsymbol{x}^+$. 因为 $s_1 \geqslant -6$, $\boldsymbol{x}$ 既不属于 D 也不属于 F, 令 $E = \{(2,2,2,2,2)\}$, 进入步骤 3.
- 步骤 3: 对 $\boldsymbol{x}$ 进行递减操作得到 $\boldsymbol{x}^- = (2,2,2,2,1)$, 因为 $\boldsymbol{x}^-$ 既非可行解, 也不在 F 中, 把 E 改进为 $E = \{(2,2,2,2,2),(2,2,2,2,1)\}$, 令 $\boldsymbol{x} = \boldsymbol{x}^-$, 重复步骤 3.
- 步骤 3: 对 $\boldsymbol{x}$ 进行递减操作得到 $\boldsymbol{x}^- = (2,2,2,1,1)$, 这是个可行解. 令 $\boldsymbol{x} = \boldsymbol{x}^-$, 进入步骤 4.
- 步骤 4: 解 $\boldsymbol{x}$ 改进为 (3,2,2,1,1). 因为 $f(3,2,2,1,1) = 0.9932 > R_s^*$, 令 $\boldsymbol{x} = (3,2,2,1,1), \boldsymbol{x}^* = (3,2,2,1,1)$, $R_s^* = 0.9932$, 进入步骤 1.
- 步骤 1: 令 $F = \varnothing$, $E = \varnothing$.
- 步骤 2: 对 $\boldsymbol{x}$ 进行递增操作得到 $\boldsymbol{x}^+ = (3,2,2,2,1)$. 令 $\boldsymbol{x} = \boldsymbol{x}^+$. 因为 $s_1 \geqslant -6$, $\boldsymbol{x}$ 既不属于 D 也不属于 F, 将 E 改进为 $E = \{(3,2,2,2,1)\}$, 进入步骤 3.
- 步骤 3: 对 $\boldsymbol{x}$ 进行递减操作得到 $\boldsymbol{x}^- = (3,2,2,1,1)$, 这个是可行解. 令 $\boldsymbol{x} = \boldsymbol{x}^-$, 进入步骤 4.
- 步骤 4: 由于解 $\boldsymbol{x}$ 不能进一步改进且 $f(\boldsymbol{x}) \not> R_s^*$. 于是将 F 更新为 $F = F \cup E$, 即 $F = (3,2,2,2,1)$, 令 $E = \varnothing$, $\boldsymbol{x} = \boldsymbol{x}^*$. 进入步骤 2.
- 步骤 2: 对 $\boldsymbol{x}$ 进行递增操作得到 $\boldsymbol{x}^+ = (3,2,2,2,1)$, 这个属于 F. 因此, 令 $\boldsymbol{x} = \boldsymbol{x}^+$, 重复步骤 2.
- 步骤 2: 对 $\boldsymbol{x}$ 进行递增操作得到 $\boldsymbol{x}^+ = (3,2,3,2,1)$. 因为 $s_1 \geqslant -6$, 令 $\boldsymbol{x} = \boldsymbol{x}^+$, $E = \{(3,2,3,2,1)\}$, 进入步骤 3.
- 步骤 3: 对 $\boldsymbol{x}$ 进行递减操作得到 $\boldsymbol{x}^- = (2,2,3,2,1)$, $E = \{(3,2,3,2,1),(2,2,3,2,1)\}$, 重复步骤 3.
- 步骤 3: 对 $\boldsymbol{x}$ 进行递减操作得到 $\boldsymbol{x}^+ = (2,2,3,1,1)$, 这是可行解. 令 $\boldsymbol{x} = \boldsymbol{x}^+$, 进入步骤 4.
- 步骤 4: 由于解 $\boldsymbol{x}$ 不能被进一步改进. 因此, 令 $F = F \cup E$, 即 $F = \{(3,2,2,2,1),(3,2,3,2,1),(2,2,3,2,1)\}$, 令 $E = \varnothing$, $\boldsymbol{x} = \boldsymbol{x}^*$, 进入步骤 2.
- 步骤 2: 对 $\boldsymbol{x}$ 进行递增操作得到 $\boldsymbol{x}^+ = (3,2,2,2,1)$, 这个解属于 F. 因此, 令 $\boldsymbol{x} = \boldsymbol{x}^+$, 重复步骤 2.

• 步骤 2: 对 $\boldsymbol{x}$ 进行递增操作得到 $\boldsymbol{x}^+ = (3,2,3,2,1)$, 这个解也属于 F, 所以令 $\boldsymbol{x} = \boldsymbol{x}^+$, 重复步骤 2.

• 步骤 2: 对 $\boldsymbol{x}$ 进行递增操作得到 $\boldsymbol{x}^+ = (3,2,3,3,1)$, 这个解属于 D. 因此, $\boldsymbol{x}^* = (3,2,2,1,1)$ 为启发式的最终解.

由 KY 方法给出的解 $(3,2,2,1,1)$ 是一个精确最优解. 但是发现算法的操作依赖于初始可行解的选择. 对于某些初始可行解, 这个算法不会得到精确最优解.

3.4.3 Ushakov 的启发式方法

Ushakov[314] 提出了一种有趣的启发式方法来求解例 3-4.

• 步骤 1: 解下面的线性规划问题:

$$\begin{aligned} \min \quad & \sum_{j\in J_j} c_j x_j, \\ \text{s.t.} \quad & \prod_{j\in J_i} R_j(x_j) \geqslant R_{\min}(i) \text{ 对任意 } i, \end{aligned}$$

令 $x_j^i (j\in J_i)$ 代表第 i 个问题的最优解.

• 步骤 2: 在每个阶段 j, 寻找出 $x_j^* = \max_i\{x_j^i : J_i \text{ 包含 } j\}$.

• 步骤 3: 对于每项 i, 找出阶段的集合 J_i^{**}, 该集合仅仅在执行 i 项时才是必需的. 令 $J_i^* = J_i - J_i^{**}$.

• 步骤 4: 在每个集合 J_i^* 中, 寻找 $R_i^* = \prod_{j\in J_i^*} R_j(x_j^*)$ 的值. 如果 J_i^* 为空集, 即说明有一组独立的元件实现了 i 项, 那么取 $R_i^* = 1$.

• 步骤 5: 对于每个功能 i, 计算 $R_i^{**} = R_{\min}(i)/R_i^*$, 这是保证 J_i^{**} 中各阶段无故障运行所需的最小联合概率值.

• 步骤 6: 对每个非空集 J_i^{**}, 解下列线性规划:

$$\begin{aligned} \min \quad & \sum_{j\in J_i^{**}} c_j x_j, \\ \text{s.t.} \quad & \prod_{j\in J_i^{**}} R_j(x_j) \geqslant R_i^{**} \end{aligned}$$

(注意 J_i^{**} 是一个两不相交集). 令 x_j^{**} 表示 $J_1^{**}\cup J_2^{**}\cup\cdots\cup J_k^{**}$ 中每个阶段 j 的最优值.

• 步骤 7: 对于 $J_1^{**}\cup J_2^{**}\cup\cdots\cup J_k^{**}$ 中的每个阶段 j, 令 $x_j^* = x_j^{**}$, 则 $(x_1^*,\cdots,x_n^*)$ 为启发式方法的解.

采用 Ushakov 方法求解例 3-4 遵循上述过程, 计算得到

• 步骤 1: $(x_1^1, x_2^1) = (2,3)$ 和 $(x_1^2, x_3^2) = (3,2)$.

- 步骤 2：$(x_1^*, x_2^*, x_3^*) = (3, 3, 2)$.
- 步骤 3：$J_1^{**} = \{2\}, J_2^{**} = \{3\}, J_1^* = \{1\}, J_2^* = \{1\}$.
- 步骤 4：$R_1^* = 1 - (1 - 0.80)^3 = 0.992$ 和 $R_2^* = 1 - (0.80)^3 = 0.992$.
- 步骤 5：$R_1^{**} = 0.94/0.992 = 0.9475$ 和 $R_2^{**} = 0.96/0.992 = 0.9677$.
- 步骤 6：当 $x_2^{**} = 3$ 时, 在满足约束 $1-(1-0.75)^{x_2} \geqslant 0.9475$ 的条件下, 求解最小目标值 $\min 2x_2$. 同样, 当 $x_3^{**} = 2$ 时, 求 $\min 4x_3$ 并满足约束 $1-(1-0.85)^{x_3} \geqslant 0.9677$.
- 步骤 7：令 $x_2^* = x_2^{**}(= 3), x_3^* = x_3^{**}(= 2)$. 最终解为 $(x_1^*, x_2^*, x_3^*) = (3, 3, 2)$.

对于其他的通用操作系统, Genis 和 Ushakov[105] 也提出了一种最优化方法.

3.4.4 Misra 方法

Misra[223] 提出了一种方法, 通过下面步骤 1～ 步骤 5, 可以得到在线性约束条件下单调关联系统的最优冗余分配. 在这种方法中, 含 m 个线性约束的冗余最优化问题可以通过解 m 个单一约束最优化问题来得到.

- 步骤 1：根据 MSV 方法得到一个可行分配方案, 计算相应的系统可靠度 R_{s}.
- 步骤 2：对 m 个约束中的每一个都可得到一个分配方案

$$x_j = \left\lfloor \frac{\ln(1 - R_{\mathrm{s}}^{a_j})}{\ln q_j} \right\rfloor, \quad j = 1, 2, \cdots, n,$$

其中, $a_j = \dfrac{c_j / \ln q_j}{\sum\limits_{h=1}^{n} c_h / \ln q_h}$, $q_j = 1 - r_j$, $\lfloor z \rfloor$ 代表小于等于 z 的最大整数.

- 步骤 3：从步骤 2 得到的 m 个分配方案中, 选择系统可靠度最大的那个方案. 取对应的系统可靠度作为进行比较的参考值.
- 步骤 4：对于系统可靠度小于参考值的分配方案, 计算每个阶段的期望因子

$$F_j = \frac{\Delta R_{\mathrm{s}} / R_{\mathrm{s}}}{c_j / b_i},$$

对期望因子最高的阶段增加一个元件：$c_1, \cdots, c_n$ 是对应约束的成本系数, b_i 是对应的约束右边的值. 现在, 如果出现某个分配方案, 其系统可靠度高于以前的参考值, 则这个值变为新的可靠度参考值. 如果步骤 2 中的分配方案依然存在更高的可靠度, 进入步骤 3; 否则, 重复这一步. 该过程一直持续下去, 直到所有 m 个分配方案给出相同的系统可靠度或者有一个约束被破坏.

- 步骤 5：如果 m 个分配方案给出同样的可靠度, 则分配方案就是最优的; 否则, 系统可靠度最高的分配方案只是近似最优分配方案.

3.5 讨 论

本章介绍了几种解决系统可靠度冗余分配问题的启发式方法. 几乎所有的启发式方法都是通过迭代来寻找最优的分配方案. 在 3.3 节介绍的一些方法中, 连续两次迭代产生的分配方案在 1 阶邻域内, 即其中每个分配方案都是通过对某个阶段增加一个或减少一个元件来实现的. 考虑到篇幅, 与这类方法相似的其他方法就不赘述了. 1 阶邻域解的启发式算法最突出特点就是在每次迭代中, 阶段的选择依赖于阶段的敏感因子, 而且该阶段的分配方案仅仅增加一个单位. 这类方法因敏感因子的定义不同而有所区别.

由 Nakagawa 和 Nakashima[247] 提出的针对串联系统的 NN 方法, 所涉及的迭代过程包括了参数 α 的 14 个值, 然后从 14 个结果中选取最好的分配方案. 虽然 NN 方法比其他启发式方法花费更多时间, 但是整体效果看起来更好. Kuo 等[175] 通过改进敏感因子将该方法拓展, 以解决一般系统的可靠度冗余分配问题. Nakagawa 和 Miyazaki[245] 比较了启发式算法 MSV, GAG 及 NN 的效果. 从计算时间来看, MSV 优于 GAG, GAG 优于 NN. 尽管如此, 从最优比率 (即所有次数中得到精确最优解次数所占的比率) 和相对误差来讲, 这些方法的排列顺序将相反. 事实上, 从最优比率和相对误差来讲, NN 方法优于其他的启发式方法. Nakagawa 和 Miyazaki 的数值试验显示, 如果参数 α 只取 14 个给定值 $0, 0.1, \cdots, 0.9, 1.0, 1/0.9, 1/0.6, 1/0.3$ 中的一个, 那么 NN 方法将失去其优势.

由 Shi[296] 提出的启发式方法与上面一类启发式方法很相似. 但是, 在每次迭代中, 可以通过启发式方法来选择任意的最小路集, 然后根据敏感因子选择最小路集中的一个阶段, 在相应的分配方案中对阶段增加一个单位值. 在史定华方法[296] 中, 任何一次迭代得到的分配方案都在前一步迭代所得到的 1 阶或 2 阶邻域中.

在 Kim 和 Yum[153] 提出的方法中, 每次迭代得到的分配方案都是一个可行解, 或是与可行解区域边界邻近的一个非可行解. 该方法的显著特点是, 在某些阶段的分配方案转换期, 可能会发生分配方案减少一个单位的现象.

对于具有 k 项不同功能的系统, 每项功能的实现需要系统元件的一个子集来完成, Ushakov[314] 提出了一种针对这类系统冗余的最优分配的启发式方法. 该方法是在指定 k 项功能系统可靠度最小值的条件下, 给出成本最优冗余分配. 为了实现 m 个线性约束条件下单调关联系统的最优冗余, Misra[223] 将该问题转化为 m 个单一约束的冗余最优化问题. 最近, Jianping[150] 提出了一种迭代启发式算法, 其中每次迭代都应用已有的启发式方法进行冗余最优化.

对不同启发式方法的选择要考虑解的质量和计算量的大小. 由于像奔腾这样功能强大的计算机的普遍应用, 通过 NN 方法来解决适度规模的可靠性最优化问题变得更加方便了.

练　习

3.1　讨论各种启发式方法在解决冗余分配问题时的优点和缺点.

3.2　说明为什么 1 阶邻域的启发式方法更有利于产生最优解.

3.3　用 MSV 方法来进行例 3-1 的第二次迭代.

3.4　用 GAG1 方法来进行例 3-1 的第二次迭代.

3.5　用 GAG1 方法对例 3-2 进行两次迭代, 以 (1,1,1,1,1) 作为初始解.

3.6　用拓展的 NN 方法求解例 3-2, 找出最优解 ($\alpha = 0.8$). 以 (1,1,1,1,1) 作为初始解. 再将结果与 $\alpha = 1/0.6$ 时的结果比较.

3.7　用 NN 方法对例 3-3 进行第二次迭代 ($\alpha = 0.5$).

3.8　用史定华方法对例 3-2 进行第二次迭代.

3.9　产生例 3-1 的 50 个随机实例, r_j 为 (0.7,1.0), P_j 为 (1,2,3,4,5), c_j 为 (6,7,8,9,10), w_j 为 (6,7,8,9,10), 其中 $n = 20$, $P = 225$, $c = 350$, $w = 400$. 从方法质量和实现时间的角度, 用这些例子来比较 MSV, GAG1 和 NN 方法的效果.

3.10　运用例 3-2 随机产生的实例, 从方法质量和实现时间的角度, 比较 Kuo 等[175] 方法和史定华方法的效果.

3.11　当 s_i 与 $\max\limits_j \Delta g_{ij}(x_i)$ 成比例, 并且当 $\alpha = 1$ 时, 说明 GAG1 方法和 Kuo 等 [175] 方法的敏感因子相同 (或者是因子的倍数).

3.12　在史定华方法中, 对每一个非饱和系统最小路集计算一个指数, 这个最小路集是通过最大化指数来选择的. 讨论是否可能使用最小割集来得到解. 如果可能, 写出关于最小割集的算法.

3.13　在串联系统冗余分配问题中, 基于线性化近似来适当变换问题的非线性整数规划形式得出一种简单的启发式方法.

3.14　基于拉格朗日松弛法得出一种简单的启发式方法, 用于解决冗余分配问题.

3.15　写出一般分配问题的线性目标函数和约束函数形式. 它是一个 NP 完全的问题吗? 它的计算特点是什么?

3.16　比较 1 阶邻域算法和 2 阶邻域算法, 描述各自的优缺点.

3.17　用 KY 方法对例 3-1 求二次迭代. 初始解为 (3,3,3,2,2), 令 $\delta_1 = \delta_2 = 24$, $\delta_3 = 36$.

3.18　解释 Ushakov 的方法与本章所描述的其他启发式方法有什么不同.

3.19　考虑下面的最小规划:

$$\begin{aligned}\min\quad & C_{\mathrm{s}}=\sum_{j=1}^{n} c_j x_j,\\ \text{s.t.}\quad & R(i)=\prod_{j\in J_i} R_j(x_j)\geqslant R_{\min}(i),\ i=1,2,\end{aligned}$$

x_j 是非负整数. 令 $J_1=1,2,4, J_2=1,3,4, R_{\min}(1)=0.93$, $R_{\min}(2)=0.95$. 4 个阶段中元件的可靠度和成本如下表所示:

j	1	2	3	4
r_j	0.75	0.8	0.85	0.8
c_j	3	2	2	4

令初始解是 $(x_1^1,x_2^1,x_4^1)=(3,4,2)$ 及 $(x_1^2,x_3^2,x_4^2)=(3,2,3)$, 应用 Ushakov 的启发式方法进行一次迭代.

第 4 章　用动态规划进行冗余分配

4.1　引　　言

动态规划 (DP) 是基于 Richard Bellman[29] “最优性原则” 提出的用来解决一系列决策问题的方法. 它能有效地解决一类确定和随机的最优化问题. 动态规划方法把包含 n 个变量的决策问题, 转化成 n 个单独变量的问题来解决. 这样 n 个变量被构造成一个序列, 每个单独变量问题的解决需要用到前一个问题的结果. DP 方法是一种把 n 变量的最优化问题转化成多阶段决策过程的技术, 这种转化并非都是直接的, 更多的时候需要创造性的思维. 由于这个原因, 并不能简单地把 DP 方法称为一种算法. 附表 1 中给出了多种最优化问题采用 DP 解决的概述.

对串联系统中的冗余最优化问题, 如果约束是可分离的, 则可被视为一组单目标、可分约束的非线性整数规划问题. 当问题只有一个约束时, DP 方法能求出精确的最优解. 然而, 随着约束的增加, 问题的计算量也呈指数上升. 为了解决计算的复杂性问题, 在表 4.1 中提供了几种不同的 DP 方法.

表 4.1　动态规划方法分类

动态规划方法	应用实例	参考文献
基本方法	例 4-1, 例 4-2	[29]～[31],[43],[96],[168],[184], [201],[215],[277]
拉格朗日乘子法	例 4-3～ 例 4-5	[30],[96],[120],[215]
优势序列概念法	例 4-2～ 例 4-5	[148],[152],[324],
其他方法		[18],[66],[72],[195],[210],[237],[238]

表 4.1 中的第二种方法由 Bellman 和 Dreyfus[30] 最先提出, 他们采用拉格朗日乘子法来求解包含两个或多个约束的问题. 拉格朗日乘子法的运用可以降低约束的维数. 然而, 这种方法也存在随着约束数量的增加计算复杂性明显增加的问题. 表 4.1 中列出的第三种方法是由 Kettle[152] 最先提出, 他第一次利用优势序列的概念, 解决了单个线性约束问题. 这种方法同样能应用于解决多个可分离的约束问题, 并且可利用变量的下界来减少问题的计算量. 其他的 DP 方法对于解决多个约束问题同样有效: ① Morin 和 Marsten[237] 提出了一种引入嵌入状态空间的方法; ② Morin 和 Marsten[238], Denardo 和 Fox[72] 以及 Aust[18] 采用了分支定界策略. Cooper[66] 发展了一种用约束条件来检测出不可行的那部分解, 从而去避免 DP “维度灾难” 的方法.

下面各节将介绍基本的 DP 方法, 如拉格朗日乘子法、由 Kettle 提出的优势序列法. 还用例题来详细阐述这些方法. 在本章中, 只处理整数变量, 读者若想了解更多关于动态规划的资料, 请参见 Dreyfus 的文献 [81].

例 4-1　考虑一个 n 阶段的串联可靠性系统. r_j 和 c_j 分别代表第 $j(j=1,\cdots,n)$ 阶段元件的可靠度和成本. 而在第 $j(j=1,\cdots,n)$ 阶段有 x_j 个元件并联冗余, 那么总的成本为 $\sum_{j=1}^{n} c_j x_j$, 系统的可靠度为

$$R_{\rm s}=f(x_1,\cdots,x_n)=\prod_{j=1}^{n}[1-(1-r_j)^{x_j}]. \tag{4.1}$$

令 P' 为系统正常工作的收益. 系统可靠度 $R_{\rm s}$ 是试验成功的比例, 则系统的期望收益就是 $P'f(x_1,\cdots,x_n)$, 整个系统的净利润 G 就是收益减去总成本, 即

$$G(x_1,\cdots,x_n)=P'f(x_1,\cdots,x_n)-\sum_{j=1}^{n}c_jx_j. \tag{4.2}$$

现在的问题是如何决定每个阶段的冗余数目, 从而使期望净利润最大. 从数学的角度来看, 就是要决策 x_j 取正整数的值, 使函数 $G(x_1,\cdots,x_n)$ 达到最大. 这是一个无约束的非线性整数规划问题. 为了便于理解, 将这个问题具体化, 如可以令 n=3, 元件的可靠度 $(r_1,r_2,r_3)=(0.75,0.5,0.333)$, 每个元件的成本 $(c_1,c_2,c_3)=(1.0,1.0,0.2)$, 并且系统正常工作所产生的收益 $P'=10$.

例 4-2　考虑一个 4 阶段的串联系统, 其可靠度和元件成本分别为

$$\begin{aligned}&(r_1,r_2,r_3,r_4)=(0.60,0.75,0.50,0.70),\\&(c_1,c_2,c_3,c_4)=(2,3,1,2).\end{aligned}$$

假设系统的可靠度能够通过对每一个阶段进行元件的冗余来提高. 但是在 j(j=1, 2, 3, 4) 阶段对元件进行冗余的数目只能取值在下限 $l_j=1\sim u_j=6$. 现在要确定对每个阶段进行并联冗余的最优元件数目, 使得系统可靠度达到最大, 约束条件是总成本不能超过 b=30. 用动态规划来表示这个问题, 就是求最大的系统可靠度

$$\begin{aligned}\max\quad & f(x_1,\cdots,x_4)=\prod_{j=1}^{4}[1-(1-r_j)^{x_j}], \qquad (4.3)\\ \text{s.t.}\quad & \sum_{j=1}^{4}c_jx_j\leqslant b,\\ & \ell_j\leqslant x_j\leqslant u_j, j=1,2,3,4,\end{aligned}$$

其中 x_j 是非负整数.

这是一个非线性整数动态规划, 它包含一个线性约束条件和对变量的限制.

例 4-3 同例 3-1.

例 4-4 考虑一个 n 阶段的串联系统. 在第 j 阶段有 d_j 种可供选择的设计方案, $j=1,2,\cdots,n$. 令 $R_j'(v,d)$ 表示阶段 j 的可靠度, 其中 d 代表所选设计方案的指数, v 代表在 j 阶段中的元件个数. 假设对于第 $j(j=1,\cdots,n)$ 阶段所有取值 v 和 d 情况下的可靠度 $R_j'(v,d)$ 都已知. 如果在第 j 阶段采用设计方案 a_j, 方案中有 x_j 个冗余的元件, 那么系统的可靠度 R_s 就等于 $f(x_1,\cdots,x_n;a_1,\cdots,a_n)=\prod\limits_{j=1}^{n}R_j'(x_j,a_j)$, 现在的问题是求最大的系统可靠度

$$
\begin{aligned}
\max\quad & f(x_1,\cdots,x_n;a_1,\cdots,a_n)=\prod_{j=1}^{n}R_j'(x_j,a_j), \qquad (4.4)\\
\text{s.t.}\quad & \sum_{j=1}^{n}g_j(x_j,a_j)\leqslant C, a_j=1,2,\cdots,
\end{aligned}
$$

其中 x_j 为非负整数, 对于每一个 a_j 来说, 函数 $g_j(x_j,a_j)$ 都是非负且非递减的.

这是一个非线性整数规划问题, 它包含 $2n$ 个变量和一个非线性约束.

例 4-5 考虑例 3-1, 但是去掉其中的第 2 个约束, 它可写成求最大的系统可靠度

$$
\begin{aligned}
\max\quad & f(x_1,\cdots,x_5)=\prod_{j=1}^{5}[1-(1-r_j)^{x_j}], \qquad (4.5)\\
\text{s.t.}\quad & g_1(x_1,\cdots,x_5)=\sum_{j=1}^{5}p_jx_j^2\leqslant 110,\\
& g_2(x_1,\cdots,x_5)=\sum_{j=1}^{5}w_jx_j\exp\left(\frac{x_j}{4}\right)\leqslant 200,
\end{aligned}
$$

其中 x_j 为非负整数.

这也是一个非线性整数规划问题, 注意其中包含两个非线性约束条件. 例 4-5 将被用来证明拉格朗日乘子法能解决含两个约束条件的动态规划.

4.2 基本动态规划方法

基本动态规划方法所解决的最优化问题中, 通常只包含一个约束, 对决策变量可以有也可以没有边界条件的限制. 现在用例 4-1、例 4-2 及例 4-4 解释这种方法. 当采用 DP 方法求解例 4-2 时, 用第 2 章所介绍过的方法, 将变量 x_j 的下界进行了改善, 对 x_j 进行了简单的线性转化以使 DP 方法的计算量减少.

用 DP 求解例 4-1 当 v_{i+1} 是阶段 $i+1,i+2,\cdots,3$ 正常工作的概率时, 令 $f_i(v_{i+1})$ 表示由于在阶段 $1,2,\cdots,i$ 进行元件冗余的最大期望净利润. 再令 $R_j(x_j)=$

$1-(1-r_j)^{x_j}$, $v_4=1$, 于是,

$$f_i(v_{i+1}) = \max_{x_1,x_2,\cdots,x_i}\left\{p'v_{i+1}\prod_{j=1}^{i}R_j(x_j)-\sum_{j=1}^{i}c_jx_j\right\},\quad i=1,\cdots,n. \tag{4.6}$$

在定义中, $f_n(1.0)$ 表示最大期望净利润, 式 (4.6) 可以写成

$$f_i(v_{i+1}) = \max_{x_i}\left\{\max_{x_1,x_2,\cdots,x_{i-1}}\left[P'v_{i+1}R_i(x_i)\prod_{j=1}^{i-1}R_j(x_j)-\sum_{j=1}^{i-1}c_jx_j\right]-c_ix_i\right\},$$

上式又可以表述成如下递归形式:

$$f_i(v_{i+1}) = \max_{x_i}\{f_{i-1}(v_{i+1}R_i(x_i))-c_ix_i\},\quad i=2,3. \tag{4.7}$$

当 $i=3$ 时, 只需考虑 v_{i+1} 取值为 1.0 的情况, 令 $x_i^*(v_{i+1})$ 表示使 $f_{i-1}[v_{i+1}R_i(x_i)]-c_ix_i$ 最大的 x_i 值.

由式 (4.6) 和 (4.7) 得出

$$\begin{aligned} f_1(v_2) &= \max_{x_1}\{P'v_2[1-(1-r_1)^{x_1}]-c_1x_1\},\\ f_2(v_3) &= \max_{x_2}\{f_1(v_3[1-(1-r_2)^{x_2}])-c_2x_2\},\\ f_3(1.0) &= \max_{x_3}\{f_2(1-(1-r_3)^{x_3}-c_3x_3\}. \end{aligned} \tag{4.8}$$

虽然可以得到递归关系, 但是在 [0,1] 连续区间计算所有的 $f_i(v)$ 是不可能的. 这样, 当 $i=1$ 和 2 时, 取 v 的一组格点计算 $f_i(v)$ 的值. 对于所要求的 v 但不在格点上, 可通过线性插值来计算 $f_i(v)$. 利用上述方程, 当 $v=1.0,0.9,\cdots,0.2,0.1$ 时, 计算出 $f_1(v)$ 和 $f_2(v)$ 的值, 使得阶段 1 有最大期望净利润为

$$\max \quad P'v_1-c_1x_1=(10)v_2[1-(0.25)^{x_1}]-1.0x_1,$$

其中 x_1 的取值为正数, $v_2=1.0,0.9,\cdots,0.2,0.1$. 可以使用任何一维的搜索技术来求解. 然而, 由于 x_1 通常只取非常小的整数, v_2 的取值也不多, 因此, 这里采用了简单的枚举法. 表 4.2 是对阶段 1 的计算结果.

类似地, 使得阶段 2 有最大期望净利润为

$$\max \quad f_1(v_2)-c_2x_2=f_1(v_3[1-(0.5)^{x_2}])-1.0x_2.$$

当 $v_3=1.0,0.9,\cdots,0.2,0.1$ 时, 通过计算可得到最大的 $f_2(v_3)$ 值和最优的 $x_2^*(v_3)$, 在计算过程中, 若 v 的值不是 0.1 的倍数, 则 $f_1(v)$ 的值可以由插值得到. 例如, 当

v=0.88 时的 $f_1(v)$ 值可由阶段 1 的 $f_1(0.9)$ 和 $f_1(0.8)$ 插值计算得到. 阶段 2 的计算结果也在表 4.2 中.

表 4.2　例 4-1 中阶段 1 的计算结果

v_2	$x_1^*(v_2)$	$f_1(v_2)$	v_3	$x_2^*(v_3)$	$f_2(v_3)$
1	2	7.3750	1.0	3	3.2031
0.9	2	6.4375	0.9	3	2.3828
0.8	2	5.5000	0.8	2	1.6250
0.7	2	4.5625	0.7	2	0.9687
0.6	2	3.6250	0.6	2	0.3750
0.5	1	2.7500	0.5	1	−0.1250
0.4	1	2.0000	0.4	1	−0.5000
0.3	1	1.2500	0.3	1	−0.8750
0.2	1	0.5000	0.2	1	−1.2500
0.1	1	−0.2500	0.1	1	−1.1250

注意到 $f_3(1.0)$ 是最大期望净利润. 通过对 x_3 几个不同的值计算

$$\max \quad f_2((1.0)[1-(1-r_3)^{x_3}]) - c_3x_3 = f_2[1-(0.667)^{x_3}] - 0.2x_3,$$

得到最优值为 $x_3^*(1.0)=7$, 相应的最大期望净利润为 $f_3(1.0)=1.3213$.

现在通过逆推法来计算最优解. 对应于 x_3 的最优解 $x_3^*=x_3^*(1.0)=7$, 相应地有

$$v_3 = v_4[1-(1-r_3)^{x_3^*}] = (1.0)[1-(1-0.333)^7] = 0.94.$$

对应于 x_2 的最优解为 $x_2^*=x_2^*(0.94)=3$, 相应地有

$$v_2 = v_3[1-(1-r_2)^{x_2^*}] = (0.94)[1-(1-0.5)^3] = 0.82.$$

进而得到 x_1 的最优解 $x_1^*=x_1^*(0.82)=2$, 相应地有 v_1 值是 0.77. 于是得到的最优解为 $(x_1^*,x_2^*,x_3^*)=(2,3,7)$, 最大期望净利润为 1.3213. 系统可靠度的最优值为 0.77.

用 DP 求解例 4-2　首先按照 2.3 节的介绍, 缩减下限 ℓ_j 并得到一个可行解 $(x_1,x_2,x_3,x_4)=(5,3,5,3)$. 相应的系统可靠度为 $f(x_1,x_2,x_3,x_4)=0.91836$, 这个解可当成最优系统可靠度的下界 R_s^0. 于是, 对每个阶段进行最优冗余分配的结果 $(x_1^*,x_2^*,x_3^*,x_4^*)$ 至少要使可靠度为 0.91836, 即

$$[1-(1-r_j)^{x_j^*}] \geqslant 0.91836,$$

即

$$x_j^* \geqslant \frac{\ln(1-0.91836)}{\ln(1-r_j)}, \quad j=1,2,3,4. \tag{4.9}$$

式 (4.9) 给出了 x_1, x_2, x_3, x_4 取最优值的下限分别为 3, 2, 4 和 3. 现在例 4-2 的问题可以简化为求最大的系统可靠度

$$\begin{aligned} \max \quad & R_s = \prod_{j=1}^{4} R_j(x_j), \\ \text{s.t.} \quad & \sum_{j=1}^{4} c_j x_j \leqslant b, \\ & \ell_j \leqslant x_j \leqslant u_j, j = 1, \cdots, 4, \end{aligned}$$

其中 x_j 为非负整数, 每个阶段的下限为 $(\ell_1, \ell_2, \ell_3, \ell_4) = (3, 2, 4, 3)$. 为了进一步减少计算量, 使用 $y_j = x_j - \ell_j$ 对问题进行简化, 并将上式重写为

$$\begin{aligned} \max \quad & R_s = \prod_{j=1}^{4} R'_j(y_j), \\ \text{s.t.} \quad & \sum_{j-1}^{4} c_j y_j \leqslant b', \\ & y_j \leqslant u'_j, j = 1, \cdots, 4, \end{aligned}$$

其中 y_j 是非负整数, 其中 $R'_j(y_j) = [1-(1-r_j)^{y_j+\ell_j}]$, $b' = b - \sum_{j=1}^{4} c_j \ell_j$, $u' = u_j - \ell_j$.

于是得到 $\sum_{j=1}^{4} c_j \ell_j = 22$, $b' = 8$, $(u'_1, u'_2, u'_3, u'_4) = (3, 4, 2, 3)$. 对 k=1,$\cdots$, 4 和 d=0,1,$\cdots$,b', 令

$$f_k(d) = \max \left\{ \prod_{j=1}^{k} R'_j(y_j) : \sum_{j=1}^{k} c_j y_j \leqslant d, y_j \leqslant u'_j, y_j \text{是非负的整数}, j = 1, 2, \cdots, k \right\}.$$

如果这个系统由 1,2,$\cdots$,k 个阶段串联组成, 并且各个元件的总成本上限为 $d + \sum_{j=1}^{n} c_j \ell_j$, 则 $f_k(d)$ 就是最优的系统可靠度. 可以把 $f_k(d)$ 写成如下递归形式:

$$f_k(d) = \max_{y_k \leqslant \min\{[d/c_k], u'_k\}} R'_k(y_k) f_{k-1}(d - c_k y_k), \quad k = 2, \cdots, n, \tag{4.10}$$

其中 $[d/c_k]$ 是比值 d/c_k 的整数部分. 当 k=1 时有

$$f_1(d) = \max_{y_1 \leqslant \min\{[d/c_1], u'_1\}} R'_1(y_1).$$

令 $y_k^*(d)$ 表示使式 (4.10) 中 $R'_k(y_k) f_{k-1}(d - c_k y_k)$ 取最大值的 y_k. 由于 $R'_1(y)$ 是 y 的增函数,

$$f_1(d) = \max_{y_1 \leqslant \min\{[d/c_1], u'_1\}} R'_1(y_1) = R'_1\left(\min\left\{\left[\frac{d}{c_1}\right], u'_1\right\}\right).$$

y_1 的最优值为 $y_1^*(d)=\min\{[d/c_1],u_1'\}$, 因此, $f_1(d)$ 的值可以通过计算 d 取 $0,1,\cdots,b'$ 直接得到. 当 $d=0,1,\cdots,b'$ 时, 通过递归方程 (4.10) 可以依次得出 $f_2(d),f_3(d),\cdots,f_{n-1}(d)$ 以及最终得到 $f_n(b')$. 注意到现在计算 $f_k(d)$ 已经变成一个单变量的求解问题, 可以通过计算 $f_{k-1}(j)$ 来得到, 其中 $j=0,1,\cdots,d$. 在阶段 1 有 $f_1(0)=R_1'(0)=0.9360$, $y_1^*(0)=0$. 类似地, 可逐一对 $d=0,1,\cdots,8$ 计算 $f_1(d)$ 和 $y_1^*(d)$, 结果列在表 4.3 中. $f_2(d)$ 和 $y_2^*(d)$ 可由 $f_1(j)(j=0,2,\cdots,8)$ 通过如下计算得出：

对于 d=0,

$$\begin{aligned}f_2(0)&=\max_{y_2\leqslant\min\{[0/3],4\}}R_2'(y_2)f_1(0-3y_2)\\&=[1-(1-0.75)^{0+2}]f_1(0)=(0.9375)(0.9360)\\&=0.8775.\end{aligned}$$

此时, $y_2^*(0)=0$. 同样地, 对于 d=6,

$$\begin{aligned}f_2(6)&=\max_{y_2\leqslant\min\{[6/3],4\}}R_2'(y_2)f_1(6-3y_2)\\&=\max_{y_2\in[0,1,2]}[1-(1-0.75)^{y_2+2}]f_1(6-3y_2)\\&=\max\{(0.9375)f_1(6),(0.9844)f_1(3),(0.9961)f_1(0)\}\\&=\max\{(0.9375)(0.9959),(0.9844)(0.9744),(0.9961)(0.9360)\}\\&=0.9592.\end{aligned}$$

表 4.3　例 4-2 的计算结果

d	$f_1(d)$	$y_1^*(d)$	$f_2(d)$	$y_2^*(d)$	$f_3(d)$	$y_3^*(d)$
0	0.93600	0	0.87750	0	0.82266	0
1	0.93600	0	0.87750	0	0.85008	1
2	0.97440	1	0.91350	0	0.86379	2
3	0.97440	1	0.92137	1	0.88495	1
4	0.98976	2	0.92790	0	0.89923	2
5	0.98976	2	0.95917	1	0.90698	2
6	0.99590	3	0.95917	1	0.92920	1
7	0.99590	3	0.97429	1	0.94419	2
8	0.99590	3	0.97429	1	0.94419	2

y_2 的值从 0, 1, 2 中选择使得 $R_2'(y_2)f_1(6-3y_2)$ 取最大的那个, 即 $y_2^*(6)=1$. 表 4.3 给出了 $f_2(d)$ 和 $y_2^*(d)$ 的计算结果, 同样也可以得到 $f_3(d)$ 和 $y_3^*(d)$. 类似地可得到 $f_4(8)=0.92167,y_4^*(8)=1$.

采用回溯法可以推导出问题的最优解, 对 y_4 的最优选择为 $y_4^*=y_4^*(8)=1$, 对 y_3 的最优选择为

$$y_3^*=y_3^*(8-c_4y_4^*)=y_3^*(6)=1.$$

对 y_2 的最优选择为

$$y_2^* = y_2^*(8 - c_3 y_3^* - c_4 y_4^*) = y_2^*(5) = 1.$$

对 y_1 的最优选择为

$$y_1^* = y_1^*(8 - c_2 y_2^* - c_3 y_3^* - c_4 y_4^*) = y_1^*(2) = 1.$$

因此, 例 4-2 的最优解为

$$(y_1^*, y_2^*, y_3^*, y_4^*) = (1, 1, 1, 1).$$

相应的系统可靠度为 $f_4(8) = 0.92167$. 例 4-2 的最优分配结果为

$$(x_1, x_2, x_3, x_4) = (\ell_1, \ell_2, \ell_3, \ell_4) + (y_1^*, y_2^*, y_3^*, y_4^*) = (4, 3, 5, 4).$$

用 DP 求解例 4-4 令

$$f_k(d) = \max\left\{\prod_{j=1}^{k} R_j'(x_j, a_j) : \sum_{j=1}^{k} g_j(x_j, a_j) \leqslant d, x_j \geqslant 0, a_j \geqslant 1,\right.$$
$$\left. x_j\text{和}a_j\text{为整数}, j = 1, 2, \cdots, k\right\}.$$

对 k=2, $\cdots$, n, $f_k(d)$ 可以写成

$$\begin{aligned} f_k(d) = \max\{&R_k'(x_k, a_k) f_{k-1}(d - g_k(x_k, a_k)) : g_k(x_k, a_k) \leqslant d, \\ &x_k \geqslant 0, a_k \geqslant 1, x_k\text{和}a_k\text{为整数}\}. \end{aligned} \tag{4.11}$$

若 $d<0$, 则取 $f_k(d) = 0$. 对于 k=1,

$$f_1(d) = \max\{R_1'(x_1, a_1) : g_1(x_1, a_1) \leqslant d, x_1 \geqslant 0, a_1 \geqslant 1, x_1\text{和}a_1\text{都为整数}\}. \tag{4.12}$$

现在可以通过式 (4.11) 和 (4.12), 采用 DP 方法求解例 4-4.

4.3 使用拉格朗日乘子的动态规划方法

考虑两个约束的系统可靠度最大化问题

$$\begin{aligned} \max \quad & f(x_1, \cdots, x_n) = \prod_{j=1}^{n} R_j(x_j), \\ \text{s.t.} \quad & \sum_{j=1}^{n} g_{1j}(x_j) \leqslant b_1, \\ & \sum_{j=1}^{n} g_{2j}(x_j) \leqslant b_2, \end{aligned}$$

其中 x_j 是非负整数.

为了减少求最优解的搜索计算量, 根据之前在基本 DP 方法中所述, 基于最大系统可靠度的一个下界, 为每个 x_j 确定一个下限 ℓ_j, 因此, 对这个问题可增加如下约束条件：

$$x_j \geqslant \ell_j, \quad j=1,\cdots,n.$$

可以采用基本的 DP 方法来求解这个问题. 然而, 正如下面所解释的, 从计算的角度来看这种方法不是一种令人满意的形式.

对于 k=1,$\cdots$,n, $d_1=0,1,\cdots,b_1$ 和 $d_2=0,1,\cdots,b_2$, 令

$$f_k(d_1,d_2)=\max\left\{\prod_{j=1}^{k}R_j(x_j):\sum_{j=1}^{k}g_{1j}(x_j)\leqslant d_1,\sum_{j=1}^{k}g_{2j}(x_j)\leqslant d_2,\right.$$
$$\left.\text{且}x_j\geqslant\ell_j,x_j\text{整数},j=1,2,\cdots,k\right\}.$$

当相应的系统不可行时, 取 $f_k(d_1,d_2)=0$, 则 $f_k(d_1,d_2)$ 可以写成如下形式：

$$f_k(d_1,d_2)=\max\{R_k(x_k)f_{k-1}(d_1-g_{1k}(x_k),d_2-g_{2k}(x_k)):g_{1k}(x_k)\leqslant d_1,$$
$$g_{2k}(x_k)\leqslant d_2,x_k\geqslant\ell_k\text{且}x_k\text{为整数},k=2,\cdots,n\}.$$

当 k=1 时有

$$f_1(d_1,d_2)=\max\{R_1(x_1):g_{11}(x_1)\leqslant d_1,g_{21}(x_1)\leqslant d_2,x_1\geqslant\ell_1,x_1\text{为整数}\}.$$

假定对于所有成对的 (d_1,d_2) 都满足 $d_1\leqslant b_1$ 和 $d_2\leqslant b_2$, 则最优系统可靠度 $f_n(b_1,b_2)$ 可从依次得到的 $f_1(d_1,d_2),f_2(d_1,d_2),\cdots,f_{n-1}(d_1,d_2)$ 导出. 这个过程的计算量和内存显然都很大. 因此, 对于处理两个约束条件, 基本的 DP 方法虽然能用却并不好. 在这种情况下, 可先采用拉格朗日乘子法把问题转化为一系列单约束的问题, 然后再用基本的 DP 方法求解.

问题 4.1

为了用带拉格朗日乘子的 DP 方法求解例 4-5, 考虑下面的最优化问题：

$$\begin{aligned}\max\quad & f(x_1,\cdots,x_n)=\exp\left\{-\lambda\left[\sum_{j=1}^{n}g_{2j}(x_j)-b_2\right]\right\}\prod_{j=1}^{n}R_j(x_j),\\ \text{s.t.}\quad & \sum_{j=1}^{n}g_{1j}(x_j)\leqslant b_1,x_j\geqslant\ell_j,j=1,\cdots,n,\end{aligned}$$

其中 x_j 为整数, 拉格朗日乘子 λ 为惩罚项.

假设函数 $g_{1j}(x_j)$ 和 $g_{2j}(x_j)$ 是 x_j 的增函数, 拉格朗日乘子法求解需要

(1) 对一系列 λ 值求解上述问题;

(2) 选择一个使得 $\left(b_2 - \sum_{j=1}^{n} g_{2j}(x_j)\right)$ 为最小非负数的 λ 值. 因为对于任何给定的 λ 值, b_2 是常数, 于是问题 4.1 等同于求下列问题的最大值:

$$\begin{aligned} \max \quad & R_s(\lambda) = \prod_{j=1}^{n} \{R_j(x_j)\exp[-\lambda g_{2j}(x_j)]\}, \\ \text{s.t.} \quad & \sum_{j=1}^{n} g_{1j}(x_j) \leqslant b_1, x_j \geqslant \ell_j, j = 1, \cdots, n, \end{aligned} \tag{4.13}$$

其中 x_j 为整数.

当 k=1,$\cdots$,n, 并且 $\bar{G}_n = b_1$ 时, 令 $G_k = \sum_{j=1}^{k} g_{1j}(\ell_j), \bar{G}_k = b_1 - \sum_{j=k+1}^{n} g_{1j}(\ell_j)$. 当 k=1,$\cdots$,n, $G_k \leqslant d \leqslant \bar{G}_k$ 时, 令

$$\begin{aligned} f_k(d) = \max\Bigg\{ & \prod_{j=1}^{k} \{R_j(x_j)\exp[-\lambda g_{2j}(x_j)]\} : \sum_{j=1}^{k} g_{1j}(x_j) \leqslant d, \\ & x_j \geqslant \ell_j, x_j \text{是整数}, j = 1, 2, \cdots, k\Bigg\}. \end{aligned}$$

当 $d < G_k$ 时, 没有解能满足下面的约束条件:

$$\sum_{j=1}^{n} g_{1j} \leqslant d, x_j \geqslant \ell_k, \quad j = 1, \cdots, k.$$

同样, 当 $d > \bar{G}_k$ 时, 没有解 $(x_1, \cdots, x_n)$ 能满足下面的约束条件:

$$\sum_{j=k+1}^{n} g_{1j}(x_j) \leqslant b_1 - m, \quad x_j \geqslant \ell_j, \quad j = k+1, \cdots, n.$$

因此, 当 $d < G_k$ 或 $d > \bar{G}_k$ 时, 不用计算 $f_k(d)$. 于是有以下递归式: 对于 k=2,$\cdots$,n,

$$\begin{aligned} f_k(d) = \max\{ & R_k(x_k)\exp[-\lambda g_{2k}(x_k)] f_{k-1}[d - g_{1k}(x_k)] : \\ & g_{1k}(x_k) \leqslant d - G_{k-1}, x_1 \geqslant \ell_1, x_1 \text{是整数}\} \end{aligned} \tag{4.14}$$

且

$$f_1(d) = \max\{R_1(x_1)\exp[-\lambda g_{21}(x_1)] : g_{11}(x_1) \leqslant d, x_1 \geqslant \ell_1, x_1 \text{是整数}\}. \tag{4.15}$$

令 $x_k^*(d)$ 表示在递归方程 (4.14) 中能得到 $f_k(d)$ 的那个 x_k 值, 同样, 令 $x_1^*(d)$ 表示能由式 (4.15) 得出 $f_1(d)$ 的那个 x_1 值. 现在对于任何给定的 λ, 通过式 (4.14) 和 (4.15) 就能够采用基本 DP 方法来求解问题 4.1 了.

用拉格朗日乘子法求解例 4-3 在本例中, n=5, $b_1 = 110, b_2 = 200$, $g_{1j}(x_j) = p_j x_j^2$ 和 $g_{2j}(x_j) = w_j x_j \exp(x_j/4)$, 其中 r_j, p_j, w_j 同例 4-3. 由第 2 章介绍的简单步骤可得到一个可行解 $(x_1, x_2, x_3, x_4, x_5)$=(3, 3, 3, 2, 2). 这时对应的系统可靠度 $R_s = 0.8125$ 可作为系统最优可靠度的一个下界. 像在例 4-2 中那样采用基本 DP 方法, 变量的下限可以缩小到 $(\ell_1, \ell_2, \ell_3, \ell_4, \ell_5) = (2, 1, 1, 2, 2)$. 现在 $g_{1j}(\ell_j), G_j, \bar{G}_j$ 取值如下表所示.

j	$g_{1j}(\ell_j)$	G_j	$\overline{G}_j$
1	4	4	81
2	2	6	83
3	3	9	86
4	16	25	102
5	8	33	110

对惩罚项 λ 为 0.0001~0.0018 的一系列值, 当 $G_k \leqslant d \leqslant \bar{G}_k (k = 1, \cdots, n)$ 时, 问题 4.1 可以通过递推 $f_k(d)$ 解决. 对于每个选定的 λ 值, 表 4.4 给出了相应的系统可靠度, 最优分配和资源消耗值.

表 4.4 对几个 λ 值的最优分配

λ	g_1	g_2	系统可靠度	最优分配
0.0002	108	241.3380	0.930550	(3,3,3,3,3)
0.0004	93	216.9095	0.922160	(3,3,2,3,3)
0.0006	93	192.4811	0.922160	(3,3,2,3,3)
0.0008	83	192.4811	0.904470	(3,2,2,3,3)
0.0010	83	192.4811	0.904470	(3,2,2,3,3)
0.0011	83	192.4811	0.904470	(3,2,2,3,3)
0.0012	83	192.4811	0.904470	(3,2,2,3,3)
0.0013	83	192.4811	0.904470	(3,2,2,3,3)
0.0014	83	192.4811	0.904470	(3,2,2,3,3)
0.0015	83	192.4811	0.904470	(3,2,2,3,3)
0.0016	78	171.1062	0.875290	(2,2,2,3,3)
0.0017	78	171.1062	0.875290	(2,2,2,3,3)
0.0018	68	143.6242	0.833610	(2,2,2,3,2)
0.0020	68	143.6243	0.833610	(2,2,2,3,2)

因为当 $\lambda = 0.0015$ 时, $b_2 - \sum_{j=1}^{n} g_{2j}(x_j)$ 是最小的非负值, 因此, 把它作为求解问题 4.1 的最优值. 对于这个 λ, 表 4.5~ 表 4.7 中给出了 $f_k(d)$ 和 $x_k^*(d)(k = 1, \cdots, n)$ 的值. 相应 $x_1, \cdots, x_5$ 的最优值通过回溯步骤可从表 4.5~ 表 4.7 相继得到, 如下面给出的计算.

表 4.5 $\lambda = 0.0015$ 时的 DP 解

d	$f_1(d)$	$x_1^*(d)$	$f_2(d)$	$x_2^*(d)$	$f_3(d)$	$x_3^*(d)$	$f_4(d)$	$x_4^*(d)$	$f_5(d)$	$x_5^*(d)$
0										
1										
2										
3										
4	0.92733	2								
5	0.92733	2								
6	0.92733	2	0.77618	1						
7	0.92733	2	0.77618	1						
8	0.92733	2	0.77618	1						
9	0.92801	3	0.77618	1	0.68788	1				
10	0.92801	3	0.77618	1	0.68788	1				
11	0.92801	3	0.77674	1	0.68788	1				
12	0.92801	3	0.87130	2	0.68788	1				
13	0.92801	3	0.87130	2	0.68788	1				
14	0.92801	3	0.87130	2	0.68788	1				
15	0.92801	3	0.87130	2	0.68838	1				
16	0.92801	3	0.87130	2	0.77218	1				
17	0.92801	3	0.87193	2	0.77218	1				
18	0.92801	3	0.87193	2	0.77218	1				
19	0.92801	3	0.87193	2	0.77218	1				
20	0.92801	3	0.87193	2	0.77274	1				
21	0.92801	3	0.87193	2	0.77274	1				
22	0.92801	3	0.87193	2	0.77274	1				
23	0.92801	3	0.87193	2	0.77274	1				
24	0.92801	3	0.87193	2	0.82912	2				
25	0.92801	3	0.87193	2	0.82912	2	0.58596	2		
26	0.92801	3	0.87193	2	0.82912	2	0.58596	2		
27	0.92801	3	0.87193	2	0.82912	2	0.58596	2		
28	0.92801	3	0.87193	2	0.82912	2	0.58596	2		
29	0.92801	3	0.87193	2	0.82972	2	0.58596	2		
30	0.92801	3	0.87193	2	0.82972	2	0.58639	2		
31	0.92801	3	0.87193	2	0.82972	2	0.65777	2		
32	0.92801	3	0.87193	2	0.82972	2	0.65777	2		
33	0.92801	3	0.87193	2	0.82972	2	0.65777	2	0.52542	2
34	0.92801	3	0.87193	2	0.82972	2	0.65777	2	0.52542	2
35	0.92801	3	0.87193	2	0.82972	2	0.65777	2	0.52542	2
36	0.92801	3	0.87193	2	0.82972	2	0.65825	2	0.52542	2
37	0.92801	3	0.87193	2	0.82972	2	0.65825	2	0.52542	2
38	0.92801	3	0.87193	2	0.82972	2	0.65825	2	0.52581	2
39	0.92801	3	0.87193	2	0.82972	2	0.65825	2	0.58981	2
40	0.92801	3	0.87193	2	0.82972	2	0.70628	2	0.58981	2

表 4.6 $\lambda = 0.0015$ 时的 DP 解

d	$f_1(d)$	$x_1^*(d)$	$f_2(d)$	$x_2^*(d)$	$f_3(d)$	$x_3^*(d)$	$f_4(d)$	$x_4^*(d)$	$f_5(d)$	$x_5^*(d)$
41	0.92801	3	0.87193	2	0.82972	2	0.70628	2	0.52581	2
42	0.92801	3	0.87193	2	0.82972	2	0.70628	2	0.52581	2
43	0.92801	3	0.87193	2	0.82972	2	0.70628	2	0.52581	2
44	0.92801	3	0.87193	2	0.82972	2	0.70628	2	0.59024	2
45	0.92801	3	0.87193	2	0.82972	2	0.70679	2	0.59024	2
46	0.92801	3	0.87193	2	0.82972	2	0.70679	2	0.59024	2
47	0.92801	3	0.87193	2	0.82972	2	0.70679	2	0.59024	2
48	0.92801	3	0.87193	2	0.82972	2	0.70679	2	0.63331	2
49	0.92801	3	0.87193	2	0.82972	2	0.70679	2	0.63331	2
50	0.92801	3	0.87193	2	0.82972	2	0.70679	2	0.63331	2
51	0.92801	3	0.87193	2	0.82972	2	0.70679	2	0.63331	2
52	0.92801	3	0.87193	2	0.82972	2	0.70679	2	0.63331	2
53	0.92801	3	0.87193	2	0.82972	2	0.70679	2	0.63377	2
54	0.92801	3	0.87193	2	0.82972	2	0.70679	2	0.63377	2
55	0.92801	3	0.87193	2	0.82972	2	0.70679	2	0.63377	2
56	0.92801	3	0.87193	2	0.82972	2	0.70679	2	0.63377	2
57	0.92801	3	0.87193	2	0.82972	2	0.70679	2	0.63377	2
58	0.92801	3	0.87193	2	0.82972	2	0.70679	2	0.63812	2
59	0.92801	3	0.87193	2	0.82972	2	0.70679	3	0.63812	2
60	0.92801	3	0.87193	2	0.82972	2	0.74948	3	0.63812	2
61	0.92801	3	0.87193	2	0.82972	2	0.74948	3	0.63812	2
62	0.92801	3	0.87193	2	0.82972	2	0.74948	3	0.63812	2
63	0.92801	3	0.87193	2	0.82972	2	0.74948	3	0.63858	2
64	0.92801	3	0.87193	2	0.82972	2	0.74948	3	0.63858	2
65	0.92801	3	0.87193	2	0.82972	2	0.75003	3	0.63858	2
66	0.92801	3	0.87193	2	0.82972	2	0.75003	3	0.63858	2
67	0.92801	3	0.87193	2	0.82972	2	0.75003	3	0.63858	2
68	0.92801	3	0.87193	2	0.82972	2	0.75003	3	0.67205	2
69	0.92801	3	0.87193	2	0.82972	2	0.75003	3	0.67205	2
70	0.92801	3	0.87193	2	0.82972	2	0.75003	3	0.67205	2
71	0.92801	3	0.87193	2	0.82972	2	0.75003	3	0.67205	2
72	0.92801	3	0.87193	2	0.82972	2	0.75003	3	0.67205	2
73	0.92801	3	0.87193	2	0.82972	2	0.75003	3	0.67254	2
74	0.92801	3	0.87193	2	0.82972	2	0.75003	3	0.67254	2
75	0.92801	3	0.87193	2	0.82972	2	0.75003	3	0.67254	2
76	0.92801	3	0.87193	2	0.82972	2	0.75003	3	0.67254	2
77	0.92801	3	0.87193	2	0.82972	2	0.75003	3	0.67254	2
78	0.92801	3	0.87193	2	0.82972	2	0.75003	3	0.67715	3
79	0.92801	3	0.87193	2	0.82972	2	0.75003	3	0.67715	3
80	0.92801	3	0.87193	2	0.82972	2	0.75003	3	0.67715	3

从表 4.7 中得到 x_5 的最优值 $x_5^*(110)=3$. 接下来, x_4 的最优值为

$$x_4^*(110-p_5(3^2))=x_4^*(92)=3.$$

表 4.7 $\lambda=0.0015$ 时的 DP 解

d	$f_1(d)$	$x_1^*(d)$	$f_2(d)$	$x_2^*(d)$	$f_3(d)$	$x_3^*(d)$	$f_4(d)$	$x_4^*(d)$	$f_5(d)$	$x_5^*(d)$
81	0.92801	3	0.87193	2	0.82972	2	0.75003	3	0.67715	3
82			0.87193	2	0.82972	2	0.75003	3	0.67765	3
83			0.87193	2	0.82972	2	0.75003	3	0.67765	3
84					0.82972	2	0.75003	3	0.67765	3
85					0.82972	2	0.75003	3	0.67765	3
86					0.82972	2	0.75003	3	0.67765	3
87							0.75003	3	0.67765	3
88							0.75003	3	0.67765	3
89							0.75003	3	0.67765	3
90							0.75003	3	0.67765	3
91							0.75003	3	0.67765	3
92							0.75003	3	0.67765	3
93							0.75003	3	0.67765	3
94							0.75003	3	0.67765	3
95							0.75003	3	0.67765	3
96							0.75003	3	0.67765	3
97							0.75003	3	0.67765	3
98							0.75003	3	0.67765	3
99							0.75003	3	0.67765	3
100							0.75003	3	0.67765	3
101							0.75003	3	0.67765	3
102									0.67765	3
103									0.67765	3
104									0.67765	3
105									0.67765	3
106									0.67765	3
107									0.67765	3
108									0.67765	3
109									0.67765	3
110									0.67765	3

同样地, 有

$$x_3^*(110-p_4(3^2)-p_5(3^2))=x_3^*(56)=2,$$
$$x_2^*(110-p_3(2^2)-p_4(3^2)-p_5(3^2))=x_2^*(44)=2,$$
$$x_1^*(110-p_2(2^2)-p_3(2^2)-p_4(3^2)-p_5(3^2))=x_1^*(36)=3.$$

因此, 当 $\lambda = 0.0015$ 时, 问题 4.1 的最优解为

$$(x_1^*, x_2^*, x_3^*, x_4^*, x_5^*) = (3, 2, 2, 3, 3),$$

相应的系统可靠度为 0.9045.

4.4 使用优势序列的动态规划方法

当一个冗余分配问题包含更多的约束时, 即使是拉格朗日方法也面临巨大的计算量. 在这种情况下, Kettelle[152] 提出的基于优势序列的动态规划方法由于其简单的逻辑思路就非常有用了. 考虑如下包含 m 个约束条件的冗余分配问题:

使系统可靠度最大化

$$\max \quad f(x_1, \cdots, x_n) = \prod_{j=1}^{n} [1 - (1 - r_j)^{x_j}],$$

$$\text{s.t.} \quad \sum_{j=1}^{n} g_{ij}(x_j) \leqslant b_i, i = 1, \cdots, m, \quad x_j \geqslant \ell_j, j = 1, \cdots, n,$$

其中 x_j 为整数.

令 $(x_1, \cdots, x_k)$ 表示阶段 j 冗余分配元件数 $x_j (j = 1, \cdots, k)$. 部分向量 $(x_1, \cdots, x_k)$ 被称为一个 k 阶分配. 一个 k 阶分配是可行的, 如果它满足

$$\sum_{j=1}^{k} g_{ij}(x_j) \leqslant b_i - \sum_{j=k+1}^{n} g_{ij}(\ell_j), i = 1, \cdots, m \quad \text{和} \quad x_j \geqslant \ell_j, j = 1, \cdots, k.$$

令 $(x_1, \cdots, x_k)$ 和 $(y_1, \cdots, y_k)$ 是两个可行的 k 阶分配向量, 如果有

$$\prod_{j=1}^{k} R_j(x_j) \leqslant \prod_{j=1}^{k} R_j(y_j) \quad \text{和} \quad \sum_{j=1}^{k} g_{ij}(x_j) \geqslant \sum_{j=1}^{k} g_{ij}(y_j), i = 1, \cdots, m,$$

并且上面两个式子中至少有一个是严格不等的, 于是 $(y_1, \cdots, y_k)$ 就是 $(x_1, \cdots, x_k)$ 的优势序列.

当 $y = (y_1, \cdots, y_k)$ 是 $x = (x_1, \cdots, x_k)$ 的优势序列时, 自然会选择 y 而不是 x, 因为 y 在阶段 1,2,$\cdots$, k 有更高的可靠度, 而消耗更少的资源. 对 $k = 1, \cdots, n$, 令 H_k 表示所有可行的优势 k 阶序列的集合.

使用优势序列进行冗余分配的 DP 方法可递归得到 $H_1, \cdots, H_n$, 并且可以用完全枚举法得到最优序列 H_n. 所有整数 x_1 构成的集合, 如果满足下列条件, 就认为是优势序列 H_1:

$$x_1 \geqslant \ell_1, \quad g_{i1}(x_1) \leqslant b_i - \sum_{j=2}^{n} g_{ij}(\ell_j), \quad i = 1, \cdots, m.$$

对 $k=1,\cdots,n-1$, 为了从 H_k 中得到 H_{k+1}, 首先要得到 $k+1$ 阶分配 $(x_1,\cdots,x_k, x_{k+1})$, 它满足

$$(x_1,\cdots,x_k)\in H_k,$$
$$\sum_{j=1}^{k+1} g_{ij}(x_j)\leqslant b_i-\sum_{j=k+2}^{n} g_{ij}(\ell_j),\quad i=1,\cdots,m,$$
$$x_{k+1}\geqslant \ell_{k+1}.$$

逐步淘汰上述集合中的前面 $(k+1)$ 阶分配方案就可以最终得到所要求的 H_{k+1}.

优势序列求例解 4-3 考虑例 4-3(或例 3-1), 其中 n=5, m=3. 用前述方法求出决策变量最优值的下限, 得到一个可行的分配方案 (3,3,3,2,2). 这个分配方案所对应的系统可靠度为 0.8125, 相应的下限为 $(\ell_1,\cdots,\ell_5)=(2,1,1,2,2)$. 现在要考虑的问题等同于求下列的最大系统可靠度:

$$\max \quad R_{\mathrm{s}}=\prod_{j=1}^{5}[1-(1-r_j)^{x_j}],$$
$$\text{s.t.}\quad g_1=\sum_{j=1}^{5}p_jx_j^2\leqslant 110,$$
$$g_2=\sum_{j=1}^{5}c_j\left[x_j+\exp\left(\frac{x_j}{4}\right)\right]\leqslant 175,$$
$$g_3=\sum_{j=1}^{5}w_jx_j\exp\left(\frac{x_j}{4}\right)\leqslant 200,$$
$$x_j\geqslant \ell_j,\quad j=1,\cdots,5,$$

其中 x_j 为整数.

因为 $p_1x_1^2, c_1[x_1+\exp(x_1/4)]$, $w_1x_1\exp(x_1/4)$ 及 $1-(1-r_1)^{x_1}$ 都是随 x_1 严格递增的, H_1 是所有 x_1 的集合, 它满足

$$p_1x_1^2\leqslant 110-\sum_{j=2}^{5}p_j\ell_j^2,$$
$$c_1\left[x_1+\exp\left(\frac{x_1}{4}\right)\right]\leqslant 175-\sum_{j=2}^{5}c_j\left[\ell_j+\exp\left(\frac{\ell_j}{4}\right)\right],$$
$$w_1x_1\exp\left(\frac{x_1}{4}\right)\leqslant 200-\sum_{j=2}^{5}w_j\ell_j\exp\left(\frac{\ell_j}{4}\right),$$
$$x_1\geqslant \ell_1.$$

这意味着 H_1 是所有 x_1 的集合, 它满足

$$\begin{aligned}x_1^2 &\leqslant 110-[2(1)^2+3(1)^2+4(2)^2+2(2)^2]=81,\\ 7\left[x_1+\exp\left(\frac{x_1}{4}\right)\right] &\leqslant 175-\left\{7\left[1+\exp\left(\frac{1}{4}\right)\right]+5\left[1+\exp\left(\frac{1}{4}\right)\right]\right.\\ &\quad\left.+9\left[2+\exp\left(\frac{2}{4}\right)\right]+4\left[2+\exp\left(\frac{2}{4}\right)\right]\right\}\\ &=100.16,\\ 7x_1\exp\left(\frac{x_1}{4}\right) &\leqslant 200-\left\{8\left[\exp\left(\frac{1}{4}\right)\right]+8\left[\exp\left(\frac{1}{4}\right)\right]\right.\\ &\quad\left.+6\left[2\exp\left(\frac{2}{4}\right)\right]+9\left[2\exp\left(\frac{2}{4}\right)\right]\right\}\\ &=129.99,\quad x_1\geqslant 2.\end{aligned}$$

合并同类项化简后有

$$\begin{aligned}&x_1^2\leqslant 81,\\ &7\left[x_1+\exp\left(\frac{x_1}{4}\right)\right]\leqslant 100.16,\\ &7x_1\exp\left(\frac{x_1}{4}\right)\leqslant 129.99,\\ &x_1\geqslant 2.\end{aligned}$$

表 4.8 中列出了 H_1 的第 1 阶段分配结果, 相应的资源消耗计算公式为 $g_1(x_1)=p_1x_1^2$, $g_2(x_2)=c_1[x_1+\exp(x_1/4)]$, $g_3(x_1)=w_1x_1\exp(x_1/4)$. 可靠度 $R_1(x_1)$ 的值也列在表中.

表 4.8　1 阶分配

分配	g_1	g_2	g_3	可靠度
(2)	4.00	25.54	23.08	0.960000
(3)	9.00	35.82	44.46	0.992000
(4)	16.00	47.03	76.11	0.998400
(5)	25.00	59.43	122.16	0.999680

现在, H_2 是所有的优势 2 阶分配 (x_1,x_2) 的集合, 它满足

$$\begin{aligned}&x_1\in H_1,\\ &p_1x_1^2+p_2x_2^2\leqslant 110-\sum_{j=3}^{5}p_j\ell_j^2,\\ &c_1\left[x_1+\exp\left(\frac{x_1}{4}\right)\right]+c_2\left[x_2+\exp\left(\frac{x_2}{4}\right)\right]\leqslant 175-\sum_{j=3}^{5}c_j\left[\ell_j+\exp\left(\frac{\ell_j}{4}\right)\right],\end{aligned}$$

$$w_1x_1\exp\left(\frac{x_1}{4}\right)+w_2x_2\exp\left(\frac{x_2}{4}\right)\leqslant 200-\sum_{j=3}^{5}w_j\ell_j\exp\left(\frac{\ell_j}{4}\right),$$

$$x_2\geqslant \ell_2.$$

将 p_j, c_j, w_j, ℓ_j 的值代入上式计算得出

$$\begin{aligned}&x_1\in H_1,\\&x_1^2+2x_2^2\leqslant 83,\\&7\left[x_1+\exp\left(\frac{x_1}{4}\right)\right]+7\left[x_2+\exp\left(\frac{x_2}{4}\right)\right]\leqslant 116.15,\\&7x_1\exp\left(\frac{x_1}{4}\right)+8x_2\exp\left(\frac{x_2}{4}\right)\leqslant 140.27,\\&x_2\geqslant 1.\end{aligned}\tag{4.16}$$

对每一个 H_1 中的 x_1, 找到满足方程 (4.16) 的 x_2 值. 注意: 如果 H_1 中一个特定的 x_1 值使得 x_2 的值背离方程 (4.16), 则所有比这些值更大的 x_2 值对同一 x_1 值也存在背离方程 (4.16) 的情况.

在表 4.9 中给出了满足 $x_1\in H_1$ 和方程 (4.16) 的每个 2 阶分配 (x_1, x_2), 相应的资源消耗计算式为

$$\begin{aligned}g_1(x_1)+g_2(x_2)&=p_1x_1^2+p_2x_2^2,\\g_2(x_1)+g_2(x_2)&=c_1\left[x_1+\exp\left(\frac{x_1}{4}\right)\right]+c_2\left[x_2+\exp\left(\frac{x_2}{4}\right)\right],\\g_3(x_1)+g_3(x_2)&=w_1x_1\exp\left(\frac{x_1}{4}\right)+w_2x_2\exp\left(\frac{x_2}{4}\right),\end{aligned}$$

则两个阶段的系统可靠度 $R_1(x_1)R_2(x_2)$ 也列于表 4.9 中.

表 4.9 2 阶分配

分配	g_1	g_2	g_3	可靠度
(2,1)	6.00	41.53	33.35	0.816000
(2, 2)	12.00	51.08	49.46	0.938400
$(2, 3)^{\mathrm{d}}$	22.00	61.36	73.89	0.956760
$(2, 4)^{\mathrm{d}}$	36.00	72.57	110.07	0.959514
(3, 1)	11.00	51.81	54.73	0.843200
(3, 2)	17.00	61.36	70.84	0.969680
(3, 3)	27.00	71.64	95.27	0.988652
$(3, 4)^{\mathrm{d}}$	41.00	82.85	131.45	0.991498
$(4, 1)^{\mathrm{d}}$	18.00	63.02	86.38	0.848640
(4, 2)	24.00	72.57	102.49	0.975936
(4, 3)	34.00	82.85	126.92	0.995030
$(5, 1)^{\mathrm{d}}$	27.00	75.42	132.43	0.849728

注意在表 4.9 中所有带上标 d 的分配方案是非优势* 的. 在表 4.9 中, H_2 是所有优势*的 2 阶分配的集合. 从 H_2 得到的 3 阶分配结果在表 4.10 中给出. H_3 是表 4.10 中所有没有上标 d 的序列集合. 同样, 可以依次得到 H_4, H_5. 从 H_3 得到的 4 阶分配和从 H_4 得到的 5 阶分配在表 4.11 和表 4.12 中给出. 在表 4.11 和表 4.12 中没有上标 d 的分别是集合 H_4 和 H_5. 在表 4.12 中, 优势的 *5 阶分配 $(3,2,2,3,3)$ 给出的系统最大可靠度为 0.9044, 就是所要求的最优冗余分配方案.

表 4.10　3 阶分配

分配	g_1	g_2	g_3	可靠度
(2,1,1)	9.00	52.95	43.62	0.734400
(2,1,2)	18.00	59.77	59.73	0.807840
$(2,1,3)^{\mathrm{d}}$	33.00	67.11	84.16	0.815918
$(2,1,4)^{\mathrm{d}}$	54.00	75.12	120.34	0.815918
(2,2,1)	15.00	62.50	59.73	0.844560
(2,2,2)	24.00	69.32	75.84	0.929016
(2,2,3)	39.00	76.67	100.27	0.937462
$(2,2,4)^{\mathrm{d}}$	60.00	84.67	136.45	0.938306
(3,1,1)	14.00	63.23	65.00	0.758880
$(3,1,2)^{\mathrm{d}}$	23.00	70.05	81.11	0.834768
$(3,1,3)^{\mathrm{d}}$	38.00	77.40	105.54	0.842357
$(3,1,4)^{\mathrm{d}}$	59.00	85.40	141.72	0.843116
(3,2,1)	20.00	72.78	81.11	0.872712
(3,2,2)	29.00	79.60	97.22	0.959983
(3,2,3)	44.00	86.94	121.65	0.968710
$(3,3,1)^{\mathrm{d}}$	30.00	83.06	105.54	0.889787
(3,3,2)	39.00	89.88	121.65	0.978765
(3,3,3)	54.00	97.22	146.08	0.987663
$(4,2,1)^{\mathrm{d}}$	27.00	83.99	112.76	0.878342
(4,2,2)	36.00	90.81	128.87	0.966177
$(4,3,1)^{\mathrm{d}}$	37.00	94.27	137.19	0.895527

表 4.11　4 阶分配

分配	g_1	g_2	g_3	可靠度
(2,1,1,2)	25.00	85.79	63.40	0.644436
$(2,1,1,3)^{\mathrm{d}}$	45.00	99.00	81.73	0.702913
$(2,1,1,4)^{\mathrm{d}}$	73.00	113.41	108.86	0.723379
(2,1,2,2)	34.00	92.61	79.51	0.708880
$(2,1,2,3)^{\mathrm{d}}$	54.00	105.82	97.84	0.808349
$(2,1,2,4)^{\mathrm{d}}$	82.00	120.23	124.97	0.831886

* 原文文字有错误, 优势与非优势互换了 —— 译者注.

续表

分配	g_1	g_2	g_3	可靠度
(2,2,2,2)	40.00	102.16	95.62	0.815212
(2,2,2,3)	60.00	115.37	113.95	0.889184
(2, 2, 2, 4)[d]	88.00	129.78	141.08	0.975015
(2,2,3,2)	60.00	115.37	113.95	0.889184
(2, 2, 2, 4)[d]	88.00	129.78	141.08	0.915075
(2,2,3,2)	55.00	109.51	120.05	0.822623
(2,2,3,3)	75.00	122.72	138.38	0.897268
(3,1,1,2)	30.00	96.07	84.78	0.665917
(3, 1, 1, 3)[d]	50.00	109.28	103.11	0.726343
(3,1,1,4)[d]	78.00	123.69	130.24	0.747492
(3,2,1,2)	36.00	105.62	100.89	0.765805
(3, 2, 1, 3)[d]	56.00	118.83	119.22	0.835294
(3, 2, 1, 4)[d]	84.00	133.24	146.35	0.859616
(3,2,2,2)	45.00	112.44	117.00	0.842385
(3,2,2,3)	65.00	125.65	135.33	0.918824
(3,2,2,4)	93.00	140.06	162.46	0.945577
(3, 2, 3, 2)[d]	60.00	119.78	141.43	0.850043
(3,2,3,3)	80.00	132.99	159.76	0.927177
(3,3,2,2)	55.00	122.72	141.43	0.858866
(3,3,2,3)	75.00	135.93	159.76	0.936800
(3,3,3,2)	70.00	130.06	165.86	0.866674
(4,2,2,2)	52.00	123.65	148.65	0.847820
(4,2,2,3)	72.00	136.86	166.98	0.924752

表 4.12 优势的*5 阶分配

分配	g_1	g_2	g_3	可靠度
(2,1,1,2,2)	33.00	100.38	93.08	0.604159
(2,1,1,2,3)	43.00	106.26	120.56	0.634367
(2,1,1,2,4)[d]	57.00	112.66	161.26	0.641919
(2,1,2,2,2)	42.00	107.20	109.19	0.664575
(2,1,2,2,3)	52.00	113.08	136.67	0.697804
(2,1,2,2,4)[d]	66.00	119.48	177.37	0.706111
(2,2,1,2,2)	39.00	109.93	109.19	0.694782
(2,2,1,2,3)	49.00	115.81	136.67	0.729521
(2,2,1,2,4)[d]	63.00	122.21	177.37	0.738206
(2,2,2,2,2)	48.00	116.75	125.30	0.764261
(2,2,2,2,3)	58.00	122.63	152.78	0.802474
(2,2,2,2,4)	72.00	129.03	193.48	0.812028
(2,2,2,3,2)	68.00	129.96	143.63	0.833610
(2,2,2,3,3)	78.00	135.84	171.11	0.875291

续表

分配	g_1	g_2	g_3	可靠度
(2,2,3,2,2)	63.00	124.10	149.73	0.771209
$(2,2,3,2,3)^{\text{d}}$	73.00	129.98	177.21	0.809707
(2,2,3,3,2)	83.00	137.31	168.06	0.841189
(2,2,3,3,3)	93.00	143.19	195.54	0.883248
(3,1,1,2,2)	38.00	110.66	114.46	0.624297
$(3,1,1,2,3)^{\text{d}}$	48.00	116.54	141.94	0.655512
$(3,1,1,2,4)^{\text{d}}$	62.00	122.94	182.64	0.663316
(3,2,1,2,2)	44.00	120.21	130.57	0.717942
$(3,2,1,2,3)^{\text{d}}$	54.00	126.09	158.05	0.753839
$(3,2,1,2,4)^{\text{d}}$	68.00	132.49	198.75	0.762814
(3,2,2,2,2)	53.00	127.03	146.68	0.789736
(3,2,2,2,3)	63.00	132.91	174.16	0.829223
(3,2,2,3,2)	73.00	140.24	165.01	0.861398
(3,2,2,3,3)	83.00	146.12	192.12	0.886478
(3,2,2,4,2)	101.00	154.65	192.14	0.886478
$(3,2,3,3,2)^{\text{d}}$	88.00	147.58	189.44	0.869228
(3,3,2,2,2)	63.00	137.31	171.11	0.805187
$(3,3,2,2,3)^{\text{d}}$	73.00	143.19	198.59	0.845446
(3,3,2,3,2)	83.00	150.52	189.44	0.878250
$(4,2,2,2,2)^{\text{d}}$	60.00	138.24	178.33	0.794831
$(4,2,2,3,2)^{\text{d}}$	80.00	151.45	196.66	0.866955

* 译者注：原书有误.

4.5 层次型串–并联系统的动态规划方法

如前所述, DP 方法对于约束是可分离的串联系统可靠度冗余分配问题非常有用, 这是因为目标函数是每个变量函数的乘积. 通常来说, 如果目标函数是不可分离的, 则就不适合采用 DP 方法. 不过, 对于某些系统, 如 1.5.5 小节所介绍的层次串–并联 (HSP) 系统, 仍然可以采用 DP 方法进行最优冗余分配. DP 方法已经被 Hikita 等[126] 用于解决只有一个约束条件的 HSP 系统可靠度冗余分配问题. 下面介绍和说明如何将 DP 方法用于解决 HSP 系统的冗余分配问题.

问题 4.2

假设一个 HSP 系统有 n 个阶段, 这些阶段构成子系统 $S_1, \cdots, S_k$, 子系统 S_i 可以是串联也可以是并联的. 令 r_j 表示阶段 j 元件的可靠度, 令 x_j 表示在阶段 j 中并联的元件数目, 则阶段 j 的可靠度为 $1-(1-r_j)^{x_j+1}$.

考虑下面单约束冗余分配问题, 使系统可靠度最大化

$$\begin{aligned}\max \quad & R_s = f(x_1, \cdots, x_n), \\ \text{s.t.} \quad & \sum_{j=1}^{n} c_j x_j \leqslant C,\end{aligned}$$

其中 x_j 为非负整数, $c_1, \cdots, c_n$ 和 C 为正整数.

令 $R(S_i; d_i)$ 表示在子系统 S_i 中并联冗余消耗了总量 d_i 资源时, 子系统 S_i 可能的最大可靠度. 对于 $N = \{1, 2, \cdots, n\}$, 令 $R(N; d)$ 表示最大的系统可靠度, 其约束条件为 $\sum_{j=1}^{n} c_j x_j \leqslant d$. 对 k 个子系统给定一个分配方案为 $(d_1, \cdots, d_k)$, 则最大的系统可靠度通过下式给出:

$$\Psi(d_1, \cdots, d_k) = \begin{cases} \prod_{i=1}^{k} R(S_i; d_i), & S_1, \cdots, S_k \text{为串联}, \\ 1 - \prod_{i=1}^{k} [1 - R(S_i; d_i)], & S_1, \cdots, S_k \text{为并联}. \end{cases}$$

现在所考虑的问题等价于求下面系统可靠度的最大值:

$$\begin{aligned}\max \quad & R_s = \Psi(d_1, \cdots, d_k), \\ \text{s.t.} \quad & d_1 + \cdots + d_k \leqslant C,\end{aligned}$$

其中 d_i 为非负整数.

如果对于 $i = 1, \cdots, k$ 和 $d_i = 0, 1, \cdots, C$, 可靠度 $R(S_i; d_j)$ 已知, 则上述问题就可以用 DP 方法解决. 如果子系统 $S_1, \cdots, S_k$ 是并联的, 那么可用 DP 方法求 $1 - \psi(d_1, \cdots, d_k)$ 的最小值. 因为是 HSP 系统, 每个子系统 S_i 是串联或并联的, 那么当 $d = 0, 1, \cdots, C$ 时, 系统可靠度 $R(S_i; d)$ 可以通过优化子系统 S_i 由 DP 方法得到. DP 方法的优点是能同时得到 $R(S_i; d_j)$ 和 $(0, 1, \cdots, C)$ 中的 d_i.

在实际采用 DP 方法求解的过程中, 首先寻找最小的那个子系统的最优可靠度, 然后依次计算, 直到获得最大的那个子系统的可靠度. 为了得到最优冗余分配方案, 需要采用回溯技术, 具体方法如下例所示:

例 4-6 考虑如图 1.8 所示的 5 个阶段 HSP 系统. 表 4.13 显示了 5 个阶段元件的可靠度和成本. 如果对系统中的阶段进行元件并联冗余, 并限制冗余的最大可用资源为 $C = 20$. 现在的问题是在约束条件下, 如何求出一个最优冗余分配方案使系统可靠度最大化.

表 4.13 例 4-6 的可靠度和成本

j	1	2	3	4	5
r_j	0.60	0.75	0.50	0.70	0.80
c_j	2	3	1	2	3

求解例 4-6 令 $S_1=\{1,2,3\}, S_2=\{4,5\}$ 和 $\bar{S}=\{1,2\}$, 则需要确定 $R(N;20)$ 和相应的冗余分配方案. 于是有

$$R(\bar{S};d)=1-\min\{(1-r_1)^{x_1+1}(1-r_2)^{x_2+1}: c_1x_1+c_2x_2\leqslant d, x_1,x_2\in\{0,1,2,\cdots\}\}, \tag{4.17}$$

$$R(S_1;d)=\max\{R(\bar{S};d)[1-(1-r_3)^{x_3+1}]: d_1+c_3x_3\leqslant d, d_1,x_3\in\{0,1,2,\cdots\}\}, \tag{4.18}$$

$$R(S_2;d)=\max\{[1-(1-r_4)^{x_4+1}][1-(1-r_5)^{x_5+1}]: c_4x_4+c_5x_5\leqslant d, x_4,x_5\in\{0,1,2,\cdots\}\}, \tag{4.19}$$

$$R(N;d)=1-\min\{[1-R(S_1;d_1)][1-R(S_2;d_2)]: d_1+d_2\leqslant d, d_1,d_2\in\{0,1,2,\cdots\}\}. \tag{4.20}$$

首先 $R(\bar{S};d)$ 的值可从式 (4.17) 得到, 然后用式 (4.18) 来求 $R(S_1;d)$ 的值. $R(S_2;d)$ 的值可以从式 (4.19) 得到. 最后由式 (4.20) 根据 $R(S_1;d)$ 和 $R(S_2;d)$ 的值可求出 $R(N;d)$. 表 4.14 给出了 $R(S_1;d)$, $R(S_2;d)$ 及 $R(N;d)$ 的值, $d=0,1,\cdots,20$. 不过相应的最优分配方案没有列在表中.

表 4.14 例 4-6 系统和子系统的最优可靠度

d	$R(\bar{S};d)$	$R(S_1;d)$	$R(S_2;d)$	$R(N;d)$
0	0.90000	0.45000	0.56000	0.75800
1	0.90000	0.67500	0.56000	0.85700
2	0.96000	0.78750	0.72800	0.90650
3	0.97500	0.84375	0.72800	0.93125
4	0.98400	0.87187	0.77840	0.94362
5	0.99000	0.90000	0.87360	0.95750
6	0.99375	0.93000	0.87360	0.96920
7	0.99600	0.94500	0.93408	0.97580
8	0.99750	0.95977	0.93408	0.98230
9	0.99844	0.96862	0.95222	0.98619
10	0.99900	0.97631	0.96522	0.98970
11	0.99937	0.98227	0.96522	0.99220
12	0.99961	0.98613	0.98396	0.99390
13	0.99975	0.98987	0.98396	0.99554
14	0.99984	0.99211	0.98959	0.99659
15	0.99900	0.99405	0.99031	0.99749
16	0.99994	0.99555	0.99128	0.99804
17	0.99996	0.99653	0.99597	0.99847
18	0.99998	0.99746	0.99597	0.99888
19	0.99998	0.99802	0.99767	0.99914
20	0.99999	0.99851	0.99767	0.99937

在每个阶段中没有冗余的基本情况是 $(x_1, x_2, x_3, x_4, x_5) = (1, 1, 1, 1, 1)$, 而满足约束条件 $\sum_{j=1}^{5} c_j x_j \leqslant 20$ 的系统最大可靠度是 $R(N; 20) = 0.99937$. 这一结果可以通过将 $d_1 = 3$ 分配给子系统{1, 2, 3}和将 $d_2 = 17$ 分配给子系统{4, 5}得到. 表 4.14 给出了 $R(S_1; 3) = 0.84375$ 和 $R(S_2; 17) = 0.99597$. 子系统 {1, 2, 3}中的三个可用资源单位必须用于冗余元件 3, 以使子系统 {1, 2, 3}的可靠度达到最大. 这样的分配给出冗余结果为 $(x_1, x_2, x_3) = (1, 1, 4)$. 同样, 对分配给 {4, 5}的 17 个可用资源单位, 其中 8 个分配给元件 4 进行冗余, 9 个分配给元件 5 进行冗余, 以使{4, 5}的可靠度最大. 这种分配给出冗余水平 $(x_4, x_5) = (4, 3)$, 最终的冗余结果为 $(x_4, x_5) = (5, 4)$. 因此, 整个系统中最优冗余结果为

$$(x_1, x_2, x_3, x_4, x_5) = (1, 1, 4, 5, 4)^*.$$

4.6　讨　论

动态规划是一种解决各种离散最优化问题的强有力工具. 它是一种多阶段决策方法, 在这种方法中把包含 n 个变量的决策问题转化成 n 个单独变量的问题, 并用递归关系来求解. 对 DP 方法的运用取决于系统的结构. 几种变形的 DP 方法能够有效地解决离散最优化问题, 这方面的介绍请参见 Cooper[67] 的文献综述. DP 方法主要用于可分离目标函数和可分离约束的最优化问题. 系统可靠度的冗余分配问题是一类典型的非线性整数规划问题, 因此, 可考虑用 DP 方法来求解. 如果系统具有串联结构或串–并联结构, 并且只有一个可分离的约束条件, 那么采用 DP 方法可以很方便地解决问题. 不过, 对于有两个以上的约束或者复杂系统, 变形的 DP 方法可能更有效.

DP 方法的优点在于若问题中的数据是整数, 它能够给出一个精确的最优解. 当然, 可以将数据离散化后采用 DP 方法来解决相应的问题. 当变量的数目非常大, 并且约束条件右侧的数值中等大小时, DP 方法非常有优势. 当需解决的问题多于一个约束条件时, DP 方法的主要缺点是计算量大. 当问题涉及多个约束条件, 在 DP 方法的基础上合并使用其他的方法, 如在 2.3 节所介绍的启发式方法和其他一些方法, 则能有效减少搜索的空间.

练　习

4.1　什么是 Richard Bellman 的最优性原则? 解释在动态规划中这个原则是如何应用的?

* 原书答案 $(x_1, x_2, x_3, x_4, x_5) = (1, 1, 4, 5, 3)$ 有错误 —— 译者注.

4.2 在表 4.2 中, $f_2(1.0) = 3.2031$ 和 $f_2(0.8) = 1.6250$ 是如何得到的?

4.3 用表 4.3 计算

(a) $f_3(5)$ 和 x_3;

(b) $f_4(2)$ 和 x_4;

(c) $f_4(6)$ 和 x_4.

4.4 举例并解释在 DP 方法中缩减变量界限的优点.

4.5 一个由 4 个阶段组成的串联系统, 其可靠度为 $(r_1, r_2, r_3, r_4) = (0.9, 0.75, 0.82, 0.95)$, 假设元件成本在阶段 1, 2, 3, 4 分别为 50, 35, 42 和 60, 系统正常运营的收益为 1000, 用 DP 方法找到最优成本下的冗余分配方案.

4.6 在例 4-2 中, 令一个可行解为 (4, 4, 4, 3), 用动态规划方法, 求 y_j, ℓ'_j, u'_j 和 b'.

4.7 在例 4-5 中, 令一个可行解为 (2, 2, 3, 3, 3).

(a) 求 $\ell_j, g_{1j}(\ell_j), G_j, \bar{G}_j$;

(b) 当 $\lambda = 0.0015$ 时, 求 $f_3(56)$ 和 x_3^*.

4.8 用拉格朗日乘子求例 4-3, 可以去掉第三个约束条件.

4.9 求解下列最大化系统可靠度的冗余分配方案.

$$\max \quad R_s = \prod_{j=1}^{10} [1 - (1 - r_j)^{x_j}],$$

$$\text{s.t.} \quad \sum_{j=1}^{10} c_j x_j \leqslant 70,$$

其中 x_j 为非负整数. r_j, c_j 的值如下表所示:

j	1	2	3	4	5	6	7	8	9	10
r_j	0.6	0.75	0.5	0.7	0.8	0.65	0.7	0.6	0.9	0.55
c_j	2	3	1	2	3	2	3	2	4	1

考虑两个子系统, 一个有变量 1, 2, 3, 4 和 5, 另一个有变量 6, 7, 8, 9 和 10. 先用 DP 方法求子系统的最优解, 然后利用子系统的结果再求解原问题.

4.10 用优势序列方法求例 4-3, 并附加约束条件 $x_1 \leqslant 2, x_4 \leqslant 2$.

4.11 考虑下列最大化问题:

$$\max \quad R = \prod_{j=1}^{5} [1 - (1 - r_j)^{x_j}],$$

$$\text{s.t.} \quad g_1 = \sum_{j=1}^{5} w_j x_j \exp\left(\frac{x_j}{4}\right) \leqslant 180,$$

$$g_2 = \sum_{j=1}^{5} p_j x_j^2 \leqslant 100, j = 1, 2, \cdots, 5,$$

其中 x_j 为非负整数. 令 $\boldsymbol{w}=(6,6,9,7,7)$, $\boldsymbol{c}=(5,6,6,9,7)$ 和 $\boldsymbol{r}=(0.8,0.85,0.90,0.65,0.75)$. 从 H_1 得到第一阶段的最优分配序列, 从 H_2 得到的第二阶段的最优分配序列.

4.12　试讨论, 能否将动态规划方法用于复杂系统?

4.13　考虑两个元件的系统, 求使系统可靠度最大的冗余分配方案

$$\begin{aligned}\max \quad & R_s = r_{1j}r_{2j}, j=0,1,2,3,\\ \text{s.t.} \quad & g_1 = c_{ij}x_i \leqslant 10,\ i=1,2, j=0,1,2,3,\end{aligned}$$

相关数值在下表中给出:

j	r_{1j}	r_{2j}	j	c_{1j}	c_{2j}
0	0.4	0.3	0	0	0
1	0.6	0.5	1	2	3
2	0.7	0.8	2	4	5
3	0.9	0.9	3	6	7

4.14　考虑由三个元件组成的 HSP 系统, 如下图所示. 令 $\boldsymbol{r}=(0.7,0.8,0.75)$, $\boldsymbol{c}=(2,3,2)$ 和 $C=10$. 找出递归函数和一个满足约束的冗余分配且使系统的可靠度最大.

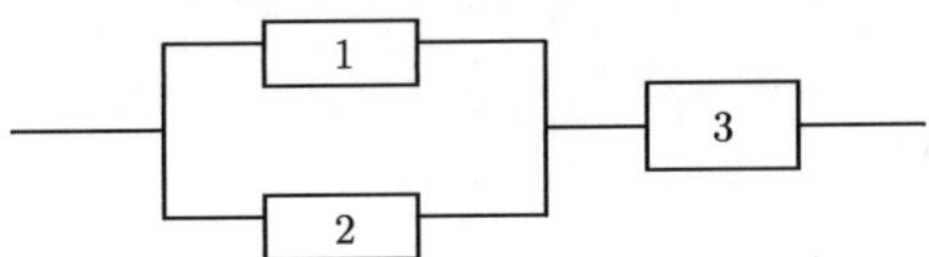

4.15　考虑下图所示的可靠性系统:

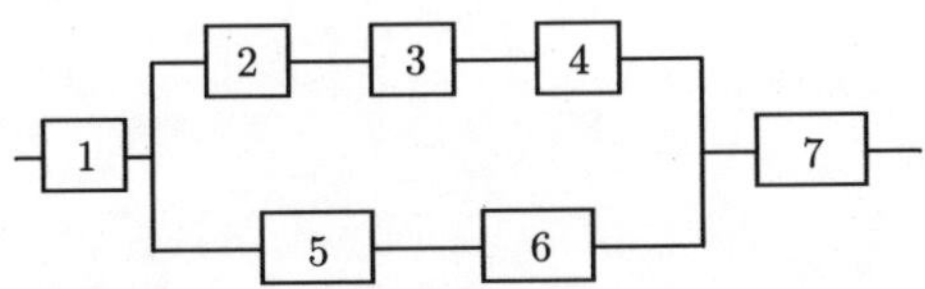

7 个阶段的可靠度和元件费用如下表所示:

j	1	2	3	4	5	6	7
r_j	0.9	0.85	0.9	0.75	0.85	0.9	0.95
c_j	3	1	1	2	1	1	4

求系统可靠度最大的冗余分配方案, 并且增加的成本不大于 15.

4.16　考虑一台机器, 它可能处于两种状态之一: 工作状态或者故障状态. 机器在每一个周期结束时完成一个产品, 产品能否顺利完成取决于机器在这个周期中是正常还是故障. 假设机器发生了故障而没有被更新, 那么就一直处于故障状态.

如果机器在某个周期开始时处于正常工作状态, 那么结束时处于故障状态的概率是 q. 一旦产品投产, 检测机器是否正常的费用是 C, 当然也可以不作检测. 如果检测到机器处于故障状态, 那么要更新机器的费用是 C', 不更新机器没有完成产品生产的损失费用是 $C'' > 0$. 对 n 个周期利用 DP 算法确定一个最优检测策略. 相关取值为 $q = 0.2, C{=}1, C' = 3, C'' = 2, n = 8$ (Bertsekas[35] 给出的最优检测策略是在第三个周期结束时检测, 其他时候都不检测).

第 5 章 用离散最优化方法进行冗余分配

5.1 引 言

大多数的可靠性最优化问题属于非线性整数规划范畴, 目前对于这类问题还无有效的 (多项式界定的) 求解方法. 离散最优化的方法, 如动态规划、分支定界法、枚举法等虽然计算上十分复杂, 但还是可以求解此类问题. Cooper [67] 对非线性整数规划问题的算法提出了一种分类和讨论. 这种分类是基于问题的数学表达式. 对带有可分离的目标函数和可分离的约束条件规划问题, 算法在求解串联系统冗余分配问题时非常有用. 许多组合动态规划和分支定界的策略可以参见 Morin 和 Marsten[238], Marsten 和 Morin[210], Aust[18], Denardo 和 Fox[72] 以及 Alekseev 和 Volodos[10] 的文献. Cooper [67] 提供了关于开发特定结构问题算法的精彩讨论. Abadie [1,2] 和 Abadie 等[3] 给出了在一个凸连续集上求解凸函数最小化问题的分支定界策略. Prasad 和 Kuo[270] 提出的分支定界法中对分支变量的选择是遵循词典中字母的顺序. Glankwahmdee 等[108] 研究了采用连续变量搜索逼近非约束离散最优化问题. Gupta 和 Ravindran [117] 对非线性整数规划问题的算法进行了综述, 之后, 他们[118] 提出了几个分支定界的方法来求解凸非线性整数规划问题.

非线性整数规划问题可以转化为非线性 0-1 最优化问题. 在文献中, 已经有不少方法来解决这个转化问题. 例如, Hansan[121] 和 Hansen 等[122]. Lawler 和 Bell[186] 的部分枚举法已经被 Misra[221,226] 采用来求解系统可靠度的冗余分配问题. 在 5.2 节中, 带有可分离函数的非线性整数最优化问题也可以转化为 0-1 线性规划问题. 关于整数和 0-1 线性规划的求解方法, 可以参见 Nemhauser 和 Wolsey [253] 的工作. 枚举法在求解离散最优化时起到了重要的作用. 它们被广泛应用于线性和非线性 0-1 规划问题中. 在枚举法的范畴内, 还有 Lawler 和 Bell[186] 的部分搜索方法、Geoffrion[106] 的全部枚举法以及遵循词典中字母顺序的搜索法等.

问题 5.1

系统可靠度的几个冗余分配问题, 可用数学公式加以描述. 例如, 求最大的系统可靠度

$$\begin{aligned} \max \quad & R_{\mathrm{s}} = f(x_1, \cdots, x_n), \\ \text{s.t.} \quad & g_i(x_1, \cdots, x_n) \leqslant b_i, i = 1, \cdots, m, \\ & \ell_j \leqslant x_j \leqslant u_j, \quad j = 1, \cdots, n, \end{aligned}$$

其中 x_j 为整数.

问题 5.2

如果函数 f 和 $g_i(1 \leqslant i \leqslant m)$ 是可分离的, 则问题可转化为求最大的系统可靠度

$$\begin{aligned} \max \quad & R_s = \sum_{j=1}^{n} f_j(x_j), \\ \text{s.t.} \quad & \sum_{j=1}^{n} g_{ij}(x_j) \leqslant b_i, i = 1, \cdots, m, \\ & \ell_j \leqslant x_j \leqslant u_j, j = 1, \cdots, n, \end{aligned}$$

其中 x_j 为整数.

对于问题 5.2, 可以利用决策变量的界限将其转化成 0-1 线性规划 (ZOLP). 而 ZOLP 问题有很多种求解方法, 如 Gomory 割平面法、分支定界法等. 关于这一途径在可靠度最优化方面的有趣应用有不少, 如 Tillman[301], Hyun[143], 还有 Gen 等[104] 应用隐枚举法来求解可靠度最优化问题. Tillman 采用割平面法求解 ZOLP 型的可靠度问题, 它的约束是一些失效模式, 另外, Hyun(Gen) 运用 Geoffrion 隐枚举法也求解了这个问题.

关于用离散最优化方法来求解最优的冗余分配问题, 可以参见 Ghare 和 Taylor[107], Tillman 和 Littschwager[311], McLeavey[212,213], Banerjee 等[22], Misra[221,226], Luus[204], Hwang 等 [132], McLeavey 和 McLeavey[214], Mizukami[234], proschan 和 Bray[274], 还有 Nakagawa 等 [248] 的文献.

当函数 $f(x_1, x_2, \cdots, x_n)$ 对每个 x_j 都是非递减的, 并且对于所有的 i 和每个 x_j, $g_i(x)$ 是可分离的和非递减的, Misra[228] 提出了一种对问题 5.1 可得到一个精确最优解的搜索算法. 但这种方法并不能总是给出最优解. 例如, 考虑如下的最大化问题:

$$\begin{aligned} \max \quad & f(x) = (1 - 0.4^{x_1})(1 - 0.3^{x_2})(1 - 0.1^{x_3})(1 - 0.1^{x_4}), \\ \text{s.t.} \quad & g_1(x) = 10x_1 + 20x_2 + 5x_3 + 100x_4 \leqslant 181, \\ & g_2(x) = 10x_1 + 20x_2 + 100x_3 + 5x_4 \leqslant 181, \\ & (1,1,1,1) \leqslant (x_1, x_2, x_3, x_4) \leqslant (5,3,1,1), \end{aligned}$$

其中 x_j 为整数.

用 Misra 的搜索算法求解得到 (5,1,1,1), 相应的系统可靠度是 0.5612, 而实际的最优解应该是 (3,2,1,1), 此时对应的系统可靠度为 0.6899.

5.2 节介绍了 ZOLP 型的冗余分配问题. 5.3 节讨论了关于冗余分配问题的两种分支定界解法: 一种是用于解决 ZOLP 型, 另一种是用于解决更广泛的非线性整数规划问题. 5.4 节介绍了 Lawler 和 Bell 的部分枚举法, 最后, 5.5 节则是关于如何采用字母排序法来解决冗余分配问题.

5.2 0-1 线性规划形式

考虑问题 5.2. 问题 5.1 可以用 0-1 线性规划来表示. 令 $m_j = u_j - \ell_j(j = 1,\cdots,n)$, 对可行解 $\boldsymbol{x} = (x_1,\cdots,x_n)$ 定义

$$y_{jk} = \begin{cases} 1, & k = 1,\cdots,x_j - \ell_j, \\ 0, & k = x_j - \ell_j + 1,\cdots,m_j, \end{cases} \qquad j = 1,\cdots,n.$$

注意解 $\boldsymbol{x}$ 和向量 $\boldsymbol{y} = (y_{11},\cdots,y_{1m_1},y_{21},\cdots,y_{2m_2},\cdots,y_{n1},\cdots,y_{nm_n})$ 之间存在着一一对应的关系. 例如, 令 $(\ell_1,u_1) = (2,7)$, 则 $m_1 = 7-2 = 5$. 对于 $x_1 = 4$, 对应有 $y_{11},y_{12},\cdots,y_{15}$ 的值分别是 1,1,0,0,0. 同理,

对于 $x_1 = 2$, 对应有 $(y_{11},y_{12},\cdots,y_{15}) = (0,0,0,0,0)$;

对于 $x_1 = 7$, 对应有 $(y_{11},y_{12},\cdots,y_{15}) = (1,1,1,1,1)$.

现在可以写出问题 5.2 的目标函数为

$$\begin{aligned}\sum_{j=1}^{n} f_j(x_j) &= \sum_{j=1}^{n}\left\langle \sum_{k=1}^{x_j-\ell_j}[f_j(\ell_j+k) - f_j(\ell_j+k-1)]\right\rangle + \sum_{j=1}^{n} f_j(\ell_j) \\ &= \sum_{j=1}^{n}\sum_{k=1}^{m_j} f_{jk}y_{jk} + \sum_{j=1}^{n} f_j(\ell_j),\end{aligned}$$

其中

$$f_{jk} = f_j(\ell_j+k) - f_j(\ell_j+k-1).$$

同理, 对 $i = 1,\cdots,m$, 可以写出

$$\begin{aligned}\sum_{j=1}^{n} g_{ij}(x_j) &= \sum_{j=1}^{n}\left\langle \sum_{k=1}^{x_j-\ell_j}[g_{ij}(\ell_j+k) - g_{ij}(\ell_j+k-1)]\right\rangle + \sum_{j=1}^{n} g_{ij}(\ell_j) \\ &= \sum_{j=1}^{n}\sum_{k=1}^{m_j} g_{ijk}y_{jk} + \sum_{j=1}^{n} g_{ij}(\ell_j),\end{aligned}$$

其中 $g_{ijk} = g_{ij}(\ell_j+k) - g_{ij}(\ell_j+k-1)$.

问题 5.3

问题 5.2 等价于求下述规划问题的最大值:

$$\begin{aligned}\max \quad & R_{\mathrm{s}} = \sum_{j=1}^{n}\sum_{k=1}^{m_j} f_{jk}y_{jk} + \sum_{j=1}^{n} f_j(\ell_j), \\ \text{s.t.} \quad & \sum_{j=1}^{n}\sum_{k=1}^{m_j} g_{ijk}y_{jk} \leqslant b_i', i = 1,\cdots,m, \\ & y_{jk} - y_{j(k-1)} \leqslant 0, k = 2,\cdots,m_j, j = 1,\cdots,n, \\ & y_{jk} = 0\text{或}1, k = 1,\cdots,m_j, j = 1,\cdots,n,\end{aligned}$$

其中 $b'_i = b_i - \sum_{j=1}^{n} g_{ij}(\ell_j),\ i = 1, \cdots, m.$

注意问题 5.3 是一个 ZOLP 型, 可以用来求解的方法有 Gomory 割平面法、分支定界法等, 这些在文献中都可查到.

5.3 分支定界方法

分支定界方法在解决离散最优化问题方面是最有用的方法之一. Land 和 Doig 的文章 [185] 是对分支定界方法发展作出贡献的先驱论文之一.

从概念的角度来看, 这种方法首先要找出所有的可行解集合, 然后把集合分割成一些子集. 每个子集和一个结点相联系, 并且对每个子集, 要计算出目标函数值的上界 (如果目标是求最大值). 上界通常是在变量上附加有界的约束条件, 通过求解一个连续问题来导出. 有时上界也使用其他一些准则得到. 分支定界法计算的有效性依赖于边界的清晰度和在计算边界时的努力. 如果任何子集的上界小于或等于已知可行解的目标函数值, 那么在以后的分割中就不再考虑该子集. 这样一直做下去直到每个子集的上界都小于或等于已知的最优可行解的目标函数值. 图 5.1 给出了分支定界法的图形描述.

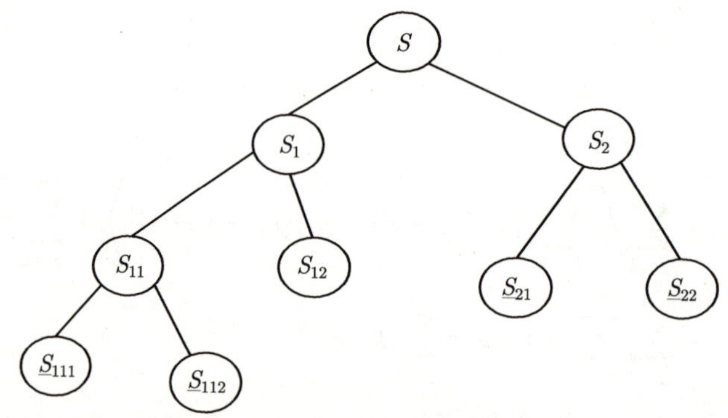

图 5.1 分支定界法的图形描述

通过图示可以清楚地看到, 开始所有可行解的集合 S 被分割成两个子集 S_1 和 S_2. 结点 S_1 再依次分割成两个子集 S_{11} 和 S_{12}, 类似地, 结点 S_2 被分割成两个子集 S_{21} 和 S_{22}. 当子集在后续的基于上界的分割中被删除时, 相应的结点被终止. 在图 5.1 的分支树中, 在终止的结点下画横线. 在分割中一个结点代表一个子集. 在子集被分割成两个或多个子集的过程中, 将遵循一套对可能的变量值分割或者其他的相应准则.

对于一般的可靠性系统, Nakagawa 等[248] 对离散最优化问题开发了一种很好的分支定界法. 在可靠性系统中关于冗余分配的分支定界法可以参见 Ghare 和 Tayor[107], McLeavre[212,213], Banerjee 等 [22], Misra[221,226] 以及 Nakagawa 和 Nakashima[247] 的文献. 在处理离散最优化问题时, 一些分支的方法对于分支定界法的应用是可行的. Gupta 和 Ravindran[118] 针对目标最小化的凸非线性整数规划问题, 描述了多种分支定界策略. 他们提出了两种分支定界的启发式方法, 然后针对 27 种分支策略在数值上计算并比较了优劣. 比较内容大致分为① 分支变量的选择方法; ② 分支结点的选择方法; ③ 启发式方法的使用. 当系统可靠度是元件可靠度的凹函数时, 通过冗余分配, 这些方法可求出系统可靠度的最大值.

5.3.1 串联系统的冗余分配

下面用分支定界法求解串联系统的冗余分配问题.

问题 5.4

通过冗余分配使系统可靠度达到最大, 即

$$\begin{aligned}\max \quad & \ln R_{\mathrm{s}}=\sum_{j=1}^{n}\ln\left[1-(1-r_j)^{x_j+1}\right],\\ \text{s.t.} \quad & \sum_{j=1}^{n}a_{ij}x_{ij}\leqslant b_i,\ i=1,\cdots,m,\\ & 0\leqslant x_j\leqslant u_j, j=1,\cdots,n,\end{aligned}$$

其中 x_j 为整数.

假定 a_{ij} 非负, 对于实际问题, 这个假定是有意义的. 令

$$\begin{aligned}& f_{jk}=\ln\left[1-(1-r_j)^{k+1}\right]-\ln\left[1-(1-r_j)^{k}\right], \quad k=1,\cdots,u_j,\\ & f_{j0}=\ln\left[1-(1-r_j)\right], \quad j=1,\cdots,n.\end{aligned}$$

对于所有的 (i, j), 令 $g_{ijk}=a_{ij}(k=1,\cdots,u_j)$, 注意 f_{jk} 随着 k 的增加而减小.

问题 5.5

5.2 节已经介绍过, 问题 5.4 等价于求下面的最大化问题:

$$\begin{aligned}\max \quad & \ln R_{\mathrm{s}}=\sum_{j=1}^{n}\sum_{k=1}^{u_j}f_{jk}y_{jk}+\sum_{j=1}^{n}f_{j0},\\ \text{s.t.} \quad & \sum_{j=1}^{n}\sum_{k=1}^{n}a_{ij}y_{jk}\leqslant b_i, i=1,\cdots,m,\\ & y_{jk}-y_{j(k-1)}\leqslant 0, k=2,\cdots,u_j, j=1,\cdots,n,\\ & y_{jk}=0\text{或}1, k=1,\cdots,u_j, j=1,\cdots,n.\end{aligned} \tag{5.1}$$

很容易证明, 问题 5.4 中的最优目标值就是问题 5.5 的最优目标值加 $\sum_{j=1}^{n}f_{j0}$.

上界的推导

对于给定的局部解, 目标函数 $\sum_{j=1}^{n}\sum_{k=1}^{u_j} f_{ij}y_{ij}$ 上界的推导过程如下:

令 $\gamma_{ijk}=\dfrac{f_{jk}}{a_{ij}}$, 对所有的 i,j 和 k 都成立, 并且 $\gamma_{ir}^{*}=\max\{\gamma_{ijk}:\gamma\leqslant j\leqslant n,1\leqslant k\leqslant u_j\}$. 考虑下列可行解的集合 S':

$$\begin{aligned}y_{jk}&=\overline{y}_{jk},\quad k=1,\cdots,u_j,j=1,\cdots,r-1,\\ y_{rk}&=\overline{y}_{rk},\quad k=1,\cdots,s(<u_r),\end{aligned}$$

其中 $\overline{y}_{jk}$ 和 $\overline{y}_{rk}$ 取值为 0 和 1. 于是对于任意解 $\boldsymbol{y}=(\overline{y}_{11},\cdots,\overline{y}_{rs},y_{r(s+1)},\cdots,y_{nu_n})$, 在集合 S' 中的目标值为

$$Z=\ln R_{\mathrm{s}}=g+\sum_{k=s+1}^{u_r} f_{rk}y_{rk}+\sum_{j=r+1}^{n}\sum_{k=1}^{u_j} f_{jk}y_{jk}, \tag{5.2}$$

其中

$$g=\sum_{j=1}^{r-1}\sum_{k=1}^{u_j} f_{rk}\overline{y}_{rk}+\sum_{k=1}^{s} f_{rk}\overline{y}_{rk}.$$

对于任意 $i(1\leqslant i\leqslant m)$, 式 (5.2) 可写成

$$\begin{aligned}\ln R_{\mathrm{s}}=&g+\sum_{k=s+1}^{u_r}\gamma_{irk}a_{ir}y_{rk}+\sum_{j=r+1}^{n}\sum_{k=1}^{u_j}\gamma_{ijk}a_{ij}y_{rk}+\sum_{j=1}^{n} f_{j0}\\ \leqslant&g+\gamma_{ir}^{*}\left(\sum_{k=s+1}^{u_r} a_{ir}y_{rk}+\sum_{j=r+1}^{n}\sum_{k=1}^{u_j} a_{ij}y_{rk}\right)\\ \leqslant&g+\gamma_{ir}^{*}\left(b_i-\sum_{j=1}^{r-1}\sum_{k=1}^{u_j} a_{ij}\overline{y}_{rk}-\sum_{k=1}^{s} a_{ir}\overline{y}_{rk}\right).\end{aligned}$$

因为 r_{ijk} 和 a_{ij} 都是非负的, 因此, 上面不等式成立, 并且解 y 是可行的. 于是有

$$\ln R_{\mathrm{s}}\leqslant\min_{1\leqslant i\leqslant m}(g+\gamma_{ir}^{*}h_i), \tag{5.3}$$

其中

$$h_i=b_i-\sum_{j=1}^{r-1}\sum_{k=1}^{u_j} a_{ij}\overline{y}_{jk}-\sum_{k=1}^{s} a_{ir}\overline{y}_{rk},\quad i=1,\cdots,m.$$

等式 (5.3) 对集合 S' 中的所有可行解提供了目标值的上界.

在问题 5.5 中应用分支定界法时, 以两个结点作为开始, 它们共同代表了所有的可行解, 通过分支来生成更多的结点. 每个结点都用变量的部分序列表示. 作为可行解集合 S' 的结点用序列 $(\overline{y}_{11},\cdots,\overline{y}_{rs})$ 表示, 其中, $y_{jk}=\overline{y}_{jk}(j=1,\cdots,r-1,k=1,\cdots,u_j)$, 并且对于 $k=1,\cdots,s$ 有 $y_{jk}=\overline{y}_{jk}$. 两个初始结点是 (1) 和 $(0,0,\cdots,0)_{1\times u_1}$. 当一个结点 $(\overline{y}_{11},\cdots,\overline{y}_{rs})$ 被生成, 相应的目标函数上界值, 就可以利用式 (5.3) 来计算. 把有最大上界的结点挑选出来进行分支. 如果结点 $(\overline{y}_{11},\cdots,\overline{y}_{rs})$ 被选为分支, 于是, 通过对变量 y_{rs} 取值 0 和 1 它会生成两个结点. 如果任何结点的上界小于或等于已知的目标值, 就忽视这个结点. 当结点只对应一个单独的可行解时, 可以直接计算出相应的目标值, 并更新已知的目标函数值 (如果必要). 如果一个新结点从满足 $s<u_r$ 的 $(\overline{y}_{11},\cdots,\overline{y}_{rs})$ 中生成时, 取 $y_{r(s+1)}=0$, 然后用结点 $(\overline{y}_{11},\cdots,\overline{y}_{rs},\overline{y}_{r(s+1)},\cdots,\overline{y}_{ru_r})$ 代替旧结点, 此时对于 $s+1\leqslant\ell\leqslant u_r$ 有 $\overline{y}_{r\ell}=0$, 这就保证了式 (5.1) 的有效性.

分支定界的算法

- 步骤 0: 取可行解 $\boldsymbol{y}^*=(y_{11},y_{12},\cdots,y_{nu_n})$, 计算它的目标值 Z^*. 令 $H=\varnothing$, 计算结点 (1) 和 $(0,0,\cdots,0)_{1\times u_1}$ 的上界, 如果上界超过 Z^*, 就把它添加到集合 H 中, 如果两个上界都超过, 那么 $H=\{(1),(0,0,\cdots,0)\}$. 转向步骤 1.

- 步骤 1: 如果 $H=\varnothing$, 或者 H 中任何结点的上界都不超过 Z^*, 转向步骤 4; 否则, 选择具有最大上界的结点 $\overline{\sigma}=(\overline{y}_{11},\cdots,\overline{y}_{jk})$. 依照 $(y_{11},y_{12},\cdots,y_{nu_n})$ 的顺序对变量 y_{jk} 取值 0 或 1, 从 $\overline{\sigma}$ 生成如下两个结点:

$$\sigma'=(\overline{y}_{11},\cdots,\overline{y}_{jk},1) \quad 和 \quad \sigma''=(\overline{y}_{11},\cdots,\overline{y}_{jk},0).$$

令 $H=H-\{\overline{\sigma}\}$, 如果 $j=n,k=u_n-1$, 也就是说, 如果 σ' 和 σ'' 没有一个对应单独的解, 则转向步骤 2. 如果 σ' 对应可行解的非空集, 并且它的上界超过 Z^*, 那么令 $H=H\cup\{\sigma'\}$. 考虑结点 $\widehat{\sigma}=(\overline{y}_{11},\cdots,\overline{y}_{jk},\overline{y}_{j(k+1)},\cdots,\overline{y}_{ju_j})$, 其中当 $k+1\leqslant\ell\leqslant u_j$ 时, $\overline{y}_{j\ell}=0$. 如果 $j=n$, 转向步骤 3; 否则, 计算 $\widehat{\sigma}$ 的上界. 如果上界大于 Z^*, 令 $H=H\cup\{\widehat{\sigma}\}$, 回到步骤 1.

- 步骤 2: 如果解 $\sigma'=(\overline{y}_{11},\cdots,\overline{y}_{n(u_n-1)},1)$ 是可行的, 计算 σ' 的目标值 Z, 如果它大于 Z^*, 令 $y^*=\sigma',Z^*=Z$. 对 σ'' 重复这样的计算, 再转回步骤 1.

- 步骤 3: 计算解 $\widehat{\sigma}$ 的目标值 Z. 如果 $Z^*<Z$, 令 $Z^*=Z,\boldsymbol{y}^*=\widehat{\sigma}'$. 回到步骤 1.

- 步骤 4: 最优的决策变量和最优值分别是 $\boldsymbol{y}^*$ 和 Z^*, 算法结束.

例 5-1 求下列规划问题的最大值:

$$\begin{aligned}\max\quad & \ln R_{\mathrm{s}}=\sum_{j=1}^{3}\ln\left[1-(1-r_j)^{x_j+1}\right],\\ \text{s.t.}\quad & 5x_1+4x_2+9x_3\leqslant 34,\end{aligned}$$

$$7x_1 + 7x_2 + 8x_3 \leqslant 37,$$
$$0 \leqslant x_j \leqslant 3, \quad j = 1, 2, 3,$$

其中 x_j 是一个整数, 并且 $(r_1, r_2, r_3) = (0.65, 0.95, 0.75)$.

这个问题等价于 ZOLP 问题的最大化, 于是有

$$\max \quad Z = \sum_{j=1}^{3}\sum_{k=1}^{3} f_{jk} y_{jk},$$
$$\text{s.t.} \quad 5\sum_{k=1}^{3} y_{1k} + 4\sum_{k=1}^{3} y_{2k} + 9\sum_{k=1}^{3} y_{3k} \leqslant 34,$$
$$7\sum_{k=1}^{3} y_{1k} + 7\sum_{k=1}^{3} y_{2k} + 8\sum_{k=1}^{3} y_{3k} \leqslant 37.$$

当 $k = 2$ 和 $j = 1, 2, 3$ 时, $y_{jk} - y_{j(k-1)} \leqslant 0$; 而当 $j = 1, 2, 3$ 和 $k = 1, 2, 3$ 时 $y_{jk} = 0$ 或 1. y_{jk} 的具体取值如下表所示:

j	k		
	1	2	3
1	0.3001	0.0869	0.0287
2	0.0953	0.0090	0.0009
3	0.2231	0.0488	0.0118

注意在上述 ZOLP 问题中, 如果 Z 是可行解 $\boldsymbol{y}$ 的目标值, 那么 $\exp\left(Z + \sum_{j=1}^{3} f_{j0}\right)$ 就是原始问题对于解 $\boldsymbol{x}$ 的目标值.

γ_{ir}^* 的值如下:

i	r		
	1	2	3
1	0.060	0.025	0.025
2	0.043	0.028	0.028

最终可行解是 $\boldsymbol{y}^* = (1, 0, 0, 1, 0, 0, 1, 0, 0)$. 对应于 $\sum_{j=1}^{3}\sum_{k=1}^{3} f_{jk} y_{jk}$ 的值是 0.6185, $\sum f_{j0} = -0.8238$. 在表 5.1 中, 列出了分支定界法里所有的结点以及上界. 如果结点 A 由结点 B 生成, 则把 B 叫做 A 的父结点. 对于每个结点 (前两个除外), 父结点也列在了表 5.1 中. 最优解是 $\boldsymbol{y}^* = (1, 1, 0, 1, 0, 0, 1, 1, 0)$ 相应的最优目标值是 $Z^* = 0.7542$, 原始问题的解是 $\boldsymbol{x}^* = (2, 1, 2)$, 相应的系统可靠度是 0.9328.

表 5.1 对例 5-1 应用分支定界法所产生的结点

结点	结点	父结点	上界	剩余资源
1	(1)		1.59	29, 30
2	(0)		1.59	34, 37
3	(1, 1)	1	1.37	24, 23
4	(1, 0, 0)	1	1.59	29, 30
5	(0, 0, 0, 1)	2	0.84	30, 30
6	(0, 0, 0, 0, 0, 0)	2	0.84	34, 37
7	(1, 0, 0, 1)	4	1.02	25, 23
8	(1, 0, 0, 0, 0, 0)	4	1.02	29, 30
9	(1, 1, 1)	3	1.10	19, 16
10	(1, 1, 0)	3	1.37	24, 23
11	(1, 1, 0, 1)	10	0.93	20, 16
12	(1, 1, 0, 0, 0, 0)	10	0.98	24, 23
13	(1, 1, 1, 1)	9	0.76	15, 9
14	(1, 1, 1, 0, 0, 0)	9	0.86	19, 16
15	(1, 0, 0, 0, 0, 0, 1)	8	1.02	20, 22
16	(1, 0, 0, 0, 0, 0, 1, 1)	15	0.85	11, 14
17	(1, 0, 0, 1, 1)	7	0.85	21, 26
18	(1, 0, 0, 1, 0, 0)	7	1.02	25, 23
19	(1, 0, 0, 1, 0, 0, 1)	18	1.02	16, 15
20	(1, 0, 0, 1, 0, 0, 1, 1)	19	0.84	7, 7
21	(1, 1, 0, 0, 0, , 0, 1)	12	0.98	15, 15
22	(1, 1, 0, 0, 0, 0, 1, 1)	21	0.81	6, 7
23	(1, 1, 0, 1, 1)	11	0.74	16, 9
24	(1, 1, 0, 1, 0, 0)	11	0.93	20, 16
25	(1, 1, 0, 1, 0, 0, 1,)	24	0.93	11, 8
26	(1, 1, 0, 1, 0, 0, 1, 1)	25	0.75	2, 0
27	(1, 1, 1, 0, 0, 0, 1)	14	0.86	10, 8
28	(1, 0, 0, 1, 1, 0)	17	0.85	21, 16
29	(1, 0, 0, 1, 1, 0, 1)	28	0.85	12, 8
30	(0, 0, 0, 0, 0, 0, 1)	6	0.84	25, 29
31	(0, 0, 0, 1, 1)	5	0.75	26, 23
32	(0, 0, 0, 1, 0, 0)	5	0.84	30, 30
33	(0, 0, 0, 1, 0, 0, 1)	32	0.84	21, 22
34	(1, 1, 1, 1, 0, 0)	13	0.76	15, 9
35	(1, 1, 1, 1, 0, 0, 1)	34	0.76	6, 1

5.3.2 复杂系统的冗余分配

Nakagawa 等[248] 发展了一种分支定界法 (NNH) 来求解可靠度最优化中的非线性整数规划问题. 这种方法适用于约束是单调函数, 决策变量取整数的单调目标函数最大化和最小化问题. Nakagawa 等[248] 的分支定界法将在下面进行描述, 我们对最大化问题作了小小的修正. 就像本节结尾所解释的那样, 最小化问题可以很容易转化为最大化问题.

问题 5.6

考虑一般的最大化问题

$$\begin{aligned} \max \quad & R_{\mathrm{s}} = f(x_1, \cdots, x_n), \\ \text{s.t.} \quad & g_i(x_1, \cdots, x_n) \leqslant b_i, i = 1, \cdots, m, \\ & \ell_j \leqslant x_j \leqslant u_j, j = 1, \cdots, n, \end{aligned}$$

其中 x_j 是一个整数, 函数 f 和 $g_i(1 \leqslant i \leqslant s)$ 对每个 x_j 都是非减函数, 而函数 $g_i(s+1 \leqslant i \leqslant m)$ 对每个 x_j 都是非增的函数.

变量边界的缩小

利用 g_i 的单调性, 变量的界限可以按照以下步骤缩小, 先对 $j = 1, \cdots, n$ 找出

$$\bar{x_j} = \max\{x_j : x_j \leqslant u_j \text{和} g_i(\ell_1, \cdots, \ell_{j-1}, x_j, \ell_{j+1}, \cdots, \ell_n) \leqslant b_i, 1 \leqslant i \leqslant s\}. \tag{5.4}$$

接下来再对 $j = 1, \cdots, n$ 找出

$$\underline{x}_j = \min\{x_j : x_j \geqslant \ell_j \text{和} g_i(\bar{x}_1, \cdots, \bar{x}_{j-1}, x_j, \bar{x}_{j+1}, \cdots, \bar{x}_n) \leqslant b_i, s+1 \leqslant i \leqslant m\}. \tag{5.5}$$

注意对 $j = 1, \cdots, n$ 有 $\ell_j \leqslant x_j$ 和 $\bar{x}_j \leqslant u_j$, 而任意可行解 $(x_1, \cdots, x_n)$ 有 $\underline{x}_j \leqslant x_j \leqslant \bar{x}_j$.

问题 5.7

将问题 5.6 改写成下列最大化问题:

$$\max \quad R_{\mathrm{s}} = f(x_1, \cdots, x_n),$$

$$\text{s.t.} \quad g_i(x_1, \cdots, x_n) \leqslant b_i, i = 1, \cdots, m, \tag{5.6}$$

$$\underline{x}_j \leqslant x_j \leqslant \overline{x}_j, j = 1, \cdots, n, \tag{5.7}$$

其中 x_j 是一个整数.

变量的边界能用可行解和目标函数的适度上界进一步缩小, 如假定 $\boldsymbol{x}=(x_1, \cdots, x_n)$ 是一个已知的可行解, $f^* = f(\boldsymbol{x})$ 是相应的目标函数值. 令 $W_j(\beta)$ 是上界,

$$\max\{f(\boldsymbol{x}) : \boldsymbol{x} \text{ 满足等式 (5.6) 和 (5.7)}, x_j = \beta\}.$$

对 $j=1,\cdots,n$, 令

$$\overline{x}_j^c=\max\{\beta:\underline{x}_j\leqslant\beta\leqslant\overline{x}_j\text{且}W_j(\beta)>f^*\},\tag{5.8}$$

$$\underline{x}_j^c=\min\{\beta:\underline{x}_j\leqslant\beta\leqslant\overline{x}_j\text{且}W_j(\beta)>f^*\}.\tag{5.9}$$

对于任意可行解 x_j, 如果小于 $\underline{x}_j^c$ 或者大于 $\overline{x}_j^c$, 目标值就不可能大于 f^*. 因此, 问题 5.7 等价于下列最大化问题:

$$\begin{aligned}\max\quad & R_{\rm s}=f(x_1,\cdots,x_n),\\ \text{s.t.}\quad & g_i(x_1,\cdots,x_n)\leqslant b_i, i=1,\cdots,m,\\ & \underline{x}_j^c\leqslant x_j\leqslant\overline{x}_j^c, j=1,\cdots,n,\end{aligned}$$

其中 x_j 是一个整数.

如下面所述, 有多种方法可以求得上界 $W_j(\beta)$. 然而, 不得不在边界的精确度和计算量方面有所取舍. 在 Nakagawa 等 [248] 的分支定界法中, 为了顺利进行分支, 变量的选择是随着范围 $\overline{x}_j^c-\underline{x}_j^c$ 而顺序增加的, 这种顺序增加将有助于减少计算量.

目标函数的上界

Nakagawa 和 Nakashima[247] 提出了一种方法来计算并运用子问题优化目标的上界.

问题 5.8

求下列最大化问题:

$$\begin{aligned}\max\quad & R(\alpha_1,\cdots,\alpha_{k-1})=f(\alpha_1,\cdots,\alpha_{k-1},x_{\rm k},\cdots,x_n),\\ \text{s.t.}\quad & g_i(\alpha_1,\cdots,\alpha_{k-1},x_k,\cdots,x_n)\leqslant b_i, i=1,\cdots,m,\\ & \underline{x}_j^c\leqslant x_j\leqslant\overline{x}_j^c, j=k,\cdots,n,\end{aligned}$$

其中 x_j 是一个整数, 而 $\alpha_1,\cdots,\alpha_{k-1}$ 分别为 $x_1,\cdots,x_{k-1}$ 某一固定的整数值.

通过松弛变量 (变量没有整数的限制), 可以求出问题 5.8 中目标函数值的上界. 有许多种方法可以求出这个上界. 例如, 可以使用

(1) $f(\alpha_1,\cdots,\alpha_{k-1},\overline{x}_k^c,\cdots,\overline{x}_n^c)$;

(2) $\min\limits_{1\leqslant i\leqslant m}\max\{f(\alpha_1,\cdots\alpha_{\rm k-1},x_k,\cdots,x_n):g_i(\alpha_1,\cdots\alpha_{\rm k-1},x_k,\cdots,x_n)\leqslant b_i, x_j$ 是实数$\}$.

当函数 f 和 $g_i(1\leqslant i\leqslant m)$ 是可以分离时, 通过求解下面的线性规划就可以得到上界:

$$\begin{aligned}\max\quad & R_{\rm s}=\sum_{j=k}^{n}\sum_{t=0}^{\Delta_j}y_{jt}f_{\rm j}\underline{x}_j^c+t+\sum_{j=1}^{k-1}f_j(\alpha_j),\\ \text{s.t.}\quad & \sum_{j=k}^{n}\sum_{t=0}^{\Delta_j}y_{jt}g_{ij}(\underline{x}_j^c+t)\leqslant b_i-\sum_{j=1}^{k-1}g_{ij}(\alpha_j),\end{aligned}$$

$$\sum_{t=0}^{\Delta_j} y_{jt} = 1, j = k, \cdots, n, y_{jt} \geqslant 0,$$

其中 $\Delta_j = \overline{x}_j^c - \underline{x}_j^c$. 同理, 可以求得问题 5.7 的上界 $W_j(\beta)$.

子问题的变量边界缩小

对问题 5.8 的子问题, 第一个变量 x_k 的界限, 可以按照下列步骤缩小: 对 $\beta = \underline{x}_k^c, \cdots, \overline{x}_k^c$ 获得问题 5.8 当 x_k 固定在 β 时目标函数值的一个上界 $W_k'(\alpha_1, \cdots, \alpha_{k-1}, \beta)$. 现在计算变量 x_k 的边界,

$$\begin{aligned} \overline{x}_k' = &\max\{\beta : \underline{x}_k^c \leqslant \beta \leqslant \overline{x}_k^c, g_i(\alpha_1, \cdots, \alpha_{k-1}, \beta, \underline{x}_{k+1}^c \cdots, \underline{x}_n^c) \leqslant b_i, 1 \leqslant i \leqslant s \\ &\text{且} W_k'(\alpha_1, \cdots, \alpha_{k-1}, \beta) > f^*\}, \end{aligned} \tag{5.10}$$

$$\begin{aligned} \underline{x}_k' = &\min\{\beta : \underline{x}_k^c \leqslant \beta \leqslant \overline{x}_k^c,\ g_i(\alpha_1, \cdots, \alpha_{k-1}, \beta, \bar{x}_{k+1}^c, \cdots, \bar{x}_n^c) \leqslant b_i\ s+1 \leqslant i \leqslant n, \\ &\text{且} W_k'(\alpha_1, \cdots, \alpha_{k-1}, \beta) > f^*\}. \end{aligned} \tag{5.11}$$

可以看到问题 5.8 中最优解 x_k 的取值在 $\underline{x}_k'$ 和 $\overline{x}_k'$ 之间. Nakagawa 等[248] 的分支定界方法中运用了这些界限.

NNH 算法

- 步骤 1: 选择一种适当的方法来确定上界 $W(\beta)$ 和 $W_k'(\alpha_1, \cdots, \alpha_{k-1}, \beta)$. 找一个初始可行解 $\boldsymbol{x}^0$, 令 $\boldsymbol{x}^* = \boldsymbol{x}^0$, 计算 $f^* = f(\boldsymbol{x}^*)$.
- 步骤 2: 首先, 对 $j = 1, \cdots, n$, 利用式 (5.4) 计算 $\overline{x}_j$, 然后对 $j = 1, \cdots, n$, 利用式 (5.5) 计算 $\underline{x}_j$. 接下来, 对 $j = 1, \cdots, n$, 利用式 (5.8) 和 (5.9) 计算 $\overline{x}_j^c$ 和 $\underline{x}_j^c$.
- 步骤 3: 将变量按照 $\overline{x}_j^c - \underline{x}_j^c$ 递增的顺序重新排列, 利用式 (5.10) 和 (5.11) 可得到 $\overline{x}_1'$ 和 $\underline{x}_1'$, 然后令 $x_1 = \overline{x}_1'$, $k = 1$.
- 步骤 4: 令 $k = k + 1$, 如果 $k = n$, 转向步骤 6.
- 步骤 5: 利用式 (5.10) 和 (5.11) 来计算 $\underline{x}_k'$ 和 $\overline{x}_k'$, 有 $(\alpha_1, \cdots, \alpha_{k-1}) = (x_1, \cdots, x_{k-1})$. 如果它们存在, 转向步骤 4; 如果它们不存在, 转向步骤 8.
- 步骤 6: 利用式 (5.10) 计算 $\overline{x}_n'$. 如果它不存在, 转向步骤 8; 否则, 令 $x_n = \overline{x}_n'$.
- 步骤 7: 如果 $f(x_1, \cdots, x_n) > f^*$, 则把 x^* 更新为 $(x_1, \cdots, x_n)$, 令 $f^* = f(x_1, \cdots, x_n)$.
- 步骤 8: 求 $\widehat{k} = \max\{r : x_r > \underline{x}_r', 1 \leqslant r \leqslant k-1\}$. 如果 $\widehat{k}$ 存在, 令 $x_{\widehat{k}} = x_{\widehat{k}} - 1, k = \widehat{k}$, 转向步骤 4; 如果 $\widehat{k}$ 不存在, 则恢复变量的原编号, 得到对应于 x^* 的最优解, 算法停止.

如果函数 f 和 $g_i(1 \leqslant i \leqslant m)$ 具有下列形式:

$$f(x_1, \cdots, x_n) = \prod_{j=1}^{n} f_j(x_j),$$

$$g_i(x_1\cdots,x_n)=\sum_{j=1}^{n}g_{ij}(x_j),$$

那么可以利用递推关系式

$$\begin{aligned}f^{k+1}&=f^k\left[f_{k+1}(x_{k+1})\right],\\ g_i^{k+1}&=g_i^k+g_{i,k+1}(x_k+1),\quad 1\leqslant i\leqslant m\end{aligned}$$

来减少计算量. 对 $1\leqslant i\leqslant m$, f_i^0 和 g_i^0 的值可分别取 1 和 0.

如果问题 5.1 的目标是最小化 $f(x)$, 则可通过取值 $\boldsymbol{y}=\boldsymbol{u}-\boldsymbol{x}$, 其中 $\boldsymbol{u}=(u_1,\cdots,u_n)$. 将问题 5.1 转化为最大化问题 $-f(\boldsymbol{u}-\boldsymbol{y})$, 这里的约束为 $g_i(\boldsymbol{u}-\boldsymbol{y})\leqslant b_i(1\leqslant i\leqslant m), y_j$ 取整数. 这样问题就可以采用 Nakagawa 和 Nakashima[247] 的分支定界法直接求解.

5.4 部分枚举法

Lawler 和 Bell[186] 发展了部分枚举法来求解如下形式的 0-1 优化最小值问题:

$$\begin{aligned}\min\quad & z=f(y_1,\cdots,y_n),\\ \text{s.t.}\quad & g_{i1}(y_1,\cdots,y_n)-g_{i2}(y_1,\cdots,y_n)\geqslant 0, i=1,\cdots,m,\\ & y_j=0\text{或}1,\quad j=1,\cdots,n,\end{aligned}$$

其中函数 f, g_{i1} 和 g_{i2} 对每个变量都单调非减. 定义

$$d(\boldsymbol{y})=y_1(2^{n-1})+y_2(2^{n-2})+\cdots+y_{n-1}(2^1)+y_n(2^0).$$

显然有 $d(0,0,\cdots,0)=0, d(1,1,\cdots,1)=2^n-1$, 并且在 n 个元素的 0-1 向量和整数 $0,1,2,3,\cdots,2^n-1$ 之间存在一一对应关系. 把 n 个元素的所有 2^n 个 0-1 向量按 $d(y)$ 递增的顺序排列, 记顺序为 H. Lawler 和 Bell 的方法按照顺序 H 执行部分搜索.

令 $\boldsymbol{a}=(a_1,\cdots,a_n)$ 和 $\boldsymbol{b}=(b_1,\cdots,b_n)$ 是顺序 H 中的两个不同向量. 如果对所有的 $j=1,\cdots,n$ 都有 $a_j\geqslant b_j$, 那么就说 $\boldsymbol{a}$ 比 $\boldsymbol{b}$ 大 (记作 $\boldsymbol{a}\geqslant\boldsymbol{b}$). 令 $\boldsymbol{y}$ 是任意的 0-1 向量, $\boldsymbol{y}^*$ 是顺序 H 中在 $\boldsymbol{y}$ 后面的 0-1 向量, 则

(1) 顺序 H 中位于 $\boldsymbol{y}$ 和 $\boldsymbol{y}^*$ 之间的所有 0-1 向量都比 $\boldsymbol{y}$ 大;

(2) $\boldsymbol{y}^*$ 不比 $\boldsymbol{y}$ 大.

例如, 令 $n=5$, 考虑向量 $\boldsymbol{y}=(1,0,1,0,0)$. 注意向量的偏序

$$\begin{aligned}&(1,0,1,0,0),\\ &(1,0,1,0,1),\end{aligned}$$

$$(1,0,1,1,0),$$
$$(1,0,1,1,1),$$
$$(1,1,0,0,0)$$

是 H 的一部分. 上面的第 2~4 个向量都比 $\boldsymbol{y}$ 大, 第 5 个向量 (1,1,0,0,0) 却不比 $\boldsymbol{y}$ 大. 在这种情况下,$\boldsymbol{y}^* = (1,1,0,0,0)$. 对于任何向量 $\boldsymbol{y}$, 令 $\boldsymbol{y}_+$ 表示顺序 H 中紧随 $\boldsymbol{y}$ 之后的向量, $\boldsymbol{y}_-$ 表示顺序 H 中位于 $\boldsymbol{y}$ 之前的向量. 下面的算法详细说明了 Lawler 和 Bell 方法.

Lawler 和 Bell 算法

- 步骤 0: 令 $\boldsymbol{y}^0 = (0,\cdots,0)_{1\times n}, f^0 = \infty$ 及 $\boldsymbol{y} = (0,\cdots,0,1)_{1\times n}$.
- 步骤 1: 找到对应于 $\boldsymbol{y}$ 的 $\boldsymbol{y}^*$. 如果 $\boldsymbol{y}^*$ 不存在, 转向步骤 4; 如果 $f(\boldsymbol{y}) \leqslant f^0$, 转向步骤 2; 否则, 令 $\boldsymbol{y} = \boldsymbol{y}^*$, 重复步骤 1.
- 步骤 2: 如果对某个 $i(1 \leqslant i \leqslant m)$ 有 $g_{i1}(\boldsymbol{y}_-^*) - g_{i2}(\boldsymbol{y}) < 0$, 则令 $\boldsymbol{y} = \boldsymbol{y}^*$, 转回步骤 1; 否则, 转向步骤 3.
- 步骤 3: 如果对 $i = 1,\cdots,m$ 有 $g_{i1}(\boldsymbol{y}) - g_{i2}(\boldsymbol{y}) \geqslant 0$, 则令 $f^0 = f(\boldsymbol{y}), \boldsymbol{y}^0 = \boldsymbol{y}$. 如果 $\boldsymbol{y}_+$ 不存在, 则转向步骤 4; 否则, 令 $\boldsymbol{y} = \boldsymbol{y}_+$, 回到步骤 1.
- 步骤 4: 终止. 如果 $\boldsymbol{y}^0 = (0,\cdots,0)$ 不是可行解, 那么这个问题就没有可行解 (假定没有可行解时 $f(\boldsymbol{y}) = \infty$) 否则, 取 $\boldsymbol{y}^0$ 为最优解, $f(\boldsymbol{y}^0)$ 是最优的目标函数值.

按照 Lawler 和 Bell 的方法可以将大多数可靠性最优化问题公式化. 然而, 这样的公式表示有时需要直觉和创造性思维. 为了用 Lawler 和 Bell 的方法求解例 5-1, 把问题公式化如下.

因为 x_j 在集合 $\{0,1,2,3\}$ 中取值, 所以它可以用下式表示:

$$x_j = (1 - y_{j1}) + 2(1 - y_{j2}), \quad j = 1,2,3, \tag{5.12}^*$$

其中对 $j = 1,2,3$ 和 $k = 1,2$ 有 $y_{jk} = 0$ 或 1. 在 x_j 的值和 y_{j1}, y_{j2} 的值之间存在着一一对应关系. 现在定义

$$-\ln R_{\rm s} = f(y_{ij}) = -\sum_{j=1}^{3} \ln\left[1 - (1 - r_j)^{1+(1-y_{j1})+2(1-y_{j2})}\right].$$

利用式 (5.12), 很容易证明例 5-1 的问题等价于下列最小化问题:

$$\begin{aligned}
\min\quad & -\ln R_{\rm s} = f(y_{11}, y_{12}, y_{21}, y_{22}, y_{31}, y_{32}),\\
\text{s.t.}\quad & 5y_{11} + 10y_{12} + 4y_{21} + 8y_{22} + 9y_{31} + 18y_{32} - 20 \geqslant 0,\\
& 7y_{11} + 14y_{12} + 7y_{21} + 14y_{22} + 8y_{31} + 16y_{32} - 29 \geqslant 0 \text{ 且对于} j = 1,2,3\\
& \text{和} k = 1,2 \text{有} y_{jk} = 0 \text{或} 1.
\end{aligned}$$

* 原书为 $x_j = (1 - z_{j1}) + 2(1 - z_{j2}), j = 1,2,3$—— 译者注.

可以利用 Lawler 和 Bell 的方法直接求解这个问题. Misra[221,226] 采用这种方法来求解系统可靠度的冗余分配问题. 尽管这种方法可以解决离散最优化的大部分问题, 但是复杂的计算还是使它的应用具有一定的局限性.

5.5 字母顺序法

为了求解更广泛的离散可靠度最优化问题, Prasa 和 Kuo[270] 发展了一种基于字母顺序搜索和目标值界限的隐枚举法. 在所有现实的可靠度最优化问题中决策变量都是有界的. 字母顺序方法对所有满足字母顺序边界的解 (可行的和不可行的) 进行搜索. 它还利用目标函数和约束的一个上界来减小最优解的搜索范围.

问题 5.9

一般涉及冗余最优和元件选择的系统可靠度优化问题都可形式化如下:

$$
\begin{aligned}
\max \quad & R_{\mathrm{s}} - f(x_1, \cdots, x_n), \\
\text{s.t.} \quad & \sum_{j=1}^{n} g_{ij}(x_j) \leqslant b_i, i = 1, \cdots, m, \\
& \ell_j \leqslant x_j \leqslant u_j, j = 1, \cdots, n,
\end{aligned}
$$

其中 x_j 是一个整数.

字母顺序法

令 $\boldsymbol{x} = (x_1, x_2, \cdots, x_n)$ 和 $\boldsymbol{y} = (y_1, y_2, \cdots, y_n)$ 是 $\mathbf{R}^n$ 中的两个向量. 如果 $x_1 < y_1$ 或对 $j = 1, \cdots, k$ 有 $x_j = y_j$, 并且对某个 $k \geqslant 1$ 有 $x_{k+1} < y_{k+1}$, 就说向量 $\boldsymbol{x}$ 按字母顺序小于向量 $\boldsymbol{y}$. 当 $\boldsymbol{x}$ 按字母顺序小于 $\boldsymbol{y}$ 时, 记作 $\boldsymbol{x} \overset{\mathrm{L}}{<} \boldsymbol{y}$, 如果在 $\mathbf{R}^n$ 中 $\boldsymbol{x}$ 和 $\boldsymbol{y}$ 不等, 那么其中的一个必然按字母顺序比另一个小.

字母顺序具有传递性, 也就是说, 若 $\boldsymbol{x} \overset{\mathrm{L}}{<} \boldsymbol{y}$, $\boldsymbol{y} \overset{\mathrm{L}}{<} \boldsymbol{z}$, 则 $\boldsymbol{x} \overset{\mathrm{L}}{<} \boldsymbol{z}$. 如果 m 个向量 $\boldsymbol{x}^{(1)}, \boldsymbol{x}^{(2)}, \cdots, \boldsymbol{x}^{(m)}$ 满足 $\boldsymbol{x}^{(1)} \overset{\mathrm{L}}{<} \boldsymbol{x}^{(2)} \overset{\mathrm{L}}{<} \cdots \overset{\mathrm{L}}{<} \boldsymbol{x}^{(m)}$, 那么序 $\boldsymbol{x}^{(1)}, \boldsymbol{x}^{(2)}, \cdots, \boldsymbol{x}^{(m)}$ 称为字母顺序. 令 $S = \{(x_1, x_2, \cdots, x_n) : \ell_j \leqslant x_j \leqslant u_j, 1 \leqslant j \leqslant n \text{ 是整数 }\}$.

对集合 S 中的所有向量按照字母顺序进行搜索可以得到问题 5.9 的最优解.

上界

对 $j = 1, \cdots, n$, 定义一个增量向量

$$
\begin{bmatrix} \Delta_{1j}(d) \\ \Delta_{2j}(d) \\ \vdots \\ \Delta_{mj}(d) \end{bmatrix} = \begin{bmatrix} g_{1j}(d) - g_{1j}(\ell_j) \\ g_{2j}(d) - g_{2j}(\ell_j) \\ \vdots \\ g_{mj}(d) - g_{mj}(\ell_j) \end{bmatrix}, \quad \ell_j < d < u_j.
$$

注意对 $\ell_j < d < u_j$, 因为 x_j 从 ℓ_j 增加到 d, 所以 $[\Delta_{1j}(d), \Delta_{2j}(d), \cdots, \Delta_{mj}(d)]^{\mathrm{T}}$ 是系统资源消耗的增量. 当 $i = 1, \cdots, m$ 时, 若 $g_{ij}(x)$ 对任意固定的 j 是线性函数, 即 $g_{ij}(x) = a_{ij}x$, 则有

$$\begin{bmatrix} \Delta_{1j}(d) \\ \Delta_{2j}(d) \\ \vdots \\ \Delta_{mj}(d) \end{bmatrix} = (d - \ell_j) \begin{bmatrix} a_{1j} \\ a_{2j} \\ \vdots \\ a_{mj} \end{bmatrix}.$$

考虑一个可行解 $\boldsymbol{d} = (d_1, \cdots, d_k, \ell_{k+1}, \cdots, \ell_n)$, 在所有可行解 $(d_1, \cdots, d_k, x_{k+1}, \cdots, x_n)$ 上, 现在来导出 $f(d_1, \cdots, d_k, x_{k+1}, \cdots, x_n)$ 最大值的上界. 解 $\boldsymbol{d}$ 的松弛变量为

$$s_i = b_i - \sum_{j=1}^{k} \Delta_{ij}(d_j) - \sum_{j=k+1}^{n} \Delta_{ij}(\ell_j) = b_i' - \sum_{j=1}^{k} \Delta_{ij}(d_j),$$

其中对 $i = 1, \cdots, m$, 有 $b_i' = b_i - \sum_{j=1}^{n} \Delta_{ij}(\ell_j)$. 由于 $\boldsymbol{d}$ 是可行解, 因此, 对 $i = 1, \cdots, m$ 有 $s_i \geqslant 0$. 对每个 $j, k+1 \leqslant j \leqslant n$, 在集合 $\{\ell_j, \cdots, u_j\}$ 中找出最大的 x_j, 并记为 x_j', 于是有

$$\begin{bmatrix} \Delta_{1j}(x_j') \\ \Delta_{2j}(x_j') \\ \vdots \\ \Delta_{mj}(x_j') \end{bmatrix} \leqslant \begin{bmatrix} s_1 \\ s_2 \\ \vdots \\ s_m \end{bmatrix}.$$

因为对于每个 x_j 系统可靠度 $f(x_1, \cdots, x_n)$ 都是非减的, 当 $x_j = d_j (j = 1, 2, \cdots, k)$ 时, $f(d_1, \cdots, d_k, x_{k+1}', \cdots, x_n')$ 对所有的可行解来说就是目标值的上界. 对任一个特定的 j, 如果 g_{ij} 是线性, 即 $g_{ij}(x) = a_{ij}x (1 \leqslant i \leqslant m)$, 则

$$x_j' = \min\left\{u_j, \ell_j + \min\left\{\left\lfloor \frac{s_i}{a_{ij}} \right\rfloor : 1 \leqslant i \leqslant m_{ij} \geqslant 0\right\}\right\}.$$

下面介绍按照字母顺序搜索一个最优解并用上界来缩减解的搜索空间的算法. 当计算出一个上界时, 把它和现有的最优可行解进行比较. 如果上界 $f(d_1, \cdots, d_k, x_{k+1}', \cdots, x_n')$ 小于或等于某个可行解 $\boldsymbol{y}$ 的目标值 $f(\boldsymbol{y})$, 那么在搜索中得到的所有解 $x_j = d_j (j = 1, 2, \cdots, k)$ 就被删除掉. 为了进一步减少计算量, 要选择一个比较好的可行解作为初始解. 2.3 节所介绍的方法能给出一个好的可行解. 从 $\boldsymbol{x} = (\ell_1, \cdots, \ell_n)$ 开始, 通过逐次对每个变量增加 1, 直到对所有变量来说不能再增加, 这个解即是好的解. 实际上, 文献中许多启发式方法就是如此来确定初始解.

Prasad-Kuo 的算法

- 步骤 0：根据 Proschan 和 Bray[247] 提出简单步骤获得一个可行解 $\boldsymbol{x}^*$. 令 $f^*=f(\boldsymbol{x}^*)$ 和 $(x_1,\cdots,x_{n-1})=(\ell_1,\cdots,\ell_{n-1})$, 转向步骤 4.
- 步骤 1：令 $k=n-1$.
- 步骤 2：如果有 $x_k=u_k$, 就转向步骤 3; 否则, 令 $x_k=x_k+1, x_j=\ell_j, j=k+1,\cdots,n-1$(若 $k=n-1$, 则令 $x_{n-1}=x_{n-1}+1$). 如果解 $(x_1,\cdots,x_k,\ell_{k+1},\cdots,\ell_n)$ 是不可行的, 就转向步骤 3; 如果解是可行的, 但是上界 $f(x_1,\cdots,x_k,x'_{k+1},\cdots,x'_n)$ 小于或等于 f^*, 就重复步骤 2; 如果解是可行的且上界 $f(x_1,\cdots,x_k,x'_{k+1},\cdots,x'_n)$ 大于或等于 f^*, 就转向步骤 4.
- 步骤 3：令 $k=k+1$, 若 $k=0$, 则把 x^* 作为最优解, 算法结束; 否则, 转向步骤 2.
- 步骤 4：找到最大的整数 r, 使 $(x_1,\cdots,x_{n-1},r)$ 满足约束 (5.4) 和 (5.13). 如果 $f^*<f(x_1,\cdots,x_{n-1},r)$, 则分别把 f^* 和 $\boldsymbol{x}^*$ 更新为 $f^*=f(x_1,\cdots,x_{n-1},r)$ 和 $\boldsymbol{x}^*-(x_1,\cdots,x_{n-1},r)$, 回到步骤 1.

如果 $g_{in}(x)=a_{in}x(1\leqslant i\leqslant m)$, 则在步骤 4 步中, 整数 r 可由下式给出:

$$r=\min\left\{u_n,\ell_n+\min\left\{\left\lfloor\frac{s_i}{a_{in}}\right\rfloor:1\leqslant i\leqslant m,a_{in}\geqslant 0\right\}\right\},$$

其中 s_i 是对应于可行解 $(x_1,\cdots,x_{n-1},\ell_n)$ 的松弛变量. 如果对 $i=1,2,\cdots,m$ 至少有一个 j, $g_{ij}(x)$ 是线性的, 那么对变量重新编号后所有的函数 $g_{in}(x)$ 都是线性的, 这样在步骤 4 中就可以简化计算.

例 5-2 现在来求解的这个可靠度最优化问题, 最初是由 Nakagawa 和 Nakashima[247] 提出的, 它比一个简单的串–并联冗余分配问题更复杂.

考虑一个三阶段的串联系统. 可以通过以下方式来增加系统可靠度: 在阶段 1, 从 4 个元件中选一个最可靠的; 在阶段 2, 以并联方式进行元件的冗余; 在阶段 3, 采用 n 中取 2: 好的结构. 求最大的系统可靠度

$$\begin{aligned}
\max\quad & f(x_1,x_2,x_3)=R_1(x_1)R_2(x_2)R_3(x_3),\\
\text{s.t.}\quad & 4\exp\left(\frac{0.02}{1-R_1,(x_1)}\right)+5(x_2)+2(x_3+1)\leqslant 45,\\
& 5\exp\left(\frac{x_1}{8}\right)+3\left[x_2+\exp\left(\frac{x_2}{4}\right)\right]+5\left[x_3+1+\exp\left(\frac{x_3}{4}\right)\right]\leqslant 75,\\
& 10+8x_2\exp\left(\frac{x_2}{4}\right)+6x_3\exp\left(\frac{x_3}{4}\right)\leqslant 240,\\
& (1,1,1)\leqslant(x_1,x_2,x_3)\leqslant(4,5,5),
\end{aligned}$$

x_j 是整数, 其中当 $x_1=1,2,3,4$ 时分别有 $R_1(x_1)=0.88,0.92,0.98,0.99$,

$$R_2(x_2)=1-(1-0.81)^{x_2},$$

$$R_3(x_3)=\sum_{k=2}^{x_3+1}\binom{x_3+1}{k}(0.77)^k(1-0.77)^{x_3+1-k}.$$

当 $d=2,3,4$ 时, $\Delta_{1j}(d)$ 的值为

j	d		
	2	3	4
1	0.4107	6.1477	24.8308
2	0.7544	1.6092	2.5779
3	0.0000	0.0000	0.0000

当 $d=2,3,4,5$, 时 $\Delta_{2j}(d)$ 的值为

j	d			
	2	3	4	5
1	5.0000	10.0000	15.0000	20.0000
2	4.0941	8.4989	13.3028	18.6190
3	16.1037	40.5358	76.7128	129.3415

当 $d=2,3,4,5$, 时 $\Delta_{3j}(d)$ 的值为

j	d			
	2	3	4	5
1	2.0000	4.0000	6.0000	8.0000
2	6.8235	14.1649	22.1713	31.0316
3	12.0805	30.4018	57.5346	97.0061

利用上述算法, 在 100 个解的集合中采用字母顺序搜索法. 把解 (1,1,2) 作为初始可行解, 对应于 (1,1,1) 的系统可靠度是 0.5489.

在步骤 4, 对 12 个可行解评价了系统可靠度. 表 5.2 给出了这些解. 部分序列 (1,5), (2,5) 及 (3,5) 的上界在每次搜索中删除了 5 个解, 而部分序列 (4) 删除了多达 25 个解. 通过这种方法得到最优解 $\boldsymbol{x}^*=(3,4,5)$ 对应的系统可靠度是 0.9757.

表 5.2 在算法步骤 4 给出例 5-2 的可行解

编号	解	系统可靠度
1	(1, 1, 5)	0.7106
2	(1, 2, 5)	0.8456
3	(1, 3, 5)	0.8712
4	(1, 4, 5)	0.8761
5	(2, 1, 5)	0.7429
6	(2, 2, 5)	0.8840
7	(2, 3, 5)	0.9108
8	(2, 4, 5)	0.9159
9	(3, 1, 5)	0.7913

续表

编号	解	系统可靠度
10	(3, 2, 5)	0.9417
11	(3, 3, 5)	0.9702
12	(3, 4, 5)	0.9757

5.6 讨　论

在可靠性系统中, 大部分最优化问题可采用非线性整数规划的形式表达. 这类问题主要是通过冗余分配来获得最大的系统可靠度或最小的成本消耗. 前面的章节主要讨论了系统中的阶段有 n 中取 1: 好的结构类型. 实际中的系统存在 n 中取 k: 好的结构类型, 就如第 2 章讨论的模型 5, 在一个阶段可以有多种选择, 即可进行元件冗余也可选择更高可靠度的元件, 因此, 可靠度函数会变得更加复杂. 然而, 仍然能够把最优化问题写成非线性整数规划模型的形式. 从计算的角度来看, 这些模型可能非常复杂. 一些研究人员已经采用合适的离散最优化方法来解决了许多离散可靠度最优化问题, 其中最有名的是隐枚举法、整数规划法、局部搜索法, 分支定界法和字母顺序搜索法. 可靠度最优化的离散方法应用情况可以参见表 2.3. 在可靠性系统中, NNH 分支定界法以及 Lawler 和 Bell 的局部枚举法可以解决更加一般性的离散最优化问题. 然而, 他们没有使用特殊的结构, 如用可分离性来减少计算量. Prasa 和 Kuo 的字母顺序步骤采用了约束可分离的优点.

本章把可分离的目标函数和可分离的约束条件写成 0-1 线性规划问题, 在文献中对 0-1 线性规划问题有许多好的求解方法. 因此, 把可靠度优化问题用离散最优化的形式表达再进行求解, 无论在串联还是并联系统中, 这样做都非常有效. 还介绍了两种分支定界法: 局部枚举法和字母顺序搜索法. 一般来说, 很难比较它们用于系统可靠度离散最优化的性能好坏. 它们的性能依赖于问题的结构、变量的个数和约束的个数. 在所有的离散可靠度最优化问题上, 没有一种方法可以说是最好的. 这些方法的最大优点是它们给出了一个准确的最优解. 然而, 计算量却十分庞大. 在可靠性设计中, 对这类问题开发一种好的离散方法还是一种挑战.

练　习

5.1　给出 0-1 背包问题的一个真实例子, 它是 NP 困难问题吗?

5.2　令可行区域为

$$S_1 = \{\boldsymbol{x} \in B^3 : 9x_1 + 3x_2 + 5x_3 \leqslant 10\},$$

或者

$$S_2 = \{\boldsymbol{x} \in B^3 : x_1 + x_2 + \leqslant 1, x_1 + x_3 \leqslant 1\}.$$

比较哪个公式更好? 为什么?

5.3 给出下面两种背包类型的约束:

$$4x_1 + 5x_2 + 3x_3 \leqslant 7$$

和

$$3x_1 - 2x_2 \leqslant 2,$$

$\boldsymbol{x} \in B^3$. 用最小覆盖求解 $\boldsymbol{x}$ 的值 (提示: 如果 $x_i + x_j = 1$ 和 $x_i \leqslant x_j$, 则有 $x_i = 0, x_j = 1$).

5.4 简要解释一下割平面法 (提示: 极点).

5.5 在最终单纯形表中, 令其中的一个约束条件为 $x_1 + 2.25x_2 - 3.25x_3 = 2.67$, 生成 Gomory 切割, 并且写出满足整数的必要条件.

5.6 讨论把可靠度优化问题转化为 0-1 线性规划问题的优点和缺点.

5.7 证明冗余分配问题的可靠度结构可以转化为 0-1LP 的可靠度结构.

5.8 给出把最优化整数变量问题转化为 0-1LP 的三种方法 (这些方法必须能对有界的整数变量的 0-1 表示法有所区别).

5.9 解释在选择分支定界法的结点时, 深度优先搜索法和广度优先搜索法. 讨论两种搜索的优劣, 算法终止和剪枝标准是什么?

5.10 解释一下在本章中, 变量界限的缩小是如何减少了计算量.

5.11 在不转化为 0-1LP 的情况下, 发明一种简单的分支定界法来求解例 5-1 (如果必要, 利用子问题的目标函数的平凡上界).

5.12 在表 5.1 中, 计算

(a) 结点 26 的上界;

(b) 结点 29 的上界.

5.13 用 NNH 算法求解例 5-2 描述的问题.

5.14 讨论 Lawlar 和 Bell 方法在求解非线性整数规划问题时的优点和缺点.

5.15 在 Lawlar 和 Bell 算法中, 令 $\boldsymbol{y} = (0, 1, 1, 0, 0, 0)$, 求 $\boldsymbol{y}^*$, $\boldsymbol{y}_+$, $\boldsymbol{y}_-$.

5.16 说明 Prasad 和 Kuo 方法的哪些特点是用来减少计算量的.

5.17 把冗余分配问题转化为 0-1LP 后, 应用 Prasad 和 Kuo 方法求解有利吗? 说明你的理由.

5.18 令 $\boldsymbol{x} = (x_1, x_2, x_3)$, 其中 $1 \leqslant x_j \leqslant 3 (j = 1, 2, 3)$, 给出所有 27 个向量的字母顺序.

5.19 在例 5-2 中, 令 $\boldsymbol{b} = (30, 50, 100)$. 求出最优解, 并仿照表 5.2, 在步骤 4 对计算出的所有可行解列表说明.

5.20 用例 5-1, 比较本章给出的所有方法的计算性能.

第 6 章　用非线性规划方法进行可靠性最优化

6.1 引　言

可靠性最优化所涉及的大多数是非线性问题, 其中决策变量既有整数也有连续变量. 当取整数变量时, 处理非线性最优化的一种有效方法是先求解它的连续变量最优值, 然后得到它邻近的整数值. 求解非线性整数规划问题 (NLP) 主要有三种方法. 第一种方法是迭代可行方向法，即在每次迭代过程中, 顺着目标值减少的方向 (目标最小化问题), 从一个可行点转向另一个可行点. 在处理线性约束时, 这种方法非常有用. 第二种方法是基于拉格朗日乘子的拉格朗日法. 当问题有如下特征时, 常常采用一种简单的拉格朗日乘子法:

(1) 约束中没有不等式出现;

(2) 变量没有非负性和离散性的限制;

(3) 约束的数目小于变量的数目;

(4) 目标和约束函数有二阶偏导数.

当系统只有单个等式约束时, 简单拉格朗日乘子法很容易实现. 如果需要去求解包含不等式的约束和非负变量, 这种方法要推广后方可使用. 一般情况则使用 Kuhn-Tucker(K-T) 条件, 它是可行解的局部最优性的必要条件. 当目标是在凸集上求凸函数最小值时, 这些条件也是全局最优性的充分条件. 同样, 这些条件也可用于目标是在凹集上求凹函数的最大值问题. 在 NLP 问题中, 用 Taylor 级数展开一般可以导出最优性的充要条件. 对 NLP 问题的多种情况, 许多人运用 K-T 条件得到了充要条件. 就像在本章将要看到的一样, 通过求解一系列无约束的 NLP 问题, 可解决约束的 NLP 问题. 这里有许多种方法, 如牛顿法、梯度法、模式搜索法等来解决无约束的 NLP 问题. 当约束是线性等式时, 变量缩减的算法可用于求解 NLP 问题. 一些算法可以把 NLP 问题转化为包含很少变量的无约束问题. 凸单纯形方法和 Wolfe[323] 的简约梯度法在求解此类问题上非常有用. 关于这些方法的详细阐述, 可以参见 Reklaitis 等[276] 和 McCormick[211] 的工作.

在第三种方法中, 通过求解一系列的无约束最优化问题, 可以得到约束最优化问题的解, 它的目标函数包括对违反约束的惩罚. 这些无约束问题的解接近原始约束问题的最优解. 惩罚式方法就属于此类. 因为它们较为简单, 在处理非线性约束时只依赖于无约束最小化的技术, 使得这些方法有了广泛的应用. 它们的主要缺陷是收敛或许会比较慢, 并且当惩罚过大时, 无约束问题可能是病态的.

在求解无约束最优化问题时通常会采用两种方法：① 导数型方法, 如梯度法、牛顿法等. ② 搜索法, 如 Hooke 和 Jeeves[130] 的直接搜索法、Powell[264] 的共轭方向法和 Nelder 和 Mead[251] 的灵活多边形搜索法等. 导数型方法要求在每次迭代过程中计算目标函数的偏导, 而搜索法却不需要. 尽管导数型方法比搜索法收敛快, 但当变量比较多时, 它们在运行之前需要做大量的准备工作. 由于现在已经具备了高性能的计算设备, 在处理大规模问题时, 搜索法比导数型方法更加便利.

有许多 NLP 方法应用于可靠度最优化方面. Hwang 等[133] 应用序列的无约束的最小化方法 (SUMT) 来优化系统可靠度. Hwang 等[136] 对系统可靠度最优化提出了增广的拉格朗日乘子法和一般的简约梯度法. Kuo 等[178] 发展了一种分支定界方法去求解形式化非线性整数规划的可靠度最优化. 在他们的方法中, 可以通过含有 K-T 条件的拉格朗日乘子法求出每个结点的边界. 这种方法也适用于形式化混合整数规划的可靠度最优化. 对于一般规模较大的结构系统, Li 和 Haimes[195] 采用三级分解方法求解可靠度最优化.

6.2 节具体介绍了基于局部最优性必要条件的拉格朗日乘子方法, 6.3 节阐述了属于 SUMT 类型的 4 种惩罚式方法. 下面的两个例子用来说明系统可靠度最优化问题的 NLP 方法. 本章中, 记元件可靠度向量为 $\boldsymbol{r}=(r_1,\cdots,r_n)$, 冗余水平向量为 $\boldsymbol{x}=(x_1,\cdots,x_n)$.

例 6-1 考虑图 6.1 所示的可靠性系统, 令 r_i 代表第 i 个元件的可靠度. 问题是如何选择 r_i 的最优值, 求最大的系统可靠度

$$\begin{aligned}\max\quad & R_{\rm s}=1-r_3\left[(1-r_1)(1-r_4)\right]^2-(1-r_3)\left[1-r_2+r_2(1-r_1)(1-r_4)\right]^2, \quad (6.1)\\ \text{s.t.}\quad & r_1^{0.6}+r_2^{0.6}+r_3^{0.6}+1.5r_4^{0.6}\leqslant 4.0,\\ & 0.65\leqslant r_i\leqslant 1.0, i=1,2,3,4,\end{aligned}$$

其中约束是非线性可分离的, 边界为 r_i.

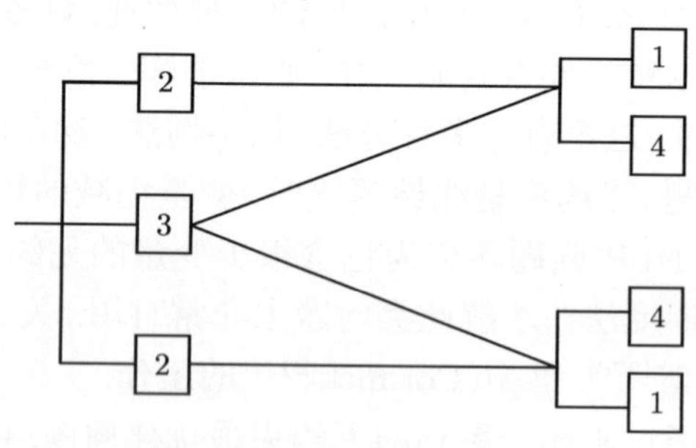

图 6.1 复杂系统示意图

例 6-2 求系统可靠度的最大值

$$\max\quad R_{\rm s}=\prod_{j=1}^{4}\left[1-(1-r_j)^{x_j+1}\right],$$

$$\text{s.t.} \quad \sum_{j=1}^{4} c_j x_j \leqslant 44.6,$$
$$\sum_{j=1}^{4} w_j x_j \leqslant 96,$$

其中 $x_j(j=1,2,3,4)$ 是非负整数; 参数 r_j, c_j, w_j 的取值如下表所示:

j	r_j	c_j	w_j
1	0.80	1.2	5
2	0.70	2.3	4
3	0.75	3.4	8
4	0.85	4.5	7

注意这个问题是包含线性约束的串联系统冗余分配问题. 这类问题可以先在连续的情况下, 利用 NLP 方法求解, 然后对得到的解四舍五入后产生整数解.

6.2 拉格朗日方法

现在描述基于局部最优性必要条件的一般拉格朗日方法. 在本章中都用 $f(\cdot)$ 表示要求解的最小化函数.

问题 6.1

考虑下面的求最小规划问题:

$$\begin{aligned} \min \quad & z = f(r_1, \cdots, r_n), \\ \text{s.t.} \quad & g_i(r_1, \cdots, r_n) \geqslant 0, i = 1, \cdots, m, \\ & r_j \geqslant 0, j = 1, \cdots, n. \end{aligned}$$

假定目标函数和约束函数有连续的一阶导数. 定义拉格朗日函数

$$L(\boldsymbol{r}, \lambda) = f(\boldsymbol{r}) - \sum_{i=1}^{m} \lambda_i g_i(\boldsymbol{r}),$$

其中 $\lambda_1, \cdots, \lambda_m$ 是拉格朗日乘子. 于是有

$$\nabla_r L(\boldsymbol{r}, \boldsymbol{\lambda}) = \nabla f(\boldsymbol{r}) - \sum_{i=1}^{m} \lambda_i \nabla g_i(\boldsymbol{r}),$$

其中

$$\nabla_r L(\boldsymbol{r\lambda}) = \begin{bmatrix} \partial L(\boldsymbol{r\lambda})/\partial r_1 \\ \partial L(\boldsymbol{r\lambda})/\partial r_2 \\ \vdots \\ \partial L(\boldsymbol{r\lambda})/\partial r_n \end{bmatrix}, \quad \nabla f(\boldsymbol{r}) = \begin{bmatrix} \partial(\boldsymbol{r})/\partial r_1 \\ \partial(\boldsymbol{r})/\partial r_2 \\ \vdots \\ \partial(\boldsymbol{r})/\partial r_n \end{bmatrix}$$

以及

$$\nabla g_i(\boldsymbol{r}) = \begin{bmatrix} \partial g_i(\boldsymbol{r})/\partial r_1 \\ \partial g_i(\boldsymbol{r})/\partial r_2 \\ \vdots \\ \partial g_i(\boldsymbol{r})/\partial r_n \end{bmatrix}.$$

对于问题 6.1, 局部最优解 $\boldsymbol{r}^*$ 存在的必要条件为

$$g_i(\boldsymbol{r}^*) \geqslant 0, \quad i = 1, \cdots, m \tag{6.2}$$

$$r_j^* \geqslant 0, \quad j = 1, \cdots, n, \tag{6.3}$$

并且这里存在一个拉格朗日乘子向量 $\boldsymbol{\lambda}^* = (\lambda_1^*, \cdots, \lambda_m^*)^{\mathrm{T}}$, 使得

$$\nabla f(\boldsymbol{r}^*) - \sum_{i=1}^{m} \lambda_i^* \nabla g_i(\boldsymbol{r}^*) \geqslant 0, \tag{6.4}$$

$$\left[\nabla f(\boldsymbol{r}^*) - \sum_{i=1}^{m} \lambda_i^* \nabla g_i(\boldsymbol{r}^*)\right]^{\mathrm{T}} \boldsymbol{r}^* = 0, \tag{6.5}$$

$$\lambda_i^* g_i(\boldsymbol{r}^*) = 0, \quad i = 1, \cdots, m \tag{6.6}$$

$$\lambda_i^* \geqslant 0, \quad i = 1, \cdots, m. \tag{6.7}$$

式 (6.4)~(6.7) 就是 K-T 条件, 点 $(\boldsymbol{r}^*, \boldsymbol{\lambda}^*)$ 就是 K-T 点. 为了使讨论简单化, 忽略了一个附加的包含 $L(\boldsymbol{r}, \boldsymbol{\lambda})$ 二阶可导这个必要条件.

求解 NLP 问题的标准方法之一就是找到 K-T 点 $(\boldsymbol{r}^*, \boldsymbol{\lambda}^*)$, $\boldsymbol{r}^*$ 就是问题 6.1 的最优解. 如果函数 $f(\boldsymbol{r})$ 是凸函数, 并且可行域是个凸集, 则 $\boldsymbol{r}^*$ 就是全局最小值. 可以用非线性系统的标准计算程序包来求解 K-T 条件.

用拉格朗日法求解例 6-1

问题 6.2

例 6-1 可以写成如下最小化问题:

$$\begin{aligned} \min \quad & f(\boldsymbol{r}) = r_3\left[(1-r_1)(1-r_4)\right]^2 - (1-r_3)\left[1 - r_2 + r_2(1-r_1)(1-r_4)\right]^2, \\ \text{s.t.} \quad & g_i(\boldsymbol{r}) \geqslant 0 \ i = 1, \cdots, 9, \end{aligned}$$

其中

$$\begin{aligned} g_1(\boldsymbol{r}) &= 4.0 - (r_1^{0.6} + r_2^{0.6} + r_3^{0.6} + 1.5 r_4^{0.6}) \\ g_{1+i}(\boldsymbol{r}) &= 1.0 - r_i, \\ g_{5+i}(\boldsymbol{r}) &= r_i - 0.65, \quad i = 1, 2, 3, 4. \end{aligned}$$

因为对变量没有明确的非负性假设, 所以 (K-T 条件中) 不等式 (6.4) 可以被下式所替代:

$$\nabla f(\boldsymbol{r}^*) - \sum_{i=1}^{m} \lambda_i^* \nabla g_i(\boldsymbol{r}^*) = 0.$$

因此有

$$\begin{aligned}
[\partial f(\boldsymbol{r})/\partial r_1] =& -2r_3(1-r_1)(1-r_4)^2 \\
& -2(1-r_3)\left[1-r_2+r_2(1-r_1)(1-r_4)(r_2-r_2r_4)\right], \\
[\partial f(\boldsymbol{r})/\partial r_2] =& 2(1-r_3)\left[1-r_2+r_2(1-r_1)(1-r_4)(r_1r_4-r_1-r_4)\right], \\
[\partial f(\boldsymbol{r})/\partial r_3] =& \left[(1-r_1)(1-r_4)\right]^2-\left[1-r_2+r_2(1-r_1)(1-r_4)\right]^2, \\
[\partial f(\boldsymbol{r})/\partial r_4] =& -2r_3(1-r_1)^2(1-r_4) \\
& -2(1-r_3)\left[1-r_2+r_2(1-r_1)(1-r_4)\right](r_2-r_2r_1).
\end{aligned}$$

K-T 条件为

$$\begin{aligned}
& 4.0-r_1^{0.6}-r_2^{0.6}-r_3^{0.6}-1.5r_4^{0.6} \geqslant 0, \\
& 1-r_i \geqslant 0, \quad i=1,2,3,4, \\
& r_i-0.65 \geqslant 0, \quad i=1,2,3,4, \\
& [\partial f(\boldsymbol{r})/\partial r_1]+\lambda_1(0.6)r_1^{-0.4}+\lambda_2-\lambda_6=0, \\
& [\partial f(\boldsymbol{r})/\partial r_2]+\lambda_1(0.6)r_2^{-0.4}+\lambda_3-\lambda_7=0, \\
& [\partial f(\boldsymbol{r})/\partial r_3]+\lambda_1(0.6)r_3^{-0.4}+\lambda_4-\lambda_8=0, \\
& [\partial f(\boldsymbol{r})/\partial r_4]+\lambda_1(0.9)r_4^{-0.4}+\lambda_5-\lambda_9=0, \\
& \lambda_1(4.0-r_1^{0.6}-r_2^{0.6}-r_3^{0.6}-1.5r_4^{0.6})=0, \\
& \lambda_{1+i}(1-r_i)=0, \quad i=1,2,3,4, \\
& \lambda_{5+i}(r_i-0.65)=0, \quad i=1,2,3,4,
\end{aligned}$$

并且对于 $i=1,2,3,4$ 有 $\lambda_i \geqslant 0$.

满足上述条件的 K-T 点为

$$\boldsymbol{r}^* = (0.9958,\ 0.9991,\ 0.7122,\ 0.6771) \quad \text{且} \quad \lambda_i^*=0, i=1,2,3,4.$$

用牛顿法可以得到这个解, 例 6-1 中对应的目标值 $R(\boldsymbol{r}^*)$ 为 0.999997.

用拉格朗日法求解例 6-2

问题 6.3

问题 6.2 的连续形式可以写成如下最小化问题:

$$
\begin{aligned}
\min \quad & f(\boldsymbol{x}) = -\prod_{j=1}^{4}\left[1-(1-r_j)^{x_j+1}\right], \\
\text{s.t.} \quad & 44.6-\sum_{j=1}^{4} c_j x_j \geqslant 0, \\
& 96-\sum_{j=1}^{4} w_j x_j \geqslant 0, \\
& x_j \geqslant 0, \quad j=1,2,3,4.
\end{aligned}
$$

令

$$
Q_j(x_j) = -\frac{(1-r_1)^{x_j+1}}{1-(1-r_1)^{x_{j+1}}}, \quad j=1,2,3,4,
$$

则 $f(\boldsymbol{x}), g_i(\boldsymbol{x})$ 的偏导数为

$$
\begin{aligned}
&[\partial f(\boldsymbol{x})/\partial x_j] = f(\boldsymbol{x}) Q_j(x_j)\ln(1-r_j), \quad j=1,2,3,4, \\
&\nabla g_1(\boldsymbol{x}) = -(c_1,c_2,c_3,c_4)^{\mathrm{T}}
\end{aligned}
$$

且

$$
\nabla g_2(\boldsymbol{x}) = -(w_1,w_2,w_3,w_4)^{\mathrm{T}}.
$$

局部最优性的必要条件为

$$
\begin{aligned}
&44.6-\sum_{j=1}^{4} c_j x_j \geqslant 0, \\
&96.0-\sum_{j=1}^{4} w_j x_j \geqslant 0, \\
&f(\boldsymbol{x}) Q_j(x_j)\ln(1-r_j)+\lambda_1 c_j+\lambda_2 w_j \geqslant 0, \quad j=1,2,3,4, \\
&[f(\boldsymbol{x}) Q_j(x_j)\ln(1-r_j)+\lambda_1 c_j+\lambda_2 w_j]\, x_j = 0, \quad j=1,2,3,4, \\
&\lambda_1\left(44.6-\sum_{j=1}^{4} c_j x_j\right) = 0, \\
&\lambda_2\left(96-\sum_{j=1}^{4} w_j x_j\right) = 0
\end{aligned}
$$

且

$$
\lambda_1 \geqslant 0, \lambda_2 \geqslant 0, x_j \geqslant 0, \quad j=1,2,3,4.
$$

上述非负变量的非线性方程组可以用数值法求解, 如牛顿法. 上述方程组的解为

$$
\begin{aligned}
&(x_1,x_2,x_3,x_4) = (4.2604, 5.1442, 3.6124, 3.3842), \\
&(\lambda_1,\lambda_2) = (0.0000003, 0.0000003).
\end{aligned}
$$

在不违反约束条件的情况下, 例 6-2 的最优解取整后的整数解是 $\boldsymbol{x}^* = (4,5,4,3)$, 对应的目标函数值也就是系统的最优可靠度为 0.9975.

6.3 惩罚式方法

这类方法的主要特点是通过求解一系列的无约束最小化问题来最终获得约束最小化问题的解. 对每个无约束问题的目标函数, 根据相应的约束条件附加上一个惩罚因子和一个正参数. 参数的值取决于违反约束的惩罚程度. 前一个无约束问题的解作为后一个无约束问题的出发点, 然后通过迭代来产生. 迭代时选择参数的一个单调序列来生成一系列无约束问题的解.

在本节, 将介绍惩罚式方法的 4 种类型: ① 障碍法; ② 惩罚法; ③ 混合惩罚函数; ④ 增广的拉格朗日法. 在障碍法中, 每个无约束问题的目标函数包含对靠近可行域边界的可行解的惩罚. 每个无约束问题的最小值是初始约束问题的可行解, 这样的最小值序列收敛于约束最优解, 障碍法属于内点法. 在惩罚法中, 目标函数包含对违反约束的惩罚. 无约束问题的最小值通常是约束问题的不可行解, 然而它们的序列收敛于最优解, 惩罚法称为外点法. 在混合惩罚函数方法中, 每个无约束问题的目标函数都包含障碍和惩罚. 在增广的拉格朗日方法中, 目标函数含有在 6.2 节介绍过的拉格朗日乘子. 为了更好地了解惩罚式方法, 可以参见 Bertsekas[35] 和 McCormick[211] 的工作.

在本节列举的数值例子中, 每个无约束最小化问题都是使用 Hooke-Jeeves(H-J) 模式搜索法 [130] 来求解, 如附录 2 所述.

6.3.1 障碍法

问题 6.4

考虑非线性最优化的最小化问题

$$\begin{aligned} \min \quad & z = f(r_1, \cdots, r_n), \\ \text{s.t.} \quad & g_i(r_1, \cdots, r_n) \geqslant 0, \quad i = 1, \cdots, m. \end{aligned}$$

注意在 r_j 没有非负约束的条件下, 这是与 6.1 完全一样的问题. 令

$$S = \{\boldsymbol{r} : g_i(\boldsymbol{r}) \geqslant 0, i = 1, \cdots, m\},$$

假定可行域 S 的内点集是非空的, f 是 S 内点集中的一个最小值.

问题 6.5

考虑一个无约束的最小化问题

$$\text{Min} \quad \phi_\tau(\boldsymbol{r}) = f(\boldsymbol{r}) + \tau \sum_{i=1}^{m} \frac{1}{g_i(\boldsymbol{r})},$$

其中 τ 是正参数.

参数 τ 被称为障碍系数. 对于任一个固定的 τ, 当 $\boldsymbol{r}$ 趋向于可行域的边界时, $\phi_\tau(\boldsymbol{r})$ 的值将趋向于无穷大. 即对至少一个 i 来说, 当 $g_i(\boldsymbol{r}) \to 0$ 时, 有 $\phi_\tau(\boldsymbol{r}) \to \infty$. 因此, 如果用无约束最小化方法求解问题 6.5, 初始点是可行域集合 S 的一个内点, 问题的最小值也是 S 的一个内点.

如果按 τ 值随着 $k \to \infty, \tau_k \to 0$ 的单调序列 $\{\tau_k\}$ 来求解问题 6.5, 那么问题 6.4 的最终解序列 $\{\boldsymbol{r}^k\}$ 收敛于一个最优解. 在问题 6.5 中, 可以用 $-\tau \sum\limits_{i=1}^{m} \ln g_i(\boldsymbol{r})$ 来替换 $\tau \sum\limits_{i=1}^{m} [g_i(\boldsymbol{r})]^{-1}$. 函数 $f(\boldsymbol{r}) + \tau \sum\limits_{i=1}^{m} [g_i(\boldsymbol{r})]^{-1}$ 被称为反障碍函数, 而函数 $f(\boldsymbol{r}) - \tau \sum\limits_{i=1}^{m} \ln g_i(\boldsymbol{r})$ 被称为对数障碍函数. 用障碍法求解问题 6.4 的步骤如下.

(1) 选择一个小的正数 ε 和初始值 $\tau_1 > 0$. 用一个合适的无约束最小化方法来求解问题 6.5, 以可行域 S 的一个内点开始. 假设 $\boldsymbol{r}^1$ 使 $\phi_{\tau_1}(\boldsymbol{r})$ 最小, 令 $k = 2$.

(2) 选择 τ_k, 使得 $0 < \tau_k < \tau_{k-1}$, 用无约束最小化方法从可行点 $\boldsymbol{r}^{k-1}$ 开始在 $\phi_{\tau_1}(\boldsymbol{r})$ 中找出最小的 $\boldsymbol{r}^k$. 转向 (3).

(3) 如果 $\left\|\boldsymbol{r}^k - \boldsymbol{r}^{k-1}\right\| < \varepsilon$, 那么算法终止, 取 $\boldsymbol{r}^k$ 为问题 6.4 所要求的解.

当约束是不等式时, 障碍法是可行的. 它的主要缺点是无约束问题 6.5 会变成病态结构, 并且当参数值减小为 0 时, 求解会变得更加困难.

用障碍法求解例 6-1 考虑问题 6.2, 它和例 6-1 是等价的. 在障碍法中, 对应的无约束最小化问题的目标函数为

$$
\begin{aligned}
\min \quad \phi_\tau(\boldsymbol{r}) = & r_3\left[(1-r_1)(1-r_4)\right]^2 - (1-r_3)\left[1-r_2+r_2(1-r_1)(1-r_4)\right]^2 \\
& +\tau\left(4.0 - r_1^{0.6} - r_2^{0.6} - r_3^{0.6} - 1.5 r_4^{0.6}\right)^{-1} \\
& +\tau \sum_{i=1}^{4}\left[(1-r_i)^{-1} + (r_i - 0.65)^{-1}\right].
\end{aligned}
$$

为了求解这个问题, 选择 $\varepsilon = 0.001, \tau_k = (0.1)^k, k \geqslant 1$.

可以用 H-J 方法求解. 考虑初始解取为 $(0.75, 0.75, 0.75, 0.75)$. 每个无约束问题的最优解将作为下一个问题迭代的初始解. 在问题 6.2 中, 当 $k = 8$ 时, 对第 7 个和第 8 个无约束问题都有最优解为 $\boldsymbol{r}^* = (0.9905, 0.9963, 0.6778, 0.6840)$. 因此, $\boldsymbol{r}^*$ 是问题 6.2 的最优解, 算法终止. 当然它也是例 6-1 的最优解, 相应元件所对应的系统可靠度为 0.99998. 表 6.1 给出了该无约束问题的最优解.

用障碍法求解例 6-2 考虑问题 6.3, 它是例 6-2 的连续情况. 和问题 6.3 有关的无约束最小化问题的目标函数为

$$\min \quad \phi_\tau(\boldsymbol{x}) = -\prod_{j=1}^{4}\left[1-(1-r_j)^{x_j+1}\right] + \tau\left[\left(44.6-\sum_{j=1}^{4}c_j x_j\right)^{-1} + \left(96-\sum_{j=1}^{4}w_j x_j\right)^{-1} + \sum_{j=1}^{4}\frac{1}{x_j}\right],$$

其中有最后一项 $\sum 1/x_j$ 是因为原始问题对变量有非负约束. 对于 $k \geqslant 1$, 序列 $\{\tau_k\}$ 取 $\tau_k = (1/2)^{k-1}$. 可用 H-J 法求解此类的无约束最小化问题, 并且它能通过修正以避免在例 6-2 中出现不可行解. 在第一个无约束问题中, 取 $(2,2,2,2)$ 作为初始可行解, 每个无约束问题的最优解作为随后问题的初始解. ε 的值取为 0.01, 当 $\left\|\boldsymbol{x}^{14}-\boldsymbol{x}^{13}\right\| < 0.01, k=14$ 时算法终止. 表 6.2 给出了这 14 个无约束问题的最终结果. 通过障碍法得到问题 6.3 的解为 $(4.120, 5.357, 4.138, 2.716)$, 最终得到整数解 $(4,5,4,3)$, 这样求出的例 6-2 的目标函数值为 0.9975.

表 6.1 无约束问题的最优解

k	τ_k	r_1^k	r_2^k	r_3^k	r_4^k	$\phi_{\tau k}(\boldsymbol{r}^k)$
1	10^{-1}	0.7831	0.7837	0.7806	0.7648	5.70584
2	10^{-2}	0.7831	0.7869	0.7865	0.7648	0.58511
3	10^{-3}	0.7863	0.8446	0.7865	0.7589	0.07013
4	10^{-4}	0.8783	0.9376	0.7375	0.7150	0.01175
5	10^{-5}	0.9661	0.9727	0.7065	0.6840	0.00208
6	10^{-6}	0.9864	0.9922	0.6819	0.6840	0.00036
7	10^{-7}	0.9905	0.9963	0.6778	0.6840	0.00007
8	10^{-8}	0.9905	0.9963	0.6778	0.6840	0.00003

表 6.2 用障碍法求解例 6-2 的最优解

k	τ_k	x_1^k	x_2^k	x_3^k	x_4^k	$\phi_{\tau k}(\boldsymbol{x}^k)$
1	1.0	4.355	3.840	3.069	2.880	0.3810
2	0.5	4.355	3.881	3.069	2.880	−0.3060
3	0.25	4.355	3.965	3.069	2.880	−0.6496
4	0.125	4.304	4.211	3.233	2.716	−0.8219
5	0.062	4.009	4.285	3.364	2.716	−0.9081
6	0.031	4.140	4.429	3.495	2.716	−0.9520
7	0.015	4.015	4.618	3.626	2.716	−0.9745
8	0.007	4.015	4.762	3.626	2.716	−0.9861
9	0.0035	3.874	4.877	3.880	2.716	−0.9914
10	0.0017	4.069	5.082	3.882	2.716	−0.9942
11	0.0008	3.864	5.226	4.138	2.716	−0.9958
12	0.0004	4.120	5.226	4.138	2.716	−0.9966
13	0.0002	4.120	5.357	4.138	2.716	−0.9971
14	0.0001	4.120	5.357	4.138	2.716	−0.9973

6.3.2 惩罚法

问题 6.6

考虑下列最优化问题:

$$\begin{aligned} \min \quad & z = f(r_1, \cdots, r_n), \\ \text{s.t.} \quad & g_i(r_1, \cdots, r_n) \geqslant 0, i = 1, \cdots, m, \\ & h_i(r_1, \cdots, r_n) = 0, i = 1, \cdots, v. \end{aligned}$$

惩罚法和障碍法很类似. 在这种方法下, 约束问题 6.6 的最优化将通过求解一系列的无约束最小化来实现, 其中无约束问题的目标函数包含 $f(\boldsymbol{r})$ 和对违反约束的惩罚.

问题 6.7 考虑下列无约束最小化问题:

$$\min \quad \psi_\tau(\boldsymbol{r}) = f(\boldsymbol{r}) + \tau \left\{ \sum_{i=1}^{m} (\min\{0, g_i(\boldsymbol{r})\})^2 + \sum_{i=1}^{v} h_i^2(\boldsymbol{r}) \right\},$$

其中, τ 是一个正参数.

在惩罚法里, $\psi_\tau(\boldsymbol{r})$ 反复迭代直到最小, 得到一个 τ 惩罚参数值的严格递增序列. 通过对一系列的无约束问题求最小值, 最终得到问题 6.6 的解. 在问题 6.6 中, 最小值往往是非可行解. 随着 τ 增加到无穷大, 无约束问题 6.7 的目标函数在违反约束时面临着递增的惩罚, 因此, 迫使最小值接近可行域. 如果对任意的 $\tau > 0$ 都存在一个最小值 $\psi_\tau(\boldsymbol{r})$ 且是可行解, 那么它也是问题 6.6 的最小值. 当所有的约束都是等式时, 惩罚法更加适用. 在惩罚法中, 当惩罚参数 τ 的值很大时, 无约束最优化问题会变得病态或很难求解. 因为问题的病态, 牛顿类型无约束最小化方法变得无效. 如果无约束最小化问题的初始点接近于问题的最小值, 那么病态的影响可以消除. 用惩罚法求解一系列无约束最小化问题时, 前一个问题的最小值可作为下一个问题的初始点. 当相续的最小值 x^{k-1} 和 x^k 很接近时, 这种方法可以减轻病态所带来的影响. 这只有在 τ_k 和 τ_{k-1} 很接近的情况下才会发生. 它意味着当序列 $\{\tau_k\}$ 中相续的值很接近时, 病态可以克服. 然而在这种情况下, 收敛却很慢. 有文献提议, 若序列 $\{\tau_k\}$ 满足 $\tau_k = \beta\tau_{k-1}(\beta \in [4, 10])$, 则可以在惩罚法中通过反复试探来确定初始值 τ_1.

有很多方式来定义无约束最小化问题的惩罚项. 关于惩罚法的更多内容可以参见 Fiacco 和 McCormick[93] 的工作.

惩罚法求解例 6-1 在这个例子里, 无约束问题的目标函数是求最小化

$$\begin{aligned} \min \quad \psi_{\tau_k}(\boldsymbol{r}) = & \, r_3 [(1 - r_1)(1 - r_4)]^2 - (1 - r_3)[1 - r_2 + r_2(1 - r_1)(1 - r_4)]^2 \\ & + \tau_k \max\left(0, r_1^{0.6} + r_2^{0.6} + r_3^{0.6} + 1.5 r_4^{0.6} - 4.0\right) \\ & + \tau_k \sum_{i=1}^{4} [\max\{0, r_i - 1\} + \max\{0, 0.65 - r_i\}]. \end{aligned}$$

对问题 6.2 而言, 值得注意的是这个目标能比上面作为惩罚法的部分更有效找到. 序列 $\{\tau_k\}$ 可取 $\tau_k = 4^{k-1}(k \geqslant 1)$. 对 $\tau = \tau_1$, 从初始解 $(0.75, 0.75, 0.75, 0.75)$ 开始, 无约束最小化问题可用 H-J 方法求解. 最优解是 $\boldsymbol{r}^* = (0.9987, 0.9987, 0.7094, 0.6753)$, 对应的目标函数值 $\psi_{\tau_k}(\boldsymbol{r}^*)$ 为 0.999999, 它也是例 6-1 的最优解. 在原始问题中对应的目标值为 $R_{\rm s}(\boldsymbol{r}^*) = 0.999999$.

惩罚法求解例 6-2 与问题 6.3 相联系的无约束最小化问题是求

$$\begin{aligned}\min \quad \psi_{\tau_k}(\boldsymbol{r}) = &-\prod_{j=1}^{4}\left[1-(1-r_j)^{x_j+1}\right] \\ &+\tau_k\left\langle\left[\min\left(0, 44.6-\sum_{j=1}^{4}c_jx_j\right)\right]^2+\left[\min\left(0.96-\sum_{j=1}^{4}w_jx_j\right)\right]^2\right\rangle.\end{aligned}$$

序列 $\{\tau_k\}$ 取值 $\tau_k = 4^{k-1}(k \geqslant 1)$. 这里也采用 H-J 搜索法来求解每个无约束最小化问题. 对这个方法加以修正来避免变量出现违反非负约束的情况. 对第一个无约束问题, 取 $(3, 3, 3, 3)$ 作为初始可行解.

用 H-J 搜索法得到的解是 $(4.12, 5.44, 4.0, 3.0)$, 它是例 6-2 的可行解. 因此, 算法终止, 这个解即为原始问题的最优解. 相应的整数可行解取为 (4,5,4,3), 这样例 6-2 中目标函数取值为 0.9975.

6.3.3 混合惩罚函数法

这种方法也是求解无约束最小化的方法之一, 它的惩罚函数中包括障碍参数和惩罚参数. 考虑带有这两类参数的 NLP 问题 6.6. 这时第 k 个无约束最小化问题的目标函数为

$$\min \quad P(\boldsymbol{r}, \tau_k) = f(\boldsymbol{r}) + \tau_k\sum_{i=1}^{m}\frac{1}{g_i(\boldsymbol{r})} + \tau_k^{-1/2}\sum_{i=1}^{v}h_i^2(\boldsymbol{r}).$$

参数值序列 $\{\tau_k\}$ 严格减少至 0.Fiacco 和 McCormick[93] 推荐对序列 $\{\tau_k\}$ 选择 $\tau_1 = 1$ 和 $\tau_k = \tau_{k-1}/c$, 其中 $c > 1$(通常 $c = 4$).

6.3.4 带拉格朗日乘子的惩罚法

在这种惩罚式方法中, 每个无约束最小化问题的目标函数中都包含拉格朗日乘子. 可以通过这个方法克服源自于障碍法和惩罚法的病态问题, 也不必要求 τ 趋向于 0 或无穷. 这个方法由 Hestenes[125] 和 Powell[265] 分别独立地提出. 相关的详细描述可参见 Bertsekas[35] 的文献.

问题 6.8

考虑约束的 NLP 最小化问题

$$\begin{aligned}\min \quad & z=f(r_1,\cdots,r_n),\\ \text{s.t.} \quad & g_i(r_1,\cdots,r_n)\leqslant 0, i=1,\cdots,m,\\ & h_i(r_1,\cdots,r_n)=0, i=1,\cdots,v.\end{aligned}$$

通过引入 m 个松弛变量, 可将其转化为下列的 NLP 问题:

$$\begin{aligned}\min \quad & z=f(r_1,\cdots,r_n),\\ \text{s.t.} \quad & g_i(r_1,\cdots,r_n)+y_i^2=0, i=1,\cdots,m,\\ & h_i(r_1,\cdots,r_n)=0, i=1,\cdots,v.\end{aligned}$$

现在定义增广的拉格朗日函数

$$\begin{aligned}L_\tau(\boldsymbol{r},\boldsymbol{y},\boldsymbol{\lambda})=&f(\boldsymbol{r})+\sum_{i=1}^{m}\lambda_i\left[g_i(\boldsymbol{r})+y_i^2\right]+\sum_{i=1}^{v}\lambda_{m+i}h_i(\boldsymbol{r})\\ &+\frac{\tau}{2}\left\{\sum_{i=1}^{m}\left[g_i(\boldsymbol{r})+y_i^2\right]^2+\sum_{i=1}^{v}\left[h_i(\boldsymbol{r})\right]^2\right\}.\end{aligned}$$

对于任意给定的向量 $\boldsymbol{\lambda},\boldsymbol{r}$, 当

$$y_i^2=\max\left\{-\frac{\lambda_i}{\tau},g_i(\boldsymbol{r})\right\}-g_i(\boldsymbol{r}),\quad i=1,\cdots,m$$

时, $L_\tau(\boldsymbol{r},\boldsymbol{y},\boldsymbol{\lambda})$ 在 $y_1,\cdots,y_m$ 取最小值. 对于固定的 $\boldsymbol{\lambda}$ 和 $\boldsymbol{r}$, 因为下面的项:

$$\sum_{i=1}^{m}\left\{\lambda_i\left[g_i(\boldsymbol{r})+z_i\right]+\frac{\tau}{2}\left[g_i(\boldsymbol{r})+z_i\right]^2\right\}$$

是变量 $z_1,\cdots,z_m$ 的可分离函数之和, 并且这个和在非负的 $z_1,\cdots,z_m$ 取最小值, 其中有 $z_i=\max\{-[\lambda_i/\tau+g_i(\boldsymbol{r})],0\}\,(i=1,\cdots,m)$. 令

$$\overline{L}_\tau(\boldsymbol{r},\boldsymbol{\lambda})=\min_{y_1,\cdots,y_m}L_\tau(\boldsymbol{r},\boldsymbol{y},\boldsymbol{\lambda}),$$

则对于一个固定的向量 $\boldsymbol{\lambda}$ 和 $\boldsymbol{r}$ 有

$$\begin{aligned}\overline{L}_\tau(\boldsymbol{r},\boldsymbol{\lambda})=&f(\boldsymbol{r})+\sum_{i=1}^{m}\left\{\lambda_i\max\left\{-\frac{\lambda_i}{\tau},g_i(\boldsymbol{r})\right\}+\frac{\tau}{2}\left\langle\max\left\{-\frac{\lambda_i}{\tau},g_i(\boldsymbol{r})\right\}\right\rangle^2\right\}\\ &+\sum_{i=1}^{v}\lambda_{m+i}h_i(\boldsymbol{r})+\frac{\tau}{2}\sum_{i=1}^{v}\left[h_i(\boldsymbol{r})\right]^2.\end{aligned}$$

对第二项进行简单的代数运算后可写成

$$\overline{L}_\tau(\boldsymbol{r},\boldsymbol{\lambda})=f(\boldsymbol{r})+\frac{1}{2\tau}\sum_{i=1}^{m}\left\{\langle\max\{\lambda_i+\tau g_i(\boldsymbol{r}),0\}\rangle^2-\lambda_i^2\right\}$$

$$+\sum_{i=1}^{v}\lambda_{m+i}h_i(\boldsymbol{r})+\frac{\tau}{2}\sum_{i=1}^{v}[h_i(\boldsymbol{r})]^2.$$

对问题 6.8 采用增广的拉格朗日方法求解时, 求无约束最小值问题: $\min \overline{L}_{\tau k}(\boldsymbol{r},\boldsymbol{\lambda}^k)$ $(\boldsymbol{r}\in\mathbf{R}^n)$, 可以通过对正值 τ 的严格递增序列 $\{\tau_k\}$ 和乘子向量序列 $\{\lambda^k\}$ 依次求解得到. 这里乘子向量序列满足

$$\lambda_i^{k+1}=\lambda_i^k+\tau_k\max\left\{-\frac{\lambda_i^k}{\tau_k},g_i\left(\boldsymbol{r}^k\right)\right\},\quad i=1,\cdots,m,$$

即

$$\lambda_i^{k+1}=\max\left\{0,\lambda_i^k+\tau_k g_i\left(\boldsymbol{r}^k\right)\right\},\quad i=1,\cdots,m,$$

$$\lambda_{m+i}^{k+1}=\lambda_{m+i}^k+\tau_k h_i\left(\boldsymbol{r}^k\right),\quad i=1,\cdots,v,$$

其中 $\boldsymbol{r}^k$ 是 $\overline{L}_\tau(\boldsymbol{r},\boldsymbol{\lambda})$ 的最小值. 上述无约束问题可用 H-J 求解, 并且不要求函数有连续性和可微性的假定.

在增广的拉格朗日方法中, 收敛到原始问题的最优点或局部最优点的速率很高, 没必要使参数值趋于无穷.

用增广的拉格朗日方法求解例 6-1 例 6-1 可以写成如下形式:

$$\begin{aligned}\min\quad & f(\boldsymbol{r})=r_3\left[(1-r_1)(1-r_4)\right]^2-(1-r_3)\left[1-r_2+r_2(1-r_1)(1-r_4)\right]^2,\\ \text{s.t.}\quad & g_i(\boldsymbol{r})\leqslant 0, i=1,\cdots,9,\end{aligned}$$

其中

$$\begin{aligned}g_1(\boldsymbol{r})&=\left(r_1^{0.6}+r_2^{0.6}+r_3^{0.6}+1.5r_4^{0.6}\right)-4.0,\\ g_{1+i}(\boldsymbol{r})&=r_i-1.0,\\ g_{5+i}(\boldsymbol{r})&=0.65-r_i,\quad i=1,2,3,4.\end{aligned}$$

第 k 个无约束问题的目标函数为

$$\begin{aligned}\overline{L}_{\tau_k},(\boldsymbol{r},\boldsymbol{\lambda}^k)=f(\boldsymbol{r})+\frac{1}{2\tau_k}\Bigg(&\left\langle\max\left\{0,\lambda_1^k+\tau_k g_1(r)\right\}\right\rangle^2-\left(\lambda_1^k\right)^2\\ &+\sum_{j=1}^{4}\left\{\left\langle\max\left\{0,\lambda_{1+j}^k+\tau_k(r_j-1)\right\}\right\rangle^2-\left(\lambda_{1+j}^k\right)^2\right\}\\ &+\sum_{j=1}^{4}\left\{\left\langle\max\left\{0,\lambda_{5+j}^k+\tau_k(0.65-r_j)\right\}\right\rangle^2-\left(\lambda_{5+j}^k\right)^2\right\}\Bigg).\end{aligned}$$

令 $(r_1^k,r_2^k,r_3^k,r_4^k)$ 表示第 k 个无约束问题的最优解. 取

$$\begin{aligned}
&\left(\lambda_1^1,\cdots,\lambda_9^1\right)=(1,\cdots,1),\\
&\tau_k=4^{k-1},\quad k>1,\\
&\lambda_1^{k+1}=\max\left\{0,\lambda_1^k+\tau_k g_1\left(r^k\right)\right\},\\
&\lambda_{1+j}^{k+1}=\max\left\{0,\lambda_1^k+\tau_k\left(r_j^k-1\right)\right\},\quad j=1,2,3,4,\\
&\lambda_{5+j}^{k+1}=\max\left\{0,\lambda_{5+j}^k+\tau_k\left(0.65-r_j^k\right)\right\},\quad j=1,2,3,4.
\end{aligned}$$

像障碍法和惩罚法一样, 也用 H-J 法来求解无约束最小化问题. 在 H-J 法中, 第一个无约束最小化问题的初始解是 (0.7,0.7,0.7,0.7). 在求解序列中, 前一个无约束问题的最优解作为下一个问题的初始解. 在求解第 5 个无约束问题后, 算法终止, 因为第 4 个和第 5 个问题的最优解相同. 表 6.3 给出了这三个无约束问题的解.

表 6.3 用增广拉格朗日法求例 6-1 的最优解

k	τ_k	$(\lambda_1,\cdots,\lambda_9)$	r_1^k	r_2^k	r_3^k	r_4^k	$\overline{L}_{\tau_k}(\boldsymbol{r},\boldsymbol{\lambda}^k)$
1	1	$(1,1,1,1,1,1,1,1,1)$	0.7100	0.7500	0.6870	0.5836	−1.48929
2	4	$(0.540,0.710,0.750,0.687,0.584,$ $0.940,0.900,0.963,1.067)$	0.8242	0.8236	0.8141	0.8029	−0.65565
3	16	$(0.457,0.007,0.044,0,0,$ $0.243,0.206,0.307,0.455)$	0.8886	0.8880	0.8785	0.6741	−0.01534
4	64	$(0.008,0,0,0,0,0,0,0,0.07)$	0.9746	0.9887	0.7443	0.6741	0.00011
5	256	$(0,0,0,0,0,0,0,0,0)$	0.9746	0.9887	0.7443	0.6741	0.00015

例 6-1 的最优解为 $\boldsymbol{r}^*=(0.9746,0.9887,0.7443,0.6741)$, 它可通过第 3 个, 也可通过第 4 个无约束问题得到. 相应的系统可靠度是 $R_{\mathrm{s}}\left(\boldsymbol{r}^*\right)=0.99985$.

用增广的拉格朗日方法求解例 6-2 问题 6.3(例 6-2 的连续情况) 可以写成如下:

$$\begin{aligned}
\min\quad & f(\boldsymbol{x})=-\prod_{j=1}^{4}\left[1-(1-r_j)^{x_j+1}\right],\\
\text{s.t.}\quad & \sum_{j=1}^{4}c_jx_j-44.6\leqslant 0,\\
& \sum_{j=1}^{4}w_jx_j-96\leqslant 0,\\
& -x_i\leqslant 0, i=1,2,3,4.
\end{aligned}$$

第 k 个无约束问题的目标函数为

$$\overline{L}_{\tau_k}\left(\boldsymbol{x},\boldsymbol{\lambda}^k\right)=f\left(\boldsymbol{x}\right)+\frac{1}{2\tau_k}\left\{\left\langle\max\left\{0,\lambda_1^k+\tau_k\left(\sum_{j=1}^{4}c_jx_j-44.6\right)\right\}\right\rangle^2-\left(\lambda_1^k\right)^2\right.$$

$$+\left\langle \max\left\{0, \lambda_2^k + \tau_k\left(\sum_{j=1}^{4} w_j x_j - 96.0\right)\right\}\right\rangle^2 - \left(\lambda_2^k\right)^2$$
$$+\sum_{j=1}^{4}\left\langle\left[\max\left\{0, \lambda_{2+j}^k - \tau_k x_j\right\}\right]^2 - \left(\lambda_{2+j}^k\right)^2\right\rangle\Bigg\}.$$

取 $\left(\lambda_1^1, \cdots, \lambda_6^1\right) = (1,1,1,1,1,1), \tau_1 = 1, \tau_k = 4^{k-1}(k>1)$ 且

$$\lambda_1^{k+1} = \max\left\{0, \lambda_1^k + \tau_k\left(\sum_{j=1}^{4} c_j x_j^k - 44.6\right)\right\},$$

$$\lambda_2^{k+1} = \max\left\{0, \lambda_2^k + \tau_k\left(\sum_{j=1}^{4} w_j x_j^k - 96.0\right)\right\},$$

$$\lambda_{2+j}^{k+1} - \max\left\{0, \lambda_{2+j}^k - \tau_k x_j^k\right\}, \quad j = 1,2,3,4,$$

其中,$(x_1^k, x_2^k, x_3^k, x_4^k)$ 是第 k 个无约束问题的最优解. 就像障碍法和惩罚法中一样, 也用 H-J 法来解决无约束最小化问题. 在求解到第 3 个无约束问题后, 算法终止, 因为第 2 个与第 3 个问题的最优解相同. 表 6.4 给出了这三个无约束问题的解.

表 6.4 用增广拉格朗日法求例 6-2 的最优解

k	τ_k	$(\lambda_1, \cdots, \lambda_6)$	x_1^k	x_2^k	x_3^k	x_4^k	$\overline{L}_{\tau_k}(\boldsymbol{r}, \lambda^k)$
1	1	$(1,1,1,1,1,1)$	4.164	5.000	4.000	3.000	−1.997545
2	4	$(0,0,0,0,0,0)$	4.306	5.344	4.000	3.000	−0.997841
3	16	$(0,0,0,0,0,0)$	4.306	5.344	4.000	3.000	−0.997841

用增广拉格朗日法得约束问题 6.3 的最优解为 (4.306, 5.344, 4.000, 3.000), 最终得到例 6-2 的整数解为 (4,5,4,3), 对应的目标函数值为 0.9975.

6.4 讨 论

几种 NLP 方法已被用于来求解可靠度最优化问题. 这些问题大部分是离散的、混合整数及非线性最优化问题. 当选择元件的可靠度作为最优化的连续尺度时, 问题属于 NLP 类型, 可以用本章介绍的这些方法直接求解. 当既要优化系统中元件的可靠度 (连续尺度), 又要优化元件的冗余水平时, 则问题属于混合整数规划类型. 当要确定元件冗余的数目时, 则问题属于离散最优化类型. 所有这些可靠性最优化问题都可以用数学规划模型描述, 并且能用启发式方法求解, 或者精确地采用 NLP 方法先求连续的解, 然后对得到的连续解四舍五入后产生原始问题的整数解.

在近似的方法中, NLP 方法可用来求解连续混合整数和离散最优化问题, 一般的做法是先求连续解, 然后对得到的连续解四舍五入后产生原始问题的近似最优整数解. Kuo 等[178] 通过发展分支定界方法, 采用 NLP 来求解离散和混合整数可靠性最优化问题. 求解一般 NLP 问题的最好方法是梯度法、拉格朗日法和惩罚法. Hwang 等[136] 用简约梯度法来求解一些可靠性最优化问题. 在求解一般约束问题的拉格朗日方法中, 解出 K-T 条件就可以得到局部最优解. Hwang 等[136] 采用了拉格朗日方法来求解可靠度最优化. 惩罚法在求解 NLP 问题时也很有用. 这些方法都把约束 NLP 问题转化为一系列无约束的 NLP 问题, 用适当的无约束优化方法通过逐次迭代来求解. 即使函数不满足连续性和可微性的假定, 这些方法也是可行的. 在这种情况下, 可用直接搜索法如 H-J 法、Powell 的共轭法等. 障碍法和惩罚法, 还有其他一些序列的无约束最小化方法都属此类型. Hwang 等[133] 采用由 Fiacco 和 McCormick[92] 发明的序列的无约束最小化方法来求解可靠性最优化问题. 一些好的软件包也可用来求解 NLP 问题. 用 NLP 求解系统可靠性离散最优化问题的主要缺点就是在四舍五入后得到的并不一定是最优解.

练 习

6.1 求解 NLP 问题的常用方法有哪些? 简要介绍一下.

6.2 给出一般 NLP 问题的 K-T 条件. 解释每个 K-T 条件. 假定目标函数和约束是线性的, 全局最优解的点满足 K-T 条件吗? 如果目标函数是非线性的呢?

6.3 写出例 3-2 的 K-T 条件.

6.4 在本章, H-J 法和牛顿法都用于求解 NLP 问题. 什么时候用 H-J 法, 什么时候用牛顿法? 讨论一下其他求解 NLP 问题的方法.

6.5 求出下列问题的 K-T 条件:

$$\begin{aligned}\max\quad f =& r_1r_2 + r_3r_4 + r_1r_5r_4 + r_2r_3r_5 - r_1r_2r_3r_4\\ &-r_1r_2r_3r_5 - r_1r_2r_4r_5 - r_1r_3r_4r_5\\ &-r_2r_3r_4r_5 + 2r_1r_2r_3r_4r_5,\end{aligned}$$

$$\begin{aligned}\text{s.t.}\quad & 5\mathrm{e}^{r_1} + 3\mathrm{e}^{r_2} + 6\mathrm{e}^{r_3} + 4\mathrm{e}^{r_4} + 9\mathrm{e}^{r_5} \leqslant 70,\\ & 0.9 \leqslant r_i \leqslant 1.0, i = 1, \cdots, 5.\end{aligned}$$

6.6 举例说明一个可靠度最优化问题可以从 K-T 条件得出一个精确的最优解.

6.7 解释惩罚法的动机, 说明每种惩罚法的优点和缺点.

6.8 用障碍法求解练习 6.5.

6.9 用障碍法求解问题 6.2, 取 $\tau_k = 0.4^k (k \geqslant 1)$, 把计算结果和表 6.1 的结果作比较.

6.10 用混合惩罚法求解问题 6.2, 并和表 6.1 的计算结果比较.

6.11 求解例 3-2 的反障碍函数.

6.12 用惩罚法求解例 3-3, 写出无约束非线性函数.

6.13 对例 4-3, 用增广拉格朗日法求出 $\overline{L}_r(r,\lambda_k)$ 和 λ_i^{k+1}.

6.14 在例 4-3 中, 令第三个约束为 $\sum\limits_{j=1}^{n} w_j x_j \exp(x_j/4) = 200$, 求混合惩罚函数.

6.15 用第 6 章描述的 NLP 方法来求解例 5-1 的松弛问题 (忽略对 x_i 的整数限制), 以可行的方式求解, 把求得的最终解和准确结果进行比较.

6.16 在系统可靠度的离散最优化问题求解时, NLP 方法有什么缺点?

• 在 Tillman 等[303] 的文章中, 可以找到复杂系统的可靠度函数和成本函数: 参见这篇文章求解下面的练习题.

6.17 验证可靠度函数并以正确的形式表达出来. 建立最优化问题, 使在成本约束下的可靠度函数最大化.

6.18 用拉格朗日方法求解练习 6.17 的最优化问题.

6.19 用 H-J 算法求解练习 6.17 的最优化问题 (参见附录 2).

6.20 预测练习 6.17 的全局最优解 (可以选择任何方法).

6.21 在以下几个方面比较拉格朗日法 (练习 6.18) 和 H-J 法 (练习 6.19) 求得的解:

(a) 与全局最优解的偏差;

(b) 迭代的次数;

(c) 计算时间;

(d) 你的工作经验.

第 7 章　可靠性系统最优化的智能启发式算法

7.1　引　　言

如第 3~6 章所述, 大量方法已被用于解决各种可靠性优化问题. 然而, 本书并未强调那些包括曾用于解决可靠性优化问题的极大值原理的方法, 因为它们难于理解, 并且时常产生不理想的解. 这些方法基于研究思路产生, 并且大部分只是在发表后实际使用了很短的时间.

在最近几年, 智能启发式算法被广泛选择, 并且成功应用于处理诸多可靠性优化问题. 这些启发式算法, 被发现比经典的数学优化算法有更多的人工推理, 包括遗传算法、模拟退火法和禁忌搜索. 遗传算法试图通过父代–子代关系来模仿生物进化繁殖现象; 模拟退火法是基于冶炼的一个物理过程; 而禁忌搜索的基本原理是导出和探索一系列智能解决问题原则. 除了这三种基本方法, 在第 7 章还简要讨论了一些其他的可靠性优化技术.

模拟退火和禁忌搜索方法可以应用于广泛的复杂离散优化问题, 并均被应用于各种优化设计问题. 模拟退火方法是基于解中的马尔可夫 (概率) 转移, 而禁忌搜索在很大程度上依赖于它的过程中任何一个阶段的过去信息. 这两种方法的共同特征是提供次优解的目的. 尽管大部分可靠性设计问题是离散性质的, 但是在可靠性优化文献里这两种方法有用的应用不多. 因此, 在本书中介绍模拟退火和禁忌搜索方法, 我们认为, 它们在可靠性设计的应用方面具有相当大的潜力. 利用可靠性优化的实例说明这两种方法.

7.2　遗 传 算 法

遗传算法是一个解优化问题的概率论方法. 它通过模仿自然界的进化过程来解决问题, 而自然界的种群通过杂交、变异和自然选择经历着持续的变化. 对于各种各样问题遗传算法可以容易在计算机上实施. 对于直接用数学方法处理很麻烦的问题, 遗传算法解决这些复杂优化问题特别有用. 遗传算法在处理大规模、实际离散或连续的问题上非常有效, 并且没有不现实的假设和近似. 只要保证以模仿自然进化作为基础, 遗传算法可以被适当地设计和修正来探索解决问题的特有特征. 因此, 为解各种优化问题遗传算法形成了一种方法或方法论.

在过去的 10 年里, 对于遗传算法的研究取得了重要的进展. 对于遗传算法的发展Holland[129]作出了开拓性的贡献. 随后, 包括Davis[69], Goldberg[111], Kinnear[156], Koza[166,167], Leipins 和 Hilliard[192], Michalewicz[217], Mitchell[233], Gen 和 Cheng[99], 以及 Chambers[45] 都针对遗传算法提出了很好的概括性描述. Coit 等[64] 和其他人通过应用遗传算法对可靠性优化的研究作出了重要贡献.

几乎所有经典的优化方法都是单向的, 在某种意义上, 它们从一个解转移向另一个解, 直到它们达到一个终止标准才停下来. 相反地, 遗传算法通过在每一个阶段遗传和选择多重解实现多方向搜索. 遗传算法始于一个 (可行的或不可行的) 解集合, 在每次迭代中通过一个随机程序生成新解, 同时舍弃一些当前解. 它依照一个终止标准停止运算, 这个标准通常是没有改进的迭代数或一个迭代数的上限. 由于遗传算法模拟了自然进化过程, 可以用下列有关自然进化的词汇来描述它:

染色体	一个解串或向量的编码,
种群	染色体集合,
种群规模	种群染色体的数目,
染色体的适应度	与染色体相关解的目标函数值,
基因	染色体的个体部分,
基因座	染色体内某一基因所在的位置,
双亲	参与杂交繁殖过程的染色体,
突变	基因的随机改变,
后代	新形成的染色体.

染色体也可称为串或个体; 这三个词在本章中是同义的, 可交换使用. 染色体 $\boldsymbol{v}$ 的适应度表示为 $\mathrm{eval}(\boldsymbol{v})$ 和种群数量表示为 s. 遗传算法的最重要的方面在于以下几个:

(1) 染色体作为遗传解的表示, 即离散元素向量解的编码;

(2) 染色体适应度的评估;

(3) 新染色体从有用个体中产生;

(4) 选择染色体来维持合适的种群数量.

两种运算方式, 即杂交和变异产生新染色体, 被称为遗传运算. 在杂交运算中, 一对染色体互相交换它们的遗传物质 (一部分方法), 孕育出一个或多个下一代. 在变异过程中, 一些染色体的基因经历了随机改变重组成一个新的染色体. 下例说明遗传算法的相关术语及其两种运算:

例 7-1 假设有 6 个物件 $1,2,\cdots,6$, 对于 $i=1,2,\cdots,6$, 物件 i 的重量为 w_i, 价值为 p_i. 问题是如何选取一个这 6 个物件的子集, 使得所选取的物件的总价值最大, 同时保证它们的总重量不超过一个具体指定的重量 W. 这个问题就是众所周知的在优化文献中的背包问题.

当选择物件 i 时, 令 $x_i=1$; 否则, $x_i=0$. 于是 0-1 向量 $(x_1,x_2,\cdots,x_6)$ 表示

这个问题的一个解. 仅当 $\sum_{i=1}^{6} w_i x_i \leqslant W$ 时, 这个解是可行的. 在此例中, 6 组 0-1 元素向量集表示染色体. 例如, (100101) 即表示选择了物件 1, 4, 6 的染色体. 集合

$$\{(101001), (010011), (111011), (101010), (001110)\}$$

可以表示数量 $s = 5$ 的种群. 染色体 (101101) 位于基因座 (位置)4 的基因即为元素 1. 染色体的 $\boldsymbol{v} = (v_1, \cdots, v_6)$ 的适应度为

$$\mathrm{eval}(\boldsymbol{v}) = \sum_{i=1}^{6} p_i v_i.$$

例如, 染色体 (110001) 的适应度等于 $p_1 + p_2 + p_6$.

一个简单杂交运算 (对于新染色体的后代) 描述如下: 考虑一对染色体 (101001) 和 (011101). 将这对染色体在位置 3 和位置 4 中间断开成为两部分, 以后将染色体均在右半段的部分相互交换,

$$\begin{array}{ccccc} 101001 & & 101|001 & & 101101 \\ & \longrightarrow & \uparrow\downarrow & \longrightarrow & \\ 011101 & & 011|101 & & 011001 \end{array}$$

这个过程产生了两个新的染色体 (101101) 和 (011001). 这就是父母双方通过结合过程产生后代, 父母的一组染色体是 (101001) 和 (011101), 而后代的染色体是 (101101) 和 (011001).

染色体 (110011) 的变异运算可能将变为 (110001): 由于潜在的随机机制, 当位置 5 处的基因 1 变成基因 0 时, 可以发生这个变异. 染色体的变异过程中基因在两个或多个位置上的变异是可能的.

一个典型的遗传算法的主要步骤包括以下几个:

(1) 染色体表示;

(2) 固定数目的染色体随机遗传形成初始种群数量;

(3) 对于每个染色体适应度的评估;

(4) 对于杂交运算父代的选择;

(5) 通过杂交过程孕育下一代;

(6) 染色体的变异过程;

(7) 按照适应度对下一代的种群数量选择 s 个染色体.

染色体表示

染色体表示是任何一个遗传算法中的关键部分. 对于任何一个所给问题都可能会有几种不同的染色体表示的方法. 在 Holland[129] 最初的工作中, 染色体被定义为对于任意具体问题的 0-1 元素的固定长度串. 在所有情况下提供这样一种表示

是不易的. 在某些情况下, 0-1 元素串的表示也可能会大幅度增加染色体长度. 基于这种原因, 一些研究者采用根据具体问题表示染色体, 以便于设计杂交和变异的有效运算. 考虑最大化问题

$$\begin{aligned} \max \quad & z=\sum_{i=1}^{n} p_i x_i, \\ \text{s.t.} \quad & \sum_{i=1}^{n} w_i x_i \leqslant W, \\ & \ell_i \leqslant x_i \leqslant u_i, i=1,\cdots,n, \\ & x_i \text{为整数}. \end{aligned}$$

例如, 为了通过遗传算法解这个问题, 人们可以把解向量本身作为染色体表示. 比较好的是在染色体和问题解之间有一对一的表示.

适应度评价

每当形成一个染色体, 对于对应的解评估目标函数, 并且将这个评估值作为染色体的适应度. 对于适应度的评价常常采用解析法. 如果评价工作非常复杂, 或者无法直接计算, 那么可以采用任何适当的方法解决问题. 例如, Coit 和 Smith[60] 为了寻找最优原件冗余在遗传算法中使用神经网络方法评估系统可靠性. 如果问题在这些解上受到限制, 适应度的值也可能包含一些对于解不可行性问题的惩罚 (对于极大化问题是一个负值). 在形成下一代的过程中适应度用来拣选染色体.

初始种群

为了形成初始种群随机生成一个固定数目的染色体. 在一个染色体任何指定位置上的基因属于一个值集合. 在染色体的随机遗传过程中, 任一位置上的基因由相对应的集合随机产生. 例如, 在例 7-1 中, 处于任意位置的基因都属于集合 {0,1}. 当随机形成一个染色体时, 在基因的每个位置上, 元素 0 和元素 1 中的一个随机被选取. 对于最初种群, 这种随机形成染色体的方式不同于变异运算, 因为变异是现存染色体基因经历随机改变才产生新的染色体.

杂交运算

对于杂交运算随机选择染色体. 为了杂交在一些文献中选择父代采用几个过程. 在一些选择过程中, 将一个预定的值视为选择染色体杂交的概率. 这个值就是所谓的杂交率, 并且用 p_{c} 表示. 对于种群的每个染色体, 一个均匀随机数 p 取自 [0,1] 区间. 仅当 $p \leqslant p_{\mathrm{c}}$ 时, 一个染色体才会被选为父代. 如果这种被选定的染色体的数是奇数, 则多选一个染色体, 或者忽略之前选好的一个染色体. 这种选择是随机进行的. 被选择的染色体是成对进行杂交运算. 例如, 考虑例 7-1 中的 8 个染色体组成的种群, {(101001), (010011), (111011), (101010), (001110), (110011), (010101), (101011)}. 令杂交率 $p_{\mathrm{c}}=0.5$. 假设 8 个随机数字 0.21, 0.75, 0.32, 0.89, 0.56, 0.72,

0.47 和 0.09 全部取自 [0,1] 区间. 因为第 1, 3, 7, 8 个随机数字都小于 p_c, 相应的染色体 (101001), (111011), (010101), (101011) 被选中, 同时第 1 个和第 7 个染色体组合成为一对染色体, 相应地与第 3 个和第 8 个染色体组成的一对染色体进行杂交.

选好的每对染色体经历杂交运算. 对于杂交有多种方法, 其中之一是单点运算, 两个染色体在随机选择的位置分成两段, 然后将两个染色体右半段相互交换. 这一过程在上文中论述过. 两点及多点杂交运算在遗传算法的文献中都描述.

Syswerda[299] 提出了一个在探索搜索空间方面非常有效的均匀杂交运算. 在这个运算中, 两个染色体的各个位置的基因是不同的, 对于第一个子代, 两个基因的其中之一是随机选择的 (在相等概率下), 而另一个基因的选择则是用于第二个子代. 由于在所有其他位置上是他们父代的基因, 两个子代具有相同那个的基因结构. 这意味着任一特定的杂交方法对于某些类型问题是有效的, 但是对于其他类型问题却无作用.

变异

种群中的每个染色体都会经历变异. 染色体的基因随机变成另一个基因的概率是由 p_m 预先决定的. 这是变异率, 对于种群的每个染色体的每个基因都是相同的. 为了执行整个种群的变异运算, 对每个染色体的每个位置, 均匀随机数 p 取自 [0,1] 区间. 如果某一个位置上的 $p \leqslant p_m$, 则现存基因被一个从对应的选择集合中随机选择的基因代替.

新种群的产生

遗传算法最重要的特征是从一代种群中选择个体形成下一代的种群的进化运算. 在自然进化的进程中, 自然选择遵循适者生存原则. 适应度越高, 选择生存下来的机会越大. 在遗传运算中有着相似的生存策略, 尽管产生了新的个体, 仍然在每代种群中维持一个固定的种群数目.

在遗传算法文献中, 为了形成新种群几种方法被描述. 在一类方法中, 每一个子代代替当前种群中的一个个体. 在 Holland 的遗传算法原始文献中, 子代代替它们的父代形成一个新的种群. 为了实现当前种群的替代, Michalewicz[217] 描述了个体的需要数 (种群大小) 被随机选择的方法, 父代由它们的子代各自代替, 选择的概率与适应度成比例. 在另一类选择方法中, 为了随机选择, 种群的所有个体和它们的子代形成一个样本空间, 即父代和子代为了继续生存成为下一代而共同参与竞争.

对于大多数方法, 染色体的适应度在选择中起重要的作用. 一些方法是确定性的, 按照适应度降序选择固定的个体数. 在一些方法中, 个体按照正比于适应度值的概率被选择. 然而, 这些概率方法有一个弱点是具有高适应度的个体加入下一代的可能性会更大, 这对于探索搜索空间是不利的, 因此, 会迫使遗传算法快速趋近局部最优. 为了降低基于适应度选择的压力, 概率是基于利用变换修正适应度值.

在很多文献中使用了多种形式的变换, 如线性的、对数的、指数的等. 通常使用动态变换, 也包括生成数, 逐渐减少对下一代的选择压力. 有时选择概率是根据在适应度值的降序中个体的秩决定的.

7.2.1 用于系统可靠性优化的遗传算法

一般来说, 系统可靠性优化是很复杂的问题, 目标函数和约束条件都是非线性的, 其决策变量是整数. 这类问题不容易解析处理. 大部分可靠性优化研究人员将研究重点集中于开发简单启发式算法, 这种启发式方法用尽量少的计算给出问题的次优化解. 然而, 启发式方法通常需要问题的数学表达式, 并且在解的质量和计算工作量之间不提供更多的权衡. 对于没有显式数学表达的问题可以设计一个遗传算法, 并且它的参数值, 如种群规模、杂交率、变异率等, 可以适当地选择它们来平衡解的质量和计算工作量.

最近, 人们利用遗传算法来解各种不同的可靠性优化问题. 对于求线性成本约束的系统可靠性最大值, Painton 和 Campbell[257,258] 设计了一个遗传算法. 为了解包含几个失效模式冗余分配问题, Yokota 等[328] 和 Ida 等[144] 提出了一个遗传算法. Coin 和 Smith[58,59] 使用遗传算法解具有成本和重量约束的并–串联系统的最优冗余分配问题. 对于同样的系统, 假设元件可靠性是不确定的, Coint 和 Smith[62] 应用遗传算法求系统可靠性概率分布百分点的最大值. 对于不可行解和不合适的可行解定义惩罚, Majety 和 Rajagopal[205] 应用遗传算法求解具有最低可靠性要求的串–并联和并–串联系统的成本优化.

Dengiz 等[74,75] 利用遗传算法寻找可靠性最低需求约束的最优成本网络拓扑. 假设对于每条边有多重选择, Detter 和 Smith[70] 针对类似问题使用遗传算法. Hsieh 等[131] 通过优化冗余分配使用遗传算法实现资源约束的系统可靠性优化. 他们也对可靠性冗余分配问题设计了一个遗传算法. 为解可靠性优化问题, Gen 和 Cheng[99] 给出了遗传算法的很好的描述.

在本节, 描述 Yokota 等[328] 以及 Coit 和 Smith[58] 的遗传算法.

具有多个失效模式的可靠性优化

Tillman[301] 考虑了一个串联系统最优冗余分配问题, 该系统中每个子系统的元件属于两类失效模式. 他采用一个隐式枚举法解此类问题, 描述如下：

一个串联系统由 n 个子系统组成. 子系统 j 有 x_j+1 个元件并联组成, 每一个都属于两类失效模式：O 和 A. 当 O 类失效模式在 x_j+1 个元件中的任何一个中发生时, 子系统 j 失效. 相反地, 当 A 类失效模式发生在所有的 x_j+1 个元件中时, 子系统 j 失效. 一般来说, 子系统 j 受约束于 s_j 失效模式 $1,2,\cdots,s_j$, s_j 中的前 h_j 个模式 $1,2,\cdots,h_j$ 属于 O 类失效模式, 剩下的则属于 A 类. 令 q_{ju} 表示子系统 j 中的任一元件失效导致模式 u 失效的概率, 其中, $1\leqslant u\leqslant s_j$, $1\leqslant j\leqslant n$.

子系统 j 由 x_j+1 个冗余元件组成, 令 $Q_j^{\mathrm{O}}(x_j)$ 表示由于 h_j 个 O 类失效模式中的任一个发生所造成的子系统 j 失效的概率. 同理, 令 $Q_j^{\mathrm{A}}(x_j)$ 表示由于 s_j-h_j 个 A 类失效模式中的任一个发生所造成的子系统 j 失效的概率. 于是子系统 j 的失效概率可用 $Q_j(x_j)=Q_j^{\mathrm{O}}(x_j)+Q_j^{\mathrm{A}}(x_j)$ 表示, 而系统可靠性为

$$R_s=\prod_{j=1}^{n}[1-Q_j(x_j)].$$

于是有

$$Q_j^{\mathrm{O}}(x_j)\approx\sum_{u=1}^{h_j}[1-(1-q_{ju})^{x_j+1}]$$

和

$$Q_j^{\mathrm{A}}(x_j)\approx\sum_{u=h_j+1}^{s_j}(q_{ju})^{x_j+1}.$$

问题 7.1

$$\begin{aligned}
\max\quad & R_{\mathrm{s}}=\prod_{j=1}^{n}[1-Q_j(x_j)],\\
\text{s.t.}\quad & \sum_{j=1}^{n}g_{ij}(x_j)\leqslant b_i, i=1,2,\cdots,m,\\
& \ell_j\leqslant x_j\leqslant u_j, j=1,2,\cdots,n,\\
& x_j\text{取非负整数}.
\end{aligned}$$

为达到说明的目的, Tliiman[301] 特别考虑到以下的数值例子:

例 7-2

$$\begin{aligned}
\max\quad & R_{\mathrm{s}}=\prod_{j=1}^{3}\left\{1-[1-(1-q_{j1})^{x_j+1}]-\sum_{u=2}^{4}(q_{ju})^{x_j+1}\right\},\\
\text{s.t.}\quad & G_1(x)=(x_1+3)^2+x_2^2+x_3^2\leqslant 51,\\
& G_2(x)=\sum_{j=1}^{3}[x_j+\exp(-x_j)]\geqslant 6,\\
& G_3(x)=\sum_{j=1}^{3}\left[x_j\exp\left(-\frac{x_j}{4}\right)\right]\geqslant 3.25,\\
& 1\leqslant x_1\leqslant 4,\\
& 1\leqslant x_2,\\
& 0\leqslant x_3\leqslant 7,\\
& x_j\text{取整数}.
\end{aligned}$$

注意: 对于三个子系统中的任一个, 这里有一个 O 类失效模式和三个 A 类失效模式, 即 $h_j=1$ 且 $s_j=4$(其中 $j=1,2,3$). 失效概率 q_{ju} 在表 7.1 中列出.

表 7.1 指派在例 7-2 中的失效概率

j	u			
	1	2	3	4
1	0.01	0.05	0.10	0.18
2	0.08	0.02	0.15	0.12
3	0.04	0.05	0.20	0.10

遗传算法

Gen 等[102], Ida 等[144] 以及 Yokota 等[328] 针对问题 7.1 都提出了遗传算法. 将在下文通过例 7-2 说明此算法.

染色体表示：例 7-2 的一个解 (x_1, x_2, x_3) 是一组非负整数向量. 当变量存在上界时, 通过使用二进制记数制, 每个解的整数变量的值都可以被记为 0 和 1 的固定长度的字符串, 这一字符串可以作为表示每个解的染色体.

变量 x_1 和 x_3 的上界分别为 4 和 7. 注意到第一个约束和变量 x_1 及 x_3 的下界分别为 1 和 0, 另加一个约束条件 $x_2 \leqslant 5$. 现在, 每个变量值都可以由长度等于 3 的 0-1 字符串表达. 因此, 例 7.2 的解可以由长度等于 9 的 0 和 1 组成的字符串表示. 例如, 解 $(x_1, x_2, x_3) = (3, 2, 1)$ 可由字符串 (011010001) 表示. 因此, 此例中长度等于 9 的字符串可作为染色体. 注意一些染色体对应于问题的不可行解, 如染色体 (001000001) 和 (011010100) 分别与其对应解 (1, 0, 1) 和 (3, 2, 4) 是不可行的.

初始种群的产生：染色体的初始种群是随机产生的. 为了便于说明, 假设种群数量 $s = 5$. 为了随机产生染色体, 从每个染色体的 9 个基因中选取一个的概率 p 是个均匀的随机数, 属于区间 [0, 1]. 当相应的随机数不超过一个指定的值时, 如 0.5, 基因取 0; 否则, 基因取 1. 这个指定的值可能根据问题具体表情况被确定. 假设随机产生的初始种群为

$$\begin{aligned}
\boldsymbol{v}_1 &= (010100001)\,,\\
\boldsymbol{v}_2 &= (011010001)\,,\\
\boldsymbol{v}_3 &= (001101001)\,,\\
\boldsymbol{v}_4 &= (011001011)\,,\\
\boldsymbol{v}_5 &= (100011010)\,.
\end{aligned}$$

$\boldsymbol{v}_1, \boldsymbol{v}_2, \cdots, \boldsymbol{v}_5$ 的相应的解分别为

$$\begin{aligned}
\boldsymbol{x}_1 &= (2, 4, 1)\,,\\
\boldsymbol{x}_2 &= (3, 2, 1)\,,\\
\boldsymbol{x}_3 &= (1, 5, 1)\,,\\
\boldsymbol{x}_4 &= (3, 1, 3)\,,\\
\boldsymbol{x}_5 &= (4, 3, 2)\,.
\end{aligned}$$

杂交运算：在这个遗传算法中使用的是单点杂交运算. 假设杂交率为 $p_c = 0.5$,

这意味着种群中 50% 的个体有望被选择进行杂交运算. 假设值 0.513, 0.158, 0.817, 0.436 和 0.719 是 [0,1] 区间内按照均匀分布随机选取的. 因为第 2 个和第 4 个随机数并未超过设定的杂交率 0.5, 相应的染色体 $\boldsymbol{v}_2$ 和 $\boldsymbol{v}_4$ 被选中进行杂交. 在单点杂交运算过程中, 随机选取染色体分割成两部分的位置. 假设染色体对 $(\boldsymbol{v}_2, \boldsymbol{v}_4)$ 在位置 7 分割, 然后染色体对 $(\boldsymbol{v}_2, \boldsymbol{v}_4)$ 产生两个后代 $\boldsymbol{o}_1$ 和 $\boldsymbol{o}_2$, 如下所示:

$$
\begin{array}{ccccc}
\boldsymbol{v}_2 = 011010001 & & 011010|001 & & \boldsymbol{o}_1 = 011010011 \\
 & \longrightarrow & \uparrow\downarrow & \longrightarrow & \\
\boldsymbol{v}_4 = 011001011 & & 011001|011 & & \boldsymbol{o}_2 = 011001001
\end{array}
$$

变异: 种群中的每个染色体都会执行变异运算. 假设突变率 $p_{\mathrm{m}} = 0.1$, 也就是说, 一个基因被改变的概率为 0.1. 假设对于种群中所有的基因, 随机数从区间 [0,1] 中选取, 如表 7.2 所示.

表 7.2　变异运算产生的随机数

染色体	基因的位置								
	1	2	3	4	5	6	7	8	9
$\boldsymbol{v}_1$	0.58	0.13	0.86	0.91	0.98	0.23	0.46	0.04①	0.63
$\boldsymbol{v}_2$	0.69	0.53	0.28	0.05①	0.53	0.92	0.12	0.69	0.89
$\boldsymbol{v}_3$	0.66	0.25	0.83	0.14	0.67	0.24	0.36	0.52	0.91
$\boldsymbol{v}_4$	0.69	0.09①	0.97	0.85	0.10①	0.39	0.95	0.39	0.82
$\boldsymbol{v}_5$	0.30	0.45	0.16	0.92	0.50	0.77	0.67	0.27	0.76

①变异的基因.

变异基因的位置

染色体数字	1	2	4	4
位置	8	4	2	5

染色体 $\boldsymbol{v}_1 = (010100001)$ 发生变异时, 位置 8 上的基因 0 变成 1, 产生了后代 $\boldsymbol{o}_3 = (010100011)$. 相似地, 发生变异的其他两个染色体 $\boldsymbol{v}_2$ 和 $\boldsymbol{v}_4$ 分别产生了 $\boldsymbol{o}_4 = (011110001)$ 和 $\boldsymbol{o}_5 = (001011011)$. 后代和相应的解及其适应度如表 7.3 所示.

表 7.3　例 7-2 产生的后代和相应的解

后代	解决方法	适应度
$\boldsymbol{o}_1 = (011010011)$	$(3, 2, 3)$	$\text{eval}(\boldsymbol{o}_1) = 0.62912$
$\boldsymbol{o}_2 = (011001001)$	$(3, 1, 1)$	$\text{eval}(\boldsymbol{o}_2) = -M$
$\boldsymbol{o}_3 = (010100011)$	$(2, 4, 3)$	$\text{eval}(\boldsymbol{o}_3) = 0.53810$
$\boldsymbol{o}_4 = (011110001)$	$(3, 6, 1)$	$\text{eval}(\boldsymbol{o}_4) = -M$
$\boldsymbol{o}_5 = (001011011)$	$(1, 3, 3)$	$\text{eval}(\boldsymbol{o}_5) = 0.56733$

染色体的适应度：令 $\boldsymbol{v}$ 表示一个染色体, 其相应问题的解用 $\boldsymbol{x}$ 表示. 适应度 $\boldsymbol{v}$ 可定义为

$$\text{eval}(\boldsymbol{v}) = \begin{cases} R_s(\boldsymbol{x}), & \boldsymbol{x}\text{可行}, \\ -M, & \text{否则}, \end{cases}$$

其中, M 为一个足够大的正数.

这里, 不可行的惩罚为 $M + R_s(x)$, 初始种群的染色体的适应度分别为

$$\begin{aligned} \text{eval}(\boldsymbol{v}_1) &= 0.55173, \\ \text{eval}(\boldsymbol{v}_2) &= 0.64505, \\ \text{eval}(\boldsymbol{v}_3) &= -M, \\ \text{eval}(\boldsymbol{v}_4) &= 0.65801, \\ \text{eval}(\boldsymbol{v}_5) &= -M. \end{aligned}$$

注意染色体 $\boldsymbol{v}_3$ 和 $\boldsymbol{v}_5$ 相应的不可行解分别为 (1,5,1) 和 (4,3,2).

新种群的染色体选择：选择染色体形成下一代种群的过程完全是确定的. 它从当前种群和子代集合当中选择 $s(=5)$ 个染色体, 并按照其适应度的降序进行排列. 在此例中, 第二代所选取的第 5 个染色体如表 7.4 所示.

表 7.4 多重失效问题的第二个种群

	染色体	解	适应度
1	$\boldsymbol{v}_4 = (011001011)$	$(3,1,3)$	$\text{eval}(\boldsymbol{v}_4) = 0.65801$
2	$\boldsymbol{v}_2 = (011010001)$	$(3,2,1)$	$\text{eval}(\boldsymbol{v}_2) = 0.64505$
3	$\boldsymbol{o}_1 = (011010011)$	$(3,2,3)$	$\text{eval}(\boldsymbol{o}_1) = 0.62912$
4	$\boldsymbol{o}_5 = (001011011)$	$(1,3,3)$	$\text{eval}(\boldsymbol{o}_5) = 0.56733$
5	$\boldsymbol{v}_1 = (010100001)$	$(2,4,1)$	$\text{eval}(\boldsymbol{v}_1) = 0.55173$

依照以上的过程, 进化在 10 代中被执行. 第 10 代种群如表 7.5 所示.

表 7.5 多重失效问题的最终种群

	染色体	解决方法	适应度
1	(011001010)	$(3,1,2)$	0.67972
2	(011001011)	$(3,1,3)$	0.65801
3	(010010010)	$(2,2,2)$	0.65252
4	(011010010)	$(3,2,2)$	0.64988
5	(011010001)	$(3,2,1)$	0.64505

算法给出的最好的染色体是 $\boldsymbol{v}^1$=(011001010), 其适应度等于 0.67972, 也就是说, 由遗传算法解出的问题的最好解是 $(3,1,2)$, 相应的系统可靠性是 0.67972. 遗传算法改进了种群的规模.

并–串联系统的可靠性优化

Coint 和 Smith[58] 利用每个并联子系统的冗余优化的思路, 设计了一个遗传算法解并–串联系统的可靠性最优问题. Coint 和 Smith 所考虑的问题描述如下:

问题 7.2

一个可靠性系统是由 n 个子系统串联组成的, 分别由 $P_1, \cdots, P_n$ 表示. 任一个子系统 P_i 至少需要 ℓ_i 个元件才能工作. 子系统 P_i 有 m_i 种元件可以使用, 其中第 j 种元件的可靠性为 r_{ij}. 令在子系统 P_i 中使用的第 j 种元件的个数为 x_{ij}. 向量 $\boldsymbol{x}_i = (x_{i1}, x_{i2}, \cdots, x_{im_i})$ 表示子系统 P_i 的 m_i 种元件的集合. 对于指派 $\boldsymbol{x}_i$, 令 $c_i(\boldsymbol{x}_i)$ 和 $w_i(\boldsymbol{x}_i)$ 分别表示子系统 P_i 的总成本和总重量.

$$
\begin{aligned}
\max \quad & R_{\mathrm{s}} = \prod_{i=1}^{n} R_i(\boldsymbol{x}_i), \\
\text{s.t.} \quad & \sum_{i=1}^{n} c_i(\boldsymbol{x}_i) \leqslant C, \\
& \sum_{i=1}^{n} w_i(\boldsymbol{x}_i) \leqslant W, \\
& \ell_i \leqslant \sum_{j=1}^{m_i} x_{ij} \leqslant u_i, i = 1, \cdots, n,
\end{aligned}
$$

其中, x_{ij} 取非负整数, $R_i(\boldsymbol{x}_i)$ 表示子系统 P_i 的可靠性, u_i 表示子系统 P_i 的元件总个数的上限, 常量 C 和 W 分别表示系统的总成本和总重量的限制值. 子系统可靠性 $R_i(\boldsymbol{x}_i)$ 可以记为

$$
R_i(\boldsymbol{x}_i) = 1 - \sum_{h=0}^{\ell_i - 1} \sum_{\boldsymbol{\tau} \in T_{i(h)}} \prod_{j=1}^{m_i} \begin{pmatrix} x_{ij} \\ t_j \end{pmatrix} r_{ij}^{t_j} (1 - r_{ij})^{x_{ij} - t_j},
$$

其中,

$$
\boldsymbol{\tau} = (t_1, t_2, \cdots, t_{m_i})
$$

和

$$
T_i(h) = \left\{ (t_1, t_2, \cdots, t_{m_i}) : \sum_{j=1}^{m_i} t_j = h, t_j \leqslant x_{ij}, j = 1, \cdots, m_i \right\}.
$$

遗传算法

染色体表示: 对于问题 7.2 的一个一般解可如下向量表示:

$$
(x_{11}, x_{12}, \cdots, x_{1m_1}, x_{21}, x_{22}, \cdots, x_{2m_2}, \cdots, x_{n1}, x_{n2}, \cdots, x_{nm_n}),
$$

其中部分向量 $(x_{i1}, x_{i2}, \cdots, x_{im_i})$ 表示子系统 P_i 的指派. 假设每个子系统 P_i 的元件类型被标下标, 使得 $r_{i1} \geqslant r_{i2} \geqslant \cdots \geqslant r_{im_i}$. 对于任何可行的指派都有 $\sum\limits_{j=1}^{m_i} x_{ij} \leqslant u_i$.

因此, 指派 $\boldsymbol{x}_i=(x_{i1},x_{i2},\cdots,x_{im_i})$ 可由 u_i 维向量

$$\boldsymbol{y}_i=(1,1,\cdots,1,2,2,\cdots,2,\cdots,m_i,m_i,\cdots,m_i,m_i+1,m_i+1,\cdots,m_i+1)$$

唯一表示, 其中 j 出现 x_{ij} 次且 $j=1,2,\cdots,m_i$, 并且 m_i+1 出现$\left(u_i-\sum_{j=1}^{m_i}x_{ij}\right)$ 次. 如果对于某些 h 出现了 $x_{ih}=0$ 的情况, 那么 h 不再出现在变量 $\boldsymbol{y}_i$ 中. 相似地, 倘若 $\sum_{j=1}^{m_i}x_{ij}=u_i$, 那么 m_i+1 不再出现在 $\boldsymbol{y}_i$ 中. 令 $k=\sum_{i=1}^{n}u_i$. 现在 k 维变量 $\boldsymbol{y}=(\boldsymbol{y}_1,\boldsymbol{y}_2,\cdots,\boldsymbol{y}_k)$ 表示不违反上限约束的一个解. 解 $\boldsymbol{x}$ 相对应的 k 维 $\boldsymbol{y}$ 型变量是有可能违反下限约束. 向量 $\boldsymbol{y}$ 被认为解 $\boldsymbol{x}$ 的染色体表示. 为了说明的目的, 考虑如下数值例子:

$$\begin{aligned}&n=3,\\&(m_1,m_2,m_3)=(6,8,6)\,,\\&(\ell_1,\ell_2,\ell_3)=(2,2,2)\,,\\&(u_1,u_2,u_3)=(4,4,5)\,.\end{aligned}$$

例如, 向量 $\boldsymbol{x}=(\boldsymbol{x}_1,\boldsymbol{x}_2,\boldsymbol{x}_3)$, 其中,

$$\begin{aligned}\boldsymbol{x}_1&=(100101)\,,\\\boldsymbol{x}_2&=(10201000)\,,\\\boldsymbol{x}_3&=(010010)\end{aligned}$$

就是问题的解. 虽然它满足上、下界, 但无法判断它是可行解. 对应于 $\boldsymbol{x}$ 的向量 $\boldsymbol{y}$ 为

$$\boldsymbol{y}=(1467,\ 1335,\ 25777)\,.$$

初始种群的产生: 设定种群大小为 s, 初始种群的大小是随机产生的. 对于子系统 P_i, 将由如下步骤产生染色体:

- 步骤 1: 在 ℓ_i 和 u_i 之间随机选择数 n_i(包括 ℓ_i 和 u_i).
- 步骤 2: 进行替换, 在集合 $M_i=(1,2,\cdots,m_i)$ 中随机选择 n_i 个数, 将它们按照非降序进行排列 (假设存在 $r_{i1}\geqslant r_{i2}\geqslant\cdots\geqslant r_{im_i}$).
- 步骤 3: 为了在非将序中得到由元素 $1,2,\cdots,m_i+1$ 组成的 u_i 维向量 $\boldsymbol{y}_i$, 对于 u_i-n_i 次附加数 m_i+1.

步骤 1 和步骤 2 是等概率随机选择的. 结果向量 $\boldsymbol{y}=(y_1,y_2,\cdots,y_n)$ 给出一个染色体. 例如, 令 $(n_1,n_2,n_3)=(3,2,3)$, 并假设从 $M_i=\{1,2,\cdots,m_i\}$ 中随机选择的数 n_i 如表 7.6 所示, 然后得到相应的染色体是 (1227, 2399, 11377).

表 7.6　$M_i = \{1, 2, \cdots, m_i\}$ 中随机选择的数

i	n_i	M_i	挑选出的元素
1	3	$\{1,2,3,4,5,6\}$	1, 2, 2
2	2	$\{1,2,3,4,5,6,7,8\}$	2, 3
3	3	$\{1,2,3,4,5,6\}$	1, 1, 3

染色体适应度：染色体的适应度是相应系统可靠度加上依赖于遗传代数和不可行性相关度的动态惩罚. 为了提高遗传算法的性能, Coti 和 Smith[58] 已经针对不可行性介绍了一种合适的惩罚, 这个惩罚是基于对每个约束的邻近可行性门槛 (NFT) 的概念. 这个惩罚不仅促进了遗传算法搜索可行域, 同时也搜索它的 NFT 邻居, 但是阻碍了超越 NFT 的搜索. 记

Δc_i　对于解 i 额外的成本,

$\Delta\omega_i$　对于解 i 额外的重量,

$\mathrm{NFT_c}$　成本约束的 NFT,

$\mathrm{NFT_w}$　重量约束的 NFT,

V_{all}　到目前为止没有惩罚的最好解的目标值,

V_{feas}　到目前为止找到的最优可行解的目标值,

V_i　解 i 的目标值.

于是对于解 i 惩罚目标函数定义为

$$V_{\mathrm{ip}} = V_i - \left[\left(\frac{\Delta\omega_i}{\mathrm{NFT_w}}\right)^k + \left(\frac{\Delta c_i}{\mathrm{NFT_c}}\right)^k\right](V_{\mathrm{all}} - V_{\mathrm{feas}}),$$

其中 k 为预先给定的强度参数. 就像 Gen 和 Cheng[99] 指出的那样, 当目前发现的最好解是可行的, 即 $V_{\mathrm{all}} = V_{\mathrm{feas}}$, 对于任意不可行解这个惩罚是零. 另一方面, 如果目前找到的最好解是不可行的, 有一个大的目标值 (不惩罚), 这些不可行解将有更高的惩罚. 遗传算法的性能依赖于 NFT 值. 尽管如此, 选择合适的 NFT 值也是不容易的. 为了克服这个困难, Coit 和 Smith[58] 定义了动态的 NFT,

$$\mathrm{NFT} = \frac{\mathrm{NFT_0}}{1 + \lambda \mathrm{g}},$$

其中 $\mathrm{NFT_0}$ 是 NFT 的初始值 (或者上界), g 和 λ 分别为遗传代数和正常数.

杂交：种群中的所有染色体是根据适应值非增序排序. 在 1.0 和种群规模 s 的平方根之间抽取均匀的随机数 U, 排序具有接近 U^2 的染色体被选为父代进行杂交. 被选择的父代的数大约为 $s \times p_c$. 对每对父代来说, 采用均匀杂交运算 (尽管其他类型的排列也是可能的), 在后代的每个 k 段按照升序基因重新组合. 例如, 考虑两个父代

$$\boldsymbol{v}_1 = (1233\ 1399\ 23447),$$

$$\boldsymbol{v}_2 = (1447\ 1399\ 23447).$$

注意 $\boldsymbol{v}_1$ 和 $\boldsymbol{v}_2$ 的基因只在 2, 3 和 4 的位置不同. 假设基因 4, 3 和 7 分别选择 2, 3 和 4 的位置为两者中一个的后代. 于是第二个子代会得到基因 2, 4 和 3 分别在 2, 3 和 4 的位置. 结果后代为

$$\boldsymbol{o}_1 = (1437\ 1399\ 23447),$$

$$\boldsymbol{o}_2 = (1243\ 1399\ 23447).$$

在 $\boldsymbol{o}_1$ 和 $\boldsymbol{o}_2$ 的每一段按照升序重新排列基因给出

$$\boldsymbol{o}_1 = (1347\ 1399\ 23447),$$

$$\boldsymbol{o}_2 = (1234\ 1399\ 23447).$$

新种体的表达：为了使下一代达到形成一个种群的目的, 最好的 s 个染色体 (有最高适度值) 选自当前种群的 s 个染色体和通过杂交产生的后代. 在一些被选择的染色体执行变异, 并且每个父代产生被它的子代代替. 最终 s 个染色体的集合被作为下一代的种群.

变异：基因变异是表现在一些最好的 s 个染色体上 (从当前种群和杂交后代中选出). 对于变异选出的染色体数是固定的和预先确定的. 对于变异选择的染色体是通过无替代的简单随机抽样执行. 被选择染色体的每个基因受到概率等于变异率 p_{m} 的控制. 当对应于子系统 P_i 的段里的基因发生变异时, 以概率为 0.5 变成 m_i+1, 并且 j 具有概率 $0.5/m_i(1 \leqslant j \leqslant m_i)$. 最好的染色体是从来不变异, 以确保最好的解不会受到影响.

成本最优的网络设计

考虑一个有节点集合 $N=\{1,\cdots,n\}$ 的通信网络. 连线集 h_{ij} 可以直接连接一对节点 i 和 $j(i=1,\cdots,n, j=1,\cdots,n$, 并且 $i \neq j)$, 如果 i 和 j 是直接连通的, 则只使用一条这样的连线. 这些连线的成本和可靠度都不一样. 在节点 i 和 j 之间的连线 k 的成本用 $c_{ij}(k)\,(1 \leqslant k \leqslant h_{ij})$ 表示. 假定所有的节点完全可靠, 失效的连线是 s 独立的.

如果两个节点直接由一条连接或者存在一组节点 $v_1, v_2, \cdots, v_h$, 使得对 (i, v_1), $(v_1, v_2), \cdots, (v_{h-1}, v_h)$, (v_h, j) 由连线直接连接, 则这两个节点被称为连通的. 两个节点只有在连通的情况下才会相互通信. 只有网络中的每对节点都有连通的, 则这个网路才是可运作的. 这样一个网络的可靠度是运作期间每对节点仍连接的概率. 这个可靠度被称为全端可靠度.

Deeter 和 Smith[70] 考虑了如下给出的问题：设计一个网络, 利用现有的边使总的边年龄成本最小, 约束为这个网络的可靠度不小于指定的 R_0 值.

问题 7.3

如果边 k 被选择连接节点 i 和 j, 令 $x_{ij}=k(1 \leqslant k \leqslant h_{ij})$. 如果节点 i 和 j 没有连线直接连接, 则 $x_{ij}=0$ 且 $c_{ij}(0)=0$. 于是向量

$$\boldsymbol{x}=(x_{12},x_{13},\cdots,x_{1n},x_{23},\cdots,x_{2n},\cdots,x_{(n-2)(n-1)},x_{(n-2)n},x_{(n-1)n})$$

代表网络设计. 对于设计 $\boldsymbol{x}$, $R(\boldsymbol{x})$ 表示网络的可靠度. 如果设计保证每对节点在时刻 0 是连接的, 则相应的向量 $\boldsymbol{x}$ 称为可行的. S 表示所有这种可行向量集. 这个问题的数学描述就是

$$\begin{aligned}\min\quad & z=\sum_{i=1}^{n-1}\sum_{j=i+1}^{n}c_{ij}(x_{ij}),\\ \text{s.t.}\quad & R(\boldsymbol{x})\geqslant R_0,\boldsymbol{x}\in S.\end{aligned}$$

遗传算法

Deeter 和 Smith[70] 以及 Dengiz 等[74] 已经改进了解问题 7.3 的遗传算法. 现在可以用一种类似的遗传算法来解决下面的数值例子:

令 $n=5$, R_0=0.8, 每对节点 (i,j) 的 h_{ij}=2. $c_{ij}(k)$ 和 $r_{ij}(k)$ 的值在表 7.7 中给出.

表 7.7 问题 7.3 用到的常量

i	j	$(c_{ij}(1),r_{ij}(1))$	$(c_{ij}(2),r_{ij}(2))$
1	2	(15, 0.90)	(20, 0.95)
1	3	(12, 0.96)	(17, 0.97)
1	4	(8, 0.85)	(14, 0.91)
1	5	(10, 0.93)	(12, 0.97)
2	3	(18, 0.85)	(21, 0.92)
2	4	(6, 0.96)	(9, 0.98)
2	5	(16, 0.88)	(22, 0.95)
3	4	(10, 0.97)	(12, 0.99)
3	5	(8, 0.92)	(14, 0.99)
4	5	(22, 0.97)	(24, 0.99)

染色体的表示: 像 Deeter 和 Smith[70] 以及 Dengiz 等[74] 建议的那样, 对于每个设计, 对应的向量 $\boldsymbol{x}$ 被当成染色体的表示. 例如,

考虑染色体

$$\begin{matrix} & x_{12} & x_{13} & x_{14} & x_{15} & x_{23} & x_{24} & x_{25} & x_{34} & x_{35} & x_{45} \\ \boldsymbol{x}=(& 2 & 0 & 0 & 1 & 1 & 1 & 0 & 0 & 2 & 0). \end{matrix}$$

染色体 $\boldsymbol{x}$ 相应的设计在图 7.1 中给出. 当每对节点都连接时这个设计在时刻 0 是可运作的, 因为每对节点是连通的. 在这个设计中, 每对节点 $(1,2),(1,5),(2,3),(2,4)$ 和 $(3,5)$ 都是由一条直线直接连接的. 线 2 用来连接 $(1,2)$ 和 $(3,5)$, 而线 1 用来连接 $(1,5),(2,3)$ 和 $(2,4)$.

初始种群: 种群规模采取为 s=10. 为了产生初始种群的每个染色体, 均匀随机数 p 从集合 $\{0,1,2,\cdots,h_{ij}\}$ 中选出, 用 x_{ij} 表示每对 $(i,j)(i<j)$. 初始种群如表 7.8 所示.

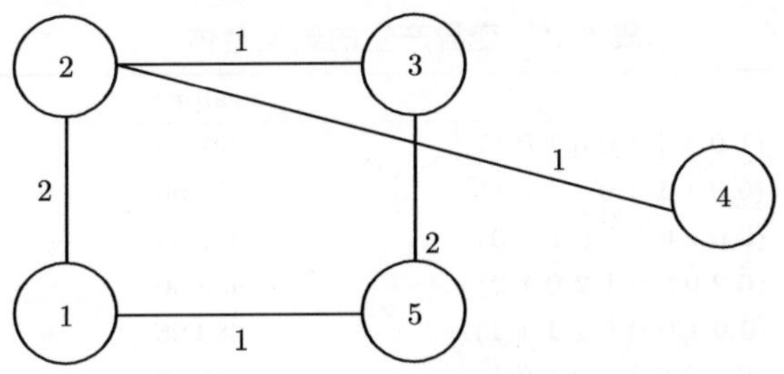

图 7.1 染色体 $\boldsymbol{x}$ 的设计

表 7.8 问题 7.3 的初始种群

j	$\boldsymbol{x}_j$
1	(1 0 0 1 1 0 0 1 0 1)
2	(0 0 1 0 1 0 1 1 0 1)
3	(0 0 2 0 1 0 0 1 0 2)
4	(1 0 0 0 1 0 0 1 0 1)
5	(0 2 0 0 0 1 0 0 1 1)
6	(0 0 1 0 1 0 1 0 1 2)
7	(0 1 0 0 1 1 0 1 0 1)
8	(0 1 0 1 0 1 0 1 0 1)
9	(0 2 0 1 0 2 0 1 0 2)
10	(1 2 0 1 0 2 0 1 0 0)

杂交运算：采取单点杂交运算, 杂交率为 p_c=0.5. Dengiz 等[74] 已经在他们的算法中运用了这个运算. 这种运算的随机选择对为

$$\{\boldsymbol{x}_4, \boldsymbol{x}_5\} = \{(1\ 0\ 0\ 0\ 1\ 0\ 0\ 1\ 0\ 1), (0\ 2\ 0\ 0\ 0\ 1\ 0\ 0\ 1\ 1)\}$$

和

$$\{\boldsymbol{x}_7, \boldsymbol{x}_{10}\} = \{(0\ 1\ 0\ 0\ 1\ 1\ 0\ 1\ 0\ 1), (1\ 2\ 0\ 1\ 0\ 2\ 0\ 1\ 0\ 0)\}.$$

在随机选择的位置 3 的第一对切割上的杂交运算给出后代如下：

$$\boldsymbol{x}_{11} = (1\ 0\ 0\ 0\ 0\ 1\ 0\ 0\ 1\ 1), \quad \text{eval}(\boldsymbol{x}_{11}) = 376.50 \text{且} R(\boldsymbol{x}_{11}) = 0.7710,$$

$$\boldsymbol{x}_{12} = (0\ 2\ 0\ 0\ 1\ 0\ 0\ 1\ 0\ 1), \quad \text{eval}(\boldsymbol{x}_{12}) = 427.00 \text{且} R(\boldsymbol{x}_{12}) = 0.7758.$$

同样地, 第二对切割的位置 8 产生后代

$$\boldsymbol{x}_{13} = (0\ 1\ 0\ 0\ 1\ 1\ 0\ 1\ 0\ 0), \quad \text{eval}(\boldsymbol{x}_{13}) = 50.00 \text{且} R(\boldsymbol{x}_{13}) = 0.0000,$$

$$\boldsymbol{x}_{14} = (1\ 2\ 0\ 1\ 0\ 2\ 0\ 1\ 0\ 1), \quad \text{eval}(\boldsymbol{x}_{14}) = 397.00 \text{且} R(\boldsymbol{x}_{14}) = 0.9944.$$

变异：像 7.2.1 小节描述的那样, 变异运算表现在所有种群染色体 $s(=10)$ 上. 染色体 $\boldsymbol{x}_1$, $\boldsymbol{x}_2$, $\boldsymbol{x}_3$, $\boldsymbol{x}_5$, $\boldsymbol{x}_6$, $\boldsymbol{x}_7$ 和 $\boldsymbol{x}_8$ 的变异运算已经产生了如表 7.9 所示的新染色体.

表 7.9　变异产生的新染色体

j	$\boldsymbol{x}_j$	$\text{eval}(\boldsymbol{x}_j)$	$R(\boldsymbol{x}_j)$
15	(1 0 **1** 1 1 0 0 1 0 1)	397.00	0.9729
16	(0 0 1 **1** 1 0 1 1 0 1)	396.00	0.9633
17	(0 0 2 0 1 0 0 1 **1** **0**)	377.33	0.6903
18	(0 2 0 0 0 1 **2** 0 1 **2**)	403.00	0.8898
19	(0 0 1 0 **0** 0 1 **1** 1 **1**)	389.05	0.7438
20	(0 1 0 **2** 1 1 0 1 0 1)	400.00	0.9903
21	(0 1 **1** 1 0 1 0 **0** 0 1)	422.00	0.9064

粗字体的基因来源于变异. 染色体 $\boldsymbol{x}_4$, $\boldsymbol{x}_9$ 和 $\boldsymbol{x}_{10}$ 仍然没有改变.

染色体适应度　找最大边成本 $c_{\max}=\max\limits_{i,j,k} c_{ij}(k)$. 染色体 $\boldsymbol{x}$ 的适合度定义为

$$\text{eval}(\boldsymbol{x})=n(n-1)c_{\max}-\left\{\sum_{i=1}^{n-1}\sum_{j=i+1}^{n}c_{ij}(x_{ij})+n(n-1)c_{\max}\max\left[R_0-R(\boldsymbol{x}),0\right]\right\}. \tag{7.1}$$

违反约束 $R(\boldsymbol{x})\geqslant R_0$ 的惩罚是 $n(n-1)c_{\max}\max[R_0-R(\boldsymbol{x}),0]$. 对于任何 $\boldsymbol{x}\notin S$, 它是一个最大值, 因为 $\boldsymbol{x}$ 使得 $R(\boldsymbol{x})$=0. 方程 (7.1) 定义的适应度函数的最大化等价于网络成本的最小化(包括惩罚). 例如, 相应染色体 $\boldsymbol{x}=(2\,0\,0\,1\,1\,1\,0\,0\,2\,0)$ 的设计的可靠度为 0.9382, 则 $\boldsymbol{x}$ 的适应度为

$$\begin{aligned}\text{eval}(\boldsymbol{x})=&n(n-1)c_{\max}-[c_{12}(2)+c_{15}(1)+c_{23}(1)+c_{24}(1)+c_{35}(2)\\&+n(n-1)c_{\max}\max(0.8-0.9382,0)]\\=&[(5)(4)(24)]-[20+10+18+6+14+(5)(4)(24)\max(0.8-0.9382,0)]\\=&412.00.\end{aligned}$$

初始种群的染色体适应度值和相应的可靠度在表 7.10 中给出.

表 7.10　问题 7.3 的染色体适应度值

j	$\text{eval}(\boldsymbol{x}_j)$	$R(\boldsymbol{x}_j)$
1	405.00	0.9537
2	406.00	0.8224
3	386.54	0.7428
4	376.50	0.7198
5	427.00	0.8310
6	406.00	0.8106
7	412.00	0.9206
8	420.00	0.9506
9	410.00	0.9739
10	419.00	0.9210

下一代染色体的选择：对于形成下一代染色体选择在 155~157 页有介绍. 可

用于选择的染色体在表 7.11 中给出.

表 7.11 可用于下一代染色体的表达

j	$\boldsymbol{x}_j$	eval($\boldsymbol{x}_j$)	$R(\boldsymbol{x}_j)$
1	(1 0 0 1 1 0 0 1 0 1)	405.00	0.9537
2	(0 0 1 0 1 0 1 1 0 1)	406.00	0.8224
3	(0 0 2 0 1 0 0 1 0 2)	386.54	0.7428
4	(1 0 0 0 1 0 0 1 0 1)	376.50	0.7198
5	(0 2 0 0 0 1 0 0 1 1)	427.00	0.8310
6	(0 0 1 0 1 0 1 0 1 2)	406.00	0.8106
7	(0 1 0 0 1 1 0 1 0 1)	412.00	0.9206
8	(0 1 0 1 0 1 0 1 0 1)	420.00	0.9506
9	(0 2 0 1 0 2 0 1 0 2)	410.00	0.9739
10	(1 2 0 1 0 2 0 1 0 0)	419.00	0.9210
11	(1 0 0 0 0 1 0 0 1 1)	415.10	0.7710
12	(0 2 0 0 1 0 0 1 0 1)	401.37	0.7758
13	(0 1 0 0 1 1 0 1 0 0)	50.00	0.0000
14	(1 2 0 1 0 2 0 1 0 1)	397.00	0.9944
15	(1 0 1 1 1 0 0 1 0 1)	397.00	0.9729
16	(0 0 1 1 1 0 1 1 0 1)	396.00	0.9633
17	(0 0 2 0 1 0 0 1 1 0)	377.33	0.6903
18	(0 2 0 0 0 1 2 0 1 2)	403.00	0.8898
19	(0 0 1 0 0 0 1 1 1 1)	389.05	0.7438
20	(0 1 0 2 1 1 0 1 0 1)	400.00	0.9903
21	(0 1 1 1 0 1 0 0 0 1)	422.00	0.9064

10 个最好的染色体 $\boldsymbol{x}_5$, $\boldsymbol{x}_{12}$, $\boldsymbol{x}_{21}$, $\boldsymbol{x}_8$, $\boldsymbol{x}_{10}$, $\boldsymbol{x}_7$, $\boldsymbol{x}_9$, $\boldsymbol{x}_2$, $\boldsymbol{x}_6$ 和 $\boldsymbol{x}_1$ 组成第二代的种群. 为了获得第 20 代种群这个程序重复 19 次, 如表 7.12 所示.

表 7.12 全端网络问题的最终种群

j	$\boldsymbol{x}_j$	eval($\boldsymbol{x}_j$)	$R(\boldsymbol{x}_j)$
1	(0 1 0 0 0 1 0 1 1 0)	444.00	0.8224
2	(0 1 0 0 0 2 0 1 1 0)	441.00	0.8396
3	(0 1 0 2 0 1 0 1 0 0)	440.00	0.8671
4	(0 1 0 1 0 2 0 1 0 0)	439.00	0.8487
5	(0 2 0 1 0 1 0 1 0 0)	437.00	0.8400
6	(0 0 2 1 0 2 0 1 0 0)	437.00	0.8045
7	(0 1 0 2 0 2 0 1 0 0)	437.00	0.8852
8	(0 2 0 1 0 2 0 1 0 0)	434.00	0.8575
9	(0 1 0 1 0 1 0 0 0 1)	430.00	0.8314
10	(0 0 2 0 0 1 0 1 0 1)	428.00	0.8220

在 20 代染色体中 $\boldsymbol{x}_1$=(0 1 0 0 0 1 0 1 1 0) 是最好的, 如表 7.12 所示. 图 7.2 所示为 $\boldsymbol{x}_1$ 相应的设计, 并是最优的网络设计. 这个设计的总成本和可靠性分别为 36.00 和 0.8824.

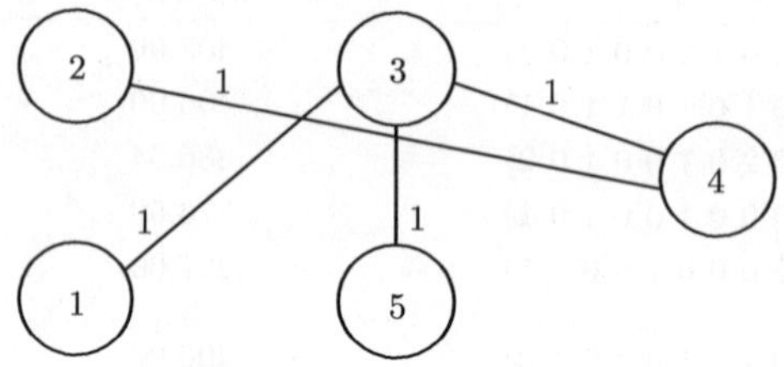

图 7.2 染色体 $\boldsymbol{x}$ 相应的设计

7.3 模拟退火方法

模拟退火算法是一个求解组合优化问题的一般概率方法. 它涉及问题解之间的随机转移. 不像迭代改进算法是连续地改进目标值, 模拟退火方法可能在这个过程中目标值会遇到一些相反的变化. 这些变化会得到一个整体最优解, 而不是局部最优解.

退火是一个物理过程, 就是固体加热到很高温度时再慢慢冷却下来的过程. 在这个过程中, 所有粒子逐渐变成低能量的状态水平. 最终的能量水平取决于那个高温度水平和冷却速率. 退火过程可以被描述成一个随机模型, 在每一个温度 T, 固体经历了大量不同能量水平的各状态间的随机转移, 直至达到热平衡, 其中固体出现在某一状态能量水平 E 的概率为

$$\Pr(X=E)=\frac{1}{Z(T)}\exp\left(-\frac{E}{K_{\mathrm{B}}T}\right),$$

其中 X 表示固体的随机能量水平, $Z(T)$ 是归一化因子, K_{B} 是玻尔兹曼常数.

以上概率分布被称为玻尔兹曼分布. 随着温度 T 的降低, 平衡概率和高能量水平状态的降低有关系. 当温度接近 0 时, 只有最低能量水平的状态有非零概率. 如果冷却不足够缓慢, 热平衡将在任何温度都不能实现, 导致固体最终处于亚稳态. 这个过程的详细描述参见 Arts 和 Korst[14].

为了模拟状态间的随机转移和在一个固定温度 T 实现热平衡状态, Mertropolis 等[216] 改进了状态间转移的方法, 这种转移是状态的随机扰动导致的. 如果扰动导致能量水平的降低, 那么转移到新状态是可以接受的. 如果扰动增加了能量水平 $\Delta E(>0)$, 则转移到新状态被接受的概率为 $\exp[-\Delta E/(K_{\mathrm{B}}T)]$. 这个方法称为 Metropolis 算法. 转移被接受的准则称为 Metropolis 准则.

Kirkpatrick[157], Kirkpatrick 等[158,159] 改进了解组合优化问题的模拟退火算法, 描述如下:

问题 7.4

使 $z = C(\boldsymbol{x})$ 最小, 满足 $\boldsymbol{x} \in S$, 其中 S 是问题的一个有限或可数无限可行解集合, $C(\boldsymbol{x})$ 解 $\boldsymbol{x}$ 的目标函数值. 最大化问题也可以通过改变目标函数符号来用以上形式表达.

在问题 7.4 的模拟退火中, S 中的解类似于固体的状态, 目标值 $C(\boldsymbol{x})$ 类似于状态的能量水平. 控制参数 T 扮演温度的角色. 为了持续降低 T 值, 模拟退火用 Metropolis 算法. 对于固定值 T, Metropolis 算法的应用导致了解之间的转移序列, 它构成一个马尔可夫链, 并且这个序列足够长保证达到平衡 (状态的稳态概率分布). 通过用 Metropolis 准则, 从一个解 $\boldsymbol{x}$ 移动到另一个解 $\boldsymbol{y}$ 的概率为

$$\Pr(\boldsymbol{x}, \boldsymbol{y}) = \begin{cases} 1, & \Delta C < 0, \\ \exp(-\Delta C/T), & \text{其他}, \end{cases}$$

其中 $\Delta C = C(\boldsymbol{y}) - C(\boldsymbol{x})$. 模拟退火被 T 的控制值准则终止.

冷却方案

模拟退火的设计要求确定以下信息：

(1) 控制参数 T 的初始值;

(2) T 的最终值 (或者是停止标准);

(3) 对于每个 T 值的马尔可夫链的长度;

(4) T 减少的规则.

这些参数的确定和准则提供了一个冷却方案. 对于确定冷却方案, 文献中给出一些可行的方法. Van Laarhoven 和 Arts 在文献 [315] 中对这些方法有很好的描述, 这里只讨论一些简单的冷却方案.

***T* 的初值**

控制参数 T 的初值 T_0 是由接受转移概率 $\exp(-\Delta C/T_0)$ 决定的, 使得目标值的变化 ΔC 是正的转移概率接近 1. 对于这样的 T_0, 任何相反的转移几乎都可以理所当然地接受. 为了确定 T_0, Kirkpatrick 等[158] 建议下面简单的程序. 为 T_0 选择一个大的值, 然后进行多次转移. 如果接受转移率小于固定值 p, 将 T_0 乘以 2. 重复上面步骤直到接受转移率大于 p.

***T* 的终值**

T 值随着算法的进行而逐渐减少. 一些研究人员在算法停止准则中使用 T 的较低极限值 T_f. 当控制参数逐渐降低到或低于 T_f 时, 这个算法就停止. 还有其他一些停止模拟退火方法的准则. 如果最终解在马尔可夫链的一个指定数内获得, 这个算法就可以结束. 在一些冷却方案里, 当接受转移率降到低于一个特殊的值时, 这个算法就被停止.

马尔可夫链的长度

理论上, 马尔可夫链在 $T = T_k$ 的长度 L_k 必须足够长, 以确保那个参数值的平衡条件. 然而, 这种方法会导致一些很小的 T 值有很大的长度. 由于这个原因, 在一些冷却方案里 L_k 是不允许超过一个指定值, 它通常是问题大小的多项式函数. 一些研究者对于基于变量数的所有 T 采用固定长度. 在一些方案里, 在任何值 T 的长度受限于在 T 的拒绝次数. 然而, 随着温度降低导致长度变小.

降低 $\boldsymbol{T}$ 的规则

一个简单降低控制参数的规则为

$$T_{k+1} = \alpha T_k, \quad k = 0, 1, 2, \cdots,$$

其中 α 是 0~1 的常数. Kirkpatrick 等[158] 提出这个规则, α=0.95. 任何两个连续的 T 值都要足够接近, 以避免通过大量的转换重新建立平衡.

模拟退火算法

模拟退火有很多变量, 变量的增加取决于冷却方案和停止准则. 以下是模拟退火的大致描述:

• 步骤 0: 选择 T_0(如果停止准则涉及 T_f, 则选择 T_f). 从 S 中随机选择 $\boldsymbol{x}_0$, 并且 $f_0 = C(\boldsymbol{x}_0)$. 令 k=0.

• 步骤 1: 重复下面过程足够多次, 以致达到一个近似平衡条件.

随机选择一个转移 $\boldsymbol{x}_k \to \boldsymbol{y} (\in S)$ 并计算 $\Delta C = C(\boldsymbol{y}) - C(\boldsymbol{x}_k)$. 如果 $\Delta C \leqslant 0$, 则接受这个转移. 如果 $\Delta C > 0$, 则接受这个转移的概率为 $\mathrm{Pr}_k(\Delta C) = \exp(-\Delta C/T_k)$, 拒绝的概率就是 $1 - \mathrm{Pr}_k(\Delta C)$. 如果这个转移被接受, 则令 $\boldsymbol{x}_k = \boldsymbol{y}$ 和 $f_k = C(\boldsymbol{y})$(当 $\Delta C > 0$ 时接受还是拒绝这个转移, 首先在 $(0, 1)$ 中生成一个随机数 p, 如果 $p \leqslant \mathrm{Pr}_k(\Delta C)$, 则接受这个转移; 否则, 就拒绝).

• 步骤 2: 令 $k = k + 1$. 根据控制参数 T 的递减规则, 从 T_{k-1} 中找 T_k. 如果满足结束准则, 则停止; 否则, 令 $\boldsymbol{x}_k = \boldsymbol{x}_{k-1}$ 和 $f_k = f_{k-1}$, 回到步骤 1.

转移 $\boldsymbol{x}_k \to \boldsymbol{y}$ 通常这样选择, $\boldsymbol{y}$ 在 $\boldsymbol{x}_k$ 的邻域内.

7.3.1 模拟退火用于可靠性优化

这里用两个简单的例子说明模拟退火. 第一个例子是解一个 10 元件复杂系统里的指派问题, 另一个例子是如例 3-1 所描述的冗余分配问题.

例 7-3 考虑一个 10 元件复杂系统里的指派问题, 如图 7.3 所示. 元件 $1, \cdots, 10$ 的可靠度分别为 $r_1, \cdots, r_{10}$. 在第 9 章中提到, 系统可靠性依赖元件指派的位置. 考虑一个元件指派 $\boldsymbol{\pi} = (\pi_1, \cdots, \pi_{10})$, 元件 π_j 被指定在位置 j. 令 $a_j = r_{\pi_j} (j = 1, \cdots, 10)$, 即 a_j 为元件指派到位置 j 的可靠度, $\boldsymbol{\pi}$ 可以写为

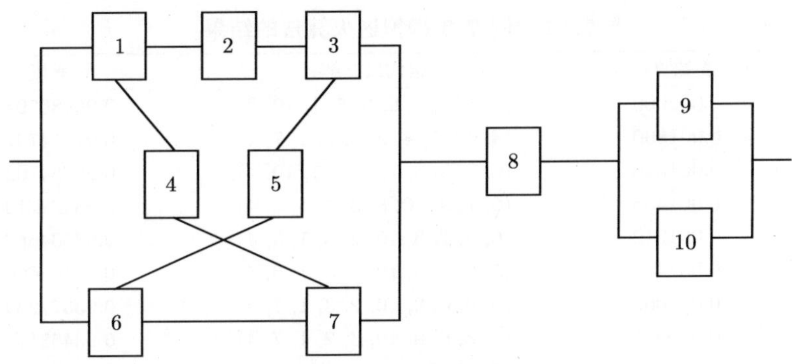

图 7.3 10 元件复杂结构

$$
\begin{aligned}
R_s(\boldsymbol{\pi}) =& [(a_1a_2a_3 + a_1a_7 + a_3a_6 - a_1a_2a_3a_7 - a_1a_2a_3a_6 \\
& - a_1a_6a_7 - a_3a_6a_7 + a_1a_2a_3a_6a_7)a_4a_5 \\
& + (a_1a_2a_3 + a_1a_7 + a_6a_7 - a_1a_2a_3a_7 - a_1a_6a_7)a_4(1 - a_5) \\
& + (a_1a_2a_3 + a_3a_6 + a_6a_7 - a_1a_2a_3a_6 - a_3a_6a_7)(1 - a_4)a_5 \\
& + (a_1a_2a_3 + a_6a_7 - a_1a_2a_3a_6a_7)(1 - a_4)(1 - a_5)]a_8[1 - (1 - a_9)(1 - a_{10})].
\end{aligned}
$$

这个问题是在所有的指派上使 $R_s(\boldsymbol{\pi})$ 最大. 通过定义 $C(\boldsymbol{\pi}) = -R_s(\boldsymbol{\pi})$ 和所有 10 个指派用 S 表示使这个问题转化为组合优化问题 7.4. 以下是关于这个问题的模拟退火的应用:

假设元件 $1, \cdots, 10$ 的可靠度为

$$
\boldsymbol{r} = (0.98, 0.95, 0.94, 0.93, 0.88, 0.80, 0.77, 0.69, 0.66, 0.64).
$$

设计参数为

$$
\begin{aligned}
T_0 &= 0.002, \\
T_f &= 0.00005, \\
L_k &= 2n, \quad n = 5, \\
T_{k+1} &= (0.9)T_k, \quad k = 0, 1, 2, \cdots.
\end{aligned}
$$

初始解取序列 $(1, \cdots, 10)$, 初始解可以为 $1, 2, \cdots, 10$ 的任何随机序列. 只考虑两元件相互交换引起的转移. 在初始迭代 $(T = T_0)$, 任一个能使目标值 $C(\boldsymbol{\pi})$ 增加 0.0001026 的转移都是可以被概率 0.95 的 Metropolis 准则接受的. 在最终的迭代 (T$\approx T_f$) 中, 这个转移被接受的概率只有 0.128. 总共迭代了 36 次, 每次迭代包括在固定 T 值的转移. 这些迭代最终结果在表 7.13 种给出. 最好的解是 $\boldsymbol{\pi}^*$=(6, 8, 7, 9, 10, 3, 2, 1, 5, 4), 相应系统可靠性为 $R_s(\boldsymbol{\pi}^*)$=0.93577534. 这个解为全局最优解. 通过对 10 个解的完全枚举而找到 $\boldsymbol{\pi}^*$ 是最优解. 因为模拟退火是概率算法, 为了检验性能一致性, 它被执行了 20 次, 并且每次都产生 $\boldsymbol{\pi}^*$. 然而, 20 次应用 $\boldsymbol{\pi}^*$ 得不到马尔可夫链长度 $L_k = n$ 的两倍. 对于 $L_k = n$, 模拟退火的性能随着 α 增加而改进.

表 7.13 例 7-3 模拟退火算法的结果

k	参数 T_k	迭代最终解	可靠度
1	0.002000	(4, 7, 2, 6, 9, 8, 5, 1, 10, 3)	0.90480597
2	0.001800	(3, 10, 5, 8, 9, 6, 2, 1, 7, 4)	0.91614797
3	0.001620	(6, 9, 5, 8, 7, 3, 2, 1, 10, 4)	0.92754102
4	0.001458	(6, 7, 9, 10, 8, 3, 2, 1, 5, 4)	0.93199710
5	0.001312	(6, 9, 7, 8, 10, 2, 3, 1, 5, 4)	0.93534562
6	0.001181	(5, 9, 7, 8, 10, 2, 3, 1, 6, 4)	0.93406660
7	0.001063	(5, 9, 6, 8, 10, 2, 3, 1, 7, 4)	0.93377239
8	0.000957	(5, 8, 6, 9, 10, 3, 2, 1, 7, 4)	0.93458178
9	0.000861	(7, 10, 6, 8, 9, 3, 2, 1, 5, 4)	0.93537431
10	0.000775	(7, 8, 6, 10, 9, 2, 3, 1, 5, 4)	0.93577534
11	0.000697	(6, 10, 7, 8, 9, 2, 3, 1, 5, 4)	0.93530587
12	0.000628	(6, 8, 7, 10, 9, 2, 3, 1, 5, 4)	0.93555552
13	0.000565	(7, 8, 6, 10, 9, 2, 3, 1, 5, 4)	0.93577534
14	0.000508	(7, 8, 6, 9, 10, 2, 3, 1, 5, 4)	0.93567506
15	0.000458	(6, 8, 7, 10, 9, 2, 3, 1, 5, 4)	0.93555552
16	0.000412	(6, 9, 7, 10, 8, 2, 3, 1, 5, 4)	0.93545370
17	0.000371	(6, 9, 7, 8, 10, 3, 2, 1, 5, 4)	0.93572337
18	0.000334	(6, 10, 7, 8, 9, 3, 2, 1, 5, 4)	0.93561657
19	0.000300	(6, 9, 7, 8, 10, 3, 2, 1, 5, 4)	0.93572337
20	0.000270	(7, 8, 6, 10, 9, 3, 2, 1, 5, 4)	0.93551588
21	0.000243	(7, 8, 6, 9, 10, 3, 2, 1, 5, 4)	0.93555552
22	0.000219	(7, 8, 6, 9, 10, 3, 2, 1, 5, 4)	0.93555552
23	0.000197	(7, 8, 6, 9, 10, 3, 2, 1, 5, 4)	0.93555552
24	0.000177	(6, 8, 7, 9, 10, 3, 2, 1, 5, 4)	0.93577534
25	0.000160	(6, 8, 7, 10, 9, 3, 2, 1, 5, 4)	0.93567506
26	0.000144	(6, 8, 7, 9, 10, 3, 2, 1, 5, 4)	0.93577534
27	0.000129	(6, 9, 7, 8, 10, 3, 2, 1, 5, 4)	0.93572337
28	0.000116	(6, 10, 7, 9, 8, 3, 2, 1, 5, 4)	0.93545718
29	0.000105	(6, 8, 7, 10, 9, 3, 2, 1, 5, 4)	0.93567506
30	0.000094	(6, 8, 7, 10, 9, 3, 2, 1, 5, 4)	0.93567506
31	0.000085	(6, 8, 7, 9, 10, 3, 2, 1, 5, 4)	0.93577534
32	0.000076	(6, 8, 7, 10, 9, 3, 2, 1, 5, 4)	0.93567506
33	0.000069	(6, 9, 7, 8, 10, 3, 2, 1, 5, 4)	0.93572337
34	0.000062	(6, 8, 7, 9, 10, 3, 2, 1, 5, 4)	0.93577534
35	0.000056	(6, 8, 7, 9, 10, 3, 2, 1, 5, 4)	0.93577534
36	0.000050	(6, 8, 7, 9, 10, 3, 2, 1, 5, 4)	0.93577534

例 7-4 考虑例 3-1, 假设变量 $x_1, \cdots, x_5$ 的上限为

$$(u_1, u_2, u_3, u_4, u_5) = (5, 5, 4, 4, 3).$$

不失一般性, 可以把每个变量的下限定为 1. 现在问题是使 5 元件串联系统的可靠

性最大, 有三个独立的约束条件和上、下限.

这个问题也可以看成使 $C(\boldsymbol{x}) = -R_{\rm s}(\boldsymbol{x})$ 最小化, 有三个约束和变量上、下限. 这里, 模拟退火参数为

$$T_0 = 0.002,$$
$$T_f = 0.008,$$
$$L_k = 2n, \quad n = 5,$$
$$T_{k+1} = (0.9)T_k, \quad k = 0, 1, 2, \cdots.$$

初始解为随机生成具有系统可靠度为 $R_s(\boldsymbol{x})$=0.48869730 的可行解 $\boldsymbol{x} = (4, 1, 1, 1, 3)$. 在执行过程中, 转移的发生取决于以下几方面:

(1) 一个变量增加一个单位;

(2) 一个变量增加一个单位, 同时另外一个变量减少一个单位.

两者中任意一个是等可能地被选择. 如果选择 (1), 因为增加具有相等的概率, 其中一个变量被随机选中. 当选择 (2) 时, 变量的 20 个有序对之一被随机选中. 如果选中 (i, j), x_i 减少 1, 则 x_j 就增加 1.

执行迭代的总数是 9. 这些迭代的最终解在表 7.14 中给出. 最好的解是 $\boldsymbol{x}^* = (3, 2, 2, 3, 3)$, 相应系统可靠度为 $R_{\rm s}(\boldsymbol{x}^*)$=0.90446730. 这个解为整体最优解. $\boldsymbol{x}^*$ 是最优解.

表 7.14 例 7-4 模拟退火法结果

k	参数 T_k	迭代最后值	可靠性
1	0.02000	(3, 2, 2, 3, 3)	0.90446730
2	0.01800	(3, 2, 3, 3, 2)	0.86922831
3	0.01620	(2, 2, 2, 4, 3)	0.90077691
4	0.01458	(3, 2, 2, 4, 2)	0.88647886
5	0.01312	(2, 2, 2, 4, 3)	0.90077691
6	0.01181	(3, 2, 2, 3, 3)	0.90446730
7	0.01063	(2, 3, 2, 3, 3)	0.89241619
8	0.00957	(3, 2, 2, 3, 3)	0.90446730
9	0.00861	(3, 2, 2, 3, 3)	0.90446730

7.3.2 非平衡模拟退火算法

虽然模拟退火算法对于组合优化问题给出满意解, 但是它的主要缺点是所需要计算量过大. 为了提高收敛速度以及减少运算时间, Cardoso 等[44] 通过改进 Metropolis 等[216] 和 Glauber[109] 的算法, 引入了非平衡模拟退火算法 (NESA). 在 NESA 中, 没有必要在任意固定的温度下通过大量转移达到平衡状态. 只要一获得改进, 解温度就下降. Ravi 等[275] 最近通过结合类似于单纯形的启发式方法改进

了 NESA. 他们已经将这种改进的 NESA(表示为 I-NESA) 运用到可靠性优化问题上. 它包含两个阶段：第一阶段使用 NESA 并收集规则 NESA 获得的解, 第二阶段从第一阶段中获得的解集开始, 并使用启发式过程进一步改进最好的解. 两阶段将在下面进行描述.

第一阶段

- 步骤 0：令 $k=0, k_{\max}=1000(k_{\max}$ 满足 $n \ll k_{\max}/10)$. 对于控制参数 T, 选择初始值 T_0. 令 $\beta=0.06$.
- 步骤 1：随机生成可行解 $\boldsymbol{x}_k$, 并且赋值 $f_k=C(\boldsymbol{x}_k)$. 令 $\ell=0$, $\ell_{\max}=100n$.
- 步骤 2：在 $\boldsymbol{x}_k$ 的邻域生成一个新解 $\boldsymbol{y}$. $y_j=x_{kj}+(u_j-\ell_j)(2U-1)^3$ $(j=1,\cdots,n)$, 其中, x_{kj} 是变量 $\boldsymbol{x}_k$ 的第 j 个值, U 是 $(0,1)$ 之间的随机数.
- 步骤 3：如果 $\boldsymbol{y}$ 不可行, 返回步骤 2; 否则, 赋值 $h=C(\boldsymbol{y})$ 且 $\Delta=h-f_k$
- 步骤 4：如果 $\Delta<0$, 令 $x_k=y, f_k=h$, 转到步骤 7; 否则 (当 $\boldsymbol{y}$ 可行但不优于 $\boldsymbol{x}_k$ 时), 计算 $\mathrm{Pr}=\dfrac{1}{1+\exp(\Delta/T_k)}$.
- 步骤 5：取 $(0,1)$ 之间随机数 U, 如果 $U<\mathrm{Pr}$, 更新 $\boldsymbol{x}_k=\boldsymbol{y}, f_k=h$ 以及 $\ell=\ell+1$.
- 步骤 6：如果 $\ell \leqslant \ell_{\max}$, 转到步骤 2.
- 步骤 7：保留 $\boldsymbol{x}_k$ 和 f_k , 计算 $T_{k+1}=(1-\beta)T_k$ 以及赋值 $k=k+1$, 如果 $k \leqslant k_{\max}$ 或者 $\left(T_k>10^{-4}\right)$, 转到步骤 1.
- 步骤 8：从 $k_{\max}$ 选择以 10 为倍数的每个 k 值对应的 $\boldsymbol{x}_k$(以及对应的 f_k). 用 q 表示选择解的数并进入第二阶段.

第二阶段

第二阶段使用下面的术语进行计算和终止：

ITR	迭代数
MAXITR	允许最大迭代数
IFAIL	在一次迭代中连续得到不可行解数
MAXFAIL	IFAIL 的上限

- 步骤 0：令 ITR=0, IFAIL=0. 选择 MAXFAIL 和 MAXITR 的正整数值.
- 步骤 1：按照目标值升序排列在第一阶段获得的 q 个解集. $\boldsymbol{z}_1$ 表示排序的第一个解 $\boldsymbol{x}_{[1]}$.
- 步骤 2：从 $\{\boldsymbol{x}_{[2]}, \boldsymbol{x}_{[3]}, \cdots, \boldsymbol{x}_{[q]}\}$ 中随机选择 n 个不同的点, 并将它们表示为 $\boldsymbol{z}_2, \boldsymbol{z}_3, \cdots, \boldsymbol{z}_{n+1}$.
- 步骤 3：取 $\boldsymbol{z}'=\dfrac{1}{n-1}\displaystyle\sum_{i=1}^{n} z_i, \hat{\boldsymbol{z}}=2\boldsymbol{z}'-\boldsymbol{z}_{n+1}$.
- 步骤 4：如果 $\hat{\boldsymbol{z}}$ 是不可行解, 令 IFAIL=IFAIL+1, 转到步骤 5. 如果 $\hat{\boldsymbol{z}}$ 可行,

计算 $C(\hat{\boldsymbol{z}})$, 转到步骤 6.

- 步骤 5: 如果 IFAIL $\leqslant$ MAXFAIL, 转到步骤 2; 否则, 转到步骤 8.
- 步骤 6: 如果 $C(\hat{\boldsymbol{z}}) > C(\boldsymbol{x}_q)$, 转到步骤 2; 否则, 用 $\hat{\boldsymbol{z}}$ 代替 $\boldsymbol{x}_q$, 用 $C(\hat{\boldsymbol{z}})$ 代替 $C(\boldsymbol{x}_q)$.
- 步骤 7: 令 ITR=ITR+1, IFAIL=0. 如果 ITR $\leqslant$ MAXITR, 转到步骤 1.
- 步骤 8: $\boldsymbol{z}_1$ 为所求解, 停止.

Ravi 等[275] 已经将这种方法应用到了三种不同的可靠性优化问题中.

7.4 禁忌搜索法

禁忌搜索是智能启发式搜索, 这个启发式方法在局部最优解之外扩大搜索范围. 它是一种人工智能技术, 利用各个阶段的记忆 (该阶段解的信息) 以便提供最优解的有效搜索. 它是基于 Fred Glover 的思想提出的. 对于禁忌搜索方法一个很好的论述可以参见 Glover 和 Laguna 的文献 [110].

对于复杂优化问题, 禁忌搜索结合优化过程和人工智能技术优点. 禁忌搜索允许超出可行性解的边界和局部最优解的边界, 这些边界是局部搜索过程的主要障碍. 禁忌搜索最突出的特点是为了探索一个解的邻域, 在每个阶段设计和利用基于记忆的策略, 禁忌搜索对于用精确方法难以求解的大型复杂优化问题非常有用.

记忆

记忆是禁忌搜索过程中至关重要的组成部分. 禁忌搜索中使用的记忆可以分为两种类型: ①短期记忆; ②长期记忆. 它可以用来比较搜索过程中访问解的优劣和评估选择的效果. 在禁忌搜索中采用的两类基于记忆策略是很不相同的, 表现为两种方式: 显式的和属性的. 显式的记忆包含搜索过程中访问的完全解, 特别是最优解. 属性记忆记录搜索过程相关联属性的信息. 例如, 如果变量 x_j 的值变化, 这属性将被记录为指标号 j, 如果移动使 x_j 增长 (或减少), 变化也会被记录为 $j+$ (或$j-$).

短期记忆

最广泛使用短期记忆的就是属性模型. 它记录搜索中与当前转移相关联属性. 只与短期记忆有关的禁忌搜索是一种简单的搜索过程, 就像局部搜索方法.

通过局部搜索过程的每次迭代, 探索解 $\boldsymbol{x}$ 的一个邻域 $N(\boldsymbol{x})$, 并且选择在 $N(\boldsymbol{x})$ 中产生最佳解的移步. 当 $N(\boldsymbol{x})$ 中没有比当前解更优的解时, 该过程停止. 相对地, 通过简单的禁忌搜索过程的每次迭代, 探索 $\boldsymbol{x}$ 的收缩邻域 $N'(\boldsymbol{x})$, 并且在 $N'(\boldsymbol{x})$ 中给出最佳解的移步被选中. 在任何阶段, 短期记忆记录了如禁忌有效的一些属性. 对于一定的迭代数属性保持它获得的禁忌有效的状态, 被称为禁忌期限. 只要属性是禁忌有效的, 它就会禁止包含该属性的点移动. 因此, 基于当前记忆 (短期记忆) 禁止一部分邻域 $N(\boldsymbol{x})$ 的探索, 也就是说, 这种记忆限制了当前解邻域的探索. 一张禁忌表涉及了禁忌情形的所有属性. 这张表从一次迭代到另一次迭代时发生改变. 换句话说, 在搜索过程期间任何属性的禁忌状态在禁忌有效和禁忌非有效性之间振荡.

禁忌方法有时会因为太过于受限制而无法提供有效的搜索指导. 在这样的例子中, 有必要找到一种方法突破禁忌约束. 为了这个目的, 在禁忌搜索中引入免禁准则: 这涉及属性免禁或移动免禁. 如果运算产生了比目前所有最佳解更好的解, 那么这种简单且广泛使用的免禁准则便可以去突破一种 (或多种) 属性下的禁忌有效的状态. 另一个准则是缺省免禁准则, 当所有的当前移动都有禁忌有效的属性时, 该准则允许选择最少禁忌限制的移动.

长期记忆

禁忌搜索的进一步发展包含长期记忆, 这是对于短期记忆的完善. 长期记忆通过引导和扩大搜索加强搜索强度. 它从解的轨迹中收集有用的信息. 基于频率的记忆是一种长期的记忆, 它由属性如何改变和任何特定属性访问解成员频率的信息组成. 这种信息通过在惩罚与激励间的变动来增加或减少属性包含的范围. 例如, 如果某一属性在一个高质量解中高频率出现, 这时搜索就应该增加该属性所包含的范围. 大部分对于包含有长期记忆的禁忌搜索使用频率测量的简单线性函数定义惩罚和激励. 记录优良解和还没有进行搜索的邻域的显式记忆也是长期记忆的一部分. 在包含长期记忆的禁忌搜索过程中, 当前解的修正邻域 (将被探索) 是由原始邻域点和在搜索过程中记录的优良解组成. 为了更有效地直接搜索, 有时对优良解进行组合.

禁忌搜索最重要的两个组成部分是强化策略和多样化策略. 强化策略包含选择规则的修正, 以改善以前找到的优良解. 在吸引域中, 它们仍然使用先前基于短期记忆的严格搜索策略. 多样化策略扩大搜索到新邻域是十分有用的. 虽然短期记忆在禁忌搜索中提供了一些多样性, 但是与长期记忆结合的某些策略增加了多样性. 一些策略是使用属性的组合生成多样解. 这种多样性策略在解空间包含几个脊和峰 (关于目标函数值) 时是很有用的.

指导方针

执行所有的禁忌搜索没有固定和指定的运算顺序. 禁忌搜索中记忆结构和相对应的搜索策略因不同类型的问题而不同. 另外, 禁忌搜索需要技巧和对问题性质的了解以及数值实验. 一般情况下, 禁忌搜索是相当难的, 但由于所得到的复杂问题解的质量好而备受青睐. 下面是对于禁忌搜索的几点一般性方针:

(1) 对于基于属性记忆的禁忌约束, 选择的禁忌状态不影响过多移动选择的约束;

(2) 对于不同的属性类型分别保留禁忌表, 对于每个禁忌表禁忌期限依赖于对应属性类型的性质;

(3) 定义一个适当的免禁准则;

(4) 定义激励性和多样性策略;

(5) 采用适当的惩罚和激励 (基于频率记忆的功能) 更有效地指导搜索.

7.4.1 禁忌搜索用于可靠性优化

基于短期记忆的简单禁忌搜索被应用于包含 10 个元件的复杂可靠性系统的冗余分配问题以及可靠性冗余分配问题. 即使最简单的禁忌搜索也能够在大规模可靠性最优化问题中提高解的质量.

例 7-5 考虑冗余分配的最大化问题

$$\max \quad R_{\mathrm{s}} = f(x_1, \cdots, x_{10}), \tag{7.2}$$

$$\begin{aligned} \text{s.t.} \quad & \sum_{j=1}^{10} p_j x_j^2 \leqslant P, \\ & \sum_{j=1}^{10} c_j [x_j + \exp(x_j/4)] \leqslant C, \\ & \sum_{j=1}^{10} w_j x_j \exp(x_j/4) \leqslant W, \\ & x_j = 1, 2, 3, \cdots \text{对于所有的} j, \end{aligned}$$

其中, 如图 7.4 所示, $f(x_1, \cdots, x_{10})$ 是双桥结构串联组成的系统可靠度; x_j 是阶段 j 冗余元件的数量, 其中 $j = 1, \cdots, 10$. 元件可靠度和约束常量在表 7.15 中给出. 令 (P, C, W)=(300,400,400).

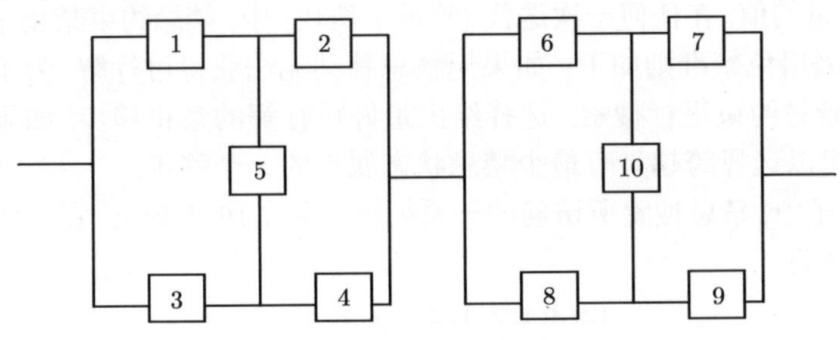

图 7.4 双桥结构系统

表 7.15 例 7-5 阶段 j 的常量

j	1	2	3	4	5	6	7	8	9	10
r_j	0.9	0.7	0.9	0.7	0.7	0.9	0.7	0.8	0.8	0.8
p_j	4.4	5.0	3.2	3.1	4.4	2.9	2.9	3.1	2.5	2.8
c_j	7.8	6.3	8.1	9.2	7.3	6.2	6.5	8.1	9.2	7.9
w_j	8.6	6.1	8.4	7.5	6.7	5.0	5.1	6.8	5.4	8.9

如前几章所述, 许多方法都可用于解非线性整数规划问题, 其中第 3 章所述的 GAG1 方法, 它是一种考虑目标函数和约束条件的简单启发式方法. 基于准则的每次迭代, GAG1 运算法则选择在阶段 j, 冗余水平 x_j 的增量为 1 的移动, 持续计算直到任何阶段没有增量可增.

对于任意解 $\boldsymbol{x}$, 考虑邻域

$$N(\boldsymbol{x})=\{(y_1,\cdots,y_{10}):y_k=x_k+1,\text{对于某个}k,y_j=x_j,j\neq k\}$$

在每次迭代中, GAG1 算法从一个可行解 $\boldsymbol{x}$ 转移到邻域 $N(\boldsymbol{x})$ 的另一个可行解. 为选择 $\boldsymbol{x}$(相对于指定的准则) 最好的移动, 所有的可行解必须都被探索. 当系统阶段数很大时, 它包含了相当大的计算量.

禁忌搜索的实施

为了说明禁忌搜索的实施, 一种基于短期记忆的简单方式与 GAG1 算法相结合. 可以引入禁忌约束减少移动选择中的计算量, 搜索到更好最终解. 把指标 $1,2,\cdots,10$ 和变量 $x_1,x_2,\cdots,x_{10}$ 看成属性. 当变量 x_j 增加时, 相对应的属性 j 变成禁忌有效的. 每种属性的禁忌期限选定为 $t=5$. 当一个属性在迭代中变成禁忌有效时, 5 个连续迭代将有相同的状态. 为了控制每个属性的禁忌状态, 定义一个 10 维向量 $\mathbf{tbs}=[\text{tbs}(1),\text{tbs}(2),\cdots,\text{tbs}(10)]$, 在任何一次迭代中, $\text{tbs}(j)$ 代表属性 j 仍将保持禁忌有效的迭代次数, 注意对于所有的 j 都有 $0\leqslant\text{tbs}(j)\leqslant t$. 假设属性 j 在某些迭代中变成了禁忌有效的, 即 x_j 增加. 于是 $\text{tbs}(j)$ 由 0 变为 t, 并且每个属性 $i\neq j$ 的禁忌状态更新为 $\text{tbs}(i)=\max\{0,\text{tbs}(i)-1\}$.

当问题中变量的数目很大时, 属性的禁忌状态仍然以 t 维变量的形式储存电脑内存和执行运算时间. 现在, 禁忌约束是禁止任何如下移动：这个移动增加与禁忌有效相关联变量的值. 在任何一次迭代 (除前 t 迭代) 中, 禁忌约束禁止了 t 次移动的探索. 这里采用免禁准则如下：如果无禁忌移动无法获得可行解, 为了搜索禁止的移步, 越过禁忌约束进行搜索. 选择给出最好可行解的禁止移步. 如果能得到可行解, 人们也可以选择跨越具有最少禁忌状态属性的一个移步.

在这个例子中, 禁忌搜索所访问的一系列解在表 7.16 中列出. 在开始的第 9 次迭代中, 当前解为

$$(2,3,1,2,1,2,3,2,2,1),$$

剩余资源为 154.50, 133.51 和 188.25, 禁忌表为

$$\mathbf{tbs}=(2,3,0,0,0,0,4,5,1,0)\,.$$

GAG1 方法以增量 1 增加 x_2, 因为属性 2 仍然为禁忌有效的, 所以这个移步被禁止. 在这次迭代中, 禁忌搜索探索增加 x_3,x_4,x_5,x_6 和 x_{10} 中一个变量的移动, 并且选择 x_3 增加移动. 因此, 在第 9 次迭代中输出的解为

$$(2,3,2,2,1,2,3,2,2,1).$$

最终的禁忌搜索解为

$$\boldsymbol{x}^* = (3,4,2,4,1,3,4,2,3,1),$$

对应的可靠度为 $R_s(\boldsymbol{x}^*) = 0.9997$.

表 7.16 例 7-5 禁忌搜索的解序列

迭代次数	分配 $(x_1,\cdots,x_{10})$	系统可靠性
0	(1, 1, 1, 1, 1, 1, 1, 1, 1, 1)	0.809784
1	(1, 2, 1, 1, 1, 1, 1, 1, 1, 1)	0.868626
2	(1, 2, 1, 1, 1, 1, 2, 1, 1, 1)	0.913030
3	(1, 2, 1, 1, 1, 2, 2, 1, 1, 1)	0.932150
4	(1, 2, 1, 2, 1, 2, 2, 1, 1, 1)	0.954971
5	(1, 2, 1, 2, 1, 2, 2, 1, 2, 1)	0.968690
6	(2, 2, 1, 2, 1, 2, 2, 1, 2, 1)	0.979289
7	(2, 3, 1, 2, 1, 2, 2, 1, 2, 1)	0.986574
8	(2, 3, 1, 2, 1, 2, 3, 1, 2, 1)	0.991458
9	(2, 3, 1, 2, 1, 2, 3, 2, 2, 1)	0.993854
10	(2, 3, 2, 2, 1, 2, 3, 2, 2, 1)	0.995383
11	(2, 3, 2, 3, 1, 2, 3, 2, 2, 1)	0.997257
12	(2, 3, 2, 3, 1, 2, 3, 2, 3, 1)	0.998173
13	(2, 3, 2, 3, 1, 3, 3, 2, 3, 1)	0.998544
14	(2, 4, 2, 3, 1, 3, 3, 2, 3, 1)	0.999107
15	(2, 4, 2, 3, 1, 3, 4, 2, 3, 1)	0.999408
16	(3, 4, 2, 3, 1, 3, 4, 2, 3, 1)	0.999569
17	(3, 4, 2, 4, 1, 3, 4, 2, 3, 1)	0.999727

例 7-6 计算可靠性最优分配的最大值问题

$$\begin{aligned}
\max\quad & R_s = f(x_1,\cdots,x_{10},r_1,\cdots,r_{10}) \\
\text{s.t.}\quad & \sum_{j=1}^{10} p_j x_j^2 \leqslant P, \\
& \sum_{j=1}^{10} c_j(r_j)\left[x_j + \exp\left(\frac{x_j}{4}\right)\right] \leqslant C, \\
& \sum_{j=1}^{10} w_j x_j \exp\left(\frac{x_j}{4}\right) \leqslant W, \\
& 0 \leqslant r_j \leqslant 1, j = 1,\cdots,n,
\end{aligned}$$

x_j 是正整数, $f(x_1,\cdots,x_{10},r_1,\cdots,r_{10})$ 是例 7-5 中描述的系统的可靠度; r_j 和 x_j 分别表示阶段 j 元件的可靠度和冗余元件的数量. 成本公式 $c_j(r_j)$ 如下:

$$c_j(r_j) = \alpha_j \left(\frac{-1000}{\ln r_j}\right)^{1.5},$$

并且 $(P, C, W) = (200, 400, 500)$. 约束条件中的其他所有变量在表 7.17 中给出.

表 7.17 例 7-6 中阶段 j 中的常量

j	1	2	3	4	5	6	7	8	9	10
p_j	2.26	4.11	1.50	4.54	1.30	3.13	1.98	4.08	3.18	1.04
w_j	8.13	8.85	5.29	7.52	5.23	8.48	7.41	7.73	8.06	6.15
$\alpha_j \times 10^{-5}$	3.975	7.766	5.692	4.735	5.777	4.585	6.144	4.112	7.939	5.771

在第 8 章解释的 THK 方法可用于解这一问题. 对于每个选定的向量 $\boldsymbol{r} = (r_1, \cdots, r_{10})$, 考虑对应的 $\boldsymbol{x} = (x_1, \cdots, x_{10})$ 所有可能选择的最大系统可靠性, 这种方法将这类问题看成非线性规划问题和用 Hooke-Jeeves(H-J) 直接搜索方式获得最优 $\boldsymbol{r}$.

在探索移动中, H-J 方法分析了每个变量依次增加产生的影响. 如果 r_1 增长有利, 则该增长便被保留. 同样地, 如果 r_1 减少有利, 则该减少便被保留; 否则, r_1 没有变化. 这个过程对于所有变量 $r_2, \cdots, r_{10}$ 连续进行.

简单禁忌搜索在 H-J 方法中的运用如下: 变量 $r_1, \cdots, r_{10}$ 的指标 $1, 2, \cdots, 10$ 作为属性. 当从一个解迭代到另一个解时, 因为在两个变量 r_j 中改变是正的或负的, 两个禁忌表 **tb1** 和 **tb2** 被用作指导搜索. 初始对于每个属性 j 有 $\text{tb1}(j) = \text{tb2}(j) = 0$, 每个属性的禁忌期限被选择为 $t = 1$, 如果变量 r_j 在一次迭代中获得一个增量, 相关属性 j 在 $\text{tb1}(j) = t$ 时变为禁忌有效; 如果变量 r_j 在一次迭代中减少, 相关属性 j 在 $\text{tb2}(j) = t$ 时变为禁忌有效. 在前述例子中随 **tbs** 变化, 列表 **tb1** 和 **tb2** 被更新.

根据禁忌状态的属性, 禁忌约束被定义如下: 如果 $\text{tb1}(j) > 0$ 时属性 j 为禁忌有效的, 则不考虑 r_j 的减少; 类似地, 如果 $\text{tb2}(k) > 0$ 时属性 k 为禁忌有效的, 则不考虑 r_k 的增加. 如果在禁忌约束下无法探索一个更好的解, 越过禁忌约束探索其他禁忌解. 假设 $\text{tb1}(1) = 1, \text{tb1}(3) = 1, \text{tb2}(4) = 1$, 并且在探索受禁忌约束的移动中所有其他属性是禁忌无效的. 假设禁忌约束没有提供更好的解, 那么探索通过相继禁止获得的解改变变量 r_1, r_3 和 r_4. 首先, 减少 r_1 的值. 如果解得到改进 (无违反约束), 则保留 r_1 的增长. 然后, 对 r_3 应用相同的方法, 在不违反约束的条件下, 确定 r_4 的增长是否使解获得改进. 如果改进, 则保留 r_4 的增长. 如果获得的解比当前解好, 则将其作为下一个解. 当增量 h(在 r_j 内) 达到了最小值和即使在免禁准则下探索移动也不能够使目标函数得到改进时, 则该算法结束.

THK 方法中由禁忌搜索产生的解为

$$\boldsymbol{r}^* = (0.7984, 0.7031, 0.6625, 0.7, 0.6875, 0.7125, 0.7, 0.7, 0.7, 0.7),$$

$$\boldsymbol{x}^* = (2, 2, 3, 3, 3, 3, 3, 3, 2, 3),$$

对应的系统可靠度为 0.992807, 这个解优于没有禁忌约束的 THK 方法得出的解

$$\boldsymbol{r}^* = (0.7516, 0.7266, 0.6875, 0.75, 0.65, 0.7, 0.7, 0.7, 0.7, 0.7),$$
$$\boldsymbol{x}^* = (3, 2, 3, 2, 3, 3, 3, 3, 2, 3),$$

其系统可靠度为 0.991514. 为了对每个可靠度向量选择获得最优冗余分配, 如果禁忌搜索也使用 Aggarwal[5] 的启发性方法结果可能会更好.

7.5 讨 论

遗传算法是模仿自然界进化过程的启发性方法. 它对于解决复杂的离散优化问题非常有用, 并且不要求复杂的数学运算. 对于一般的离散问题, 它很容易用计算机设计和实施.

遗传算法已经被设计解可靠性系统的冗余分配问题, 通过以下例子说明, 染色体定义和参数选择在采用遗传算法解特殊问题中是很灵活的, 但是决定合适的参数值和非可行性的惩罚值是很困难的. 如果这些值选择得不合适, 遗传算法可能会收敛为局部最优或很慢才收敛为全局最优. 大的种群规模和更多代种群不仅提高解的质量, 也增加了运算量, 实验通常被认为是获得特定类型问题遗传算法参数的较好方法. 染色体定义是设计遗传算法的关键因素, 通常需要一些技巧.

遗传算法主要优点是几个好解 (几乎最优解和次优解) 的表示, 由遗传算法产生的多个解为决策提供了大量的灵活性.

模拟退火是一种全局优化技术, 可以被用于解决大规模组合优化问题. 不像许多离散优化方法, 应该注意到模拟退火没有利用目标函数或约束中的任何特殊结构, 但对于处理没有特殊结构的复杂问题却相对更为有效, 可靠性系统的冗余分配问题是这种类型的非线性整数规划问题. 因此, 模拟退火在解决复杂可靠性最优化问题包括网络最优化方面十分有用, 这已经被 Atiqullah 和 Rao[17] 证明. 模拟退火也可以用于解连续变量问题.

尽管已有文献说明了有几种途径能设计模拟退火方法, 但是这种设计仍然需要技巧性和大量实验. 它最大缺点是计算量大 (需要对解的可行性进行大量性能评价和测试). 然而, 它最大的潜力是提供最优解和次优解. 第 7 章的数值例子增进了模拟退火对于可靠性系统最优化的应用.

禁忌搜索对于解大规模复杂最优化问题很有用, 这种方法突出的特点是运用记忆 (之前解的信息) 指导搜索, 从而超越局部最优. 在禁忌搜索中没有固定的运算顺序, 它的实施是特定问题特定执行, 因此, 禁忌搜索被视为启发式计算, 而不是一种方法. 只运用短期记忆的简单禁忌搜索是很容易执行的. 当属性、禁忌期限和免禁准则被很好地定义时, 通常能产生很好的解. 在本章中, 一种简单的禁忌搜索 (主

要为说明目的) 用于解决冗余和可靠性冗余分配问题, 并且得到了满意解. 数值试验揭示了简单的禁忌搜索能很有效地运用于复杂问题中. 然而, 对于小的和大串联系统却很难有效. 改进的禁忌搜索可能在可靠性最优化问题中得出更好的结果. 主要的缺点是很难定义有效的记忆结构和与问题有关的基于记忆策略. 这个工作需要对问题性质有很深刻的了解、技巧性以及一些数值试验. 一个设计良好的禁忌搜索能很有效地解大规模系统可靠性优化问题.

练　习

7.1　大多数经典最优化方法是单向搜索方法, 遗传算法是怎么样的? 遗传算法和经典最优化方法的区别是什么?

7.2　遗传算法被称为概率方法. 什么是概率方法? 并讨论其他概率方法.

7.3　在运用遗传算法时, 染色体表示是一些问题的难点. 在单机六任务排程问题中, 染色体表示的例子之一是 $(1,2,3,4,5,6)$, 这个染色体表示意味着任务 1 在任务 2 之前, 任务 2 在任务 3 之前 $\cdots\cdots$ 上面的染色体表示正确吗? 如果不正确, 说明原因并讨论正确的表示 (提示：运用杂交和突变运算).

7.4　后代生成之后选择新种群的方法通常是基于适应度的选择, 但这种方法有个严重缺陷, 找到这个缺陷并讨论如何克服它.

7.5　说明遗传算法的优点和缺点, 讨论什么领域适合运用遗传算法.

7.6　在禁忌搜索和模拟退火中, 移动能使解从一个转换到另一个 (或解的邻域). 找出并说明遗传算法中相类似的操作.

7.7　设计一般的遗传算法并绘制相应的流程图.

7.8　在问题 7.2 中, 令 $(m_1,m_2,m_3)=(6,7,6)$, $(\ell_1,\ell_2,\ell_3)=(1,1,1)$, $(u_1,u_2,u_3)=(5,6,5)$, 向量 $\boldsymbol{x}=(x_1,x_2,x_3)$, 其中 $x_1=(1,0,0,0,0,3)$, $x_2=(0,2,0,0,1,1,2)$, $x_3=(0,1,1,1,0,0)$. 计算向量 $\boldsymbol{y}$.

7.9　在问题 7.3 中, 令 $x_1=(1,0,0,1,1,0,0,1,0,1)$, $x_2=(1,0,0,1,0,1,0,0,1,1)$, 如果具有单割杂交运算在第 5 个位置被选中, 则突变发生在 x_2 的第 6 位置, 遗传因子改变的值由 1 变为 0, 求出子代和适应度的值.

7.10　启发式方法通常很快收敛于局部最优解, 可能远离全局最优解. 为了克服这种缺点, 模拟退火方法允许向上移动. 描述模拟退火技术如何使得其向上移动的?

7.11　简要地描述冷却过程和停止准则在模拟退火技术中的运用, 为什么模拟退火方法需要冷却过程? 对于下降的 $T(T_{k+1}=\alpha T_k)$, 如果 $\alpha=1$ 会发生什么?

7.12　在例 7-1 中, 计算当 $T_0=0.002T_f=0.00005(\Delta C=0.0001026)$ 时每个接收概率. 哪种概率更高? 这个结论意味着什么?

7.13　在例 7-2 中, 假设在第一次迭代中随机选择第 3 点 (单位增加) 和第 5 点

(单位减少), 在第二次迭代中选择第 4 点和第 3 点. 令 $\boldsymbol{x}_0=(3,2,2,3,3)$, 随机产生概率 $p_1=0.15$ 和 $p_2=0.3$, 演算模拟退火方法的两次迭代.

7.14　定义邻域、移动和禁忌表. 在模拟退火方法中, 邻域的选择遵循 Metropolis 准则. 在禁忌搜索方法中如何获得邻域?

7.15　众所周知, 禁忌搜索技术很大程度地依赖于初始解, 换句话说, 如果一个较优解被作为初始解, 则禁忌搜索技术就会产生一个优良解. 使用以上思路改进禁忌技术.

7.16　在禁忌搜索中有三种移动方式: 不在禁忌列表中移动 (禁忌自由)、在禁忌列表中移动并满足免禁函数, 以及在禁忌表中移动但不满足免禁函数. 在这些移动中找到容许移动, 哪个容许移动被选为产生下一个邻域的移动?

7.17　在例 7-3 中, 在第 10 次迭代中, 令 $\boldsymbol{x}$=(2, 3, 2, 2, 1, 2, 3, 2, 2, 1) 和 **tbs**=(2, 3, 5, 0, 0, 0, 4, 5, 1, 0), 写出这一问题的三种不同类型的移动, 找下一个邻域, 并说明选择该邻域的理由.

第8章　可靠性–冗余分配

8.1 引　言

为了改进一个给定基本设计的系统可靠性, 设计工程师有几种选择. 两个要遵循的重要准则如下: ①增强元件的可靠度; ②对不同阶段提供冗余. 任何提高元件可靠度的方法都会引起元件成本增加. 通常, 随着可靠度增加至某个限度以后, 元件的成本将呈现指数增长. 因此, 若提高元件可靠度至某个水平之后还希望继续提升, 而进行元件冗余又是可行的, 从成本角度就要考虑采用冗余来进一步提高其可靠度. 换句话说, 设计工程师可以在增加元件可靠度与冗余元件或冗余子系统之间进行权衡.

当用连续变量代表元件的可靠度, 整数变量代表冗余水平时, 可靠度冗余问题的数学表达式是一个混合非线性整数规划 (MINLP). 这个问题的求解并不比前面章节讨论的非线性整数规划最优冗余分配问题简单. 前面提到的离散优化方法也不能直接应用于混合非线性整数规划的求解. 但是一些方法, 如分支定界法、广义 Benders 分解法、外部逼近法等, 还是有助于求解 MINLP 问题的, 这方面可参见 Floudas[94] 的文献. 系统可靠性领域的研究人员往往采用多种方法尝试解可靠性冗余分配的混合非线性整数规划问题. Misra 和 Ljubojevic[229] 是首先介绍这类可靠性优化问题的学者. 他们考虑了在满足成本约束的条件下, 同时确定串联系统在第 n 阶段的最优元件可靠度和最优冗余水平的问题. 他们假设元件成本在每个阶段是元件可靠度的指数函数, 把冗余水平作为连续变量处理, 用拉格朗日乘子法解这个非线性规划问题, 并用试算法四舍五入冗余水平值为整数. 这个方法本质上是启发式的, 它也能解单一资源约束条件下的一般可靠性系统问题. 一般的问题被描述如下:

问题 8.1

令 r_j 和 x_j 分别表示元件可靠度和在第 j 阶段的冗余数, $f(x_1,\cdots,x_n,r_1,\cdots,r_n)$ 代表相应的系统可靠度. 假设有 m 种资源, 第 i 种资源可用量为 $b_i(i=1,\cdots,m)$. 令 $g_{ij}(x_j,r_j)$ 代表元件可靠度为 r_j, 冗余水平为 x_j 时, 资源 i 在 j 阶段的消耗量. 此时可靠性–冗余分配问题用数学表示即为

$$\begin{aligned} \max \quad & R_{\mathrm{s}}=f(\boldsymbol{x},\boldsymbol{r}), \\ \text{s.t.} \quad & \sum_{j=1}^{n} g_{ij}(x_j,r_j)\leqslant b_i, i=1,\cdots,m, \end{aligned} \tag{8.1}$$

$$\ell_j \leqslant x_j \leqslant u_j, j = 1, \cdots, n, \tag{8.2}$$

$$r_j^{\mathrm{l}} \leqslant r_j \leqslant r_j^{\mathrm{u}}, j = 1, \cdots, n, \tag{8.3}$$

其中 x_j 是一个非负整数, $\boldsymbol{x} = (x_1, \cdots, x_n)$ 和 $\boldsymbol{r} = (r_1, \cdots, r_n)$.

文献上采用了不同的方法来求解这个混合整数规划问题. 主要有：①元件可靠性分配的搜索方法和冗余分配 (针对固定元件可靠度) 的启发式方法相结合; ②分支定界法和拉格朗日乘子法相结合; ③乘数替代法; ④进化算法. 所有这些方法在余下各节分别介绍. 下面是两个常用于说明可靠性–冗余分配法的例子.

例 8-1　Tillman 等[304] 运用启发式方法求解问题 8.1, 应用下例说明：

$$\begin{aligned}
\max \quad & f(\boldsymbol{x}, \boldsymbol{r}) = \prod_{j=1}^{n} [1 - (1 - r_j)^{x_j}], \\
\text{s.t.} \quad & \sum_{j=1}^{n} p_j x_j^2 \leqslant p, \\
& \sum_{j=1}^{n} c_j(r_j) \left[x_j + \exp\left(\frac{x_j}{4}\right) \right] \leqslant C, \\
& \sum_{j=1}^{n} w_j x_j \exp\left(\frac{x_j}{4}\right) \leqslant W, \\
& 0 \leqslant r_j \leqslant 1, j = 1, \cdots, n, \\
& x_j \text{是一个正整数}.
\end{aligned}$$

$$(P, C, W) = (110, 175, 200), \quad t = 1000.$$

这是一个可靠性–冗余分配问题, 串联系统的可靠度在满足三个约束条件下要达到最大化. 注意第二个约束中既包含整数变量, 又包含连续型变量, 而其他两个约束中只包含整数变量. 假设元件在第 j 阶段可靠度为 r_j, 元件成本为

$$c_j(r_j) = \alpha_j \left(\frac{-t}{\ln r_j} \right)^{\beta_j}.$$

常数 α_j 和 β_j 代表每个元件在第 j 阶段的固有特性, t 代表系统需要运行的时间. 比率 $-(\ln r_j)/t$ 代表当失效分布为负指数函数时的元件失效率. 常数约束条件在表 8.1 中给出.

表 8.1　例 8-1 中的数据

j	$\alpha_j \times 10^5$	p_j	w_j	β_j
1	2.330	1	7	1.5
2	1.450	2	8	1.5
3	0.541	3	8	1.5
4	8.050	4	6	1.5
5	1.950	2	9	1.5

例 8-1 被用于说明求解可靠性–冗余分配问题的各种方法.

例 8-2　考虑在图 1.10 中所示的一个 5 阶段复杂系统. 令 x_j 表示阶段 j 中并联元件的数量, r_j 代表它们各自的可靠度. 于是第 j 阶段的可靠度 $R_j(x_j)$ 为

$$R_j(x_j) = 1 - (1 - r_j)^{x_j},$$

相应的系统可靠度为

$$\begin{aligned} R_s =& R_1(x_1)R_2(x_2) + R_3(x_3)R_4(x_4) + R_1(x_1)R_4(x_4)R_5(x_5) + R_2(x_2)R_3(x_3)R_5(x_5) \\ &- R_1(x_1)R_2(x_2)R_3(x_3)R_4(x_4) - R_1(x_1)R_2(x_2)R_3(x_3)R_5(x_5) \\ &- R_1(x_1)R_2(x_2)R_4(x_4)R_5(x_5) - R_1(x_1)R_3(x_3)R_4(x_4)R_5(x_5) \\ &- R_2(x_2)R_3(x_3)R_4(x_4)R_5(x_5) + 2R_1(x_1)R_2(x_2)R_3(x_3)R_4(x_4)R_5(x_5). \end{aligned}$$

这个问题是在例 8-1 给定的约束条件下寻找 $x_1, \cdots, x_5, r_1, \cdots, r_5$ 的最优值. Hikita 等[126] 用例 8-2 说明了他们的替代约束求解方法.

8.2 Tillman, Hwang 及 Kuo 的方法

为解可靠性–冗余分配问题, Tillman 等[304] 发展了一种启发式方法 (THK), 如问题 8.1 所示. 他们利用搜索方法来获得一个序列的元件可靠度向量, 进而对序列中的每一个向量 $\boldsymbol{r} = (r_1, \cdots, r_n)$, 使用启发式方法导出最优或邻近最优的冗余分配. 对元件可靠度的一个固定向量 $\boldsymbol{r}$, 令 $\boldsymbol{x}^* = (x_1^*, \cdots, x_n^*)$ 是一个最优冗余分配, 令 $T(\boldsymbol{r})$ 代表相应系统的可靠度, 则有

$$\begin{aligned} T(r) &= f(\boldsymbol{x}^*, \boldsymbol{r}) \\ &= \max_{\boldsymbol{x}} \{f(\boldsymbol{x}, \boldsymbol{r}): \text{满足方程(8.1)和(8.3)的}(\boldsymbol{x}, \boldsymbol{r})\} \end{aligned}$$

为导出对于任何固定的 $\boldsymbol{r}$ 给定 $T(\boldsymbol{r})$ 的最优冗余分配 $\boldsymbol{x}^*$, Tillman 等[304] 使用了 Aggarwal 等的启发式方法. 当对于 $\boldsymbol{r}$ 没有 $\boldsymbol{x} = (x_1, \cdots, x_n)$ 的冗余分配可行方案时, 取 $T(\boldsymbol{r})$ 的值等于零. 函数 $T(\boldsymbol{r})$ 在运用 Hooke-Jeeves 方法时达到最大 (见附录 2). 虽然 THK 方法 (图 8.1) 被 Tillman 等用于解串联系统问题 [304], 但是它也可以应用于任何一般可靠性系统.

用 THK 方法解例 8-1, 步长初始值 h 和 Hooke-Jeeves 方法中 h 值的下限分别取 0.05 和 0.00313. 用 THK 方法得到的解为

$$(x_1, x_2, x_3, x_4, x_5) = (3, 3, 2, 2, 3),$$

$$(r_1, r_2, r_3, r_4, r_5) = (0.78438, 0.82500, 0.90000, 0.77500, 0.77813),$$

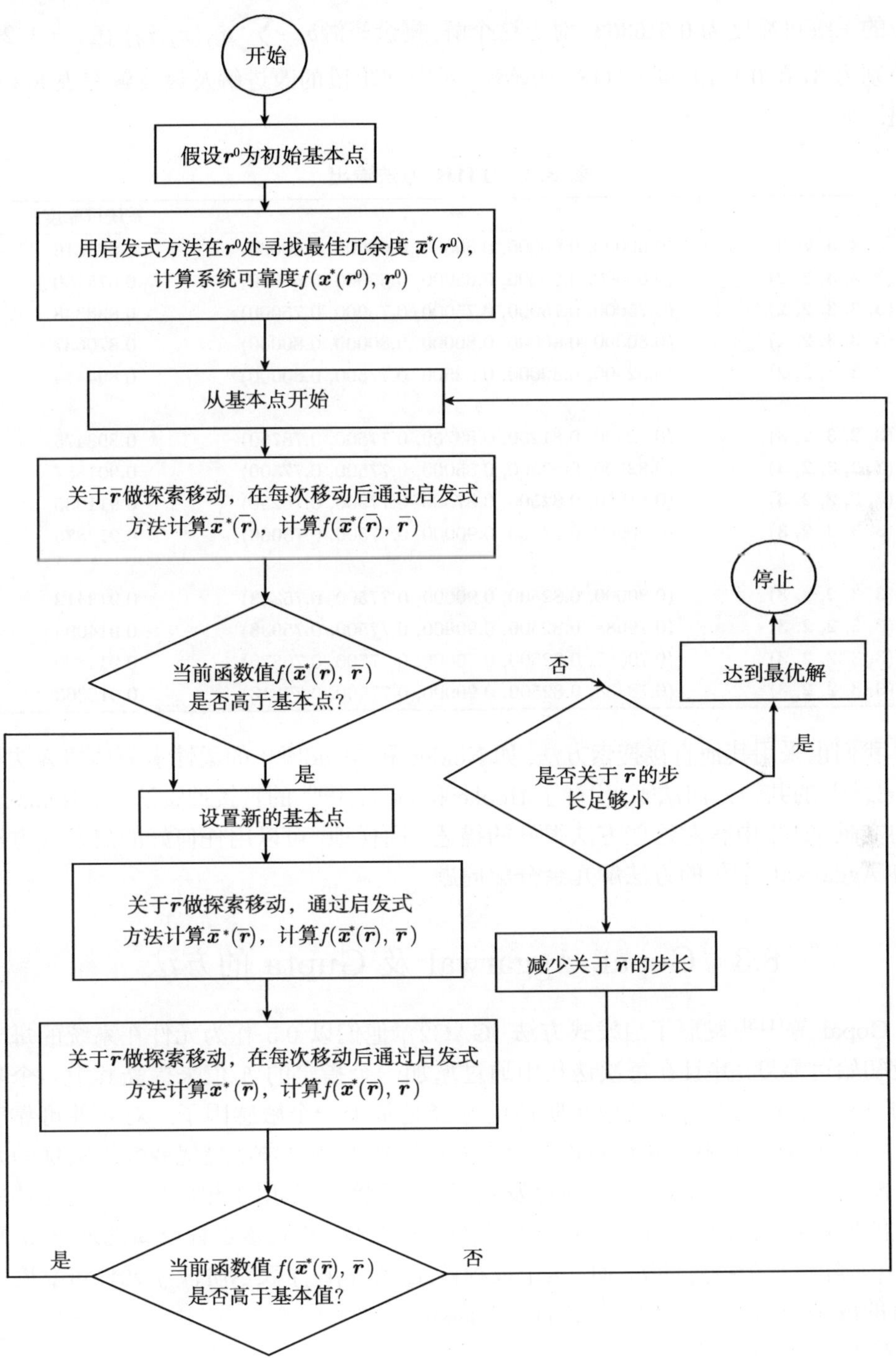

图 8.1 THK 方法的流程图

相应的系统可靠度为 0.915363. 对于这个解, 剩余资源$b_i - \sum g_{ij}(x_j, r_j)$ 在 $i = 1, 2, 3$ 时分别为 37.0, 0.1474 和 1.4118. 初始解, 对中间阶段的改进解及最终解在表 8.2 中给出.

表 8.2 THK 方法输出

$\boldsymbol{x}$	$\boldsymbol{r}$	系统可靠度
(3, 3, 3, 2, 2)	(0.60000, 0.60000, 0.60000, 0.60000, 0.60000)	0.578610
(3, 3, 3, 2, 2)	(0.65000, 0.65000, 0.65000, 0.65000, 0.65000)	0.675150
(3, 3, 3, 2, 2)	(0.75000, 0.75000, 0.75000, 0.75000, 0.75000)	0.838348
(3, 3, 3, 2, 2)	(0.80000, 0.80000, 0.80000, 0.80000, 0.80000)	0.870637
(3, 3, 3, 2, 2)	(0.82500, 0.80000, 0.82500, 0.77500, 0.80000)	0.894444
(3, 2, 3, 2, 3)	(0.82500, 0.81250, 0.83750, 0.77500, 0.78750)	0.898475
(3, 2, 3, 2, 3)	(0.82500, 0.82500, 0.85000, 0.77500, 0.77500)	0.901887
(3, 3, 2, 2, 3)	(0.81250, 0.82500, 0.87500, 0.77500, 0.76250)	0.911035
(3, 3, 2, 2, 3)	(0.80000, 0.82500, 0.90000, 0.77500, 0.75000)	0.912875
(3, 3, 2, 2, 3)	(0.80000, 0.82500, 0.90000, 0.77500, 0.75313)	0.913412
(3, 3, 2, 2, 3)	(0.79688, 0.82500, 0.90000, 0.77500, 0.75938)	0.914094
(3, 3, 2, 2, 3)	(0.79063, 0.82500, 0.90000, 0.77500, 0.76875)	0.914809
(3, 3, 2, 2, 3)	(0.78438, 0.82500, 0.90000, 0.77500, 0.77813)	0.915363

我们也采用其他直接搜索方法, 如 Nelder 和 Mead[251] 的柔性多面体搜索法与 Powell[264] 的共轭方向法等, 代替了 Hooke 和 Jeeves[130] 的直接搜索法. 在 Reklaitis 等的文献 [276] 中有对这些方法很好的描述. 同样地, 可以用任何好的启发式方法代替 Aggarwal 等[7] 的方法解冗余分配问题.

8.3 Gopal, Aggarwal 及 Gupta 的方法

Gopal 等[113] 发展了启发式方法 (GAG2), 他们以 0.5 作为元件在系统的每一阶段初始可靠度, 并且在每次迭代中通过增加一个指定的 h 值来提高其中一个阶段的可靠度. 对元件可靠度改进阶段的选择是基于一个敏感因子. 对元件可靠度 $r_1, \cdots, r_n$ 的任一选择, 由 Gopal 等[112] 的启发式方法可导出最优或邻近最优的冗余分配 $x_1, \cdots, x_n$. 事实上, 任何启发式冗余分配法可以用于相同目的. 当元件可靠度的增量再无法提高系统可靠度时, 增量 h 减少, 并且该过程以新的增量 h 重复. 当 h 降至一个特定的 h_0 时, 这个过程停止. 令 $c_j(r_j)$ 表示阶段 j 元件可靠度为 r_j 时的成本. 下面是 GAG2 方法的详细描述.

GAG2 算法

- 步骤 0：初始 $(r_1, \cdots, r_n) = (0.5, \cdots, 0.5)$. 应用启发式方法导出元件可靠

度 $r_1,\cdots,r_n$ 的最优冗余分配 $\boldsymbol{x}^*=(x_1^*,\cdots,x_n^*)$. 令 $\boldsymbol{r}^0=(r_1,\cdots,r_n),\boldsymbol{x}^0=\boldsymbol{x}^*$. 计算相应系统可靠度 $f(\boldsymbol{x}^0,\boldsymbol{r}^0)$, 令 $R_s^0=f(\boldsymbol{x}^0,\boldsymbol{r}^0)$.

- 步骤 1: 对每一阶段 j 计算敏感因子

$$s_j(\boldsymbol{x}^*,\boldsymbol{r})=\frac{f(x_1^*,\cdots,x_n^*,r_1,\cdots,r_j+h,\cdots,r_n)-f(\boldsymbol{x}^*,\boldsymbol{r})}{c_j(r_j+h)-c_j(r_j)},$$

并把这些值按降序排列. 假设 $[s_{v_1}(\boldsymbol{x}^*,\boldsymbol{r}),\cdots,s_{v_n}(\boldsymbol{x}^*,\boldsymbol{r})]$ 是 $S_j(\boldsymbol{x}^*,\boldsymbol{r})$ 的降序排列, 令 $k=0$.

- 步骤 2: 令 $k=k+1$. 若 $k>n$, 转向步骤 5.
- 步骤 3: 令 $r_{v_k}=r_{v_k}+h$. 对元件可靠度 $(r_1,\cdots,r_n)$ 得到最优冗余分配 $(x_1^*,\cdots,x_n^*)$. 如果不存在可行的分配, 转向步骤 4; 否则, 计算系统的可靠度 $f(x_1^*,\cdots,x_n^*,r_1,\cdots,r_n)$. 若 $R_s^0<f(x_1^*,\cdots,x_n^*,r_1,\cdots,r_n)$, 令 $x_j^0=x_j^*,r_j^0=r_j(j=1,\cdots,n),R_s^0(x_1^*,\cdots,x_n^*,r_1,\cdots,r_n)$, 转向步骤 2.
- 步骤 4: 令 $r_{v_k}=r_{v_k}-h$, 转向步骤 2.
- 步骤 5: 若 R_s^0 的值在步骤 2~ 步骤 4 的 n 次循环中增长至少一次, 转向步骤 1.
- 步骤 6: 令 $h=h/2$. 若 h 小于一个特定值 h_0, 取 $(x_1^0,\cdots,x_n^0,r_1^0,\cdots,r_n^0)$ 为目标解, R_s^0 作为对应系统的可靠度, 终止; 否则, 转向步骤 1.

对于任一固定元件可靠度, 利用 Gopal 等[112] 的启发式冗余分配法 (GAG1) 的GAG2方法解例8-1. 初值 $h=0.05$, 下限 $h_0=0.001$, 由GAG2法得到的最终结果为

$$\boldsymbol{x}^0=(3,2,2,3,3),$$
$$\boldsymbol{r}^0=(0.80,0.8625,0.90156,0.70,0.80),$$

并且相应的系统可靠度为 R_s^0=0.930289. 对于这个解, 剩余资源 $b_i-\sum g_{ij}(x_j,r_j)$ 在 $i=1,2,3$ 时分别为 27.0, 0.0265 和 7.5189. 初始解、对中间阶段的改进解及最终解在表 8.3 中给出. 对表中列出的每一个解, 对应的 h 值也被给出.

表 8.3 对于例 8-1GAG2 算法的输出

	h	$\boldsymbol{x}^*$	$\boldsymbol{r}$	R_s
1	0.05	(3,3,3,2,2)	(0.50,0.50,0.50,0.50,0.50)	0.376831
2	0.05	(3,3,2,2,3)	(0.50,0.50,0.55,0.50,0.50)	0.400697
3	0.05	(3,3,2,2,3)	(0.50,0.50,0.60,0.50,0.50)	0.422051
4	0.05	(3,3,2,2,3)	(0.50,0.50,0.65,0.50,0.50)	0.440892
5	0.05	(3,3,2,2,3)	(0.50,0.55,0.65,0.50,0.50)	0.457961
6	0.05	(3,3,2,2,3)	(0.50,0.55,0.70,0.50,0.50)	0.474923
7	0.05	(3,3,2,2,3)	(0.50,0.55,0.70,0.50,0.55)	0.493309
8	0.05	(3,3,2,2,3)	(0.55,0.55,0.70,0.50,0.55)	0.512407
9	0.05	(3,2,2,3,3)	(0.55,0.60,0.70,0.50,0.55)	0.552506
10	0.05	(3,2,2,3,3)	(0.55,0.65,0.70,0.50,0.55)	0.577172

续表

	h	$\boldsymbol{x}^*$	$\boldsymbol{r}$	R_s
11	0.05	(3,2,2,3,3)	(0.55,0.65,0.75,0.50,0.55)	0.594613
12	0.05	(3,2,2,3,3)	(0.55,0.65,0.75,0.50,0.60)	0.612360
13	0.05	(3,2,2,3,3)	(0.60,0.65,0.75,0.50,0.60)	0.630635
14	0.05	(3,2,2,3,3)	(0.60,0.70,0.75,0.50,0.60)	0.653992
15	0.05	(3,2,2,3,3)	(0.60,0.70,0.80,0.50,0.60)	0.669688
16	0.05	(3,2,2,3,3)	(0.60,0.70,0.80,0.50,0.65)	0.684802
17	0.05	(3,2,2,3,3)	(0.65,0.70,0.80,0.50,0.65)	0.700258
18	0.05	(3,2,2,3,3)	(0.65,0.75,0.80,0.50,0.65)	0.721420
19	0.05	(3,2,2,3,3)	(0.65,0.75,0.80,0.55,0.65)	0.749349
20	0.05	(3,2,2,3,3)	(0.65,0.75,0.80,0.55,0.70)	0.761778
21	0.05	(3,2,2,3,3)	(0.65,0.75,0.80,0.60,0.70)	0.784513
22	0.05	(3,2,2,3,3)	(0.70,0.75,0.80,0.60,0.70)	0.797525
23	0.05	(3,2,2,3,3)	(0.70,0.75,0.85,0.60,0.70)	0.812063
24	0.05	(3,2,2,3,3)	(0.70,0.80,0.85,0.60,0.70)	0.831552
25	0.05	(3,2,2,3,3)	(0.70,0.80,0.85,0.65,0.70)	0.850320
26	0.05	(3,2,2,3,3)	(0.70,0.80,0.85,0.65,0.75)	0.860261
27	0.05	(3,2,2,3,3)	(0.75,0.80,0.85,0.65,0.75)	0.870318
28	0.05	(3,2,2,3,3)	(0.75,0.85,0.85,0.65,0.75)	0.886183
29	0.05	(3,2,2,3,3)	(0.75,0.85,0.85,0.70,0.75)	0.900881
30	0.05	(3,2,2,3,3)	(0.75,0.85,0.90,0.70,0.75)	0.912401
31	0.05	(3,2,2,3,3)	(0.75,0.85,0.90,0.70,0.80)	0.919469
32	0.05	(3,2,2,3,3)	(0.80,0.85,0.90,0.70,0.80)	0.926591
33	0.0125	(3,2,2,3,3)	(0.80,0.8625,0.90,0.70,0.80)	0.929998
34	0.00156	(3,2,2,3,3)	(0.80,0.8625,0.90156,0.70,0.80)	0.930289

对这个例子注意到, GAG2 算法比 THK 算法产生了更好的解. 但是, 如果没有对各种问题大量试验的基础, 则很难比较这两种方法的优劣. 尽管 THK 算法可能受初始元件可靠度选择的影响, 但这个方法是在 Hooke-Jeeves 搜索方法基础上来寻找最优的元件可靠度, 因此, 通常能得到一个满意的解.

8.4 Kuo, Lin, Xu 及 Zhang 的方法

Kuo 等[178] 发展了分支定界技术 (KLXZ), 他们利用拉格朗日乘子法解可靠性优化问题的非线性整数和混合整数规划. 在这个技术中, 每个结点用拉格朗日乘子法解非线性整数规划问题获得上界. 考虑例 8-1 的可靠性–冗余分配问题. 运用分支定界技术, 每个结点与一个最优化问题联系在一起, 与例 8-1 相同, 一些 x_js 有

固定整数值. 初始结点 1 与问题 8.1 有关. 对于所有的 x_js 整数约束被松弛, 利用拉格朗日乘子法可获得问题 8.1 松弛最优解 $(\boldsymbol{x}^*, \boldsymbol{r}^*)$. 最优值 $f(\boldsymbol{x}^*, \boldsymbol{r}^*)$ 是与结点 1 有关的目标函数值的上界. 若对所有的 j, x_j^* 是整数, 把 $(\boldsymbol{x}^*, \boldsymbol{r}^*)$ 作为问题 8.1 的最优解并停止; 否则, 对于非整数的 x_j^*, 考虑变量 x_j 分解, 并由与 x_j 有关的结点 1 分支两个结点: 结点 2 和结点 3, 其中一个结点对应最优化问题 8.1 的 x_j 取整数 $\lfloor x_j^* \rfloor$, 另一个结点对应 x_j 取 $[x_j^*]+1$, $\lfloor x_j^* \rfloor$代表小于或等于 x_j^* 的最大整数. 接下来, 对分支的每一个结点可采用相似的过程. 若与一个新产生的结点相关联的松弛约束问题的最优解 $(\boldsymbol{x}^*, \boldsymbol{r}^*)$ 包含所有的整数 x_js, 那么它是问题 8.1 的可行解. 在这种情况下, 比较 $f(\boldsymbol{x}^*, \boldsymbol{r}^*)$ 与问题 8.1 的当前最优解的目标值, 并且探索这个结点. 如果所有的 x_j^*s都不是整数, $f(\boldsymbol{x}^*, \boldsymbol{r}^*)$ 作为这个结点的上限. 具有最高上限的结点常常被选为分支. 令 Q_k 代表结点 k 的最优化问题, β_k 代表 Q_k 松弛约束后的最优目标值. Kuo 等[178] 的分支定界法被描述在下列算法中:

KLXZ 算法

- 步骤 0: 对于初始结点 1 把问题 8.1 记为 Q_1, 并且获得 Q_1 松弛约束 (忽略 x_j 为整数的约束) 的最优解 $(\boldsymbol{x}^*, \boldsymbol{r}^*)$. 若 x_j^* 对所有 j 都是整数, 则 $(\boldsymbol{x}^*, \boldsymbol{r}^*)$ 为问题 8.1 的最优解并停止; 否则, 转向步骤 1.
- 步骤 1: 令 $N=\varnothing$, $s=1, k=1, f^*=-\infty$. 选择结点 k 作为分支, 进入步骤 2.
- 步骤 2: 当 x_j^* 不是整数时, 选择变量 x_j, 从所选的 k 结点中产生两个新结点 $s+1$ 和 $s+2$. 将结点 $s+1$ 作为问题 Q_{s+1}, 即 Q_k 再加上约束 $x_j = \lfloor x_j \rfloor$, 并且通过解 Q_{s+1} 得到相应的上界 β_{s+1}. 类似地, 与结点 $s+2$ 联系的问题 Q_{s+2}, 即 Q_k 再加上约束条件 $x_j = \lfloor x_j \rfloor + 1$ 得到相应的上界 β_{s+2}.
- 步骤 3: 在松弛约束 Q_{s+1} 的最优解中, 若所有的 x_js 都是整数, 并且 $\beta_{s+1} > f^*$, 令 $f^* = \beta_{s+1}$ 和 $(\boldsymbol{x}^0, \boldsymbol{r}^0) = (\boldsymbol{x}^*, \boldsymbol{r}^*)$. 如果至少存在一个 x_j^* 不是整数, 令 $N = N \cup \{s+1\}$. 关于结点 $s+2$ 重复运算.
- 步骤 4: 如果 $N = \varnothing$, 则停止; 否则, 从集合 N 中选择一个结点, 如是 k, 最大边界 β_k. 用 $(\boldsymbol{x}^*, \boldsymbol{r}^*)$ 表示问题 Q_k 松弛约束后与结点 k 相关联的最优解, 转向步骤 2.

Kuo 等 [178] 用该方法解例 8-1, 解得 $\boldsymbol{x}^* = (3,3,2,3,2)$, $\boldsymbol{r}^*$=(0.77960, 0.80065, 0.90227, 0.71044, 0.85947), 对应的系统可靠度为 0.92975.

8.5 Xu, Kuo 及 Lin 的方法

Xu 等[326] 对可靠性–冗余分配问题提出一种启发式方法 (XKL). 这个方法迭代地导出一列可行解. 从前面解导出新解的两种方法如下:

(1) 对某个 $x_j s$ 增加一个单位, 解非线性规划问题得到新 $\boldsymbol{x}$ 对应的最优 $\boldsymbol{r}$;

(2) 对某个 $x_j s$ 增加一个单位, 另一个减少一个单位, 解非线性规划问题得到新 $\boldsymbol{x}$ 对应的最优 $\boldsymbol{r}$.

对增加或减少的变量 x_j 的选择依赖于敏感函数. Xu 等[326] 假设函数 $f(\boldsymbol{x},\boldsymbol{r})$ 和 $g_{ij}(x_j,r_j)$ 是可微的, 并且是单调非减函数, 令 $\boldsymbol{x}^0=(x_1^0,\cdots,x_n^0)$ 为某一冗余水平的固定向量.

问题 8.2

考虑下列非线性规划 $p(\boldsymbol{x}^0)$ 的最大化问题:

$$\begin{aligned}
\max\quad & z=f(\boldsymbol{x}^0,\boldsymbol{r}),\\
\text{s.t.}\quad & \sum_{j=1}^{n} g_{ij}(x_j^0,r_j)\leqslant b_i,,\quad i=1,\cdots,m,\\
& 0\leqslant r_j\leqslant 1,\qquad\qquad j=1,\cdots,n.
\end{aligned}$$

问题 8.2 介绍的非线性规划问题, 可以通过反复用 XKL 方法来求解. 下面算法是 XKL 方法的逐步描述.

XKL 算法

- 步骤 0: 以一个合理的冗余分配 $\boldsymbol{x}^0$ 开始, 找到问题 8.2 的一个最优解 $\boldsymbol{r}^0$, 计算对应系统的可靠度 $R^0=f(\boldsymbol{x}^0,\boldsymbol{r}^0)$.

- 步骤 1: 计算关于 x_j 的敏感函数的值, $S_j=\dfrac{\partial R_{\rm s}/\partial x_j}{\min\limits_{1\leqslant i\leqslant m}\partial g_{ij}/\partial x_j}(j=1,\cdots,n)$,

其中, $\partial R_{\rm s}/\partial x_j$ 和 $\partial g_{ij}/\partial x_j$ 是在 $(\boldsymbol{x}^0,\boldsymbol{r}^0)$ 点上的偏导数. 找出敏感函数值 $S_1,\cdots,S_n$ 的降序排列 $(S_{v_1},S_{v_2},\cdots,S_{v_n})$. 计算

$$\hat{S}=\max_{1\leqslant j\leqslant n}\frac{\partial R_{\rm s}/\partial r_j}{\min\limits_{1\leqslant i\leqslant m}\partial g_{ij}/\partial r_j}.$$

- 步骤 2: 若 $\hat{S}>S_{v_1}$ (等于最大的 S_j), 转向步骤 5; 否则, 令 $k=1$.

- 步骤 3: 令 $x_{v_k}^0=x_{v_k}^0+1$, 求问题 8.2 的最优解 $\boldsymbol{r}'$. 如果解是可行的且 $R^0<f(\boldsymbol{x}^0,\boldsymbol{r}')$, 令 $\boldsymbol{r}^0=\boldsymbol{r}',R^0=f(\boldsymbol{x}^0,\boldsymbol{r}')$, 转向步骤 1.

- 步骤 4: 令 $x_{v_k}^0=x_{v_k}^0-1,k=k+1$. 若 $k\leqslant n$, 转向步骤 3.

- 步骤 5: 选择 (v_1,v_n), 令 $x_{v_1}^0=x_{v_1}^0+1$ 和 $x_{v_n}^0=x_{v_n}^0-1$. 求问题 8.2 的最优解 $\boldsymbol{r}'$. 若解可行且 $R^0<f(\boldsymbol{x}^0,\boldsymbol{r}')$, 令 $\boldsymbol{r}^0=\boldsymbol{r}',R^0=f(\boldsymbol{x}^0,\boldsymbol{r}')$, 转向步骤 1; 否则, 重新设置 $x_{v_1}^0=x_{v_1}^0-1$ 和 $x_{v_n}^0=x_{v_n}^0+1$.

- 步骤 6: 对 $(v_1,v_{n-1}),(v_1,v_{n-2}),\cdots,(v_1,v_2),(v_2,v_n),\cdots,(v_2,v_3),\cdots,(v_{n-1},v_n)$ 重复步骤 5, 直到改进了系统可靠度. 若一些对得到改进, 转向步骤 1(不重复步骤 5); 否则, $(\boldsymbol{x}^0,\boldsymbol{r}^0)$ 作为最优解并停止.

任何标准方法, 如拉格朗日乘数法, 能应用于解决 $P(\boldsymbol{x}^0)$ 类型的问题. 当函数不可微或不容易求出导数解析表达式时, 可以使用数值逼近偏导数. Xu 等[326] 用三种不同例子说明了他们的方法. 根据大量的数值试验, 他们与 Kuo 等[178] 的分支定界法以及搜索和启发式冗余分配方法的各种组合进行对比. 根据试验结果, Xu 等[326] 发现 XKL 方法关于运算性能, 如执行时间和最优值等, 优于其他启发式方法.

用 XKL 方法解例 8-1 利用问题 8.2 展示的典型非线性规划问题, 运用罚函数的 XKL 方法解例 8-1. 注意凡是 XKL 方法遇到的非线性规划问题都可以使用任何非线性规划方法. 令 $\boldsymbol{x}^0$=(2, 2, 2, 2, 2). 对于这个 $\boldsymbol{x}^0, P(\boldsymbol{x}^0)$ 的最优解 $\boldsymbol{r}^0$ 为

$$\left(r_1^0, \cdots, r_5^0\right) = (0.834502,\ 0.853789,\ 0887422,\ 0.765242,\ 0.840939),$$

对应的系统可靠度为 $f(\boldsymbol{x}^0, \boldsymbol{r}^0)$=0.8654982. 最初, R^0 为 $f(\boldsymbol{x}^0, \boldsymbol{r}^0)$. 对于初始解 $(\boldsymbol{x}^0, \boldsymbol{r}^0)$, 敏感函数的值为

$$(S_1, \cdots, S_5) = (0.003242,\ 0.003528,\ 0.004146,\ 0.002816,\ 0.003420)$$

和

$$\begin{aligned}\hat{S} &= \max\{0.000849,\ 0.000874,\ 0.000922,\ 0.000875,\ 0.000879\}\\ &=0.000922.\end{aligned}$$

若 $\hat{S} < S_3 = \max S_i$, 则对 x_3 增加一个单位. 具有新 $\boldsymbol{x}^0$ 的最优解

$$\left(\boldsymbol{x}^0, \boldsymbol{r}'\right) = (2, 2, 3, 2, 2, 0.834022, 0.860685, 0.822942, 0.768800, 0.844452),$$

相应的系统可靠度为 $f\left(\boldsymbol{x}^0, \boldsymbol{r}'\right)$=0.875878. 因为 $f\left(\boldsymbol{x}^0, \boldsymbol{r}'\right) > R^0$, 更新 $\boldsymbol{r}^0$ 和 R^0 为 $\boldsymbol{r}^0 = \boldsymbol{r}'$, R^0=0.875878.

对于当前最优解 $(\boldsymbol{x}^0, \boldsymbol{r}^0)$,

$$(S_1, \cdots, S_5) = (0.003311,\ 0.003066,\ 0.002783,\ 0.002717,\ 0.003226)$$

且

$$\hat{S} = \max\{0.000868,\ 0.000744,\ 0.000870,\ 0.000837,\ 0.000821\} = 0.000870.$$

因为 $\hat{S} < S_1 = \max\limits_{1\leqslant i\leqslant 5} S_i$, 则对 x_1 增加一个单位, 具有新 x^0 的最优解为

$$\left(x^0, r'\right) = (3, 2, 3, 2, 2, 0.762786, 0.866451, 0.828722, 0.776427, 0.848162),$$

相应的系统可靠度为 $f\left(\boldsymbol{x}^0, \boldsymbol{r}'\right)$=0.8948728. 因为 $f\left(\boldsymbol{x}^0, \boldsymbol{r}'\right) > R^0$, 更新 $\boldsymbol{r}^0$ 和 R^0 为 $\boldsymbol{r}^0 = \boldsymbol{r}'$, R^0=0.8948728.

以上解和连续迭代得到的结果在表 8.4 中给出. 表 8.4 中的解 2, 3, 4 是通过增加 x_js 中的一个单位从前一个解获得的, 然而, 解 5, 6, 7, 8 是通过从上一个解中将向量 $\boldsymbol{x}^0$ 的一个元素转换到另一个获得的.

表 8.4　XKL 方法获得的解序列

	$\boldsymbol{x}^0$	$\boldsymbol{r}^0$	R^0
1	(2, 2, 2, 2, 2)	(0.834502, 0.853789, 0.887422, 0.765242, 0.840939)	0.865498
2	(2, 2, 3, 2, 2)	(0.834022, 0.860685, 0.822942, 0.768800, 0.844452)	0.875878
3	(3, 2, 3, 2, 2)	(0.762786, 0.866451, 0.828722, 0.776427, 0.848162)	0.894873
4	(3, 3, 3, 2, 2)	(0.768914, 0.798171, 0.830824, 0.784645, 0.855136)	0.910080
5	(3, 2, 3, 2, 3)	(0.772846, 0.866571, 0.829703, 0.786934, 0.778894)	0.912075
6	(3, 3, 2, 2, 3)	(0.773399, 0.796138, 0.898203, 0.788263, 0.785991)	0.917275
7	(3, 3, 2, 3, 2)	(0.775367, 0.802277, 0.902547, 0.710485, 0.860674)	0.929721
8	(3, 2, 2, 3, 3)	(0.783191, 0.872255, 0.903500, 0.709306, 0.785600)	0.931622

8.6　替代约束方法

当有好的技术求解单约束问题时, 替代约束方法解多约束的最优化相同问题也很有效. Luenberger[203] 指出, 如果问题是一个拟凸规划, 使用替代约束方法能够得到精确解. Nakagawa 和 Miyazaki[246] 用这种方法解具有两个约束的非线性整数规划形式的可靠性优化问题. 他们的工作表明对于多约束, 这种方法优于包括拉格朗日乘子法在内的动态规划方法. 后来, Hikita 等[126] 采用替代约束方法 (HNNN 方法) 解可靠性冗余分配问题. 这种方法包括解一系列单约束混合整数规划问题.

问题 8.3

考虑可靠性冗余分配的最大化问题

$$\begin{aligned} \max \quad & f(\boldsymbol{x},\boldsymbol{r})=\prod_{j=1}^{n} R_j(x_j,r_j), \\ \text{s.t.} \quad & \sum_{j=1}^{n} g_{ij}(x_j,r_j)-b_i \leqslant 0,\ i=1,\cdots,m, \\ & 0\leqslant r_j\leqslant 1, j=1,\cdots,n, \\ & x_j \text{为非负整数}. \end{aligned} \tag{8.4}$$

对于串联系统, 问题 8.1 是一个特例. 对应以上问题的替代问题 $S(\boldsymbol{u})$ 可以定义为最大化问题

$$\begin{aligned} \max \quad & z_{\boldsymbol{u}}=f(\boldsymbol{x},\boldsymbol{r}), \\ \text{s.t.} \quad & \sum_{i=1}^{m} u_i\left[\sum_{j=1}^{n} g_{ij}(x_j,r_i)-b_i\right]\leqslant 0, \\ & 0\leqslant r_j\leqslant 1, j=1,\cdots,n, \end{aligned}$$

其中 x_j 为非负整数, u_i 为满足下列条件的固定值:

$$u_1 + \cdots + u_m = 1,$$
$$u_i \geqslant 0, \quad i = 1, \cdots, m.$$

替代问题 $S(\boldsymbol{u})$ 可以重新定义为最大化问题

$$\begin{aligned}
\max \quad & z_{\boldsymbol{u}} = f(\boldsymbol{x}, \boldsymbol{r}), \\
\text{s.t.} \quad & \sum_{j=1}^{n} \left\langle \sum_{i=1}^{m-1} u_i \left[g_{ij}(x_j, y_j) - g_{mj}(x_j, r_j) \right] + g_{mj}(x_j, y_j) \right\rangle \\
& - \left[\sum_{i=1}^{m-1} u_i (b_i - b_m) + b_m \right] \leqslant 0, \\
& 0 \leqslant r_j \leqslant 1, j = 1, \cdots, n, \\
& x_j \in \{1, 2, \cdots\},
\end{aligned}$$

其中 $u_1, \cdots, u_{m-1}$ 为固定值, 并且满足

$$u_1 + \cdots + u_{m-1} \leqslant 1,$$
$$u_i \geqslant 0, \quad i = 1, \cdots, m-1.$$

用 $z_{\boldsymbol{u}}^*$ 表示替代问题 $S(\boldsymbol{u})$ 中目标函数的最优值. 对应于问题 8.3 的替代对偶问题是满足 $\boldsymbol{u} \in U^1$ 的 $z_{\boldsymbol{u}}^*$ 最小值问题, 其中

$$U^1 = \left\{ (u_1, \cdots, u_{m-1}) : \sum_{i=1}^{m-1} u_i \leqslant 1 \text{且} u_i \geqslant 0, i = 1, \cdots, m-1 \right\}.$$

换句话说, 替代对偶问题是为了找出

$$Z_{\boldsymbol{u}} = \min_{\boldsymbol{u} \in U^1} \max_{(\boldsymbol{x}, \boldsymbol{r}) \in K_{\boldsymbol{u}}} f(\boldsymbol{x}, \boldsymbol{r}),$$

其中

$$\begin{aligned}
K_{\boldsymbol{u}} = \Bigg\{ (\boldsymbol{x}, \boldsymbol{r}) : & \sum_{j=1}^{n} \left\langle \sum_{i=1}^{m-1} u_i [g_{ij}(x_j, r_j) - g_{mj}(x_j, r_j)] + g_{mj}(x_j, r_j) \right\rangle \\
& - \left[\sum_{i=1}^{m-1} u_i (b_i - b_m) + b_m \right] \leqslant 0, x_j \in \{0, 1, 2, \cdots\} \text{且} 0 \leqslant r_j \leqslant 1 \Bigg\}.
\end{aligned}$$

可以看出, 替代对偶问题的最优目标值大于或等于问题 8.3 的原始值.

Hikita 等[126] 解替代对偶问题的步骤如下：首先用动态规划方法解替代问题 $S(\boldsymbol{u}^1)$(在本节后解释), $\boldsymbol{u}^1 = (1/m, \cdots, 1/m)$ 为替代乘子向量. $\boldsymbol{u}^1$ 是多面体 U^1 的中心. 假设 $(\boldsymbol{x}^1, \boldsymbol{r}^1)$ 是这个替代问题的最优解. 令 $k = 1$,

$$U^{k+1} = U^k \cap \left\{ \boldsymbol{u} : \sum_{i=1}^{m-1} h_i u_i > h_0 \right\},$$

其中

$$h_i=\sum_{j=1}^{n}[g_{ij}(x_j^k,r_j^k)-g_{mj}(x_j^k,r_j^k)]-(b_i-b_m),\tag{8.5}$$

$$h_0=b_m-\sum_{j=1}^{n}g_{mj}(x_j^k,r_j^k).\tag{8.6}$$

Hikita 等[126] 表明, 对于 U^1 中的任何 $\boldsymbol{u}$, 当满足 $\sum h_iu_i\leqslant h_0$ 时有 $z_{\boldsymbol{u}}^*\geqslant z_{\boldsymbol{u}^1}^*$. 现在确定多面体 U^{k+1} 的中心 $\boldsymbol{u}^{k+1}$ 解替代问题 $S(\boldsymbol{u}^{k+1})$. 假设 $(\boldsymbol{x}^{k+1},\boldsymbol{r}^{k+1})$ 是 $S(\boldsymbol{u}^{k+1})$ 的最优解. 当 $k=2,3,\cdots$ 时, 按步骤继续, 直到替代问题中止, 或者对于两个连续 k 的优化目标函数值非常接近. Nakagawa 等[244] 给出了从 U^k 和 $(\boldsymbol{x}^{k+1},\boldsymbol{r}^{k+1})$ 得出 U^{k+1} 的方法, 见附录 3. 以下算法给出了以上过程的每一步描述:

HNNN 算法

- 步骤 0: 选择一个小的 ε. 在 $\mathbf{R}^{m-1}$ 中选择具有 m 个顶点的多面体 U^1,

$$V=\{(1,0,\cdots,0),(0,1,\cdots,0),(0,0,\cdots,1),(0,0,\cdots,0)\}.$$

令 $\boldsymbol{v}_1=(1,0,\cdots,0),\boldsymbol{v}_2=(0,1,\cdots,0),\cdots,\boldsymbol{v}_{m-1}=(0,0,\cdots,1),\boldsymbol{v}_m=(0,0,\cdots,0)$. 设 $P=\{1,2,\cdots,m\}$ 为支撑超平面集合, P 中元素 i 表示支撑超平面 $u_i=0(i=1,\cdots,m-1)$, 并且元素 m 表示平面 $\sum_{i=1}^{m-1}u_i=1$. 定义矩阵 $\boldsymbol{W}=(\omega_{ij})_{m\times m}$ 如下:

$$\omega_{ij}=\begin{cases}0, & j=i,\\ 1, & \text{否则},\end{cases}$$

其中 $i=1,\cdots,m,j=1,\cdots,m$ ($\boldsymbol{W}$ 的行向量对应 P 中的超平面, $\boldsymbol{W}$ 的列向量对应 V 中的顶点. 如果平面 i 通过顶点 j, 那么 $w_{ij}=1$).

- 步骤 1: 得到替代问题 $S(\boldsymbol{u}^1)$ 的最优解 $(\boldsymbol{x}^1,\boldsymbol{r}^1)$, 其中 $\boldsymbol{u}^1=(1/m,\cdots,1/m)$ 为多面体 U^1 的中心. 令 $(\boldsymbol{x}^*,\boldsymbol{r}^*)=(\boldsymbol{x}^1,\boldsymbol{r}^1)$, $f^*=f(\boldsymbol{x}^*,\boldsymbol{r}^*)$, $k=1$.

- 步骤 2: 使用附录 3 中算法给出的解 $(\boldsymbol{x}^k,\boldsymbol{r}^k)$, 从 U^k 得到多面体 U^{k+1} 及其中心 $\boldsymbol{u}^{k+1}$. 同时更新得到 U^{k+1} 的支撑超平面集合 P, 顶点集合 V 和关联矩阵 $\boldsymbol{W}=(\omega_{ij})$. 如果 U^{k+1} 为空集, 转到步骤 5.

- 步骤 3: 得到替代问题 $S(\boldsymbol{u}^{k+1})$ 的最优解 $(\boldsymbol{x}^{k+1},\boldsymbol{r}^{k+1})$. 如果 $f(\boldsymbol{x}^{k+1},\boldsymbol{r}^{k+1})<f(\boldsymbol{x}^*,\boldsymbol{r}^*)$, 令 $(\boldsymbol{x}^*,\boldsymbol{r}^*)=(\boldsymbol{x}^{k+1},\boldsymbol{r}^{k+1})$, $f^*=f(\boldsymbol{x}^{k+1},\boldsymbol{r}^{k+1})$.

- 步骤 4: 如果 $k\geqslant 2$ 且 $1-\varepsilon\leqslant\dfrac{f(\boldsymbol{x}^{k-1}\boldsymbol{r}^{k-1})}{f(\boldsymbol{x}^k,\boldsymbol{r}^k)}\leqslant 1+\varepsilon$, 转到步骤 5; 否则, 令 $k=k+1$, 转到步骤 2.

- 步骤 5: 把 $(\boldsymbol{x}^*,\boldsymbol{r}^*)$ 作为原问题 8.3 的所求解.

通过以上算法得到的解 $(\boldsymbol{x}^*, \boldsymbol{r}^*)$ 可能对问题 8.3 并不可行. 为了避免不可行, Hikita 等[126] 提出了以下两个对策:

对策 1

这个方法通过减少约束修正原问题, 并解它的替代对偶问题, 直到替代对偶问题的最优解对原问题是可行时, 修正才停止. 该策略的详细介绍见如下算法:

CSG1 算法

- 步骤 0: 从区间 (0,1) 选择一个值 θ, 令 $t=1$.
- 步骤 1: 令 $b_i=b_i(1-\theta t\hat{u}_i)(i=1,\cdots,m-1), b_m=b_m\left[1-\theta t\left(1-\sum\limits_{i=1}^{m-1}\hat{u}_i\right)\right]$,

其中 $(\hat{u}_1,\cdots,\hat{u}_{m-1})$ 是 $(\boldsymbol{x}^*, \boldsymbol{r}^*)$ 替代乘子向量, $(\boldsymbol{x}^*, \boldsymbol{r}^*)$ 是 HNNN 算法的最优解. 令 $k=1$,

$$U^1=\left\{\boldsymbol{u}\in\mathbf{R}^{m-1}:\sum_{i=1}^{m-1}u_i\leqslant 1, u_i\geqslant 0\right\}.$$

- 步骤 2: 得到 $S(\boldsymbol{u}^k)$ 一个最优解 $(\boldsymbol{x}^k, \boldsymbol{r}^k)$, 如果这个解对于初始问题 8.3 是可行解, 停止; 否则, 转入步骤 3.
- 步骤 3: 如果 $1-\varepsilon\leqslant\dfrac{f(\boldsymbol{x}^{k-1},\boldsymbol{r}^{k-1})}{f(\boldsymbol{x}^k,\boldsymbol{r}^k)}\leqslant 1+\varepsilon$, 则令 $t=t+1$, 并转到步骤 1; 否则, 转到步骤 4.
- 步骤 4: 计算$U^{k+1}=U^k\cap\left\{\boldsymbol{u}\in\mathbf{R}^{m-1}:\sum h_iu_i>h_0\right\}$, 其中 h_i 和 h_0 见等式 (8.5) 和 (8.6). 如果 $U^{k+1}=\varnothing$, 令 $t=t+1$, 并转到步骤 1; 否则, 得出 U^{k+1} 的中心 $\boldsymbol{u}^{k+1}$, 令 $k=k+1$, 转到步骤 2.

对策 2

在这个方法中, HNNN 算法给出的不可行解中, 元件可靠度沿目标函数在解 $(\boldsymbol{x}^*, \boldsymbol{r}^*)$ 处切平面的垂直方向递减. 以下算法是该对策的详细描述.

CSG2 算法

- 步骤 0: 由 HNNN 算法得出的 $(\boldsymbol{x}^*, \boldsymbol{r}^*)$, 计算 $d_j=\partial f(\boldsymbol{x},\boldsymbol{r})/\partial r_j(j=1,\cdots,n)$ 在 $(\boldsymbol{x}^*, \boldsymbol{r}^*)$ 的值. 找出 $\theta^{\boldsymbol{u}}=\min\{r_j^*/d_j:1\leqslant j\leqslant n\}, \boldsymbol{r}^{\mathrm{R}}=\boldsymbol{r}^*$, $\boldsymbol{r}^{\mathrm{L}}=\boldsymbol{r}^*-\theta\boldsymbol{d}$, 其中 $\boldsymbol{d}=(d_1,\cdots,d_n)^{\mathrm{T}}, 0<\theta<\theta^{\boldsymbol{u}}$.
- 步骤 1: $\bar{\boldsymbol{y}}=\dfrac{1}{2}(\boldsymbol{r}^{\mathrm{R}}+\boldsymbol{r}^{\mathrm{L}})$. 如果 $(\boldsymbol{x}^*,\bar{\boldsymbol{y}})$ 对于问题 8.3 不可行, 那么令 $\boldsymbol{r}^{\mathrm{R}}=\bar{\boldsymbol{y}}$, 重复步骤 1; 否则, 转入步骤 2.
- 步骤 2: 如果 $\left|1-\dfrac{f(\boldsymbol{x}^*,\boldsymbol{r}^{\mathrm{L}})}{f(\boldsymbol{x}^*,\bar{\boldsymbol{y}})}\right|>\varepsilon$, 令 $\boldsymbol{r}^{\mathrm{L}}=\bar{\boldsymbol{y}}$, 转到步骤 1; 否则, 将 $(\boldsymbol{x}^*,\bar{\boldsymbol{y}})$ 作为问题 8.3 的最优解, 停止.

8.6.1 用 DP 法解替代问题 $S(\boldsymbol{u})$

问题 $S(\boldsymbol{u})$ 可以变换为

$$\begin{aligned}\max\quad & z_{\boldsymbol{u}}=\prod_{j=1}^{n}R_j(x_j,r_j),\\ \text{s.t.}\quad & \sum_{j=1}^{n}\bar{g}_j(x_j,r_j)\leqslant\sum_{i=1}^{m-1}u_i(b_i-b_m)+b_m,\\ & 0\leqslant r_j\leqslant 1, j=1,\cdots,n,\end{aligned}$$

其中 x_j 为非负整数,

$$\bar{g}_j(x_j,r_j)=g_{mj}(x_j,r_j)+\sum_{i=1}^{m-1}u_i[g_{ij}(x_j,r_j)-g_{mj}(x_j,r_j)].$$

取一个大的整数 M, 找出 $\varDelta=\dfrac{\displaystyle\sum_{i=1}^{m-1}u_i(b_i-b_m)+b_m}{M}$, 令

$$F_k(d)=\max\left\{\prod_{j=1}^{k}R_j(x_j,r_j):\sum_{j=1}^{k}\bar{g}_j(x_j,r_j)\leqslant d\varDelta,0\leqslant r_j\leqslant 1,\right.\\ \left. x_j\in\{0,1,2,\cdots\},1\leqslant j\leqslant k\right\},\tag{8.7}$$

$$\phi_k(d)=\max\{R_k(x_k,r_k):\bar{g}_k(x_k,r_k)\leqslant d\varDelta,x_k\in\{0,1,2,\cdots\},0\leqslant r_k\leqslant 1\},\tag{8.8}$$

其中 $d=0,1,\cdots,M$.

当 $\varDelta$ 足够小时, 有如下近似关系:

$$F_{k+1}(d)\approx\max_{0\leqslant i\leqslant d}\{\phi_{k+1}(i)+F_k(d-i)\},\tag{8.9}$$

其中 $k=0,\cdots,n-1$, 对于任何 d 都有 $F_0(d)=0$.

因此, 由 x_j 和 r_j 的值可以得出 $\phi_j(d)$, 方法如下：因为函数 R_j 和 $\bar{g}_j$ 对于固定的 x_j 是关于 r_j 的单调非减函数, 所以 r_j 的最大值满足 $0\leqslant r_j\leqslant 1$ 和 $\bar{g}_j(x_j,r_j)\leqslant d$, $R_j(x_j,r_j)$ 为最大. 对于 x_j 的每一个可行非负整数值, 找出 $r_j'=\max\{r_j:\bar{g}_j(x_j,r_j)\leqslant d,0\leqslant r_j\leqslant 1\}$, 并且求出使得 $R_j(x_j,r_j)$ 的最大值等于 $\phi_j(d)$ 的 x_j 值. 等式 (8.9) 可以作为用 DP 法解问题 $S(\boldsymbol{u})$ 的递推关系.

例 8-1 的解　现在用替代约束法解例 8-1. 用 HNNN 算法得出的解为

$$(\boldsymbol{x}^*,\boldsymbol{r}^*)=(3,2,2,3,3,0.783974,0.874649,0.901608,0.722120,0.799023),$$

它是替代问题具有 $(u_1,u_2)=(0.030,0.488)$ 的最优解. 用 DP 法解替代问题时, M 固定为 100, 对于最优解 $(\boldsymbol{x}^*,\boldsymbol{r}^*)$ 有

$$\sum_{j=1}^{5} g_{1j}(x_j^*, r_j^*) - b_1 = -27.0,$$
$$\sum_{j=1}^{5} g_{2j}(x_j^*, r_j^*) - b_2 = 9.073506,$$
$$\sum_{j=1}^{5} g_{3j}(x_j^*, r_j^*) - b_3 = -7.518918,$$

系统可靠度为 0.936562. 注意到解不满足第二个约束条件. 采用策略 2 获得一个可行解. 在 $(\boldsymbol{x}^*, \boldsymbol{r}^*)$ 处的偏导数为

$$d_1 = \frac{\partial f(\boldsymbol{x}, \boldsymbol{r})}{\partial r_1} = 0.132456, \quad d_2 = \frac{\partial f(\boldsymbol{x}, \boldsymbol{r})}{\partial r_2} = 0.238546,$$
$$d_3 = \frac{\partial f(\boldsymbol{x}, \boldsymbol{r})}{\partial r_3} = 0.186102, \quad d_4 = \frac{\partial f(\boldsymbol{x}, \boldsymbol{r})}{\partial r_4} = 0.221714,$$
$$d_5 = \frac{\partial f(\boldsymbol{x}, \boldsymbol{r})}{\partial r_5} = 0.114417, \quad \theta^{\boldsymbol{u}} = 3.256994.$$

θ 的值固定为 $0.4(\theta^{\boldsymbol{u}}) = 1.302798$, ε 值取 10^{-6}.$r^{\mathrm{L}}, \bar{y}$ 和 r^{R} 的初始值如表 8.5 所示.

表 8.5　用替代约束法解问题 8.1 的初始参数

j	$\boldsymbol{r}^{\mathrm{L}}$	$\bar{\boldsymbol{y}}$	$\boldsymbol{r}^{\mathrm{R}}$
1	0.611411	0.697693	0.783974
2	0.563872	0.719261	0.874649
3	0.659155	0.780382	0.901608
4	0.433272	0.577696	0.722120
5	0.649961	0.724492	0.799023

解 $(\boldsymbol{x}^*, \bar{\boldsymbol{y}})$ 可行且

$$\left|1 - \frac{f(\boldsymbol{x}^*, \boldsymbol{r}^{\mathrm{L}})}{f(\boldsymbol{x}^*, \bar{\boldsymbol{y}})}\right| = |1 - 0.683369| = 0.316631 > \epsilon.$$

因此, 令 $\boldsymbol{r}^{\mathrm{L}} = \bar{\boldsymbol{y}}$, 然后更新 $\bar{\boldsymbol{y}} = \frac{1}{2}(\boldsymbol{r}^{\mathrm{L}} + \boldsymbol{r}^{\mathrm{R}})$, 通过 19 次迭代, 得出最终解为

$$(\boldsymbol{x}^*, \boldsymbol{r}^*) = (3, 2, 2, 3, 3, 0.780040, 0.867565, 0.896081, 0.715536, 0.795625).$$

相应地, 系统可靠度为 0.931357. 这个解的剩余资源为

$$b_1 - \sum_{j=1}^{5} g_{1j}(\boldsymbol{x}^*, \boldsymbol{r}^*) = 27.0,$$
$$b_2 - \sum_{j=1}^{5} g_{2j}(\boldsymbol{x}^*, \boldsymbol{r}^*) = 0.000416,$$
$$b_3 - \sum_{j=1}^{5} g_{3j}(\boldsymbol{x}^*, \boldsymbol{r}^*) = 7.518918.$$

使用相同的方法, Hikita 等[126] 获得的解为

$$(\boldsymbol{x}^*, \boldsymbol{r}^*) = (3, 2, 2, 3, 3, 0.774887, 0.870065, 0.898549, 0.716524, 0.791368)$$

相应地, 系统可靠度为 0.931451. 这个解的剩余资源为

$$b_1 - \sum_{j=1}^{5} g_{1j}(\boldsymbol{x}^*, \boldsymbol{r}^*) = 27.0,$$

$$b_2 - \sum_{j=1}^{5} g_{2j}(\boldsymbol{x}^*, \boldsymbol{r}^*) = 0.108244,$$

$$b_3 - \sum_{j=1}^{5} g_{3j}(\boldsymbol{x}^*, \boldsymbol{r}^*) = 7.518918.$$

应用替换约束法解例 8-1 时取 $\epsilon = 10^{-8}$, $M = 100$.

8.7 进化算法

进化算法在求解复杂离散最优化问题 (见第 7 章) 和可靠性冗余分配问题 (虽然该问题包含连续变量) 方面十分有效. 对于复杂系统可靠性冗余分配问题这些算法提供了一个很好的启发式方法, 在发展求解的方法论中也起到了十分重要的作用 (参见 Böck[25] 和 Böck 等[26] 的文献). 这些算法的主要优点是能够迅速提供一些好的解. Hsieh 等[131] 对这类问题设计了一个遗传算法, 用一个 16 位二进制字符串表示元件可靠度, 用一个 8 位二进制字符串表示冗余水平. 类似地, Prasad 和 Kuo[270] 提出了两阶段进化算法, 进化算法中的每个染色体中整数表示冗余水平, 实数表示元件可靠度. 对于这个部分的各种术语, 可以参见第 7 章的遗传算法.

8.7.1 用于可靠性冗余最优化的遗传算法

现在描述 Hsieh 等[131] 的遗传算法在可靠性冗余分配问题中的应用.

一个染色体是一个二进制字符串. 这个字符串由可靠性系统 n 个阶段中每阶段的子串组成. 每个字符串由两部分组成: ①一个 8 位字符串表示冗余水平; ②一个 16 位字符串表示元件可靠度. 因此, 染色体的大小为 $24n$, 每个子字符串的第二部分与 Michalewicz[217] 描述的实值二进制字符串表示相似. 一个 16 位的二进制字符串 $\boldsymbol{r}$ 表示介于 0~ $2^{16}-1$ 的整数 d, 比值 $d/(2^{16}-1)$ 表示在区间 $[0,1]$ 中的一个值. 假设阶段 j 的冗余水平下限和上限分别为 1 和 c. 整数 ω(二进制形式) 表示阶段 j 对应的子字符串的第一部分. 注意 ω 的取值范围为 0~ 2^8-1(=255). 阶段 j 的冗余水平 x_j 取最靠近 $1+\omega(c-1)/255$ 的一个整数. 进化过程与 7.1 节的描述类似. 在染色体上进行单次杂交运算, 染色体的适应值就是相应解的系统可靠度. 如果解不可行, 适应值取 0.

Hsieh 等[131] 使用 MATLAB 代码描述了解例 8-1 的遗传算法. 描述中的参数如下：

种群规模 200

遗传代数 500

杂交率p_c 0.85

突变率 p_m 0.03

通过遗传算法得到的最好解为

$$(x_1, x_2, x_3, x_4, x_5) = (3, 2, 2, 3, 3),$$

$$(r_1, r_2, r_3, r_4, r_5) = (0.779427, 0.869482, 0.902674, 0.714038, 0.786896),$$

相应的系统可靠度 0.931578 比 Hikita 等[126] 得出的系统可靠度 0.931451 高.

Hsieh 等[131] 也用遗传算法同样地求解了例 8-2, 其中仅遗传代数由 500 变为了 100. 由他们获得的最好解为

$$(x_1, x_2, x_3, x_4, x_5) = (3, 3, 3, 3, 1),$$

$$(r_1, r_2, r_3, r_4, r_5) = (0.814090, 0.864614, 0.890291, 0.701190, 0.734731),$$

相应的系统可靠度 0.9998792 比 Hikita 等[126] 用启发式算法计算该问题的系统可靠度 0.9997894 值大.

8.7.2 用于可靠性冗余最优化的进化算法

对于大规模问题, 上面描述的遗传算法需要较大的计算机内存, 因为每个染色体的长度是子系统数的 24 倍. 这样可能会减少该算法在求解实际问题时的应用范围. 为了克服这个困难, Prasad 和 Kuo[268] 提出了以下两阶段进化算法：

n 表示可靠度系统的阶段数. 当阶段 j 的元件可靠度为 r_j 和冗余水平为 x_j 时, $1 \leqslant j \leqslant n$, 染色体定义为 $(x_1, x_2, \cdots, x_n, r_1, r_2, \cdots, r_n)$. 注意染色体由两部分组成：一部分是冗余水平, 另一部分是元件可靠度. 每部分的长度与子系统数相等.

第一阶段与 7.1 节描述的进化过程十分相似, 除了将单次交换变成杂交运算. 首先, 随机产生 s 个染色体 (解) 的初始种群. ℓ_j 和 u_j 分别表示阶段 j 的冗余水平的下限和上限. 产生初始种群的每个染色体, 阶段 j 的冗余水平为集合 $\{\ell_j, \ell_j + 1, \cdots, u_j\}$ 的一个随机数, 任何阶段的可靠度在区间 $(0.5, 1)$ 中取一个随机 5 位小数. 选择任何一个特定染色体作为父代的概率为 p_c. 选定的染色体经过配对, 然后统一进行杂交运算. 在杂交过程中, 一对染色体为 $(x'_1, x'_2, \cdots, x'_n, r'_1, r'_2, \cdots, r'_n)$ 和 $(x''_1, x''_2, \cdots, x''_n, r''_1, r''_2, \cdots, r''_n)$, 基因 x'_j 进入子代的概率相等. 如果其中一个子代得到基因 x'_j, 那么另一子代得到基因 x''_j. 基因 r'_j 与 r''_j 以同样的方式也被分配到子代. 例如, 一对染色体杂交运算

$$\{(3,2,3,2,2,0.75234,0.87069,0.902645,0.71015,0.77109),$$
$$(2,3,2,3,1,0.80827,0.75107,0.902645,0.71015,0.82456)\}$$

可能会产生以下子代:

$$\{(\mathbf{2},2,3,\mathbf{3},2,0.75234,\mathbf{0.75107},0.902645,0.71015,\mathbf{0.82456}),$$
$$(\mathbf{3},3,2,\mathbf{2},1,0.80827,\mathbf{0.87069},0.902645,0.71015,\mathbf{0.77109})\}.$$

第一个子代中粗体字表示的基因来自第二个父代, 其余的来自第一个父代. 同样地, 第二个子代中粗体字表示的基因来自第一个父代.

突变是在种群和新产生子代的所有染色体上进行的. 染色体上任一特定基因突变的概率为 $p_{\rm m}$. 如果基因 x_j 突变, 集合 $\{\ell_j,\ell_j+1,\cdots,u_j\}\setminus\{x_j\}$ 中的任一基因替换基因 x_j 的概率相等. 基因 r_j 突变的概率也为 $p_{\rm m}$. 如果基因 r_j 突变, 由区间 $(0.5,1.0)$ 中的一个随机数替换. 基于现实的假设选择该区间, 对于任一好的解, 元件可靠度至少为 0.5.

执行杂交和突变运算后, 评估所有的父代和子代和选择最好的个体 s, 没有复制, 形成下一代种群. 为了简化符号, 用 $\boldsymbol{x}$ 表示字符串 $(x_1,x_2,\cdots,x_n)$, $\boldsymbol{r}$ 表示字符串 $(r_1,r_2,\cdots,r_n)$. 染色体 $(\boldsymbol{x},\boldsymbol{r})$ 的适应值为

$$R(\boldsymbol{x},\boldsymbol{r})P(\boldsymbol{x},\boldsymbol{r}),$$

其中 $P(\boldsymbol{x},\boldsymbol{r})$ 与染色体从可行域偏离差的乘数有关,

$$d(\boldsymbol{x},\boldsymbol{r})=\max\left\{0,\max_{1\leqslant i\leqslant m}\left[\frac{1}{b_i}\sum_{j=1}^{n}g_{ij}(x_j,r_j)-1\right]\right\}.$$

惩罚函数 $P(\boldsymbol{x},\boldsymbol{r})$ 定义为

$$P(\boldsymbol{x},\boldsymbol{r})=\begin{cases}1, & d(\boldsymbol{x},\boldsymbol{r})=0,\\ (0.8)[1-d(\boldsymbol{x},\boldsymbol{r})]^2, & 0<d(\boldsymbol{x},\boldsymbol{r})<1,\\ 0, & d(\boldsymbol{x},\boldsymbol{r})\geqslant 1.\end{cases}$$

第二阶段与第一阶段除了在突变运算中有一个变化, 其他均一样. 在第二阶段, r_j 的突变运算由 r_j 的随机扰动替换. 如果基因 r_j 被选为突变, 那么 r_j 由区间 $[r_j-\delta,r_j+\delta]$ 中的随机数替换, 其中 δ 为一个很小的预定值. 突变运算仅在基因 $r_1,r_2,\cdots,r_n$ 上执行. 考虑染色体

$$(2,3,2,2,3,0.712,0.805,0.900,0.751,0.782).$$

如果 δ 取 0.009, 那么该染色体在第二阶段可能转变为

$$(2, 3, 2, 2, 3, 0.71256, 0.805, 0.900, 0.7584, 0.782).$$

在这个变换中, 值 0.712 和 0.751 分别变为 0.71256 和 0.7584. 第二阶段在特定的遗传代数上执行.

用进化算法解例 8-2, 在这个应用中, 种群规模 $s = 100$, $p_{\mathrm{c}} = 0.5$, $p_{\mathrm{m}} = 0.1$, $\delta = 0.009$. 基因 $r_1, \cdots, r_5$ 产生的所有值包含 5 位数. 第一阶段和第二阶段分别产生 50 代. 在第二阶段, p_{m} 取 0.25. 注意到任何进化算法的效率反映在最优目标值的概率分布中. 因此, 算法运行 300 次. 由算法得出的最优目标值的一些重要统计指标如下:

循环次数	300,
最小值	0.91926,
最大值	0.931672,
均值 μ	0.928796,
中值	0.929547,
标准差 σ	0.002945,
变异系数 σ/μ	0.00317.

$G(v)$ 表示最优目标函数值至少为 v 的试验次数. 对于一些选定的 v 值, $G(v)$ 的值和相应的百分比 $[G(v)/300] \times 100$ 如表 8.6 所示.

表 8.6　v 和 $G(v)$ 频率分布

v	$G(v)$	$(G(v)/300) \times 100$
0.924	273	91.0
0.925	243	81.0
0.926	240	80.0
0.927	233	77.7
0.928	217	72.3
0.929	183	61.0
0.930	137	45.7
0.931	105	35.0
0.9315	35	11.7
0.9316	11	3.7
0.93166	3	1.0

算法的执行和计算量将增加种群规模. 然而, 对于给定的遗传参数 p_{c} 和 p_{m}, 预计计算量随种群规模线性增长. 用 C 语言在 Pentium 166PC 上运行该算法 20 次, 其种群规模为 350(取代了 100), 平均的运行时间为 13.4s. 在一次运行中得到 10 个最优解如表 8.7 所示. 注意表 8.7 的第一个解是例 8-1 曾经得到的最优解. 事实上, 有 17 次运算最优目标值超过 0.93166.

表 8.7　对于 $s=350$ 例 8-1 的 10 个最好解

	(x_1,x_2,x_3,x_4,x_5)	(r_1,r_2,r_3,r_4,r_5)	R_s
1	(3,2,2,3,3)	(0.77978,0.87232,0.90245,0.71081,0.78816)	0.931678
2	(3,2,2,3,3)	(0.77978,0.87232,0.90261,0.71060,0.78829)	0.931673
3	(3 2,2,3,3)	(0.78002,0.87232,0.90245,0.71060,0.78816)	0.931660
4	(3,2,2,3,3)	(0.78002,0.87232,0.90245,0.71060,0.78816)	0.931660
5	(3,2,2,3,3)	(0.77978,0.87232,0.90261,0.71060,0.78816)	0.931657
6	(3,2,2,3,3)	(0.77978,0.87232,0.90261,0.71060,0.78816)	0.931657
7	(3,2,2,3,3)	(0.77978,0.87232,0.90261,0.71060,0.78816)	0.931657
8	(3,2,2,3,3)	(0.77978,0.87232,0.90261,0.71060,0.78816)	0.931657
9	(3,2,2,3,3)	(0.77978,0.87232,0.90245,0.71060,0.78829)	0.931644
10	(3,2,2,3,3)	(0.77978,0.87232,0.90245,0.71060,0.78829)	0.931644

这个算法同样可以按与前面例子相同的方法求解例 8-2. 种群规模 $s=100$, 其他参数同上. 该算法运行 20 次查看输出结果, 每一次循环的最优解如表 8.8 所示.

表 8.8　进化算法解例 8-2 得出的输出值

	(x_1,x_2,x_3,x_4,x_5)	(r_1,r_2,r_3,r_4,r_5)	R_s
1	(3,3,2,3,2)	(0.812927,0.865209,0.917338,0.699618,0.618505)	0.999861
2	(3,3,3,3,1)	(0.816552,0.863207,0.849530,0.725504,0.711417)	0.999887
3	(2,3,3,3,2)	(0.803311,0.852606,0.904196,0.712127,0.783241)	0.999846
4	(3,3,3,2,2)	(0.780391,0.890740,0.861650,0.729695,0.771508)	0.999836
5	(3,3,3,3,1)	(0.790568,0.870927,0.862468,0.714822,0.803516)	0.999883
6	(3,3,3,3,1)	(0.816871,0.874474,0.857720,0.697376,0.775270)	0.999888
7	(3,3,3,2,2)	(0.808821,0.889717,0.850714,0.709907,0.777374)	0.999835
8	(3,3,3,3,1)	(0.822947,0.858445,0.852919,0.733247,0.517912)	0.999874
9	(3,3,3,3,1)	(0.830530,0.884357,0.840484,0.678928,0.714060)	0.999882
10	(2,3,3,3,2)	(0.813407,0.853004,0.897191,0.716796,0.769553)	0.999848
11	(3,3,3,2,2)	(0.825170,0.890624,0.840974,0.710697,0.718775)	0.999833
12	(3,3,3,3,1)	(0.819390,0.860914,0.859580,0.719267,0.736710)	0.999888
13	(3,3,2,3,2)	(0.827021,0.871494,0.912209,0.678127,0.630035)	0.999864
14	(2,3,3,3,2)	(0.836642,0.850744,0.890624,0.717221,0.732804)	0.999847
15	(3,3,3,3,1)	(0.822221,0.886687,0.858567,0.643569,0.819631)	0.999872
16	(2,3,3,3,2)	(0.844401,0.877577,0.882287,0.652621,0.791928)	0.999840
17	(3,3,3,3,1)	(0.778288,0.874613,0.860734,0.716315,0.806666)	0.999877
18	(3,3,2,3,2)	(0.822320,0.877053,0.908158,0.666197,0.703984)	0.999864
19	(3,3,2,3,2)	(0.815080,0.860326,0.906859,0.702932,0.710325)	0.999858
20	(3,3,3,3,1)	(0.807861,0.865399,0.866122,0.719674,0.747193)	0.999889

8.8 讨　论

当系统中既要选择最优的元件可靠度 (连续变量), 又要选择所有或部分阶段的最优冗余水平时, 这样的可靠性最优化问题就变成了非线性混合整数规划问题. 称之为可靠性–冗余分配问题. 在系统可靠性最优化问题中, 研究者们提出了各种各样的启发式方法来求解这个问题. Misra 和 Ljubojevic[229] 提出了一个方法, 用 NPL 方法解连续化问题, 变量 $x_1, \cdots, x_n$ 代表冗余水平, 取最接近的整数值. Tillman 等[304] 的方法是在元件 $r_1, \cdots, r_n$ 所有可行的选择上求 $T(r_1, \cdots, r_n)$ 的最大值, 对于固定的 $(r_1, \cdots, r_n)$ 通过选择可行的 $x_1, \cdots, x_n$ 使系统可靠度 $T(r_1, \cdots, r_n)$ 为最大的可能值. 确定 $T(r_1, \cdots, r_n)$ 实际上是一个冗余分配问题, 可以利用第 3 章介绍的任何启发式方法求解. Tillman 等[304] 使用 Hooke-Jeeves 搜索法 (见附录 2) 求解了 $T(r_1, \cdots, r_n)$ 的最大值. 事实上, 可以使用任何好的直接搜索法求 $T(r_1, \cdots, r_n)$ 的最大值, 使用任何好的启发式方法求冗余分配子问题. Gopal 等[113] 使用概念相似的方法解可靠性冗余分配问题. 然而, 他们想出了一个简单的搜索方法来求 $T(r_1, \cdots, r_n)$ 的最大值, 对于固定的 $(r_1, \cdots, r_n)$ Gopal 等[112] 使用启发式方法来确定 $T(r_1, \cdots, r_n)$.

Xu 等[326] 在数值上比较了由两种搜索方法和 4 种启发式冗余分配方法组合而成的 8 种方案. 为了解可靠性冗余分配问题, 他们提出一种启发式方法, 应用 NLP 法获取最优的元件可靠度向量 $(r_1, \cdots, r_n)$, 从而得到冗余分配向量 $(x_1, \cdots, x_n)$. Kuo 等[178] 提出分支界定法, 在每个节点上, 使用拉格朗日乘子法求解 NLP 问题. 任何节点分支是基于在相应 NLP 解中变量 x_j 的非整数值.

为了解约束被分离和目标函数适合多阶段决策方法的问题, Hikita 等[126] 采用替代约束方法. 这个方法解一系列替代问题, 这些替代问题是单约束 NLP 问题. 他们用 DP 法解每一个替代问题. Hsieh 等[131] 以及 Prasad 和 Kuo[270] 论证了进化算法也可以成功用于解冗余分配问题. 有兴趣的读者可以参见 Floudas[94] 的其他方法, 如 Benders 分解法、外部逼近法等解非线性混合整数规划问题.

练　习

8.1　什么是典型的可靠性冗余分配问题? 这种问题属于哪种数学范畴?

8.2　在例 8-1 中, 令 $\boldsymbol{x}^0 = (3, 3, 2, 2, 2)$, $\boldsymbol{r}^0 = (0.5, 0.5, 0.5, 0.5, 0.5, 0.5)$. 用 GAG2 方法进行一次迭代. 找到 $\boldsymbol{r}$ 和敏感因子 $S_j(\boldsymbol{x}^*, \boldsymbol{r})(j = 1, 2, 3, 4, 5)$.

8.3　在例 8-1 中, 令 $\boldsymbol{x}^0 = (3, 2, 3, 2, 2)$, $\boldsymbol{r}^0$ =(0.762786, 0.866451, 0.828722, 0.776427, 0.848162). 用 XKL 方法进行一次迭代. 求 $\hat{S}$, $\boldsymbol{r}$ 和敏感函数 S_j 的值.

8.4　在 KLXZ 方法中, 使用了哪种分支原则? 描述结点被探索的例子. THK

方法的主要思想是什么？

8.5　由 $\sum_{i=1}^{m} u_i \left[\sum_{j=1}^{n} g_{ij}(x_j, r_j) - b_j\right] \leqslant 0$(见第 154, 155 页), 导出约束

$$\sum_{j=1}^{n} \left\langle \sum_{i=1}^{m-1} u_i \left[g_{ij}(x_j, r_j) - g_{mj}(x_j, r_j) + g_{mj}(x_j, r_j)\right] - \left[\sum_{i=1}^{m-1} u_i(b_i - bm) + b_m\right] \right\rangle \leqslant 0.$$

8.6　写出例 8-1 的替代问题的公式 $S(\boldsymbol{u})$, 找出动态规划方法的递归函数.

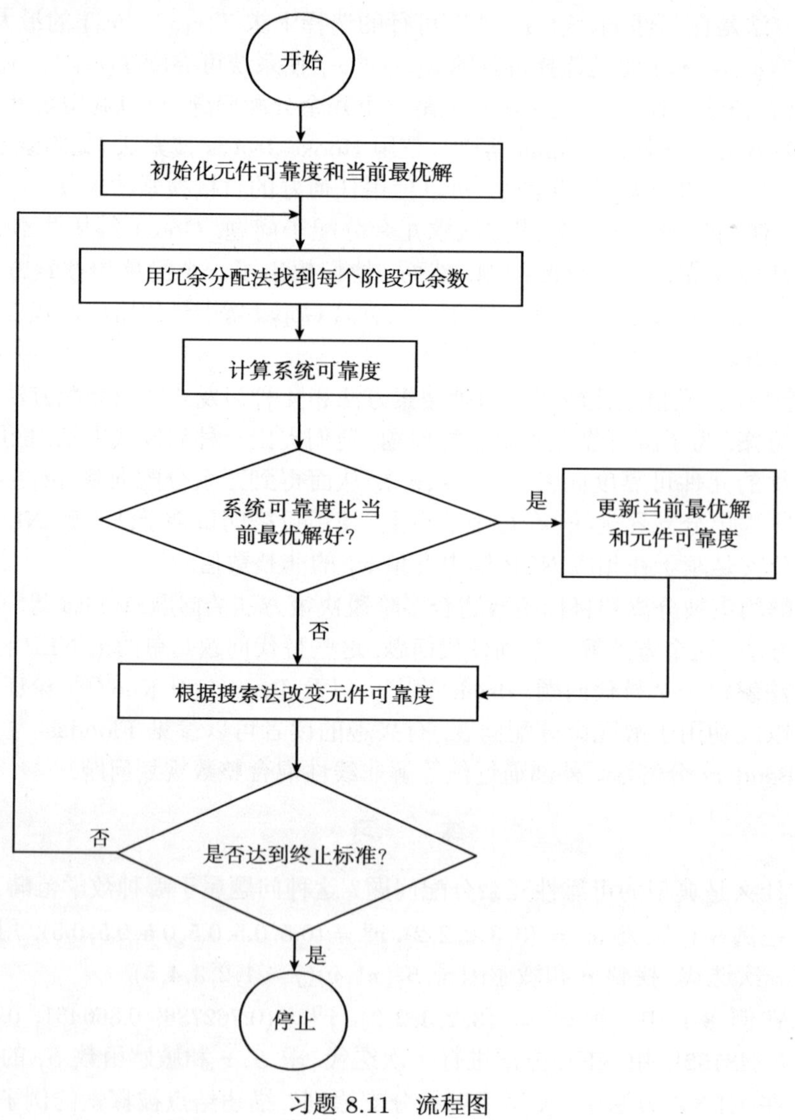

习题 8.11　流程图

8.7　在替代约束方法中, 用什么方法来避免解不可行? 讨论这些方法是如何避免解不可行的.

8.8　当常规遗传算法用于大规模 MINLP 问题时, 主要的困难是什么? Hence, Prasad 和 Kuo 提出了两阶段进化算法, 他们是怎样克服这个困难的?

8.9　为了解决混合整数非线性规划问题, 常常采用哪些方法? 简单对它们进行描述.

8.10　在第 8 章, 两种方法通常应用于每个算法: 一个是对于冗余水平 $\boldsymbol{x}$, 另一个是对于可靠度 $\boldsymbol{r}$. 讨论什么样的方法对每个算法是恰当的.

8.11　解例 8-1 时, 在 8.2~8.5 节介绍了几个方法. 例如, Tillman 等[304] 使用 Hooke-Jeeves 搜索技术, 同时结合 Aggarwal 等[7] 提出的启发式冗余方法, 解混合整数可靠性优化问题. 搜索方法决定了元件可靠度的最优水平, 同时启发式方法保证了冗余为整数. 其他搜索技术可以与上页图中描述的启发式冗余分配法相结合:

(a) 使用 Nakagawa-Nakashima 启发式方法[247] 代替 Aggarwal 等[7] 的启发式方法;

(b) 使用 Kohda-Inoue 启发式方法[163] 代替 Aggarwal 等[7] 的启发式方法;

(c) 使用遗传算法代替 Aggarwal 等[7] 的启发式方法;

(d) 用上面三种方法对于表 8.1 中的不同系数进行 500 次运算, 比较得到的解和运算时间.

第 9 章　可靠性系统中元件指派

9.1 引　　言

考虑一个可以执行多个功能的元件可靠性系统：这些元件有时是能够互换的. 当不同的年龄相同元件用于系统时, 互换的情形也会发生：整体可靠性将取决于元件分配到系统不同位置的最优指派. Derman 等[77,78] 最初考虑了在可靠性系统中元件指派优化问题, 系统可靠性最大化是主要目标. 后来, 发展出现了串–并联系统、并–串联系统、n 中取 k 表决系统和广义单调关联系统. 从数学规划的观点来看, 元件指派可以视为一个非线性问题. 关于元件指派的大部分研究工作假定元件的可靠性是位置不变的, 并且主要为解析推倒, 它仅依赖于不断增加元件顺序. 有些作者也应用启发式算法和隐含枚举法优化元件指派. 优化理论和舒尔凸函数也已经被漂亮地用于推导串–并联和并–串联系统中优化问题的解析解：一些启发算法也是基于优化概念和数学规划方法论. 在具有位置相关元件可靠性的串–并联和并–串联系统上已经取得了一些成果.

9.2 节针对串–并联系统处理元件的优化指派, 它包含对一些特殊问题的精确方法和对一般问题的启发方法, 也包含基于对具有两路径集的串–并联系统中的优化元件指派和一般元件可靠性的双目标方法. 9.3 节讨论并–串联系统中的元件指派的最优化, 也介绍启发式方法和精确方法. 9.4 节描述单调关联系统中的元件指派问题.

9.2 串–并联系统中元件的最优指派

考虑一个具有k个串联子系统 $P_1, \cdots, P_k$ 的串–并联可靠性系统, 子系统 $P_1, \cdots, P_k$ 是并联的. 每一个串联子系统都是最短路径集, 反之亦然. 令 n_h 为在路径集 $P_h(h = 1, 2, \cdots, k)$ 中的位置数, $N_h = \sum\limits_{i=1}^{h} n_i$, $h = 1, \cdots, k$, $n = N_k$, 即 $n = n_1 + \cdots + n_k$. 于是, P_1 的 n_1 个位置分别为 $1, 2, \cdots, n_1$; P_2 的 n_2 个位置分别为 $N_1 + 1, \cdots, N_1 + n_2, \cdots$, 并且 P_k 的 n_k 个位置分别为 $N_{k-1} + 1, \cdots, N_{k-1} + n_k$. 这个可靠性系统中的 m 个元件安排在 n 个位置上, $m \geqslant n$. 第 j 个元件如果安排在系统的第 i 个位置, 则其可靠度记为 r_{ij}.

当元件 j 被指派到位置 i 时, 令 $x_{ij}=1$; 否则, $x_{ij}=0$. 于是, 可以由向量 $\boldsymbol{x}=(x_{11},x_{12},\cdots,x_{1m},\cdots,x_{n1},\cdots,x_{nm})$ 表示元件指派, 并且任何指派 $\boldsymbol{x}$ 必须满足以下条件:

$$\sum_{j=1}^{m} x_{ij}=1, \quad i=1,\cdots,n, \tag{9.1}$$

$$\sum_{i=1}^{n} x_{ij}\leqslant 1, \quad j=1,\cdots,m, \tag{9.2}$$

$$x_{ij}=0 \text{ 或 } 1. \tag{9.3}$$

对于指派 $\boldsymbol{x}$, 系统的可靠度为

$$R(\boldsymbol{x})=1-\prod_{h=1}^{k}\left(1-\prod_{i\in P_h}\prod_{j=1}^{m} r_{ij}^{x_{ij}}\right).$$

问题 9.1

从数学的角度来看, 通过元件指派最大化串–并联系统的可靠度是如下优化问题:

$$\begin{aligned}
\max \quad & R(x)=1-\prod_{h=1}^{k}\left(1-\prod_{i\in P_h}\prod_{j=1}^{m} r_{ij}^{x_{ij}}\right), \\
\text{s.t.} \quad & \sum_{j=1}^{m} x_{ij}=1, i=1,\cdots,n, \\
& \sum_{i=1}^{n} x_{ij}\leqslant 1, j=1,\cdots,m, \\
& x_{ij}=0 \text{ 或 } 1.
\end{aligned}$$

令 $t_{ij}=-\ln r_{ij}, z_h=\sum_{i\in P_h}\sum_{j=1}^{m} t_{ij}x_{ij}, \boldsymbol{z}=(z_1,z_2,\cdots,z_k)$. 于是可以将系统的可靠度记为

$$R(\boldsymbol{z})=1-\prod_{h=1}^{k}(1-\mathrm{e}^{-z_h}). \tag{9.4}$$

z_h 被称为路径 P_h 的 a 故障率, 并且向量 $\boldsymbol{z}=(z_1,z_2,\cdots,z_k)$ 被称为系统的 a 故障率.

假定 $\boldsymbol{u}=(u_1,u_2,\cdots,u_k)$ 和 $\boldsymbol{v}=(v_1,v_2,\cdots,v_k)$ 是 $\mathbf{R}^k$ 中的两个向量, 并且令 $u_{[i]}(v_{[i]})$ 是 $u_i(v_i)$ 中的第 i 个最小元素, 则称 $\boldsymbol{u}$ 优于 $\boldsymbol{v}$(记为 $\boldsymbol{u}\succ\boldsymbol{v}$), 如果满足以下条件:

$$u_{[1]}\leqslant v_{[1]},$$

$$u_{[1]}+u_{[2]}\leqslant v_{[1]}+v_{[2]},$$
$$\vdots$$
$$u_{[1]}+\cdots+u_{[k-1]}\leqslant v_{[1]}+\cdots+v_{[k-1]},$$
$$u_{[1]}+\cdots+u_{[k]}=v_{[1]}+\cdots+v_{[k]}.$$

假定 $f(\boldsymbol{u})$ 是 $\mathbf{R}^k$ 中的非空子集 S 上的实值函数. 当 $\boldsymbol{u}\succ\boldsymbol{v}$ 时, 如果 $f(\boldsymbol{u})\geqslant f(\boldsymbol{v})$, $f(\boldsymbol{u})$ 被称为 Schur(舒尔) 凸函数. 同理, 当 $\boldsymbol{u}\succ\boldsymbol{v}$ 时, 如果 $f(\boldsymbol{u})\leqslant f(\boldsymbol{v})$, $f(\boldsymbol{u})$ 被称为 Schur 凹函数. El-Neweihi 等[86] 已经观察到, $R(\boldsymbol{z})$ 可靠性函数是一个 Schur 凸函数. 读者可以参见 Marshall 和 Olkin[209] 的详细研究.

9.2.1 串–并联系统中元件的最优指派

令 $m=n$, $N=\{1,\cdots,n\}$. 假定对于任何 i 和任何 j 都有 $r_{ij}=r_j$, 即元件可靠度与元件的使用位置无关. 很容易看出, 任何路径 P_h 的可靠性依赖于指派到 P_h 的元件集合, 而不依赖于指派到 P_h 中的元件的特定位置. 因此, 系统可靠性最优化问题简化为寻找 k 个路径集的元件最优分配问题. 设 A_h 表示分配到路径集 P_h 的元件集合, $h=1,\cdots,k$, 则集合 N 具有 $|A_h|=n_h$ 的 k 个子集 $A=(A_1,\cdots,A_k)$ 的划分表示对应的分派. 现在问题是最大化

$$R(A)=1-\prod_{h=1}^{k}\left(1-\prod_{j\in A_h}r_j\right).$$

元件 j 的 a 故障率为 $t_j=-\ln r_j\ (j=1,\cdots,n)$. 对于任何分配 $A=(A_1,\cdots,A_k)$, 路径集 P_h 的 a 故障率为 $z_h=\sum\limits_{j\in A_h}t_j\ (h=1,\cdots,k)$, 并且根据 a 故障率值的系统可靠度为 $R(\boldsymbol{z})=1-\prod\limits_{h=1}^{k}(1-\mathrm{e}^{-z_h})$. 现在问题就转化为在所有分配中求 $R(\boldsymbol{z})$ 的最大化问题. 注意对于每个分配都有 $\sum\limits_{h=1}^{k}z_h=\sum\limits_{j=1}^{n}t_j$. 不失一般性, 假定有 $n_1\leqslant n_2\leqslant\cdots\leqslant n_k$, 并且 $r_1\geqslant r_2\geqslant\cdots\geqslant r_n$.

最优分配的简单规则

El-Neweihi 等[86] 在串–并联系统中已经给出了元件分配的一个简单规则. 利用最优化概念和 Schur 凸函数性质, 他们表明, 利用系统可靠性最优化准则能够实现分配. 规则如下: 选择 n_1 个最可靠的元件指派给最小路径集 P_1, 然后选择 n_2 个次最可靠的元件指派给次最小路径集 P_2…… 最后选择 n_k 个可靠性最差的元件指派给最大路径集 P_k. 利用规则获得 $A^*=(A_1^*,\cdots,A_k^*)$ 的分配为 $A_1^*=\{1,2,\cdots,n_1\}$ 和 $A_h^*=\{N_{h-1}+1,\cdots,N_{h-1}+n_h\}$, 其中 $h=2,\cdots,k$. 假定 $\boldsymbol{z}^*$ 是 A^* 的 a 故障

率向量. El-Neweihi 等[86] 表明, z^* 优于其他所有分配的 a 故障率, 并且得到 Schur 凸函数 $R(z)$ 的最大值. 值得注意的是, 最优分配 A^* 函数不是依赖于它们的实际数量, 而是取决于元件可靠度的降序排列. 这种分配称为不变最优分配, 这将在 9.4.4 小节中详细讨论.

对于一般的最优分配

Prasad 等[272] 对于更为一般的情形得到一些理论结果, 并为获得最优分配提出一个精确算法和两个贪婪算法. 假设当一个系统的位置受到震动并且第 i 个位置在预期时间内自由震荡的概率为 g_i 时, $r_{ij} = g_i r_j$ 成立. 对于分配 $A = (A_1, A_2, \cdots, A_k)$, 路径集 P_h 的 a 故障率为

$$z_h = d_h + \sum_{j \in A_h} t_j$$

其中

$$d_h = -\sum_{i=N_{h-1}+1}^{N_h} \ln g_i, \quad t_j = -\ln r_j.$$

令 $a_h = \prod_{i=N_{h-1}+1}^{N_h} g_i$, 即 $a_h = \exp(-d_h)$.

注意 d_h 不依赖于这个分配. 在 El-Neweihi 等[86] 考虑的模型中, 对于所有的 h 都有 $d_h = 0$. 即使这种情形, 任何路径集 P_h 的可靠度依赖于分配到 P_h 的元件集, 而不依赖于元件在 P_h 某位置的特定指派. d_h 的非零值使得解析推导最优分配很困难.

称分配 A 是有序的, 如果存在 $1, \cdots, k$ 的排列 $\boldsymbol{v} = (v_1, \cdots, v_k)$, 使得

$$\begin{aligned}
A_{v_1} &= \{1, \cdots, n_{v_1}\}, \\
A_{v_2} &= \{n_{v_1}+1, \cdots, n_{v_1}+n_{v_2}\}, \\
&\vdots \\
A_{v_k} &= \{[n_{v_1}+\cdots+n_{v_{(k-1)}}]+1, \cdots, [n_{v_1}+\cdots+n_{v_{(k-1)}}]+n_{v_k}\}.
\end{aligned}$$

一个有序分配可以由 $1, 2, \cdots, k$ 的排列表示. $R(\boldsymbol{v})$ 表示有序分配 $\boldsymbol{v} = (v_1, \cdots, v_k)$ 的系统可靠度. 如果 $z_{v_1}(\boldsymbol{v}) \leqslant z_{v_2}(\boldsymbol{v}) \leqslant \cdots \leqslant z_{v_k}(\boldsymbol{v})$, 有序分配被称为是全序的, 其中 $z_{v_h}(\boldsymbol{v})$ 是分配 $\boldsymbol{v}$ 的路径集 p_{v_h} 的 a 故障率.

例 9-1 令 $k = 4$, $n = 26$. 路径集的大小和 α_h 值已经在表 9.1 中给出. 令 26 个元件的可靠度分别为 0.99, 0.99, 0.97, 0.90, 0.88, 0.87, 0.86, 0.81, 0.79, 0.76, 0.65, 0.65, 0.64, 0.62, 0.62, 0.62, 0.60, 0.59, 0.57, 0.52, 0.52, 0.52, 0.49, 0.48, 0.46, 0.45. 考

虑分配

$$A_2 = \{1, 2, 3, 4\},$$
$$A_1 = \{5, 6, 7, 9, 10\},$$
$$A_3 = \{11, 12, 13, 14, 15, 16, 17\},$$
$$A_4 = \{18, 19, 20, 21, 22, 23, 24, 25, 26\}.$$

表 9.1　例 9-1 的路径集大小和 α_h 的值

h	n_h	α_h
1	6	0.7524
2	4	0.5350
3	7	0.9781
4	9	0.8142

值得注意的是, 这个分配是有序的, 可以由 $(2, 1, 3, 4)$ 来表示.

$$z_2 = -\ln(\alpha_2) - \sum_{j=1}^{4} \ln r_j = 0.7815,$$

$$z_1 = -\ln(\alpha_1) - \sum_{j=5}^{10} \ln r_j = 1.4233,$$

$$z_3 = -\ln(\alpha_3) - \sum_{j=11}^{17} \ln r_j = 3.2749,$$

$$z_4 = -\ln(\alpha_4) - \sum_{j=18}^{26} \ln r_j = 6.2659,$$

其中 $\alpha_h = \prod_{i=N_{h-1}+1}^{N_h} g_i$. 因为 $z_2 < z_1 < z_3 < z_4$, 所以分配 $(2, 1, 3, 4)$ 是全序的. 对于这个分配系统的可靠度为

$$\begin{aligned}1 - \prod_{h=1}^{4}(1 - \mathrm{e}^{-z_h}) =& 1 - [1 - \exp(-1.4233)][1 - \exp(-0.7815)] \\ & \times [1 - \exp(-3.2749)][1 - \exp(-6.2659)] = 0.6047.\end{aligned}$$

Prasad 等 [272] 已经表明全序最优分配是存在的, 并且为获得全序分配次优解提出下面两个贪婪算法.

算法 1

- 步骤 0：初始化 $\ell = 0$, $I = \{1, \cdots, k\}$, $h = 1$.

- 步骤 1: 选择 $r \in I$, 使得

$$\alpha_r \prod_{j=\ell+1}^{\ell+n_r} r_j = \max_{i\in I}\left(\alpha_i \prod_{j=\ell+1}^{\ell+n_i} r_j\right),$$

其中, $\alpha_r = \exp(-d_i), i = 1, 2, \cdots, k$.

- 步骤 2: 令 $u_h = r, h = h+1$, 若 $h > k$, 则进入步骤 4; 否则, 进入步骤 3.
- 步骤 3: 令 $I = I - \{r\}, \ell = \ell + n_r$, 返回步骤 1.
- 步骤 4: 结束. 全序分配 $\boldsymbol{u} = (u_1, \cdots, u_k)$ 作为启发式指派.

注意, 步骤 1 中从 I 挑选的 r 值, 满足

$$d_r + \sum_{j=\ell+1}^{\ell+n_r} t_j = \min_{i\in I}\left(d_i + \sum_{j=\ell+1}^{\ell+n_i} t_j\right).$$

因此有 $z_{u_1} \leqslant z_{u_2} \leqslant \cdots \leqslant z_{u_k}$. 在分配 $\boldsymbol{u}$ 中, 最可靠的元件 n_{u_1} 分配到 P_{u_1}, 次可靠的元件 n_{u_2} 分配到 P_{u_2} …… 最后 n_{u_k} 作为最不可靠的元件分配到 P_{u_k}.

用算法 1 解例 9-1 令 $E_i(\ell) = \alpha_i \prod\limits_{j=\ell+1}^{\ell+n_i} r_j$. $E_i(\ell)$ 的值在表 9.2 中给出.

表 9.2 $\boldsymbol{E_i(\ell)}$ 的值

i	ℓ			
	0	7	11	17
1	0.42929	0.0989	**0.0448**	—
2	0.4577	**0.1691**	—	—
3	**0.5510**	—	—	—
4	0.2935	0.0255	0.0086	**0.0019**

- 迭代 1: 初始化, $\ell = 0, I = \{1, 2, 3, 4\}, h = 1$. 对于每个 $i \in I$, $E_i(0)$ 的值在表 9.2 中给出. 因为 $E_3(0) = 0.5510$ 是其中最大的, u_1 选择 3. 现在令 $\ell = n_{u_1} = n_3 = 7, I = \{1, 2, 4\}, h = 2$.
- 迭代 2: 对于每个 $i \in \{1, 2, 4\}$, $E_i(7)$ 的值在表 9.2 中给出. 由于 $E_2(7) = 0.1691$ 是最大的, u_2 选择 2. 现在令 $\ell = n_{u_1} + n_{u_2} = 11, I = \{1, 4\}, h = 3$.
- 迭代 3: 当 $i = 2, i = 4$ 时, $E_i(11)$ 的值在表 9.2 中给出. 现在由于 $E_1(11) > E_4(11)$, 令 $u_3 = 1$. 现在令 $\ell = n_{u_1} + n_{u_2} + n_{u_3} = 17$, $I = \{4\}$.
- 迭代 4: 因为 I 只包含元素 4, 令 $u_4 = 4$. $E_4(17) = 0.0019$. 由算法产生的有序分配为 $(3, 2, 1, 4)$.

注意对于分配 $(u_1, u_2, u_3, u_4) = (3, 2, 1, 4)$, $E_1(11)$, $E_2(7)$, $E_3(0)$, $E_4(17)$ 分别给出了 4 个路径集 P_1, P_2, P_3, P_4 的可靠度. 因此, 对于这个分配系统的可靠度为

$$\begin{aligned}&1-[1-E_1(11)][1-E_2(7)][1-E_3(0)][1-E_4(17)]\\=&1-(1-0.0448)(1-0.1691)(1-0.5510)(1-0.0019)\\=&0.6443.\end{aligned}$$

下面的贪婪算法通过定义 v_k, 然后是 $v_{k-1}\cdots\cdots$ 最后是 v_1, 得到有序分配 $\boldsymbol{v}=(v_1,\cdots,v_k)$.

算法 2

- 步骤 0: 初始化 $\ell=n, I=\{1,\cdots,k\}, h=k$.
- 步骤 1: 选择 $s\in I$, 使得 $\alpha_r \prod\limits_{j=\ell-n_s+1}^{\ell} r_j=\min\limits_{i\in I}\left(\alpha_i \prod\limits_{j=\ell-n_i+1}^{\ell} r_j\right)$.
- 步骤 2: 令 $v_h=s, h=h-1$, 若 $h=0$, 转入步骤 4; 否则, 进入步骤 3.
- 步骤 3: 令 $I=I-\{s\}, \ell=\ell-n_s$, 转入步骤 1.
- 步骤 4: 结束. 全序分配 $\boldsymbol{v}=(v_1,\cdots,v_k)$ 作为次优分配.

在分配 $\boldsymbol{v}$ 中, 可靠性最小的元件 n_{v_k} 分配给 P_{v_k}, 次不可靠的元件 $n_{v_{k-1}}$ 分配给 $P_{v_{k-1}}\cdots\cdots n_{v_1}$ 作为最可靠的元件分配给 P_{v_1}.

用算法 2 解例 9-1　令 $F_i(\ell)=\alpha_i \prod\limits_{j=\ell-n_i+1}^{\ell} r_j$, $F_i(\ell)$ 的值在表 9.3 中给出.

表 9.3　$F_i(l)$ 的值

i	ℓ			
	26	17	10	6
1	0.0099	0.0448	0.2409	**0.4929**
2	0.0260	0.0765	**0.2237**	—
3	0.0068	**0.0378**	—	—
4	**0.0019**	—	—	—

- 迭代 1: 初始化, $\ell=26, I=\{1,2,3,4\}, h=4$, 对于任何 $i\in I$, $F_i(26)$ 的值在表 9.3 中给出. 由于 $F_4(26)=0.0019$ 是其中的最小值, 因此, v_4 选择为 4. 现在令 $\ell=26-n_{v_4}=17, I=\{1,2,3\}, h=3$.

- 迭代 2: 对于任何 $i\in\{1,2,3\}$, $F_i(17)$ 的值在表 9.3 中给出. 由于 $F_3(17)=0.0378$ 是其中的最小值, 因此, v_3 的选择是 3. 令 $\ell=26-n_{v_4}-n_{v_3}=10$, $I=\{1,2\}$, $h=2$.

- 迭代 3: 当 i 为 1 和 2 时, $F_i(10)$ 的值在表 9.3 中给出. 由于 $F_2(10)<F_1(10)$, 所以 $v_2=2$. 令 $\ell=26-n_{v_4}-n_{v_3}-n_{v_2}=6, I=\{1\}$.

- 迭代 4: 由于 I 中只含有 1 一个元素, 令 $v_1=1$. $F_1(6)=0.4929$. 算法产生的有序分配为 $(1,2,3,4)$.

对于指派 $(v_1, v_2, v_3, v_4) = (1, 2, 3, 4)$, p_1, p_2, p_3, p_4 路径集的可靠度分别为 $F_1(6)$, $F_2(10), F_3(17), F_4(26)$. 因此, 对于这个分配系统可靠度为

$$\begin{aligned}R_{\rm s} &= 1 - [1 - F_1(6)][1 - F_2(10)][1 - F_3(17)][1 - F_4(26)]\\ &= 1 - (1 - 0.4929)(1 - 0.2237)(1 - 0.0378)(1 - 0.0019)\\ &= 0.6219.\end{aligned}$$

Prasad 等[272] 已经证明, 如果运用算法 1 和算法 2 所得到的两个分配是相同的, 则它是最优的. 通过数值研究可以发现, 两个算法基本上都会得到一样的分配.

控制性和可容性条件

如果 $n_r \leqslant n_s$ 且 $d_r \leqslant d_s$, 则认为路径集 P_r 优于路径集 P_s. 如果 $n_r = n_s$, $d_r = d_s$ 和 $r < s$, 则 P_r 优于 P_s. 假设有序分配 $\boldsymbol{v}$ 使得如果 p_r 优于 p_s, 则在排列 $\boldsymbol{v}$ 中 r 在 s 之前, 分配 $\boldsymbol{v}$ 被称为非控序分配. Prasad 等[272] 已经表明为了能够找到一个最优分配, 仅仅考虑全序分配和非控分配就足够了.

令 $(u_1, \cdots, u_{r-1})$ 是 $1, 2, \cdots, k$ 的子序列, 并且 $J = \{1, \cdots, k\}\backslash\{u_1, \cdots, u_{r-1}\}$. 元件 $c \in J$ 被称为在阶段 r 关于 $(u_1, \cdots, u_{r-1})$ 中是容许的, 如果

$$d_{u_{r-1}} + \sum_{j=\ell+1}^{\ell+n_{u_{r-1}}} t_j \leqslant d_c + \sum_{j=\ell+n_{u_{r-1}}+1}^{\ell+n_{u_{r-1}}+n_c} t_j,$$

其中, $\ell = n_{u_1}, \cdots, n_{u_{r-2}}$. 对于任何 $\{1, \cdots, k\}$ 中的元素在阶段 1 是容许的. 注意, 如果 $(u_1, \cdots, u_k)$ 是全序分配, 则 u_h 对于 $h = 2, \cdots, k$ 关于 $(u_1, \cdots, u_{h-1})$ 在阶段 h 是容许的, 并且反之结果也是真的.

为了得到最优分配, Prasad 等[272] 利用可容性和可控性条件提出了对于所有非控全序分配 (NDTO) 的隐含枚举算法.

算法 3

- 步骤 0: 选择一个非控全序分配 (NDTO)$\boldsymbol{u} = (u_1, \cdots, u_k)$. 路径集重新进行编号, 使得有序分配是 $\boldsymbol{v} = (1, \cdots, k)$, 并且获得优先选择关系集. 对于 $i = 1, \cdots, k$, 令 $R^* = R(\boldsymbol{v}), u_i = i$.
- 步骤 1: 令 $s = k - 1, b = v_s, J = \{v_k\}, I = \{h : h \in J, h > b\}$.
- 步骤 2: 如果 $I = \varnothing$, 令 $J = J \cup \{b\}$, 转入步骤 3; 否则, 从 I 中选择最小的元素 c. 如果 J 中存在元素 g, 使得 P_g 优于 P_c, 令 $I = I\backslash\{c\}$, 重复步骤 2; 否则, 检查 c 关于 $(v_1, v_2, \cdots, v_{s-1})$ 在阶段 s 是否是容许的. 如果是容许的, 令 $v_s = c$, $J = (J \cup \{b\})\backslash\{c\}$, 转入步骤 4; 否则, 令 $I = I\backslash\{c\}$, 重复步骤 2.
- 步骤 3: 令 $s = s - 1$, 如果 $s = 0$, 转入步骤 6; 否则, 令 $b = v_s$, $I = \{h : h \in J, h > b\}$, 转入步骤 2.

- 步骤 4：令 $s=s+1$, 从阶段 s 关于 $(v_1,v_2,\cdots,v_{s-1})$ 是容许的 J 中选择最小元素 d, 并令 $v_s=d$, 转入步骤 5；如果 d 是不被接受的, 转入步骤 3.
- 步骤 5：如果 $s<k$, 令 $J=J\backslash\{d\}$, 转入步骤 4; 否则, 评估 $R(v_1,\cdots,v_k)$, 如果 $R(v_1,\cdots,v_k)>R^*$, 令 $R^*=R(v_1,\cdots,v_k), u_i=v_i, i=1,\cdots,k$, 转入步骤 1.
- 步骤 6：停止. NDTO 分配 $(u_1,\cdots,u_k)$ 是最优的, 系统的可靠度是 R^*.

用算法 3 解例 9-1　考虑利用算法 1 解例 9-1 得到的 NDTO 分配 $(u_1,u_2,u_3,u_4)=(3,2,1,4)$. 互换 1 和 3 的位置, 得到分配 $(1,2,3,4)$. 因此, α_h 和 n_h 的值在表 9.4 中给出. 需要指明的是路径集 P_1 是优于路径集 P_4 的, 并且在其他路径集中没有优先级关系. 由算法 3 列举的 NDTO 分配在表 9.5 中给出.

表 9.4　算法 3 获得例 9-1 的路径集大小和 α_h 的值

h	n_h	α_h
1	7	0.9781
2	4	0.5350
3	6	0.7524
4	9	0.8142

表 9.5　NDTO 分配

(v_1,v_2,v_3,v_4)[a]	R_{v_1}	R_{v_2}	R_{v_3}	R_{v_4}	系统可靠性
(1,2,3,4)	0.5510	0.1691	0.0448	0.0019	0.6443
(1,3,2,4)	0.5510	0.0989	0.0765	0.0019	0.6271
(2,1,3,4)	0.4577	0.2036	0.0448	0.0019	0.5882
(2,3,1,4)	0.4577	0.2409	0.0378	0.0019	0.6047
(3,1,2,4)	0.4929	0.1106	0.0765	0.0019	0.5843
(3,2,1,4)	0.4929	0.2238	0.0378	0.0019	0.6220

a 这个分配是按照元件重新编号辨认.

由于 $(1,2,3,4)$ 在所有 NDTO 分配中是最好的, 因此, 这个初始有序分配就是所求的最优分配. 幸运的是, 算法 1 也得到了相同的分配.

9.2.2　用于元件最优指派的启发式方法

问题 9.2

对于一般元件可靠度 r_{ij}, 最大化串–并联系统的可靠度问题通过如下元件最优指派实现：

$$\max\quad R(\boldsymbol{x})=1-\prod_{h=1}^{k}\left[1-\exp\left(-\sum_{i\in P_h}\sum_{j=1}^{m}t_{ij}x_{ij}\right)\right],$$

$$\text{s.t.}\quad \sum_{j=1}^{m}x_{ij}=1, i=1,\cdots,n,$$

$$\sum_{i=1}^{n} x_{ij} \leqslant 1, j=1,\cdots,m,$$
$$x_{ij}=0 \text{ 或 } 1,$$

其中 $t_{ij} = -\ln r_{ij}$.

这个问题是具有指派约束的非线性 0-1 规划问题. Prasad 等[267] 已经提出了需要解 $k(k+1)/2$ 个指派问题的迭代启发式算法. 令 M 是对于指派到系统中合适位置的所有可用元件的集合. 在迭代 1 中, 当 M 从元件中选择出来时, 算法选择可靠性最高的路径集, 并且指派到它. M 是被指派到选定的路径集, 在从 M 中剔除元件后, 算法会按照同样的标准从剩余的路径集中选择另一条路径集. 循环这个过程给出一个路径集的序, 并且元件指派到每个路径集的所有位置. 产生的指派作为启发式最优指派: 算法如下:

算法 4

- 步骤 0: 令 $J=M, H=\{1,\cdots,k\}$.
- 步骤 1: 如果 H 是空集, 转入步骤 4.
- 步骤 2: 对于任何 $h \in H$, 解

$$\begin{aligned}
\min \quad & z_h = \sum_{i\in P_h}\sum_{j\in J} t_{ij}x_{ij}, \\
\text{s.t.} \quad & \sum_{j\in J} x_{ij} = 1,\ i \in P_h, \\
& \sum_{i\in P_h} x_{ij} \leqslant 1, j \in J, \\
& x_{ij} = 0 \text{ 或 } 1,\ i \in P_h, j \in J.
\end{aligned}$$

对于任何 $i \in I_h, j \in J$, 令 $x_{ij} = x_{ij}^0$ 是其相对应的最优解, 并且 z_h 的最小值是 z_h^0.

以上算法步骤 2 的最优问题可以通过任何指派技术解决.

- 步骤 3: 从 H 中选择元素 r, 使得 $z_r^0 = \min\limits_{h\in H} z_h^0$. 对于任何 $i \in P_r$, $j \in J$, 令 $x_{ij}^* = x_{ij}^0$, 并且对于任何 $j \in M\backslash J$, 令 $x_{ij}^* = 0$. 令 $H = H\backslash\{r\}$, $z_r^* = z_h^0$, $J = J \Big\backslash \left\{ j \in J : \sum\limits_{i\in I_r} x_{ij}^* = 1 \right\}$, 转入步骤 1.

- 步骤 4: 停止. 对于 $i \in I$, $j \in M$, 启发式解是 $x_{ij} = x_{ij}^*$, 并且系统的可靠度为 $1 - \prod\limits_{h=1}^{k}[1-\exp(-z_h^*)]$.

例 9-2 令 $k=3, m=n=10, (n_1,n_2,n_3)=(3,3,4)$, 元件可靠度矩阵 $[r_{ij}]$ 和 t_{ij} 相对应的矩阵 $[t_{ij}]$ 分别可以表示为

$$[r_{ij}]=\begin{pmatrix} 0.98 & 0.64 & 0.77 & 0.60 & 0.98 & 0.85 & 0.77 & 0.85 & 0.74 & 0.87 \\ 0.63 & 0.90 & 0.66 & 0.96 & 0.95 & 0.73 & 0.69 & 0.69 & 0.90 & 0.89 \\ 0.64 & 0.84 & 0.98 & 0.78 & 0.88 & 0.80 & 0.83 & 0.77 & 0.97 & 0.92 \\ 0.77 & 0.98 & 0.91 & 0.63 & 0.64 & 0.97 & 0.69 & 0.67 & 0.72 & 0.68 \\ 0.84 & 0.93 & 0.99 & 0.93 & 0.78 & 0.93 & 0.71 & 0.73 & 0.80 & 0.76 \\ 0.67 & 0.72 & 0.81 & 0.80 & 0.95 & 0.82 & 0.91 & 0.67 & 0.75 & 0.82 \\ 0.98 & 0.81 & 0.80 & 0.67 & 0.74 & 0.89 & 0.71 & 0.87 & 0.90 & 0.95 \\ 0.85 & 0.90 & 0.73 & 0.88 & 0.86 & 0.75 & 0.84 & 0.63 & 0.68 & 0.61 \\ 0.86 & 0.62 & 0.68 & 0.77 & 0.66 & 0.89 & 0.84 & 0.72 & 0.85 & 0.72 \\ 0.81 & 0.62 & 0.84 & 0.94 & 0.71 & 0.88 & 0.68 & 0.99 & 0.81 & 0.88 \end{pmatrix},$$

$$[t_{ij}]=\begin{pmatrix} 0.020 & 0.446 & 0.261 & 0.511 & 0.020 & 0.163 & 0.261 & 0.163 & 0.301 & 0.139 \\ 0.462 & 0.105 & 0.416 & 0.041 & 0.051 & 0.315 & 0.371 & 0.371 & 0.105 & 0.117 \\ 0.446 & 0.174 & 0.020 & 0.248 & 0.128 & 0.223 & 0.186 & 0.261 & 0.030 & 0.083 \\ 0.261 & 0.020 & 0.094 & 0.462 & 0.446 & 0.030 & 0.371 & 0.400 & 0.329 & 0.386 \\ 0.174 & 0.073 & 0.010 & 0.073 & 0.248 & 0.073 & 0.342 & 0.315 & 0.223 & 0.274 \\ 0.400 & 0.329 & 0.211 & 0.223 & 0.051 & 0.198 & 0.094 & 0.400 & 0.288 & 0.198 \\ 0.020 & 0.211 & 0.223 & 0.400 & 0.301 & 0.117 & 0.342 & 0.139 & 0.105 & 0.051 \\ 0.163 & 0.105 & 0.315 & 0.128 & 0.151 & 0.288 & 0.174 & 0.462 & 0.386 & 0.494 \\ 0.151 & 0.478 & 0.386 & 0.261 & 0.416 & 0.117 & 0.174 & 0.329 & 0.163 & 0.329 \\ 0.211 & 0.478 & 0.174 & 0.062 & 0.342 & 0.128 & 0.386 & 0.010 & 0.211 & 0.128 \end{pmatrix}.$$

用算法 4 解例 9-2

- 迭代 1：$J=\{1,\cdots,10\}, H=\{1,2,3\}$, z_1^0 通过求在约束 $\sum_{j=1}^{10} x_{ij}=1(i=1,2,3)$, $\sum_{i=1}^{3} x_{ij}\leqslant 1(j=1,\cdots,10, x_{ij}=0)$ 或 1 的条件下 $\sum_{i=1}^{3}\sum_{j=1}^{10} t_{ij}x_{ij}$ 的最小值. 元件 1, 4, 3 分别指派到对应位置 1, 2, 3, 得到 $z_1^0=0.081$. 元件 2, 3, 5 分别指派到对应位置 4, 5, 6, 得到 $z_2^0=0.081$, 而元件 1, 2, 6, 8 分别指派到对应位置 7, 8, 9, 10, 得到 $z_3^0=0.252$. 由于 z_1^0 最小, 元件 1, 4, 3 分别指派到对应于路径集合 P_1 中的位置 1, 2, 3.
- 迭代 2：令 $J=\{2,5,6,7,8,9,10\}, H=\{2,3\}$. $z_2^0=0.144$ 是通过指派集合 J 中的元件 2, 6, 5 分别到对应位置 4, 5, 6 得到的. 类似地, $z_3^0=0.283$ 是通过指派集合 J 中的元件 10, 2, 6, 8 分别到对应的位置 7, 8, 9, 10 得到的. 因为 $z_2^0<z_3^0$, 所以集合 J 中的元件 2, 6, 5 分别被指派到路径 P_2 中的位置 4, 5, 6.
- 迭代 3：$J=\{7,8,9,10\}, H=\{3\}$. 剩余的元件 7, 8, 9, 10 分别被指派到位

置 8, 10, 9, 7, 进而求 $\sum_{i=7}^{10}\sum_{j\in J} t_{ij}x_{ij}$ 的最小值. 这个指派给出 $z_3^0 = 0.398$.

利用算法 4 得到的最终指派为

$$(w_1, w_2, \cdots, w_{10}) = (1, 4, 3, 2, 6, 5, 10, 7, 9, 8),$$

其中 w_j 代表指派给位置 j 的元件. 对于这一指派路径集 P_1 的可靠度为

$$r_{w_1} r_{w_2} r_{w_3} = (0.98)(0.96)(0.98) = 0.92198.$$

类似地, 路径集 P_2 和路径集 P_3 的可靠度分别是 0.86583 和 0.67152. 因此, 对于上述指派 $(w_1, w_2, \cdots, w_{10})$, 系统的可靠度为

$$1 - (1 - 0.92198)(1 - 0.86583)(1 - 0.67152) = 0.99656.$$

9.2.3 两路径集的最优指派: 双目标法

考虑一个两路径集 P_1 与 P_2 的串–并联系统和一般元件的可靠性. 即使解这个简单系统的优化问题也是相当困难的. Prasad 等[266] 对于约束为 $\boldsymbol{A}\boldsymbol{x}=\boldsymbol{b}(\boldsymbol{x}\geqslant\boldsymbol{0})$ 目标函数拟凹函数形式为 $g(\boldsymbol{c}_1\boldsymbol{x}, \boldsymbol{c}_2\boldsymbol{x})$ 的最大化和最小化提出一个方法, 其中, $\boldsymbol{c}_1\boldsymbol{x}$ 和 $\boldsymbol{c}_2\boldsymbol{x}$ 是 $\boldsymbol{x}$ 的线性函数. 它们表明对于 $k = 2$, 问题 9.2 可以作为一个特殊情形解决.

下面定义两个向量 $\boldsymbol{c}_1, \boldsymbol{c}_2$, 使得

$$\boldsymbol{c}_1\boldsymbol{x} = \sum_{i=1}^{n_1}\sum_{j=1}^{m} t_{ij}x_{ij} \quad 和 \quad \boldsymbol{c}_2\boldsymbol{x} = \sum_{i=n_1+1}^{n}\sum_{j=1}^{m} t_{ij}x_{ij},$$

并且 $g(z_1, z_2) = (1 - \mathrm{e}^{-z_1})(1 - \mathrm{e}^{-z_2})$. 显然, $g(z_1, z_2)$ 是 $\mathbf{R}_+^2$ 上的拟凹函数. 令 K 是向量 $\boldsymbol{x}$ 满足如下条件的集合:

$$\sum_{j=1}^{m} x_{ij} = 1, \quad i = 1, \cdots, n, \tag{9.5}$$

$$\sum_{i=1}^{n} x_{ij} \leqslant 1, \quad j = 1, \cdots, m, \tag{9.6}$$

$$x_{ij} = 0 \text{ 或 } 1.$$

对于 $k = 2$, 优化问题 9.2 是在 $\boldsymbol{x} \in K$ 下使 $g(\boldsymbol{c}_1\boldsymbol{x}, \boldsymbol{c}_2\boldsymbol{x})$ 最小化. Prasad 等[266] 的算法 3, 作为一个特殊情形, 解 $g(\boldsymbol{c}_1\boldsymbol{x}, \boldsymbol{c}_2\boldsymbol{x})$ 在 $\boldsymbol{x} \in K$ 下的最小化问题. 下面算法只是对这种方法作轻微的修改, 通过 $g(\boldsymbol{c}_1\boldsymbol{x}, \boldsymbol{c}_2\boldsymbol{x})$ 在 $\boldsymbol{x} \in K$ 下最小化解问题 9.2.

算法 5

- 步骤 0: 取 $\boldsymbol{x}^{(1)}$ 和 $\boldsymbol{x}^{(2)}$, 在 K 的范围内使 $\boldsymbol{c}_1\boldsymbol{x}$ 和 $\boldsymbol{c}_2\boldsymbol{x}$ 最小化, 并令 $\lambda_1 = 0$. 如果 $\boldsymbol{c}_1\boldsymbol{x}^{(1)} = \boldsymbol{c}_1\boldsymbol{x}^{(2)}$, 取 $\boldsymbol{x}^{(2)}$ 为最优解并停止运算; 如果 $\boldsymbol{c}_2\boldsymbol{x}^{(1)} = \boldsymbol{c}_2\boldsymbol{x}^{(2)}$, 取 $\boldsymbol{x}^{(1)}$

为最优解并停止运算; 如果这两个式子都不成立, 则令 $W=\{(1,2)\}, r=2, d_1=\boldsymbol{c}_1\boldsymbol{x}^{(1)}, d_2=\boldsymbol{c}_2\boldsymbol{x}^{(2)}$.

- 步骤 1: 如果 $g(\boldsymbol{c}_1\boldsymbol{x}^{(1)},\boldsymbol{c}_2\boldsymbol{x}^{(1)})\leqslant g(\boldsymbol{c}_1\boldsymbol{x}^{(2)},\boldsymbol{c}_2\boldsymbol{x}^{(2)})$, 令 $q^*=g(\boldsymbol{c}_1\boldsymbol{x}^{(1)},\boldsymbol{c}_2\boldsymbol{x}^{(1)})$, $\boldsymbol{x}^*=\boldsymbol{x}^{(1)}$; 否则, 令 $q^*=g(\boldsymbol{c}_1\boldsymbol{x}^{(2)},\boldsymbol{c}_2\boldsymbol{x}^{(2)}), \boldsymbol{x}^*=\boldsymbol{x}^{(2)}$.
- 步骤 2: 从 W 中任意选择 (i,j). 令 $W=W\backslash\{(i,j)\}, r=r+1$. 求 $\lambda_r=[\boldsymbol{c}_1\boldsymbol{x}^{(j)}-\boldsymbol{c}_1\boldsymbol{x}^{(i)}]/[\boldsymbol{c}_2\boldsymbol{x}^{(i)}-\boldsymbol{c}_2\boldsymbol{x}^{(j)}]$, 令 $d=(\boldsymbol{c}_1+\lambda_r\boldsymbol{c}_2)\boldsymbol{x}^{(i)}$, 找出 $\boldsymbol{x}^{(r)}$, 使得 $(\boldsymbol{c}_1+\lambda_r\boldsymbol{c}_2)\boldsymbol{x}$ 在 K 中达到最小. 令 $d_r=(\boldsymbol{c}_1+\lambda_r\boldsymbol{c}_2)\boldsymbol{x}^{(r)}$. 如果 $d_r=d$, 转入步骤 6. 求 $z_1+\lambda_i z_2=d_i$ 和 $z_1+\lambda_r z_2=d_r$ 的解 (h_1,h_2), 并计算 $q(i,r)=g(h_1,h_2)$. 如果 $j\neq 2$, 求 $z_1+\lambda_r z_2=d_r$ 和 $z_1+\lambda_j z_2=d_j$ 的解 (h_1',h_2'). 如果 $j=2$, 取 $(h_1',h_2')=[d_r-\lambda_r\boldsymbol{c}_2\boldsymbol{x}^{(2)},\boldsymbol{c}_2\boldsymbol{x}^{(2)}]$, 并且令 $q(r,j)=g(h_1',h_2')$. 如果 $g(\boldsymbol{c}_1\boldsymbol{x}^{(r)},\boldsymbol{c}_2\boldsymbol{x}^{(r)})<q*$, 令 $\boldsymbol{x}^*=\boldsymbol{x}^{(r)}$, $q^*=g(\boldsymbol{c}_1\boldsymbol{x}^{(r)},\boldsymbol{c}_2\boldsymbol{x}^{(r)})$.
- 步骤 3: 如果 $q(i,r)<q^*$, 令 $W=W\cup\{(i,r)\}$.
- 步骤 4: 如果 $q(r,j)<q^*$, 令 $W=W\cup\{(r,j)\}$.
- 步骤 5: 将满足 $q(u,v)\geqslant q^*$ 的 (u,v) 都从 W 中删除.
- 步骤 6: 如果 $W\neq\varnothing$, 转入步骤 1; 否则, 停止, $\boldsymbol{x}^*$ 就是所求的最优解.

在上面的运算中, $(\boldsymbol{c}_1\boldsymbol{x}+\lambda\boldsymbol{c}_2)\boldsymbol{x}$ 在 K 中的最小化可以通过任何指派技术完成.

例 9-3 令 $m=n=10, n_1=n_2=5$ 用 r_{ij} 代表例 9-2 中元件的可靠度.

运用算法 5 解例 9-3 因为 K 中的每个元素 $\boldsymbol{x}$ 是可以由排列 $\boldsymbol{v}$ 表示的一个指派, 用一个排列表示这个算法中得出的每个最优解.

- 步骤 0:

$$
\begin{aligned}
&\lambda_1=0,\quad \boldsymbol{x}^{(1)}=(1,4,9,2,3,6,7,8,5,10),\\
&\boldsymbol{c}_1\boldsymbol{x}^{(1)}=0.121,\quad \boldsymbol{c}_2\boldsymbol{x}^{(1)}=1.546,\quad g(\boldsymbol{c}_1\boldsymbol{x}^{(1)},\boldsymbol{c}_2\boldsymbol{x}^{(2)})=0.08968,\\
&\boldsymbol{x}^{(2)}=(6,8,3,7,9,1,4,10,5,2),\quad \boldsymbol{c}_1\boldsymbol{x}^{(2)}=1.083,\quad \boldsymbol{c}_2\boldsymbol{x}^{(2)}=0.303,\\
&g(\boldsymbol{c}_1\boldsymbol{x}^{(2)},\boldsymbol{c}_2\boldsymbol{x}^{(2)})=0.17290,\\
&W=\{(1,2)\},\\
&d_1=0.121,\quad d_2=0.303.
\end{aligned}
$$

- 步骤 1: $q^*=0.08968, \boldsymbol{x}^*=\boldsymbol{x}^{(1)}$. 由于 $g(\boldsymbol{c}_1\boldsymbol{x}^{(1)},\boldsymbol{c}_2\boldsymbol{x}^{(1)})\leqslant g(\boldsymbol{c}_1\boldsymbol{x}^{(2)},\boldsymbol{c}_2\boldsymbol{x}^{(2)})$, 在这个阶段, $W=\{(1,2)\}$.
- 步骤 2: 从 W 中选择 $(1,2)$, 令 $i=1,j=2, W=W\backslash\{(1,2)\}=\varnothing, r=3$, 则

$$
\begin{aligned}
&\lambda_3=\frac{\boldsymbol{c}_1\boldsymbol{x}^{(j)}-\boldsymbol{c}_1\boldsymbol{x}^{(i)}}{\boldsymbol{c}_2\boldsymbol{x}^{(i)}-\boldsymbol{c}_2\boldsymbol{x}^{(j)}}=\frac{1.083-0.121}{1.546-0.303}=0.77393,\\
&d=\boldsymbol{c}_1\boldsymbol{x}^{(i)}+\lambda_3\boldsymbol{c}_2\boldsymbol{x}^{(i)}=0.121+(0.77393)(1.5460)=1.31745,\\
&\boldsymbol{x}^{(3)}=(1,4,9,2,3,5,10,7,6,8),\\
&[(\boldsymbol{c}_1\boldsymbol{x}^{(3)},\boldsymbol{c}_2\boldsymbol{x}^{(3)})]=(0.121;0.403),
\end{aligned}
$$

$$g(\boldsymbol{c}_1\boldsymbol{x}^{(3)}, \boldsymbol{c}_2\boldsymbol{x}^{(3)}) = 0.03780,$$
$$d_3 = \boldsymbol{c}_1\boldsymbol{x}^{(3)} + \lambda_3\boldsymbol{c}_2\boldsymbol{x}^{(3)} = 0.43288.$$

类似地,

$$h_1 = \frac{\lambda_1 d_3 - \lambda_3 d_1}{\lambda_1 - \lambda_3} = \frac{0(0.43288) - (0.77393)(0.121)}{0 - 0.77393} = 0.121,$$
$$h_2 = \frac{d_1 - d_3}{\lambda_1 - \lambda_3} = \frac{-0.31198}{-0.77393} = 0.403$$

且

$$q(1,3) = g(h_1, h_2) = 0.03780.$$

因为 $j = 2$, 令 $h_1' = d_3 - \lambda_3\boldsymbol{c}_2\boldsymbol{x}^{(2)}$, 现在,

$$h_1' = 0.43288 - 0.77393(0.303) = 0.19829,$$
$$h_2' = 0.303.$$

因此,

$$q(3,2) = g(h_1', h_2') = 0.04704.$$

- 步骤 3: 因为 $g(\boldsymbol{c}_1\boldsymbol{x}^{(3)}, \boldsymbol{c}_2\boldsymbol{x}^{(3)}) = 0.03780 < q^*$, 令 $\boldsymbol{x}^* = \boldsymbol{x}^{(3)}$ $q^* = 0.03770$.
- 步骤 4, 5: 因为 $q(1,3) \geqslant q^*, q(3,2) \geqslant q^*$, W 保持为 $\varnothing$. 因此,

$$\boldsymbol{x}^* = \boldsymbol{x}^{(3)} = (1, 4, 9, 2, 3, 5, 10, 7, 6, 8)$$

是最优解, 系统的最大可靠度为

$$R_{\rm s}^* = 1 - q^* = 1 - 0.03780 = 0.9622.$$

9.3 并–串联系统中元件的最优指派

考虑一个具有 k 个最小割集 $C_1, \cdots, C_k$ 的并–串联系统. 令 n_h 为割集 C_h 中位置的数目, $h = 1, \cdots, k$, $N_h = \sum_{i=1}^{h} n_i$ $(h = 1, \cdots, k, n = N_k)$, 即, $n = n_1 + \cdots + n_k$. 当 $1, 2, \cdots, n_1$ 时, n_1 是 C_1 的位置; 当 $N_1 + 1, \cdots, N_2 + n_2$ 时, n_2 是 C_2 的位置;$\cdots$; 当 $N_{k-1} + 1, \cdots, N_{k-1} + n_k$ 时, n_k 是相对于 C_k 的位置. 有 $m(\geqslant n)$ 个元件装配在系统的 n 个位置. 当元件 j 被指派到位置 i 时, 用 r_{ij} 表示元件 j 的可靠度, 并令 $q_{ij} = 1 - r_{ij}$.

当元件 j 被指派到位置 i 时, 令 $x_{ij} = 1$; 否则, 为 0. 于是元件的指派可以由向量 $\boldsymbol{x} = (x_{11}, x_{12}, \cdots, x_{1m}, \cdots, x_{n1}, \cdots, x_{nm})$ 表示. 对于指派 $\boldsymbol{x}$ 系统可靠度为

$$R(\boldsymbol{x}) = \prod_{h=1}^{k}\left(1 - \prod_{i\in C_h}\prod_{j=1}^{m} q_{ij}^{x_{ij}}\right).$$

问题 9.3

通过交换元件指派来最大化并–串联系统的可靠度

$$\begin{aligned}
\max \quad & R(\boldsymbol{x}) = \prod_{h=1}^{k}\left(1 - \prod_{i\in C_h}\prod_{j=1}^{m} q_{ij}^{x^{ij}}\right),\\
\text{s.t.} \quad & \sum_{j=1}^{m} x_{ij} = 1, i = 1, \cdots, n,\\
& \sum_{i=1}^{m} x_{ij} \leqslant 1, i = 1, \cdots, m,\\
& x_{ij} = 0 \text{ 或 } 1.
\end{aligned}$$

令

$$s_{ij} = -\ln q_{ij}, \quad z_h = \sum_{i\in C_h}\sum_{j=1}^{m} s_{ij}x_{ij}, \quad 1 \leqslant h \leqslant k, \quad \boldsymbol{z} = (z_1, \cdots, z_k).$$

z_h 是割集 C_h 的 a 故障率, 向量 z 是系统的 a 故障率向量. 系统的可靠度为

$$R(\boldsymbol{z}) = \prod_{h=1}^{k}(1 - \mathrm{e}^{-zh}),$$

这是 $\boldsymbol{z}$ 的 Schur 凹函数. 从计算的角度来看, 问题 9.3 被认为是 NP 完全的.

9.3.1 并–串联系统中元件的最优指派

假设 $m = n$, $r_{ij} = r_j$. 像在串–并联系统中讨论的一样, 为了通过系统的可交换元件的指派使得系统可靠度最大, 可以考虑把元件指派到割集 $C_1, \cdots, C_k$. 令 A_h 表示指派给 C_h 的元件集, $1 \leqslant h \leqslant k$, 则 $A = (A_1, A_2, \cdots, A_k)$ 表示一种指派. 于是对于指派 A, 系统可靠度为

$$R(A) = \prod_{h=1}^{k}\left(1 - \prod_{j\in A_h} q_j\right),$$

其中 $q_j = 1 - r_j$. 在这个问题中, 割集 C_h 的 a 故障率为 $z_h = \sum_{j\in A_h} s_j$ (h $= 1, \cdots, k$), 其中 $s_j = -\ln q_j$. 如果指派 A 的割集故障率向量优于指派 B 的割集故障率向量, 则指派 A 不可能给出比指派 B 更高的可靠度. 这是因为 $R(\boldsymbol{z}) = \prod_{h=1}^{k}(1 - \mathrm{e}^{-z_h})$ 是 $\boldsymbol{Z}$ 的

Schur 凹函数. El-Neweihi 等[86] 表明, 对于 $k=2$ 的指派最小化 $|z_1-(z_1+z_2)/2|$ 是最优的. 他们曾经得出, 如果使割集故障率 $z_1,\cdots,z_k$ 在指派 A 中全部相同, 那么 A 使系统的可靠度达到最大. 并–串联系统的可靠度随割集故障率中的同质性提高, 相反, 串–并联系统的可靠度随割集故障率中的异质性而提高. Derman 等[77] 表明, 如果每个割集只由两个位置构成, 那么 $A_1^*=\{1,n\}, A_2^*=\{2,n-1\},\cdots,A_k^*=\{n/2,n/2+1\}$ 是最优解.

Baxter 和 Harche 的启发式方法

Baxter 和 Harche[24] 为并–串联系统的最优元件指派提出了一个启发式方法 (B-H). 假设 $r_1\geqslant r_2\geqslant\cdots\geqslant r_n$. 这个方法依次分配元件 $1,2,\cdots,n$ 到系统的所有位置. 用 A_i 表示指派到割集 C_i 中的元件集, $i=1,2,\cdots,k$. 对于 $n_1=n_2=\cdots=n_k=s$, 下面的算法描述这个方法.

算法 6

- 步骤 1: 指派元件 i 到 C_i, $i=1,2,\cdots,k$.
- 步骤 2: 指派元件 $k+i$ 到 C_{2k+1-i}, $i=1,2,\cdots,k$.
- 步骤 3: 令 $v=2$.
- 步骤 4: 计算 $R_i^{(v)}=1-\prod_{j\in A_i}(1-r_j)$ $(i=1,2,\cdots,k)$. 指派元件 $vk+1$ 到 C_i, 此时的 $R_i^{(v)}$ 最小. 指派元件 $vk+2$ 到 C_i, 此时的 $R_i^{(v)}$ 第二小 …… 指派元件 $vk+k$ 到 C_i, 此时的 $R_i^{(v)}$ 最大.
- 步骤 5: 令 $v=v+1$. 如果 $v<s$, 转入步骤 4; 否则, 停止.

这种方法称为自顶向下启发式法 (TDH), 因为它是按元件可靠度降序排列来分配的. 就像 Baxter 和 Harche 建议的, 这种方法可以直接推广到 $n_1,\cdots,n_k$ 不同的情形中. 假设, 不失一般性, $n_1\leqslant n_2\leqslant\cdots\leqslant n_k$. 如果在上面的算法中分配到割集 C_i 的元件数目达到 n_i, 则 C_i 不需要再分配.

例 9-4 令 $n=12, k=3$, $(n_1,n_2,n_3)=(4,4,4)$. $r_1,\cdots,r_{12}$ 如表 9.6 所示.

表 9.6 例 9-4 的可靠度

j	r_j	$1-r_j$	j	r_j	$1-r_j$
1	0.990	0.010	7	0.656	0.344
2	0.934	0.066	8	0.593	0.407
3	0.898	0.102	9	0.549	0.451
4	0.863	0.137	10	0.487	0.513
5	0.781	0.219	11	0.479	0.521
6	0,728	0.272	12	0.439	0.561

用算法 6 解例 9-4 下面对于例 9-4 的逐步描述 B-H 方法的实施.

- 步骤 1：分别分配元件 1, 2 和 3 到 C_1, C_2, C_3, 得到 $A_1=\{1\}$, $A_2=\{2\}$, $A_3=\{3\}$.
- 步骤 2：分别分配元件 4, 5 和 6 到 C_3, C_2, C_1, 得到 $A_1=\{1,6\}$, $A_2=\{2,5\}, A_3=\{3,4\}$.
- 步骤 3：令 $v=2$.
- 步骤 4：

$$\begin{aligned}R_1^{(2)}&=1-(1-r_1)(1-r_6)=0.997280,\\R_2^{(2)}&=1-(1-r_2)(1-r_5)=0.985546,\\R_3^{(2)}&=1-(1-r_3)(1-r_4)=0.986026.\end{aligned}$$

因为 $R_2^{(2)}<R_2^{(3)}<R_1^{(2)}$, 分别分配元件 7, 8 和 9 到 C_2, C_3, C_1, 这个分配给出 $A_1=\{1,6,9\}, A_2=\{2,5,7\}, A_3=\{3,4,8\}$.

- 步骤 5：令 $v=3$, 因为 $v<s(=4)$, 转入步骤 4.
- 步骤 4：

$$\begin{aligned}R_1^{(3)}&=1-(1-r_1)(1-r_6)(1-r_9)=0.998773,\\R_2^{(3)}&=1-(1-r_2)(1-r_5)(1-r_7)=0.995028,\\R_3^{(3)}&=1-(1-r_3)(1-r_4)(1-r_8)=0.994313.\end{aligned}$$

因为 $R_3^{(3)}<R_2^{(3)}<R_1^{(3)}$, 分别分配元件 10, 11 和 12 到 C_3, C_2, C_1, 这个分配给出 $A_1=\{1,6,9,12\}, A_2=\{2,5,7,11\}, A_3=\{3,4,8,10\}$.

- 步骤 5：因为 $v+1=4$, 停止. 最终分配得到的系统可靠度为 0.993815.

Prasad 和 Raghavachari 的启发式方法

运用优化结果, El-Neweihi 等[86] 减少了对子集 D 的最优指派的寻找, 因此, 集合 D 的任何指派的故障率向量并不严格优于其他指派的故障率向量. 为了在它们中间找到最好的, 列举出 D 中所有的配置是非常困难的.

Prasad 和 Raghavachari(P-R)[273] 为了解在 $r_{ij}=r_j$ 下的问题 9.3, 提出基于 LP 的启发式方法. 如果元件 j 被指派到割集 C_i, 则 $y_{ij}=1$; 否则, 为 0, 令 $\boldsymbol{y}=(y_{11},y_{12},\cdots,y_{kn})$. 在这个情形中, 问题如下：

问题 9.4

$$\max\quad R(\boldsymbol{y})=\prod_{i=1}^{k}\left[1-\exp\left(-\sum_{i=1}^{n}s_jy_{ij}\right)\right],$$

$$\text{s.t.}\quad \sum_{i=1}^{k}y_{ij}=1, j=1,\cdots,n, \tag{9.7}$$

$$\sum_{j=1}^{m}y_{ij}=n_i, i=1,\cdots,k, \tag{9.8}$$

$$y_{ij}=0\text{ 或 }1,\quad \text{对于每个 }(i,j). \tag{9.9}$$

令 K 是所有满足约束条件 (9.7)~(9.9) 的 $\boldsymbol{y}$. 为了对问题 9.4 导出一个启发式解, Prasad 和 Raghavachari[273] 考虑使 $\sum_{i=1}^{k}|\overline{z}-z_i|$ 最小化, 其中, $z_i=\sum_{j=1}^{n}s_jy_{ij}$, $\overline{z}=\frac{1}{k}\sum_{j=1}^{n}s_j$, $\boldsymbol{y}\in K$.

现在引入 $2n$ 个非负变量, 这个问题可以描述成问题 9.5.

问题 9.5

$$
\begin{aligned}
\min\quad & f=\sum_{i=1}^{k}(d_i^+ + d_i^-),\\
\text{s.t.}\quad & \sum_{i=1}^{k}y_{ij}=1, j=1,\cdots,n,\\
& \sum_{j=1}^{n}y_{ij}=n_i, i=1,\cdots,k,\\
& \sum_{j=1}^{n}s_jy_{ij}+d_i^+ - d_i^- =\overline{z},\quad i=1,\cdots,k,
\end{aligned}
$$

$$y_{ij}=0 \text{ 或 } 1,\quad \text{对于每个 } (i,j),\quad d_i^+,d_i^- \text{ 是非负变量}.$$

问题 9.5 是一个混合整数线性规划问题. Prasad 和 Raghavachari[273] 的启发式方法涉及以下几方面:

(1) 解问题 9.5 的松弛问题, 也就是将线性规划问题中 $y_{ij}=0$ 或 1 的 0-1 约束替换为 $0\leqslant y_{ij}\leqslant 1$ 的约束;

(2) 四舍五入 LP 算法得出的 y_{ij} 值;

(3) 通过在割集间成对地交换元件, 迭代地改进解.

假设 $\boldsymbol{y}=(y_{11},y_{12},\cdots,y_{kn})$ 是利用 LP 技术得到问题 9.5 的松弛问题的最优解.

四舍五入过程

- 步骤 1: 取 $m_i=n_i\ (i=1,2,\cdots,k)$. 对于 $y_{ij}=1$ 的每个 (i,j), 将 m_i 变成 m_i-1, 令 $J=\{j:y_{ij}=1$ 对于一些 $i\}$, $I=\{i:m_i=0\}$.
- 步骤 2: 令 $y_{rs}=\max\{y_{ij}:i\notin I,j\notin J$. 可以用任意的方式打破一个连接. 对于 $i\neq r$, 取 $y_{rs}=1,y_{is}=0$, $J=J\cup\{s\}$, $m_r=m_r-1$. 如果 $m_r=0$, 则令 $I=I\cup\{r\}$.
- 步骤 3: 如果 $I=\{1,2,\cdots,k\}$, 则停止; 否则, 转入步骤 2.

在上述过程中得到元件分配为 $(A_1,A_2,\cdots,A_k)$. 因为这个分配并一定是最优的, 接下来的迭代算法可以用来改进. 在算法的每次迭代中, 从两个不同的割集选出两个元件, 并交换以改进系统的可靠度.

算法 7

- 步骤 0: 确定利用 LP 方法获得启发式分配 $(A_1, A_2, \cdots, A_k)$ 对应的割集故障率向量 $(z_1, z_2, \cdots, z_k)$. 令 INCR=1.
- 步骤 1: 如果 INCR=0, 取当前分配 $(A_1, A_2, \cdots, A_k)$ 为最优分配, 并停止; 否则, 令 $g = 1, h = 2$, INCR=0.
- 步骤 2: 令 $g = k$, 转入步骤 1; 否则, 转入步骤 3.
- 步骤 3: 如果 $z_h > z_g$, 找出 $u \in A_g$ 和 $v \in A_h$, 如果它们存在, 使得 $s_v > s_u$, $|(s_v - s_u) - (z_h - z_g)/2| = \min\{|(s_j - s_i) - (z_h - z_g)/2| : i \in A_g, j \in A_h, 0 < (s_j - s_i) < (z_h - z_g)\}$. 令 $A_g = \{A_g \cup \{v\}\}\backslash\{u\}$, $A_h = \{A_h \cup \{u\}\}\backslash\{v\}$, $z_g = z_g + s_v - s_u, z_h = z_h + s_u - s_v$, INCR=1. 类似地, 如果 $z_g > z_h$, 找到 $u \in A_g, v \in A_h$, 如果它们存在, 使得 $s_u > s_v$, $|(s_u - s_v) - (z_g - z_h)/2| = \min\{|(s_i - s_j) - (z_g - z_h)/2| : i \in A_g, j \in A_h, 0 < (s_i - s_j) < (z_g - z_h)\}$. 令 $A_g = \{A_g \cup \{v\}\}\backslash\{u\}, A_h = \{A_h \cup \{u\}\}\backslash\{v\}, z_g = z_g + s_v - s_u, z_h = z_h + s_u - s_v$, 并且 INCR=1. 令 $h = h + 1$. 如果 $h \leqslant k$, 重复步骤 3; 否则, 使 $g = g + 1, h = h + 1$, 进入步骤 2.

例 9-5 令 $k = 3$, $n = 14$, $(n_1, n_2, n_3) = (3, 5, 6)$. 假设 14 个元件的可靠度及相关的 s_j 的值如表 9.7 所示.

表 9.7 例 9-5 中用到的可靠度及相关的 s_j

j	r_j	s_j	j	r_j	s_j
1	0.415	0.5361	8	0.781	1.5187
2	0.549	0.7963	9	0.487	0.6675
3	0.479	0.6520	10	0.990	4.6052
4	0.656	1.0671	11	0.863	1.9878
5	0.934	2.7181	12	0.407	0.5226
6	0.439	0.5780	13	0.728	1.3020
7	0.898	2.2828	14	0.593	0.8989

这些可靠度都是从 [0.4, 1.0] 区间中按照均匀分布随机产生的.

用 Prasad 和 Raghavachari 方法解例 9-5 的结果 使用 LP 法和四舍五入法得到的分配为

$$A_1 = \{2, 4, 12\}, \quad A_2 = \{1, 7, 9, 13, 14\}, \quad A_3 = \{3, 5, 6, 8, 10, 11\},$$

相应的系统可靠度为 0.90491740. 成对地交换元件, 应用改进算法得到的分配结果如表 9.8 所示. 在表 9.8 中, (i, j) 表示被交换的割集的成对元件, (r, s) 表示交换的成对元件. 对于第一个初始迭代的改进, $g = 1, h = 2$. 于是有

$$z_1 = s_2 + s_4 + s_{12} = 0.7963 + 1.0671 + 0.5226 = 2.3860,$$

$$z_2 = s_1 + s_7 + s_9 + s_{13} + s_{14} = 5.6873,$$

$$z_2 - z_1 = 3.3013 > 0.$$

因为

$$s_7 - s_{12} = \max\{s_j - s_i : i \in A_1, j \in A_2, 0 < s_j - s_i < z_2 - z_1\},$$

元件 $r = 12, s = 7$ 分别从 A_1, A_2 中取出, 并且交换得到分配 $\{2,4,7\}$, $\{12,9,13,14,1\}$, $\{3,6,8,10,11,5\}$ 比前面的分配好. 所有的其他迭代也用同样的形式. 改进的算法产生的分配

$$A_1 = \{2,10,13\}, A_2 = \{1,3,5,7,12\}, A_3 = \{4,6,8,9,11,14\},$$

系统可靠度为 0.99635208.

表 9.8 元件的成对交换

	(i,j)	(r,s)	指派			系统可靠度
1	(1,2)	(12,7)	{2,4,7},	{12,9,13,14,1},	{3,6,8,10,11,5}	0.96478036
2	(1,3)	(2,10)	{10,4,7},	{12,9,13,14,1},	{3,6,8,2,11,5}	0.97969910
3	(2,3)	(1,5)	{10,4,7},	{12,9,13,14,5},	{3,6,8,2,11,1}	0.99511951
4	(1,2)	(7,13)	{10,4,13},	{12,9,7,14,5},	{3,6,8,2,11,1}	0.99592203
5	(1,3)	(4,6)	{10,6,13},	{12,9,7,14,5},	{3,4,8,2,11,1}	0.99622648
6	(2,3)	(14,3)	{10,6,13},	{12,9,7,3,5},	{14,4,8,2,11,1}	0.99630332
7	(1,2)	(6,9)	{10,9,13},	{12,6,7,3,5},	{14,4,8,2,11,1}	0.99633402
8	(1,3)	(9,2)	{10,2,13},	{12,6,7,3,5},	{14,4,8,9,11,1}	0.99635028
9	(2,3)	(6,1)	{10,2,13},	{12,1,7,3,5},	{14,4,8,9,11,6}	0.99635208

9.3.2 两个割集的最优指派: 双目标法

考虑有两个割集的并–串联系统和一般的 r_{ij}. 问题 9.3 是一个特殊情形, 其中 $k = 2$. 问题 9.6 中相应的指派问题可以描述如下:

问题 9.6

$$\max \quad R(\boldsymbol{x}) = \left[1 - \exp\left(-\sum_{i=1}^{n_1}\sum_{j=1}^{m} s_{ij}x_{ij}\right)\right]\left[1 - \exp\left(-\sum_{i=n_1+1}^{n}\sum_{j=1}^{m} s_{ij}x_{ij}\right)\right],$$

$$\text{s.t.} \quad \sum_{j=1}^{m} x_{ij} = 1, i = 1, \cdots, n, \tag{9.10}$$

$$\sum_{i=1}^{n} x_{ij} \leqslant 1, j = 1, \cdots, m, \tag{9.11}$$

$$x_{ij} = 0 \text{ 或 } 1. \tag{9.12}$$

和以前所提到的一样, 这个问题是 NP 完全的. Prased 等[266] 对于拟凹目标函数 $g(\boldsymbol{c}_1\boldsymbol{x}, \boldsymbol{c}_2\boldsymbol{x})$ 线形约束 $\boldsymbol{A}\boldsymbol{x} = \boldsymbol{b}$ 和非负 $\boldsymbol{x}$ 的优化问题提出了一个算法. 为将问题 9.6 作为特殊情形, 他们推广了这个算法.

定义两个向量 $\boldsymbol{c}_1, \boldsymbol{c}_2$, 使得

$$\boldsymbol{c}_1\boldsymbol{x} = \sum_{i=1}^{n_1}\sum_{j=1}^{m} s_{ij}x_{ij}, \quad \boldsymbol{c}_2\boldsymbol{x} = \sum_{i=n_1+1}^{n}\sum_{j=1}^{m} s_{ij}x_{ij},$$

$s_{ij} = -\ln(1-r_{ij})$. 令 $g(z_1, z_2) = (1-\mathrm{e}^{-z_1})(1-\mathrm{e}^{-z_2})$. 问题 9.6 就是使 $g(\boldsymbol{c}_1\boldsymbol{x}, \boldsymbol{c}_2\boldsymbol{x})$ 在约束 (9.10)~(9.12) 的条件下最大化. Prased 等[266] 的算法 1 给出了在松弛问题 9.6 的约束条件下的最优解. 也就是说, 用 $0 \leqslant x_{ij} \leqslant 1$ 代替 0-1 限制. 如果这个最优解是整数, 则为问题 9.6 所需解; 否则, 接下来运用 Prased 等[266] 的算法 2 产生最优解. 这两个算法结合轻微修改, 为获得问题 9.6 的最优解, 我们提出一个算法.

任何指派 $\boldsymbol{x}$ 都可以由排列 $\boldsymbol{v} = (v_1, \cdots, v_m)$ 表示, 如果 $j = v_i$, 则 $x_{ij} = 1$; 否则, 为 0. 对于 $1, 2, \cdots, m$ 的部分排列 $(u_1, u_2, \cdots, u_r)$, 在所有的排列集都包含于 $(u_1, \cdots, u_r)$ 的基础上, 令 $h_2(u_1, \cdots, u_r)$ 表示 $\sum\limits_{i=n_1+1}^{m} s_{iv_i}$ 的最大值. 下面的算法中每个最大化问题都要使用指派技术.

算法 8

- 步骤 0: 在 K 中找出 $\boldsymbol{x}^{(1)}, \boldsymbol{x}^{(2)}$ 使得 $\boldsymbol{c}_1\boldsymbol{x}, \boldsymbol{c}_2\boldsymbol{x}$ 最大. 如果 $g(\boldsymbol{c}_1\boldsymbol{x}^{(1)}, \boldsymbol{c}_2\boldsymbol{x}^{(1)}) \geqslant g(\boldsymbol{c}_1\boldsymbol{x}^{(2)}, \boldsymbol{c}_2\boldsymbol{x}^{(2)})$, 令 $x^* = x^{(1)}, q^* = g(\boldsymbol{c}_1\boldsymbol{x}^{(1)}, \boldsymbol{c}_2\boldsymbol{x}^{(1)})$; 否则, 令 $\boldsymbol{x}^* = \boldsymbol{x}^{(2)}$, $q^* = g(\boldsymbol{c}_1\boldsymbol{x}^{(2)}, \boldsymbol{c}_2\boldsymbol{x}^{(2)})$.

- 步骤 1: 求 $\bar{\lambda} = \dfrac{(\boldsymbol{c}_1\boldsymbol{x}^{(1)} - \boldsymbol{c}_1\boldsymbol{x}^{(2)})}{(\boldsymbol{c}_2\boldsymbol{x}^{(2)} - \boldsymbol{c}_2\boldsymbol{x}^{(1)})}$, 令 $F_1 = (\boldsymbol{c}_1 + \bar{\lambda}\boldsymbol{c}_2)\boldsymbol{x}^{(1)}$. 在 K 上找 $\overline{\boldsymbol{x}}$, 使得 $(\boldsymbol{c}_1 + \bar{\lambda}\boldsymbol{c}_2)\boldsymbol{x}$ 最大. 如果 $F_1 = (\boldsymbol{c}_1 + \bar{\lambda}\boldsymbol{c}_2)\overline{\boldsymbol{x}}$, 转入步骤 4; 如果 $q^* < g(\boldsymbol{c}_1\overline{\boldsymbol{x}}, \boldsymbol{c}_2\overline{\boldsymbol{x}})$, 转入步骤 3; 否则, 转入步骤 2.

- 步骤 2: 如果 $\boldsymbol{x}^* = \boldsymbol{x}^{(1)}$, 令 $\overline{\boldsymbol{x}} = \boldsymbol{x}^{(2)}$, 如果 $\boldsymbol{x}^* = \boldsymbol{x}^{(2)}$, 令 $\boldsymbol{x}^{(1)} = \overline{\boldsymbol{x}}$, 转入步骤 1.

- 步骤 3: 令 $\boldsymbol{x}^* = \overline{\boldsymbol{x}}, q^* = g(\boldsymbol{c}_1\overline{\boldsymbol{x}}, \boldsymbol{c}_2\overline{\boldsymbol{x}})$. 计算 $\alpha = [\exp(\boldsymbol{c}_1\bar{\boldsymbol{x}})-1]/[\exp(\boldsymbol{c}_2\bar{\boldsymbol{x}})-1]$. 如果 $\alpha < \bar{\lambda}$, 令 $\boldsymbol{x}^{(2)} = \overline{\boldsymbol{x}}$, 并转入步骤 1; 如果 $\alpha > \bar{\lambda}$, 令 $\boldsymbol{x}^{(1)} = \overline{\boldsymbol{x}}$, 并转入步骤 1, 如果 $\alpha = \lambda$, $\boldsymbol{x}^*$ 为最优解, 停止; 否则, 转入步骤 4.

- 步骤 4: 取 $G = \{(1), (2), \cdots, (m)\}$ 为部分排列的初始集.

- 步骤 5: 从 G 中选出部分排列 $(u_1, \cdots, u_r)$ 且 $G = G \backslash \{(u_1, \cdots, u_r)\}$. 如果 $r = m-1$, 转入步骤 7; 否则, 求 $h_1(u_1, \cdots, u_r)$ 和 $h_2(u_1, \cdots, u_r)$ 的值. 如果 $h_1(u_1, \cdots, u_r) > \boldsymbol{c}_1\boldsymbol{x}^{(2)}$ 和 $h_2(u_1, \cdots, u_r) > \boldsymbol{c}_2\boldsymbol{x}^{(1)}$, 令 $G = \bigcup\limits_{y \in M'} \{(u_1, \cdots, u_r, y)\} \cup G$, 其中, $M' = \{1, \cdots, m\} \backslash \{(u_1, \cdots, u_r)\}$.

- 步骤 6: 如果 $G = \varnothing$, $\boldsymbol{x}^*$ 为最优解, 停止; 否则, 转入步骤 5.

- 步骤 7: 如果 $(u_1, \cdots, u_m)$ 是由 $(u_1, \cdots, u_r)$ 生成的排列, 并且 $\sum\limits_{i=1}^{n_1} s_{iu_i} <$

$\boldsymbol{c}_1\boldsymbol{x}^{(2)}$ 或 $\sum\limits_{i=n_1+1}^{m} s_{iu_i} < \boldsymbol{c}_2\boldsymbol{x}^{(1)}$, 转入步骤 6; 否则, 求 $\bar{q} = g\left(\sum\limits_{i=1}^{n_1} s_{iu_i}, \sum\limits_{i=n_1+1}^{m} s_{iu_i}\right)$ 的值. 如果 $\bar{q}$ 比 q^* 大, 令 $q^* = \bar{q}$, 如果 $j = u_i$, 则 $x_{ij}^* = 1$; 否则, 为 0, $i = 1, \cdots, m$, 转入步骤 5.

例 9-6 令 $m = n = 10$, $n_1 = n_2 = 5$, r_{ij} 如例 9-2 所示.

算法 8 解例 9-6 如前所解释的, 在 K 中的每个解 $\boldsymbol{x}$ 被表示为 $1, 2, \cdots, n$ 的排列.

- 步骤 0:

$$\boldsymbol{x}^{(1)} = (4, 3, 1, 5, 7, 6, 2, 8, 9, 10), \quad \boldsymbol{c}_1\boldsymbol{x}^{(1)} = 2.161, \quad \boldsymbol{c}_2\boldsymbol{x}^{(1)} = 1.162$$

且

$$g(\boldsymbol{c}_1\boldsymbol{x}^{(1)}, \boldsymbol{c}_2\boldsymbol{x}^{(1)}) = 0.60797.$$

$$\boldsymbol{x}^{(2)} = (6, 8, 3, 7, 9, 1, 4, 10, 5, 2), \quad \boldsymbol{c}_1\boldsymbol{x}^{(2)} = 1.148, \quad \boldsymbol{c}_2\boldsymbol{x}^{(2)} = 2.188$$

且

$$g(\boldsymbol{c}_1\boldsymbol{x}^{(2)}, \boldsymbol{c}_2\boldsymbol{x}^{(2)}) = 0.60617.$$

因为 $g(\boldsymbol{c}_1\boldsymbol{x}^{(1)}, \boldsymbol{c}_2\boldsymbol{x}^{(1)}) > g(\boldsymbol{c}_1\boldsymbol{x}^{(2)}, \boldsymbol{c}_2\boldsymbol{x}^{(2)})$, 令 $\boldsymbol{x}^* = \boldsymbol{x}^{(1)}, q^* = 0.60797$.

- 步骤 1:

$$\begin{aligned}
&\overline{\lambda} = \frac{\boldsymbol{c}_1\boldsymbol{x}^{(1)} - \boldsymbol{c}_1\boldsymbol{x}^{(2)}}{\boldsymbol{c}_2\boldsymbol{x}^{(2)} - \boldsymbol{c}_2\boldsymbol{x}^{(1)}} = \frac{2.161 - 1.148}{2.188 - 1.161} = 0.98733,\\
&F_1 = \boldsymbol{c}_1\boldsymbol{x}^{(1)} + \overline{\lambda}\boldsymbol{c}_2\boldsymbol{x}^{(1)} = 2.161 + (0.98733)(1.162) = 3.30828,\\
&\overline{\boldsymbol{x}} = (4, 6, 1, 5, 9, 8, 7, 10, 3, 2), \quad \boldsymbol{c}_1\overline{\boldsymbol{x}} = 1.941, \quad \boldsymbol{c}_2\overline{\boldsymbol{x}} = 2.1
\end{aligned}$$

且

$$g(\boldsymbol{c}_1\overline{\boldsymbol{x}}, \boldsymbol{c}_2\overline{\boldsymbol{x}}) = 0.75156.$$

因为 $\boldsymbol{c}_1\overline{\boldsymbol{x}} + \overline{\lambda}\boldsymbol{c}_2\overline{\boldsymbol{x}} = 4.01439 \neq F_1$ 且 $g(\boldsymbol{c}_1\overline{\boldsymbol{x}}, \boldsymbol{c}_2\overline{\boldsymbol{x}}) > q^*$, 转入步骤 3.

- 步骤 3: 令 $\boldsymbol{x}^* = \overline{\boldsymbol{x}}, q^* = 0.75156$.

$$\alpha = \frac{\exp(\boldsymbol{c}_1\overline{\boldsymbol{x}}) - 1}{\exp(\boldsymbol{c}_2\overline{\boldsymbol{x}}) - 1} = \frac{\mathrm{e}^{1.941} - 1}{\mathrm{e}^{2.1} - 1} = 0.83248.$$

因为 $\alpha < \overline{\lambda}$, 使 $\boldsymbol{x}^{(2)} = \overline{\boldsymbol{x}}$, 转入步骤 1. 在这个阶段,

$$\begin{aligned}
&\boldsymbol{x}^{(1)} = (4, 3, 1, 5, 7, 6, 2, 8, 9, 10), \quad (\boldsymbol{c}_1\boldsymbol{x}^{(1)}, \boldsymbol{c}_2\boldsymbol{x}^{(1)}) = (2.161, 1.162),\\
&\boldsymbol{x}^{(2)} = (4, 6, 1, 5, 9, 8, 7, 10, 3, 2) = \boldsymbol{x}^*, \quad (\boldsymbol{c}_1\boldsymbol{x}^{(2)}, \boldsymbol{c}_2\boldsymbol{x}^{(2)}) = (1.941, 2.1)
\end{aligned}$$

且 $q^* = 0.75156$.

- 步骤 1:

$$\overline{\lambda}=\frac{2.161-1.941}{2.1-1.162}=0.23454,$$

$$F_1=\boldsymbol{c}_1\boldsymbol{x}^{(1)}+\overline{\lambda}\boldsymbol{c}_2\boldsymbol{x}^{(1)}=2.161+(0.23454)(1.162)=2.43354,$$

$$\overline{\boldsymbol{x}}=(4,3,1,5,7,8,6,9,10,2),\quad \boldsymbol{c}_1\overline{\boldsymbol{x}}=2.161,\quad \boldsymbol{c}_2\overline{\boldsymbol{x}}=1.71$$

且

$$g(\boldsymbol{c}_1\overline{\boldsymbol{x}},\boldsymbol{c}_2\overline{\boldsymbol{x}})=0.72476,$$

因为 $\boldsymbol{c}_1\overline{\boldsymbol{x}}+\overline{\lambda}\boldsymbol{c}_2\overline{\boldsymbol{x}}=2.56206\neq F_1$ 且 $g(\boldsymbol{c}_1\overline{\boldsymbol{x}},\boldsymbol{c}_2\overline{\boldsymbol{x}})\leqslant q^*$, 转入步骤 2.

- 步骤 2: 因为 $\boldsymbol{x}^*=\boldsymbol{x}^{(2)}$, 使得 $\boldsymbol{x}^{(1)}=\overline{\boldsymbol{x}}$, 转入步骤 1. 在这个阶段,

$$\boldsymbol{x}^{(1)}=(4,3,1,5,7,8,6,9,10,2),\quad (\boldsymbol{c}_1\boldsymbol{x}^{(1)},\boldsymbol{c}_2\boldsymbol{x}^{(1)})=(2.161,1.71),$$

$$\boldsymbol{x}^{(2)}=(4,6,1,5,9,8,7,10,3,2)=\boldsymbol{x}^*,\quad (\boldsymbol{c}_1\boldsymbol{x}^{(2)},\boldsymbol{c}_2\boldsymbol{x}^{(2)})=(1.941,2.1)$$

且 $q^*=0.75156$.

- 步骤 1:

$$\overline{\lambda}=\frac{2.161-1.941}{2.1-1.71}=0.56410,$$

$$F_1=\boldsymbol{c}_1\boldsymbol{x}^{(1)}+\overline{\lambda}\boldsymbol{c}_2\boldsymbol{x}^{(1)}=2.161+(0.56410)(1.71)=3.12561,$$

$$\overline{\boldsymbol{x}}=(4,6,1,5,8,9,7,10,3,2),\quad \boldsymbol{c}_1\overline{\boldsymbol{x}}=2.033,\quad \boldsymbol{c}_2\overline{\boldsymbol{x}}=1.988$$

且

$$g(\boldsymbol{c}_1\overline{\boldsymbol{x}},\boldsymbol{c}_2\overline{\boldsymbol{x}})=0.75002.$$

因为 $\boldsymbol{c}_1\overline{\boldsymbol{x}}+\overline{\lambda}\boldsymbol{c}_2\overline{\boldsymbol{x}}=3.15443\neq F_1$ 且 $g(\boldsymbol{c}_1\overline{\boldsymbol{x}},\boldsymbol{c}_2\overline{\boldsymbol{x}})\leqslant q^*$, 转入步骤 2.

- 步骤 2: 当 $\boldsymbol{x}^*=\boldsymbol{x}^{(2)}$, 令 $\boldsymbol{x}^{(1)}=\bar{\boldsymbol{x}}$ 转向步骤 1. 在这个阶段,

$$\boldsymbol{x}^{(1)}=(4,6,1,5,8,9,7,10,3,2),\quad (\boldsymbol{c}_1\boldsymbol{x}^{(1)},\boldsymbol{c}_2\boldsymbol{x}^{(1)})=(2.033,1.988),$$

$$\boldsymbol{x}^{(2)}=(4,6,1,5,9,8,7,10,3,2)=\boldsymbol{x}^*,\quad (\boldsymbol{c}_1\boldsymbol{x}^{(2)},\boldsymbol{c}_2\boldsymbol{x}^{(2)})=(1.941,2.1)$$

且 $q^*=0.75156$.

- 步骤 1:

$$\overline{\lambda}=\frac{2.033-1.941}{2.1-1.988}=0.82143,$$

$$F_1=\boldsymbol{c}_1\boldsymbol{x}^{(1)}+\overline{\lambda}\boldsymbol{c}_2\boldsymbol{x}^{(1)}=2.033+(0.82143)(1.988)=3.66600,$$

$$\overline{\boldsymbol{x}}=(4,6,1,5,9,8,7,10,3,2),\quad \boldsymbol{c}_1\overline{\boldsymbol{x}}=1.941,\quad \boldsymbol{c}_2\overline{\boldsymbol{x}}=2.1$$

且

$$g(\boldsymbol{c}_1\overline{\boldsymbol{x}},\boldsymbol{c}_2\overline{\boldsymbol{x}})=0.75156,$$

当 $\boldsymbol{c}_1\bar{\boldsymbol{x}}+\boldsymbol{c}_2\bar{\boldsymbol{x}}=3.6600=F_1$ 时, 转到步骤 4.

- 步骤 4:

$$(\boldsymbol{c}_1\boldsymbol{x}^{(1)},\boldsymbol{c}_2\boldsymbol{x}^{(1)})=(2.033,1.988) \quad 和 \quad (\boldsymbol{c}_1\boldsymbol{x}^{(2)},\boldsymbol{c}_2\boldsymbol{x}^{(2)})=(1.941,2.1),$$

则有

$$\psi(\theta)=g[2.033(1-\theta)+1.941\theta,1.988(1-\theta)+2.1\theta].$$

因为 $\psi(\theta)$ 在 $(0,\infty)$ 上是凹的, 并且在 $\theta=1.0565$, $\psi'(\theta)=0$, 因此, $\psi(\theta)$ 在 $\theta=1$ 达到最大. 这意味着 $\boldsymbol{x}^*=(4,6,1,5,8,9,7,10,3,2)$ 是最优解, 系统最大可靠度为 $g(\boldsymbol{c}_1\boldsymbol{x}^*,\boldsymbol{c}_2\boldsymbol{x}^*)=0.75156$. 因此, 避免了算法 8 步骤 5~7 中排列枚举的说明.

9.4 单调关联系统的元件指派

系统可靠性不仅依赖于元件可靠性, 而且依赖于系统结构. 在前面章节已经介绍了在串–并联和并–串联系统中导出元件最优指派的几种方法. 对于一般的可靠性结构, 即使元件可靠度在系统中是位置不变的, 指派问题也是很复杂的. 单调关联系统中的最优元件指派问题在本节讨论.

假设一个有 n 个元件的可靠性系统中, 用 $1,\cdots,n$ 分别代表系统中的 n 个元件的位置. 用 $r_1,\cdots,r_n$ 分别表示元件 $1,\cdots,n$ 的元件可靠度. 若元件在位置 j 工作, 则令 $x_j=1$; 否则, 令 $x_j=0$. 于是系统可靠性可用向量 $(x_1,\cdots,x_n)$ 表示 (对于每个 j, $x_j=0$ 或 1). 所有二进制向量 $(x_1,\cdots,x_n)$, 对于每个 j, $x_j=0$ 或 1, 组成的集合用 S 表示. S 上定义函数 $\phi(x_1,\cdots,x_n)$, 在所有给定的位置 j, 当 $x_j=1$ 时, 系统工作, 则 $\phi(x_1,\cdots,x_n)=1$; 否则, $\phi(x_1,\cdots,x_n)=0$.

满足下列条件系统被称为有单调关联结构:

(1) $\phi(0,\cdots,0)=0$;

(2) $\phi(1,\cdots,1)=1$;

(3) 当 $(x_1,\cdots,x_n)\leqslant(y_1,\cdots,y_n)$, $\phi(x_1,\cdots,x_n)\leqslant\phi(y_1,\cdots,y_n)$.

函数 $\phi(x_1,\cdots,x_n)$ 被称为结构函数. 令 a_j 代表在 j 位置的元件可靠度, $j=1,\cdots,n$, $R(a_1,a_2,\cdots,a_n)$ 代表系统可靠度 (单调关联结构的详细讨论在 1.5.8 小节中给出).

9.4.1 通过成对互换元件的最优指派

Boland 等 [40] 提供了单调关联系统中两个关键结点的对比. 令 $(1_i,0_j,\boldsymbol{x})$ 表示用 1 和 0 分别替换 x_i 和 x_j 得到的二值向量. 同样地, 令 $(0_i,1_j,\boldsymbol{x})$ 表示用 0 和 1 分别替换 x_i 和 x_j 得到的二值向量. 结点 i 比结点 j 更重要 (用 $i\overset{c}{>}j$ 表示), 如果对每个二进制向量 $\boldsymbol{x}$, $\phi(1_i,0_j,\boldsymbol{x})\geqslant\phi(0_i,1_j,\boldsymbol{x})$, 并且其中至少有一个是

严格不等. 例如, 如图 9.1 所示的系统, 显然, 对于 $j \geqslant 2$ 有 $1 \overset{c}{>} j$. 当以任意方式指派到 $i_1, \cdots, i_r$ 的元件重新被分配到相同位置集时, 如果系统可靠性不改变, 状态 $i_1, \cdots, i_r$ 被称为是置换等价的. 例如, 当一个子系统有一串联或并联结构, 子系统中所有的位置被认为是置换等价的. 一个元件的指派可用 $1, \cdots, n$ 的排列表示. 一个排列 $\boldsymbol{\pi} = (\pi_1, \cdots, \pi_n)$ 代表元件 π_i 被指派到 i 位置, $i = 1, \cdots, n$. 如果一个指派可以通过在等价位中重新指派获得, 则这两个指派是等价的的. 例如, 表 9.1 表示所示的系统指派 $(7,5,6,1,2,3,4)$, $(7,5,6,1,2,4,3)$, $(7,5,6,2,1,3,4)$ 和 $(7,5,6,2,1,4,3)$. 这 4 种指派都是等价的, 并且给出系统的可靠度是相同的.

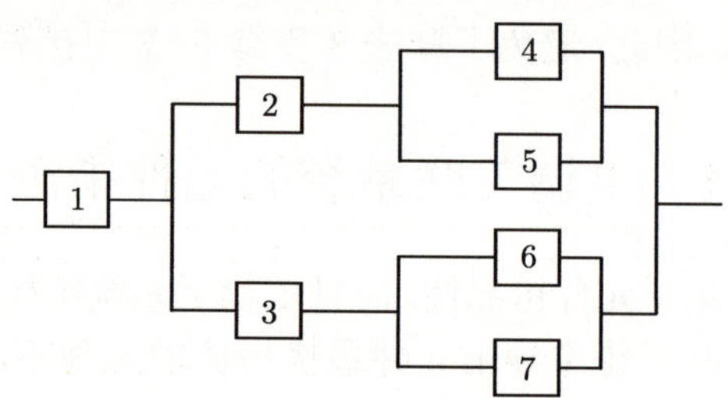

图 9.1　一个 7 元件单调关联系统

假设元件重新排列, 使得 $r_1 \leqslant r_2 \leqslant \cdots \leqslant r_n$. 如果对某些对 (i,j) 有 $i \overset{c}{>} j$ 和 $\pi_i < \pi_j$, 则 $1, \cdots, n$ 的指派 $\boldsymbol{\pi} = (\pi_1, \cdots, \pi_n)$ 是不容许的. 假设对于一些 (i,j), $i \overset{c}{>} j$. 如果两个元件被指派到 i 和 j 位置, 指派具有较大可靠度的元件到位置 i 总是比较好的, 与指派到其他位置上元件的可靠度无关. Boland 和 Proschan[39] 给出的最优指派过程如下:

(1) 从每个等价指派集中只收集一个指派;

(2) 从这个收集中剔出所有不容许的指派;

(3) 对于剩下不容许的指派集中的每个指派计算系统可靠度, 并选取一个最好的.

例 9-7　考虑图 9.1 中 7 元件单调关联系统. 当 $j \geqslant 2$ 时, $1 \overset{c}{>} j$. 因此, 首先考虑 6! 种指派集 A, 指派最可靠的元件 7 在位置 1. 由于 $\{4,5\}$ 和 $\{6,7\}$ 是置换等价位置集, 可以从 A 中仅选择被指派到 4(6) 位置上的元件指标大于被指派到 5(7) 位置上的元件指标的指派. 因此, 在 A 中有 $6!\ /2^2$ 种指派.

注意 $2 \overset{c}{>} 4, 2 \overset{c}{>} 5, 3 \overset{c}{>} 6$ 和 $3 \overset{c}{>} 7$. 这种指派搜索被减少到 $6!\ /(2^2 3^2)$ 次. 显然, 如果 2, 4 和 5 位置的元件与 3, 6 和 7 位置的元件分别同时交互, 则系统可靠性不会变. 这进一步减少搜索到 10 次 $[6!\ /(2^2 3^2 2)]$ 指派:

(7, 6, 5, 4, 3, 2, 1),

(7, 6, 5, 4, 2, 3, 1),

(7, 6, 5, 4, 1, 3, 2),
(7, 6, 5, 3, 2, 4, 1),
(7, 6, 5, 3, 1, 4, 2),
(7, 6, 5, 2, 1, 4, 3),
(7, 6, 4, 5, 3, 2, 1),
(7, 6, 4, 5, 2, 3, 1),
(7, 6, 4, 5, 1, 3, 2),
(7, 6, 3, 5, 4, 2, 1).

对任意给定元件可靠度, 需要按照可靠度的增序重新编号元件和评估上述 10 个指派的系统可靠性. 给出最大系统可靠度的指派是最优指派.

9.4.2 Malon 的贪婪算法

当系统由一些可互换模块组成时, 每个模块由一些位置组成, 并且可互换的元件被指派到所有的模块里, Malon 等[208] 对于最大化单调关联系统可靠度提出了一个贪婪算法. 这个贪婪算法可以看成是对于算法 1(串–并联结构) 的推广. 当模块有串联结构并被最优互换时, 它给出一个最优指派. 算法可以被简要描述如下:

当最可靠的元件按照最优方式被指派时, 首先找可靠性可能最高的模块. 和在最优方式中需要的一样, 指派最好的元件到那个模块. 对剩下的模块及元件重复上述操作, 选择另一个模块并指派最好的元件给它. 重复操作直至元件被指派给所有的模块. 然后重新安排系统的所有元件, 使得整个系统可靠度最大. 当模块有串联结构时, Malon 等[208] 证明了这个贪婪算法提供一个与系统配置无关的最优指派.

9.4.3 Lin 和 Kuo 的贪婪算法

Lin 和 Kuo[199] 为获得一般系统的最优元件指派, 提出了下列启发式算法: 当元件可靠性在第 j 个位置是 1, 在第 i 个位置是 a_i $(i \neq j)$ 时, 令 $R[1_j, (a_1, \cdots, a_n)]$ 代表系统的可靠度. 类似地, 当元件可靠性在第 j 个位置是 0, 在第 i 个位置是 a_i $(i \neq j)$ 时, 令 $R[0_j, (a_1, \cdots, a_n)]$ 代表系统可靠度. 位置 j 的可靠性的重要度被 Birnbaum[36] 定义为

$$
\begin{aligned}
I_j(a_1, \cdots, a_n) &= \frac{\partial R(a_1, \cdots, a_n)}{\partial a_j} \\
&= R[(1_j, (a_1, \cdots, a_n))] - R[(0_j, (a_1, \cdots, a_n))].
\end{aligned}
$$

当元件在每个位置的可靠度为 p 时, 令 $I_j(p)$ 表示位置 j 的可靠性重要度. 当位置 $v_1, \cdots, v_h$ 上元件可靠性分别为 $a_1, \cdots, a_h$, 并且在其他位置上元件可靠度等于 p 时, 令 $I_j[(a_1, v_1), \cdots, (a_h, v_h); p]$ 表示位置 j 的可靠性重要度.

算法 9

- 步骤 0: 元件重新按排序, 使得 $r_1 \geqslant r_2 \geqslant \cdots \geqslant r_n$, 令 $J=\{1,\cdots,n\}$.
- 步骤 1: 找 k, 使得 $I_k(p_n)=\max\limits_{j\in J} I_j(p_n)$, 令 $v_1=k, J=J\backslash\{v_1\}$ 且 $h=2$.
- 步骤 2: 在 J 中找 k, 使得

$$I_k[(r_1,v_1),(r_2,v_2),\cdots,(r_h,v_h);r_n]=\max_{j\in J} I_j[(r_1,v_1),(r_2,v_2),\cdots,(r_h,v_h);r_n], \text{令} v_h=k.$$

- 步骤 3: 若 $h=n$, 将元件 j 放在位置 v_j 上, $j=1,\cdots,n$, 停止; 否则, 令 $h=h+1$, 转向步骤 2.

例 9-8 考虑图 9.2 描述的单调关联系统. 系统由 1, 2, 3, 4, 5 五个位置组成. 系统既不是串–并联系统也不是并–串联系统.

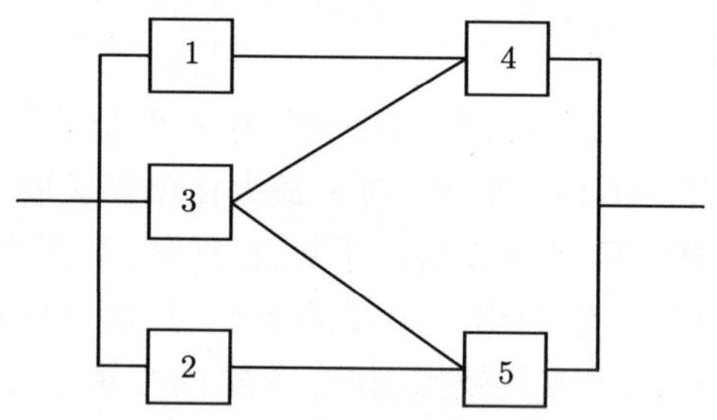

图 9.2 一个复杂单调关联系统

令元件可靠度为 $(r_1,r_2,r_3,r_4,r_5)=(0.5,0.4,0.3,0.2,0.1)$. 系统可靠度为

$$R(a_1,a_2,a_3,a_4,a_5)=a_3[1-(1-a_4)(1-a_5)]+(1-a_3)[1-(1-a_1a_4)(1-a_2a_5)],$$

a_j 是元件在位置 j 的可靠度, $j=1,2,\cdots,5$. 问题是将 5 个元件放置在系统的 5 个位置, 以使得系统可靠度最大.

用算法 9 解例 9-8

- 迭代 1:
- 步骤 0: 排列元件顺序, 使得 $r_1 \geqslant r_2 \geqslant r_3 \geqslant r_4 \geqslant r_5$. 令 $J=\{1,2,3,4,5\}$.
- 步骤 1: $r_n=r_5=0.1$ 且

$$\begin{aligned}I_1(0.1)&=R(1,0.1,0.1,0.1,0.1)-R(0,0.1,0.1,0.1,0.1)\\&=0.1171-0.0280\\&=0.0891.\end{aligned}$$

相似地,

$$\begin{aligned}I_2(0.1)&=0.1171-0.0280=0.0891,\\I_3(0.1)&=0.1900-0.0199=0.1701,\\I_4(0.1)&=0.1981-0.0190=0.1791\end{aligned}$$

且

$$I_5(0.1) = 0.1981 - 0.0190 = 0.1791.$$

由于 $I_4(0.1)$ 在 $I_j(0.1)$ $(j \in J)$ 时是最大的, 所以 k 的值取 4, $J = \{1, 2, 3, 5\}$. 令 $h = 2$,

$$\begin{aligned} I_1(0.1, 0.1, 0.1, 0.5, 0.1) &= R(1, 0.1, 0.1, 0.5, 0.1) - R(0, 0.1, 0.1, 0.5, 0.1) \\ &= 0.5095 - 0.0640 \\ &= 0.4455. \end{aligned}$$

类似地,

$$I_2(0.1, 0.1, 0.1, 0.5, 0.1) = 0.1855 - 0.1000 = 0.0855,$$

$$I_3(0.1, 0.1, 0.1, 0.5, 0.1) = 0.5500 - 0.0595 = 0.4905$$

且

$$I_5(0.1, 0.1, 0.1, 0.5, 0.1) = 0.2305 - 0.0950 - 0.1355,$$

由于 $I_3(0.1, 0.1, 0.1, 0.5, 0.1)$ 是最大的, $k = 3$, $v_h = v_2 = 3$, $J = \{1, 2, 5\}$.

- 步骤 3: 当 $h = 2 < 4$ 时, h 等于 3, 转向步骤 2.
- 迭代 2:
- 步骤 2:

$$\begin{aligned} I_1(0.1, 0.1, 0.4, 0.5, 0.1) &= R(1, 0.1, 0.4, 0.5, 0.1) - R(0, 0.1, 0.4, 0.5, 0.1) \\ &= 0.523 - 0.226 \\ &= 0.297. \end{aligned}$$

类似地,

$$I_2(0.1, 0.1, 0.4, 0.5, 0.1) = 0.307 - 0.250 = 0.057$$

且

$$I_5(0.1, 0.1, 0.4, 0.5, 0.1) = 0.487 - 0.230 = 0.257.$$

由于 $I_1(0.1, 0.1, 0.4, 0.5, 0.1)$ 是最大的, $k = 1$, $v_h = v_3 = 1$, $J = \{2, 5\}$.

- 步骤 3: 当 $h = 3 < 4$ 时, h 等于 4, 转向步骤 2.
- 迭代 3:
- 步骤 2:

$$\begin{aligned} I_2(0.3, 0.1, 0.4, 0.5, 0.1) &= R(0.3, 1, 0.4, 0.5, 0.1) - R(0.3, 0, 0.4, 0.5, 0.1) \\ &= 0.361 - 0.310 \\ &= 0.051. \end{aligned}$$

类似地,

$$I_5(0.3,0.1,0.4,0.5,0.1)=0.541-0.290=0.251.$$

由于 $I_5(\boldsymbol{a})>I_2(\boldsymbol{a})$, 对于 $\boldsymbol{a}=(0.3,0.1,0.4,0.5,0.1)$ 是最大的, $k=5$, $v_h=v_4=5$, $J=\{2\}$. 由于 J 只包含两个元素, 所以取 $v_5=2$.

现在指派元件 1, 2, 3, 4, 5 分别在位置 4, 3, 1, 5, 2 上. 对于这个指派系统的可靠度为 0.3402. 事实上, 指派元件 1, 2, 3, 4, 5 分别在位置 3, 4, 5, 1, 2 上, 给出系统最大可靠度 0.3438. 这个启发式算法的相对误差大约只有 1%.

9.4.4 不变最优指派

假设存在一个 n 个位置的序列 $(v_1,\cdots,v_n)$, 使得第 j 个最可靠的元件指派至位置 v_j 上, $j=1,\cdots,n$, 最大化系统可靠度与元件可靠度的量级无关. 这被称为不变最优指派, 并且用 $(v_1,\cdots,v_n)$ 表示. 一些系统适用于不变最优指派, 如由 El-Neweihi 等[86] 对于串 – 并联系统提出的最优元件指派, 以及 Derman 等[77] 对每个割集中具有两个元件的串 – 并联系统提出的最优指派都是不变最优指派. 不变最优指派的优点是只需要知道升序或降序排列的元件可靠性, 而不需要知道寻找优化指派可靠度的实际量级.

El-Neweihi 等[87] 考虑了由 k 类元件组装的 n 个系统问题. 假设系统 $j(1\leqslant j\leqslant n)$ 是由 i 型元件 m_{ij} 组成的一个串联系统, $1\leqslant i\leqslant k$. El-Neweihi 等假设对每个 i, $m_{i1}\leqslant m_{i2}\leqslant\cdots\leqslant m_{in}$. 可用于组装的 i 型元件总数为 $m_i=\sum\limits_{j=1}^{n}m_{ij}$. 令 r_{ih} 表示 i 型第 h 个元件的可靠度 $(h=1,\cdots,M_i)$. 不失一般性, 假设 $r_{i1}\leqslant r_{i2}\leqslant\cdots\leqslant r_{iM_i}$. 考虑每一类型 i 的分配 A^*, 最低可靠性元件 m_{i1} 分配给系统 1, 下一个 m_{i2} 的最低可靠性元件分配给系统 2, 以此类推. 令 $R_j(A)$ 表示对于分配 A 系统 j 的可靠度, 令 $X_j(A)=\ln R_j(A)$. El-Neweihi 等[87] 指出对任一分配 A, 向量 $[X_1(A^*),\cdots,X_n(A^*)]$ 优于 $[X_1(A),\cdots,X_n(A)]$.

若可靠性系统 G 由 n 个子系统组成, 并且 G 的可靠度是 $X_1(A),\cdots,X_n(A)$ 的 Schur 凸函数, 那么分配 A^* 使得 G 的可靠度最大. 这个结果推广了 El-Neweihi 等[86] 关于串–并联系统的工作. 作为一个特殊情形, 分配 A^* 使得 n 个系统中工作元件的平均数最大化. El-Neweihi 等[87] 对所有 $(i,j), m_{ij}=1$ 的情形得到了更多结果. 在这个情形, 对每个元件类型 i, $1,\cdots,n$ 的排列 $(a_{i1},\cdots,a_{in})$ 决定了一个分配. 令 c_{ij} 表示与元件 a_{ij} 相关的属性. 属性 c_{ij} 可能也是元件 a_{ij} 的实际可靠度. 令 $R_j(c_{1j},\cdots,c_{kj})$ 表示对应的系统 j 的可靠度. 令 $x\vee y=\max\{x,y\}$ 且 $x\wedge y=\min\{x,y\}$. El-Neweihi 等[87] 表明如果

(1) $R_j(c_1,\cdots,c_k)$ 对每个 c_i 不减;

(2) $R_j(c_1,\cdots,c_k)+R_j(d_1,\cdots,d_k)\leqslant R_j(c_1\vee d_1,\cdots,c_k\vee d_k)+R_j(c_1\wedge d_1,\cdots,c_k\wedge d_k)$,

表 9.9 在线性 n 中连续取 k 系统中的不变最优设计

k	F 系统	参考文献	G 系统	参考文献
$k=1$	任何排列		任何排列	
$k=2$	$(1, n, 3, n-2, \cdots, n-3, 4, n-1, 2)$	Malon[206], Du 和 Hwang[82]	不存在	Zuo 和 Kuo[337]
$2<k<n/2$	不存在	Malon[207]	不存在	Zuo 和 Kuo[337]
$n/2 \leqslant k < n/2$	不存在	Malon[207]	不清楚	
$k=n-2$	[1,4,(任何排列),3,2]	Malon[207]	$[1,3,5,\cdots,2(n-k)-1,$(任何排列)$, 2(n-k),\cdots,6,4,2]$	Kuo 等 [181]
$k=n-1$	[1,(任何排列),2]	Malon[207]		
$k=n$	任何排列		任何排列	

表 9.10 在环形 n 中连续取 k 系统的不变最优设计

k	F 系统	参考文献	G 系统	参考文献
$k=1$	任何排列		任何排列	
$k=2$	$(1, n-1, 3, n-3, \cdots, n-4, 4, n-2, 2, n, 1)$	Du 和 Hwang[82]	不存在	Zuo 和 Kuo[337]
$2<k<(n-1)/2$	不存在	Malon[207]	不存在	Zuo 和 Kuo[337]
$(n-1)/2 \leqslant k < n-2$	不存在	Malon[207]	不清楚	
$k=n-2$	$(1, n-1, 3, n-3, \cdots, n-4, 4, n-2, 2, n, 1)$	Zuo 和 Kuo[337]	$(1,3,5,\cdots,n,\cdots,6,4,2,1)$,	Zuo 和 Kuo[337]
$k=n-1$	任何排列	Kuo 等 [181]	任何排列	Kuo 等 [181]
$k=n$	任何排列		任何排列	

则在弱优化意义上, 分配 A^* 使得可靠度向量 $[R_1(A),\cdots,R_n(A)]$ 最大化. 对于合适的对 (i,j), 取 $c_{ij}=\infty$, 这个结果被推广到所有 n 个子系统的元件数不相同的情形.

关于 n 中连续取 k 系统中的不变最优指派已经有大量工作. 对于 n 中连续取 2: F 线性系统, Derman 等[79] 推测当 $r_1\leqslant r_2\leqslant\cdots\leqslant r_n$ 时, 指派

$$\boldsymbol{u}^*=(1,n,3,n-2,\cdots,n-3,4,n-1,2)$$

最大化系统可靠性. Du 和 Hwang[82] 证明了 Hwang[139] 的猜测:

$$\boldsymbol{v}^*=(n,1,n-1,3,n-3,\cdots,n-4,4,n-2,2,n)$$

最大化 n 中连续取 2: F 循环系统. Hwang[139] 表明他的推测：当最大元件可靠度 r_n 是 1.0 时, n 个元件减少至 Derman 等[79] 的 $n-1$ 个元件. 注意指派 $\boldsymbol{u}^*$ 和 $\boldsymbol{v}^*$ 分别对于线性和环形 n 中连续取 2: F 系统, 是不变最优的. 对于 n 中连续取 2: F 线性系统, Malon[206] 独立地证明了这个猜测. 后来, Malon[207] 发现 n 中连续取 k: F 线性系统当且仅当 $k\in\{1,2,n-2,n-1,n\}$ 情况下才允许不变最优元件指派. Kuo 等[181] 以及 Zuo 和 Kuo[337] 认为在 n 中连续取 k: G 系统中元件指派问题, 由 n 个元件组成的 G 系统使得系统工作当且仅当至少 k 个连续元件工作. Zuo 和 Kuo[337] 在表 9.9 和表 9.10 中总结了 n 中连续取 k 系统的最优不变指派问题.

为了获得线形 n 中连续取 k 系统的次优指派, Zuo 和 Kuo[337] 根据 Birnbaum 的元件可靠性重要度和随机方法提出了两个启发式方法. 为获得这个系统最优指派, 他们也提出了一个双重搜索方法. 对于一个特殊的 n 中连续取 k 系统, Papastavridis 和 Sfakianakis[259] 提出了最优指派的算法.

9.5 讨 论

在可靠系统中, 指派交互元件可以看成是一个非线性问题. 这也被一些研究者描述为最优系统组装问题, 它最初由 Derman 等[77,78] 考虑的. 这个问题上的大多数工作集中在位置独立的元件可靠性不变的最优指派上. 串–并联和一些 n 中连续取 k 系统允许不变最优指派. 这方面的文献可以参见 Derman 等[77,78], El-Neweihi 等[86,87], Malon[206~208], Hwang[139,140], Du 和 Hwang[82,83], Kuo 等[181], Zuo 和 Kuo[337]. 启发式方法由 Malon[208], Baxter 和 Harche[24], Lin 和 Kuo[199], Zuo 和 Kuo[337], Prasad 和 Raghavachari[273] 等提出. Boland 等[40] 对基于两个关键位置对比的一般单调关联系统提出了隐性枚举法. 当元件可靠性不是位置独立时, Prasad 等[266,267,272] 对串–并联系统和并–串联系统提出了精确算法和启发式方法.

关于解的方法论, El-Neweihi 等[86],[87] 通过不变最优指派探讨了 Schur 凸函数的性质. Prasad 等[272] 采用了相同的方法. Prasad 和 Raghavachari[267] 使用数学

规划技术和优化概念. Prasad 等[266] 用双准则线性规划方法解由两个子系统组成的串–并联系统和并–串联系统的最优指派问题.

练 习

9.1 讨论元件指派问题的数学性质. 对此类问题系统结构怎样影响解过程?

9.2 例 9-1 中, 令 $\alpha_h = (0.8010, 0.5410, 0.9100, 0.7942)$. 用算法 1 和算法 2 解问题. 这些结果是最优的吗?

9.3 练习 9.2 中, 找出所有非控全序分配 (NDTO), 用运算 3 求解. 这个解是最优的吗? 并与练习 9.2 结果对比.

9.4 对练习 9.2 应用运算 4, 计算系统可靠度. 令 $z_h = d_h + \sum_{j\in A_h}$, 有与算法 4 类似的算法吗?

9.5 在例 9-4 中, 令 $(n_1, n_2, n_3) = (3, 4, 5)$. 用 Baxter-Harche 方法求分配.

9.6 一个串–并联系统有两条路径集 P_1 和 P_2, 并且 $n_1 = n_2 = 2$. 用运算 5 求解. 相应 t_{ij} 矩阵在下面给出:

$$\begin{pmatrix} 0.446 & 0.163 & 0.020 & 0.462 \\ 0.117 & 0.051 & 0.288 & 0.128 \\ 0.315 & 0.462 & 0.174 & 0.211 \\ 0.010 & 0.288 & 0.342 & 0.223 \end{pmatrix}$$

9.7 应用 Baxter-Harche 方法解例 9-5. 将这个解作为初始解, 执行 Papastavridis-Sfakianakis 方法的三次迭代.

9.8 给出配置如下图所示, 其中, $\boldsymbol{r} = (0.9, 0.8, 0.7, 0.6, 0.5)$, 用 Boland 等[40] 的程序求最优指派:

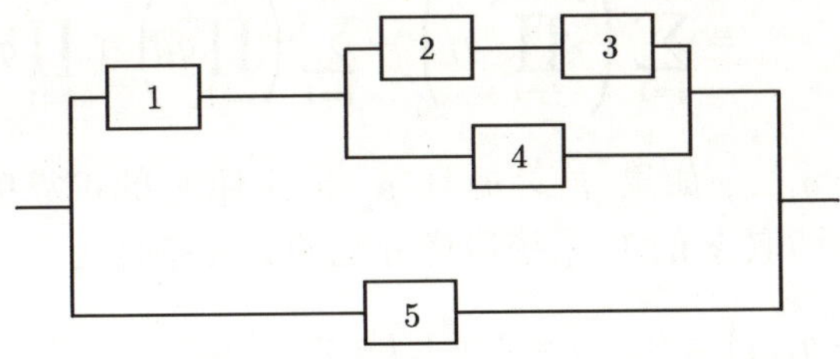

9.9 用 Lin 和 Kuo 的贪婪算法解练习 9.8. 对比这个分配与最优分配.

9.10 什么是不变最优指派? 给出一个使用不变最优指派的例子, 并讨论其特点.

9.11 考虑一个具有 k 个子系统的串–并联系统. 证明: 如果指派给 r 和 s 两个子系统的元件以 a 故障率 z_r 和 z_s 之间的差增加的方式重新指派, 则系统可靠度增加.

9.12 证明练习 9.11 中串–并联系统的两个子系统中重新指派元件降低系统的可靠性.

9.13 将串–并联系统中元件分配问题表达为 0-1 规划问题.

9.14 列举例 9-1 中的所有序分配, 并对每个系统计算可靠度. 区分例 9-1 中的所有全序分配.

9.15 证明存在一个序分配, 使得串–并联系统的可靠度最大.

9.16 考虑一个每个由两个位置组成的 k 个割集的并–串联系统. 假设这个系统的互换元件被标号, 使得 $r_1 \leqslant \cdots \leqslant r_n$ 或 $r_1 \geqslant \cdots \geqslant r_n (n = 2k)$, 并按 $(1, n), (2, n-1), \cdots, (n/2, n/2+1)$ 成对. 证明 k 个系统割集的 k 对分配使得系统可靠度最大.

9.17 假设每个割集有 4 个位置的并–串联系统的元件可靠度是几何级数, 即 $r_j = c^j r, c > 0, r > 0$. 证明分配

$$A_1 = \{1, 2, n-1, n\},\ \ A_2 = \{3, 4, n-3, n-2\}, \cdots,\ \ A_k = \{n/2-1, n/2, n/2+1, n/2+2\}$$

是最优的. 这个系统的其他类型的最优分配存在吗? 如果存在, 找出它.

9.18 证明如果 n 中连续取 k 系统 (如 F 系统) 任意一种类型中元件 i 的可靠度等于 n 中连续取 k 系统其他类型 (如 G 系统) 的所有元件 i 的不可靠度, 并且这两个系统的类型有相同的 k 和 n, 则系统的一个类型的可靠度等于系统的另一种类型的不可靠度. 这些 n 中取 k 的 G 系统和 F 系统互为对偶.

9.19 给定环形具有 $n \leqslant 2k+1$ 的、n 中连续取 k 的 F 系统的不可靠度为

$$\begin{aligned} Q_{\mathrm{CF}}(n; k) &= \sum_{i=1}^{n} \left(p_{i+k} \prod_{j=i}^{i+k-1} q_j \right) + \prod_{i=1}^{n} q_i \\ &= \sum_{i=1}^{n} \left(\prod_{j=i}^{i+k-1} q_j \right) - \sum_{i=1}^{n} \left(\prod_{i=1}^{n} q_i \right) + \prod_{i=1}^{n} q_i, \end{aligned}$$

其中 $q_j = 1 - p_j = q_{j-n}$, 如果 $j > n$ 且 p_j 是元件 i 的可靠度, 证明环形具有 $n = k+2$ 的、n 中连续取 k 的 F 系统最优分配的必要条件为

$$\begin{aligned} &(q_i - q_j)(q_{i-1} - q_{j+1}) < 0, \quad j = 1+1, i+2, \\ &(q_i - q_j)[q_{i+1} q_{j-1}(q_{i-1} - q_{j+1}) + q_{i-1} q_{j+1}(q_{i-1} - q_{j+1})] < 0, \quad j \geqslant i+3, \end{aligned}$$

其中 i 的范围为 1~ n (提示: 先证明当 $j = i+1$ 时是正确的, 然后证明 $j = i+2$, 最终证明对所有 $j \geqslant i+3$ 成立).

第 10 章　多目标可靠性系统

10.1　引　　言

决策是从多种可取方案中选择一个可行方案的过程. 主要考虑的问题是几乎所有的决策问题都有通常互相冲突的多重标准. 对于这个问题, 在其方法体系的发展上已经有了重要的工作. 各种多目标决策问题方法 (MCDM) 是各不相同的. 然而, 即使具有这样的多样性, 所有的这些方法还是具有以下共同特征: ① 判据目标集合; ② 决策变量集合; ③ 对比可取方案的过程. 从广义上讲, MCDM 问题可以分为两类: ① 多属性决策 (MADM); ② 多目标决策 (MODM).

MADM 的主要特征是它们通常有有限个 (可计量) 预先可选择的方案. 备选方案与属性重要性水平相联系, 这一水平不一定是量化的, 基于此作出决策. 备选方案的最终选择是在内外部属性的直接或间接权衡对比下作出的. 职业选择的标准可能包括公司的名气、工作地点、薪酬待遇、发展机会、工作条件等. 但我们想买个人电脑时, 会考虑它的属性: 价钱、内存、外形、机械质量、处理速度、可靠性等.

另一方面, MODM 与预先确定的替代问题无关. 这个模型的主旨在于为了获得可接受水平的目标, 通过考虑带有能实现最佳决策的设计约束条件的各种交互作用, 设计出最佳选择. MODM 方法的一般特性如下: ① 可量化目标的集合; ② 约束集合; ③ 在规定目标间获取直接或间接权衡信息的过程. 因此, MODM 与设计的问题有关 (与给 MADM 选择的问题形成对比). 个人电脑制造商想要设计内存最大、可靠性最好、机械性能最优、生产成本最低以及尺寸最小的模型. 评估一项用于社区的水资源发展计划需从以下几方面进行: 成本、水缺乏的可能性、能量 (再利用的因素)、娱乐、防洪、陆地森林使用、水质等. 用于空军的导弹系统的选择基于速度、产量、精确度、射程、攻击点以及可靠性等.

在处理 MCDM 时的 4 个重要的关键词: 属性、目标、目的和标准. 有些作者在这些关键字的使用上作出区别, 而许多人使用它们时是可以互换的. Hwang 和 Yoon[138], 以及 Hwang 和 Masud[135] 界定关键词如下:

- 标准: 有效性的衡量以及评价的根据. 在实际的问题设置时, 标准是以属性或目标的形式出现.

- 目的: (同义词对象) 是优先的值或期望的水平. 它们要么被实现, 要么被限制或没被超越. 经常称它们为约束, 因为它们旨在限制和制约备选方案集. 例如, 标准燃气 (汽油) 的消耗额, 如 20 英里/加仑, 是美国联邦政府为 1998 年的模型建立的一种限制, 而 30 英里/加仑是汽车制造商的一个目的.

- 属性: 性能参数、组成部分、因素、特点和特性是属性的同义词. 属性应提供一种评价目标水平方法. 每一个备选方案的特点在于多属性 (所选择的决策者的观念准则, 即车的汽油消耗额、采购成本、马力等).

- 目标: 一个目标是要追求它的全部. 例如, 汽车制造商可能想要使汽车里程耗油最大化, 生产成本或空气污染水平最小化. 目标一般表明想要改变的方向.

由于第 10 章的目的是对于设计可靠性优化系统提供一流的方法和应用, 下面章节将集中于 MODM 问题和应用. 在过去的 30 年中, MODM 技术已应用于解决实际问题, 如学术规划、计量经济发展规划、财务计划、资本预算、有价证券选择、卫生保健规划、土地利用规划、人力资源规划、生产规划、公共管理、系统可靠性、交通规划、交通管理、水资源管理、森林管理等. 这些问题都可以用数学的方法描述如下:

问题 10.1

$$\begin{aligned} \max \quad & \boldsymbol{z} = (f_1(\boldsymbol{x}), f_2(\boldsymbol{x}), \cdots, f_k(\boldsymbol{x})), \\ \text{s.t.} \quad & g_i(\boldsymbol{x}) \leqslant 0,\ i = 1, \cdots, m, \end{aligned} \tag{10.1}$$

其中 $\boldsymbol{x}$ 是 n 维决策向量. 这个问题由 n 个决策变量、m 个约束条件和 k 个目标组成. 函数 $f_j(\boldsymbol{x})$ 和 $g_i(\boldsymbol{x})$ 可能是线性或非线性的. 在本书中, 这个问题经常被称为向量最大化问题 (VMP).

如果原始问题的目标是 max $f_l(\boldsymbol{x})(l = 1, \cdots, h)$, 并且 min $f_l(\boldsymbol{x})(l = h + 1, \cdots, k)$, 则问题 10.1 的目标的数学公式为

$$\max \quad \boldsymbol{z} = [f_1(\boldsymbol{x}), f_2(\boldsymbol{x}), \cdots, f_h(\boldsymbol{x}), -f_{h+1}(\boldsymbol{x}), -f_{h+2}(\boldsymbol{x}), \cdots, -f_k(\boldsymbol{x})].$$

问题 10.2

有时, MODM 问题也表达为

$$\begin{aligned} \min \quad & \boldsymbol{z} = (f_1(\boldsymbol{x}), f_2(\boldsymbol{x}), \cdots, f_k(\boldsymbol{x})), \\ \text{s.t.} \quad & g_i(\boldsymbol{x}) \leqslant 0,\ i = 1, \cdots, m. \end{aligned}$$

一般来说, 解决 VMP 一般有两种方法. 一种方法是优化一个目标, 而附加其他目标到约束集, 因此, 最优解将满足这些目标, 至少达到一个预先设定的水平. 这个问题通过求解如下最大化问题被给出:

$$\begin{aligned} \max \quad & z = f_l(\boldsymbol{x}), \\ \text{s.t.} \quad & g_i(\boldsymbol{x}) \leqslant 0, i = 1, \cdots, m, \\ & f_k(\boldsymbol{x}) \geqslant a_{\mathrm{h}}, h = 1, \cdots, k \text{ 且 } h \neq l, \end{aligned}$$

其中, a_h 是对于第 h 个目标预先设定可接受的水平.

另一种方法是优化以合适的加权乘每一个目标函数, 然后把它们加在一起创建的超目标函数. 在第二个方法中, 最优化

$$\begin{aligned} \max \quad & z = \sum_{h=1}^{k} w_h f_h(\boldsymbol{x}), \\ \text{s.t.} \quad & g_i(\boldsymbol{x}) \leqslant 0, i = 1, \cdots, m, \end{aligned}$$

其中 w_h 是第 h 个目标的加权, 使得 $\sum_{h=1}^{k} w_h = 1$.

上述两个方法都是 ad hoc 最好. 它们往往得出的一个解, 未必是最好的或最满意的, 由于不可比较性和多重标准的冲突特性, 问题就变得复杂, 它难以选择可接受水平 a_h, 这将导致在首先尝试求解时得到一个非空子集. 在第一种方法中, 在 f_l 和 $f_i(i \neq 1)$ 之间的权衡值为

$$\text{权衡值} = \begin{cases} 0, & f_l \geqslant a_l, \\ \infty, & f_l < a_l. \end{cases}$$

这可能不是实际值结构, 并且对于 a_l 水平是非常敏感的. 在第二种方法中, 主要问题是决定合适的加权 w_l, 它对于特殊的目标水平和其他的目标水平是敏感的.

MODM 方法期望的结果是消除以上困难和独立处理以上目标. 这个领域的大部分发展出现在最近 20 年. 最全面的综述之一和对用户最系统的分类方法是由 Hwang 和 Masud[135] 提供的.

10.2 多目标决策的分类

解决 MODM 问题的传统方法已经由 Hwang 和 Masud[135] 系统地分类和讨论, 如表 10.1 所示. 对于第 1 类, 一旦约束和目标已经确定, 就不需要决策者的信息. 分析师作出决策者偏好选择的假设, 并对决策者提出解决方案. 第 2 类假定决策者自觉或不自觉地有一个将达到的目标集, 这些由分析师在建立数学模型之前给定. 第 3 类, 也称为交互式的方法, 在解决过程中需要更大的决策. 交互在 DM 分析师和 DM 计算机对话的每次迭代中发生. 每个交互作用后, 决策者给予的折中方案或优先选择被用于确定新的解决方案. 因此, 决策者实际上很熟悉这个问题. 最后, 第 4 类仅做一件事: 它决定 MODM 问题非控完全解集的一个子集. 这样一来, 它遵守严格的物理约束和不考虑决策者的偏好. 然而, 这类目的是限制可能的行动和使得决策者更容易进行决策.

在许多情况下, 为了评价选择多元化的标准被普遍采用. 在选择一系列行动中, 决策者经常要获得比一个目标或目的更多的目标, 而且满足环境、过程和资源约束.

表 10.1 MODM 方法的分类 (Hwang 和 Masud[135])

信息需要阶段	信息类型	方法
类型 1：偏好信息不明确		整体标准
类型 2：偏好信息先天明确	主要信息 顺序和主要信息	效用函数
		有界的目标
		按词典排序
		目标规划
		目标达到
类型 3：偏好信息在过程中明确	显性权衡	Geoffrion
		交互式目标规划
		替代价值权衡
		满意目标
		Zionts-Wallenius
	隐性权衡	STEM 及其相关
		SEMOPS 和 SIGMOP
		置换理想
		GPSTEM
		Steuer
类型 4：偏好信息后天明确 (非控解一般方法)	隐性权衡	参数化
		约束
		MOLP
		适应性搜索法

10.3 多目标决策的解

为讨论 MODM 问题, 在本节回顾一些需要的基本术语. 考虑到问题 10.1, 用 X 代表满足等式 (10.1) 的所有 $\boldsymbol{x}$ 的集合, S 代表目标函数空间. 问题 (图 10.1) 的 MODM 解可以定义为

(1) 最优的;

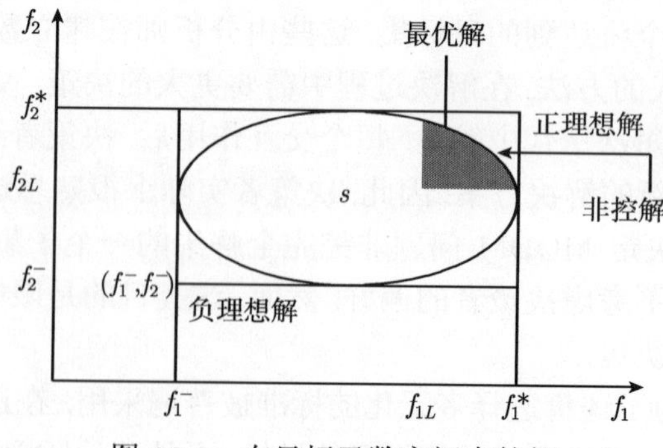

图 10.1 在目标函数空间中的解

(2) 正理想的和负理想的;
(3) 非控的 (Pareto 最优);
(4) 首选的;
(5) 满意的.

最优解

MODM 的最优解是同时达到各个目标函数的最大值, 即对于任意 h, 如果 $\boldsymbol{x}^* \in X, f_h(\boldsymbol{x}^*) \geqslant f_h(\boldsymbol{x})$, 则 $\boldsymbol{x}^*$ 就是问题 10.1 的最优解. 图 10.2 表明对于一个决策变量和两个目标函数的最优解. 在决策变量空间图示中, X 是所有上极限 $\boldsymbol{x}^{\mathrm{U}}$ 和下极限 $\boldsymbol{x}^{\mathrm{L}}$ 之间的所有数值的集合. 当 $\boldsymbol{x} = \boldsymbol{x}^*$ 时, 两个目标函数 $f_1(\boldsymbol{x})$ 和 $f_2(\boldsymbol{x})$ 同时达到最大值.

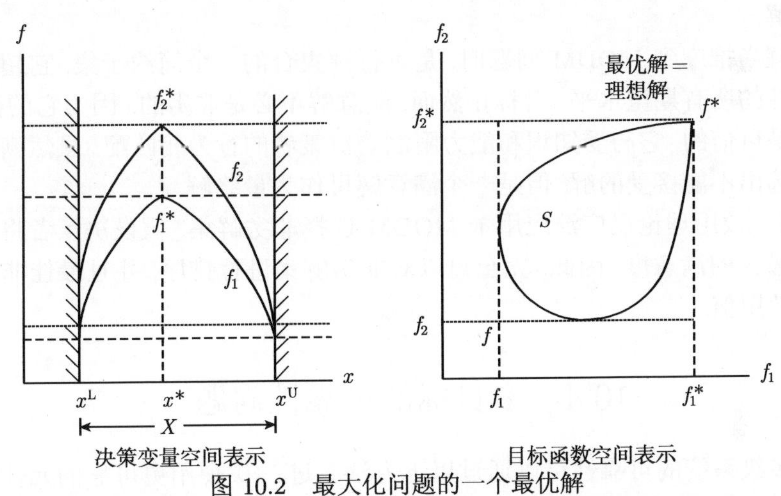

图 10.2 最大化问题的一个最优解

在目标函数空间图示中, 最优解位于可行空间 S 的边界线内. 这里, 最优解也称为最优越解或最大解. 由于相冲突的目标存在, MODM 通常没有最优解.

正理想解

正理想解是同时最优化各个目标函数. 对于最大化目标, 令 $f_h^* = \max\limits_{\boldsymbol{x}\in X} f_h(\boldsymbol{x})$. 对于最小化目标, 令 $f_h^* = \min\limits_{\boldsymbol{x}\in X} f_h(\boldsymbol{x})$. 一个正理想解定义为 $A^* = \{f_1^*, f_2^*, \cdots, f_k^*\}$.

负理想解

对于最大化目标, 令 $f_h^- = \min\limits_{\boldsymbol{x}\in X} f_h(\boldsymbol{x})$. 对于最小化目标, 令 $f_h^- = \max\limits_{\boldsymbol{x}\in X} f_h(x)$. 一个负理想解可以定义为 $A^- = \{f_1^-, f_2^-, \cdots, f_k^-\}$, 其中 f_h^- 是第 h 个目标函数最坏的可行最优解.

非控 (Pareto 最优) 解

这个解在不同的理论中名字不同: 在 MODM 中, 它被认为是非劣解和有效解; 在统计决策理论中, 它被认为是允许选择解; 在经济学中, 它被认为是 Pareto 最优解.

数学上, 在 MODM 中一个可行解是非劣的, 如果不存在另一个可行解, 使得在一个目标或属性中产生改进, 而不引起任何其他目标或属性下降. 它意味着 $\boldsymbol{x}^{\mathrm{ND}}$ 是 MODM 问题的一个非劣解, 对于最大化问题如果不存在 $\boldsymbol{x} \in X$, 使得, 对于所有的 l 有 $f_l(\boldsymbol{x}^{\mathrm{ND}}) \leqslant f_l(\boldsymbol{x})$, 并且至少有一个 h, 使得 $f_h(\boldsymbol{x}^{\mathrm{ND}}) < f_h(\boldsymbol{x})$. 一般来说, 非劣解的数目是很大的. 因此, 决策者必须使用其他的标准作出最后的令人满意的选择.

首选解

一个首选解是由决策者通过一些附加标准所选择的一个非劣解. 同样地, 它位于对于这个问题所有标准值的接受域内. 这种首选解也被称为最好解或最终决策.

满意解

满意解当推广到 MODM 问题时, 是可行性集合的一个简约子集, 它超越每个目标或属性的所有期望水平 (目标). 然而, 满意解不必是非劣的. 因为它的简单性, 这种方法是可信的, 它与受知识和能力限制的决策者的行为相匹配. 虽然满意解经常用于筛选出不能接受的解, 但是一个满意解可作为最终解.

传统上, 效用理论已广泛应用于 MODM 选择非劣解集. 假设决策者将选择的解能获得最大的满意度. 因此, 完全可以对非劣解集进行排序, 并且最佳非劣解具有最高的效用值.

10.4　多目标的可靠性问题

一个多级系统的可靠性可以通过以下方法改进: ① 使用更可靠的元件; ② 并联加入冗余元件. 在很多实际设计情况中, 由于几个 (互相地) 冲突的目标不能组合成单目标函数, 可靠性分配是非常复杂的. 例如, 设计者要求系统成本最小化和系统重量最小化, 同时要求系统可靠度最大化. 因此, 多目标函数在工程系统的可靠性设计中变得非常重要.

有几种技术已经被发展起来用于解约束最优可靠性分配问题. 在大多数可靠性最优化工作中, 假设元件是可修复的, 在系统的每个阶段最优冗余度被确定. 然而, 更一般的问题是: 为获得系统最大可靠度, 在每个阶段最优元件可靠度和最优冗余度被确定. 这是一个非线性混合整数规划问题, 它的启发式解过程已经在第 8 章中描述过.

通常, 对于维修系统在确定关键项目更新年龄方面, 两个或更多个独立 (冲突) 的标准是重要的. Hwang 等[137] 提出了数学模型的三个标准: ① 最小化替代成本率; ② 最大化利用度; ③ 任务可靠度的下限. 对于多标准决策使用三个方法获得解: ① 最严格的选择; ② 词典排序; ③ 华尔兹技术 (SEMOPS).

最大化系统可靠度和最小化系统成本的可靠性分配问题的多目标数学表达式已经由 Sakawa[278] 用替代价值权衡法进行了研究. Inagaki 等 [145] 用交互式优化设计具有最小成本和重量、最大可靠度的系统. Sakawa[279] 使用基于替代价值权衡法的近似技术解多目标可靠性和冗余分配问题. Nakagawa[243] 建议缩小可行性域和生成 Pareto 最优解结合的方法, 依据设计者的经验选择最好的 Pareto 最优解. 随后, Sakawa[282] 处理混合整数规划问题 (可靠性和冗余分配), 结合使用替代价值权衡方法和对偶分解法, 同时仍然把整数变量作为连续变量处理. Sakawa[283] 使 SPOT 技术概念化, 它基本上是从 Pareto 最优解集中选择一个首选解的迭代决策过程. Misra 和 Sharma[231] 提供了一种精确且高效的搜索方法解各种各样整数规划表达的可靠性设计问题. 在文献 [232] 中, Misra 和 Sharma 提供了一种可靠性和冗余分配结合的、具有混合型冗余的多目标优化问题的数学表达式. Dhingra[80] 对于串联系统提出了多目标可靠性分配问题. 他解的这个问题是具有几个设计约束的非线性混合整数规划问题. Sasaki 等 [287] 使用模糊多目标 0-1 线性规划方法, 这个方法通过利用系统中参数的容差可以适合改变系统资源和经济环境的效用. 他们的方法考虑了通过把模糊逻辑引入目标规范中导致决策者主观判断的变量. 为了使系统可靠度最大化, 他们优化计划单元选择和冗余分配.

10.5 有多目标的可靠性冗余分配

现在基于由 Hwang 和他的合作者 [48,134,135,138,183,331] 所提出的方法给出系统可靠性的一个多目标优化实例.

10.5.1 问题描述

以图 10.3 所描述的燃气轮机的超速防护系统为例. 机电系统进行持续的超速检测, 当超速发生时, 就要切断燃料供应. 为此, 必须关闭 4 个单元控制阀 ($V1 \sim V4$). 控制系统建模为一个 4 级串联系统. 假设所有元件都有一个恒定的故障率.

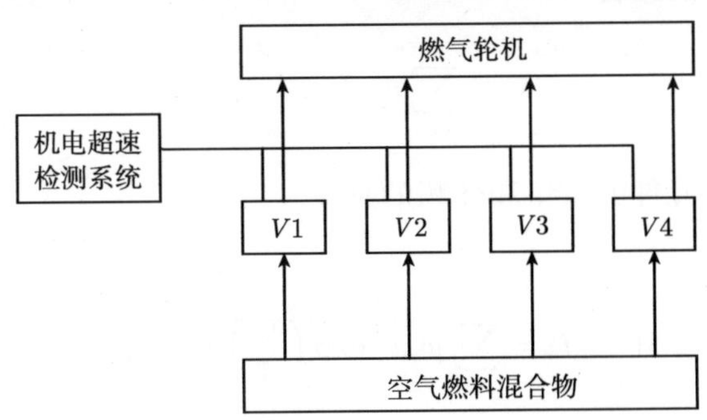

图 10.3 燃气轮机的超速检测系统原理图

记号

b_i	$g_i(\cdot)$ 的上限,
c_h	目标 h 的相对重要度,
d_h^+, d_h^-	目标函数 f_h 的上、下偏差值,
F_h	$m_h(f_h)$, 其中 $m_h = M/[f_h(\boldsymbol{x}^0)]$, $h = 1, \cdots, k, f_h$ 的标度值,
f_1	系统可靠性目标函数,
f_2	系统成本目标函数,
f_3	系统重量目标函数,
f_h^0	目标 h 的设定目标值,
$g_i(\cdot)$	第 i 个约束函数,
M	常量,
m	约束个数,
n	可靠性系统的阶段数,
$\boldsymbol{r}$	$(r_1, \cdots, r_n)$,
$R_{\rm s}$	系统可靠度,
r_j	第 j 级元件的可靠度,
$\boldsymbol{x}$	$(x_1, \cdots, x_n)$,
$\boldsymbol{x}^0$	初始向量,
x_j	第 j 单元元件冗余数.

问题 10.3

Dhingra[80] 考虑的多目标优化问题为

$$\begin{aligned} \min \quad & \boldsymbol{z} = (-f_1, f_2, f_3), \\ \text{s.t.} \quad & g_i(\boldsymbol{r}, \boldsymbol{x}) \leqslant b_i, i = 1, \cdots, m. \end{aligned}$$

设计约束条件

(1) 重量和体积的结合

$$V = \sum_{j=1}^{n} v_j x_j^2 \leqslant V_{\rm lim}, \tag{10.2}$$

其中 v_j 是第 j 级每元件的重量和体积的乘积.

(2) 系统总重量

$$W = f_3 = \sum_{j=1}^{n} w_j x_j \exp\left(\frac{x_j}{4}\right) \leqslant W_{\rm lim}, \tag{10.3}$$

其中 w_j 为在第 j 级每个元件的重量, $\exp(x_j/4)$ 为占相互连接硬件的比例.

(3) 系统可靠度

$$R_s = f_1 = \prod_{j=1}^{n}[1-(1-r_j)^{x_j}] \geqslant R_0. \tag{10.4}$$

(4) 总成本

$$C = f_2 = \sum_{j=1}^{n} c(r_j)\left[x_j + \exp\left(\frac{x_j}{4}\right)\right] \leqslant C_0, \tag{10.5}$$

其中 $c(r_j)$ 为第 j 级每个元件达到可靠度 r_j 的成本.

等式 (10.2)~(10.5) 右边均为常量.

假设条件

(1) 成本与可靠度的关系

$$c(r_j) = \alpha_j/\lambda_j^{\beta_j}, \tag{10.6}$$

其中, α_j, β_j 都是常量, 代表第 j 级元件的物理特性, 常数 λ_j 是第 j 级元件的故障率, 即在第 j 单元元件发生故障的时间服从指数分布, 其均值是 $1/\lambda_j$. 因为元件失效率是常数, 因此, 式 (10.6) 可以改写为

$$c(r_j) = \alpha_j\left[\frac{-t}{\ln(r_j)}\right]^{\beta_j}, \tag{10.7}$$

其中 t 为任务时间, 此时, 等式 (10.5) 变为

$$\sum_{j=1}^{n}\alpha_j\left[\frac{-t}{\ln(r_j)}\right]^{\beta_j}\left[x_j + \exp\left(\frac{x_j}{4}\right)\right] \leqslant C_0. \tag{10.8}$$

(2) 对所有的 j 有

$$1 \leqslant x_j \leqslant 10, \quad x_j \text{ 是整数}, \tag{10.9}$$

$$0.5 \leqslant r_j \leqslant 1-10^{-6}, \quad r_j \text{ 是实数}. \tag{10.10}$$

现在问题 10.3 就变为在 (10.2)~(10.5), (10.8)~(10.10) 的约束下为达到系统可靠度最大、总成本和总重量最小的目标, 如何在第 j 级选择 x_j 和 r_j 的问题.

单目标优化问题的解

最优可靠度分配问题是离散和连续设计变量的非线性数学规划问题. 序贯无约束最小化技术和启发式方法 (第 3 章) 可以用于确定一个启发式最优解. 基于这个途径的方法被描述在第 8 章中. 表 10.3 列出了对于表 10.2 中的数据通过解三个单目标优化问题获得的结果. 这些解是由 Dhingra[80] 获得的.

表 10.2 系统可靠性问题的设计参数 [a]

j	$10^5 \times \alpha_j$	β_j	v_j	w_j
1	1.0	1.5	1	6
2	2.3	1.5	2	6
3	0.3	1.5	3	8
4	2.3	1.5	2	7

a 级数 $j = 4$,

$f_1^0 = R_0 = \mathrm{R_s}$ 下限 $= 0.75$,

$f_2^0 = C_0 =$ 成本上限 $= 400.00$,

$f_3^0 = W_{\mathrm{lim}} =$ 重量上限 $= 500.00$,

$f_3^0 = V_{\mathrm{lim}} =$ 体积上限 $= 250.00$,

运行时间 =1000h.

表 10.3 单目标优化的解

目标	j	r_j	x_j	值
max R_s	1	0.81604	6	$R_s = 0.99961$
	2	0.80309	6	$C = 399.936$
	3	0.98364	3	$W = 495.652$
	4	0.80373	5	$V = 185.0$
min C	1	0.50000	4	$R_s = 0.7604$
	2	0.50000	4	$C = 20.7252$
	3	0.59251	5	$W = 314.548$
	4	0.50000	3	$V = 141.0$
min W	1	0.96221	1	$R_s = 0.80786$
	2	0.92315	1	$C = 399.509$
	3	0.98787	1	$W = 34.6687$
	4	0.92065	1	$V = 8.0$

10.5.2 多目标优化方法

一般的多目标决策 (有 k 个目标函数) 的问题可以转化成问题 10.2.

通常来说, 没有同时使所有目标达到最小的解. Pareto 最优解[88] 的概念已广泛应用于多目标决策最优解的领域, 在目标函数的极小化向量的中, 有如下定义:

可行解集 X 中的一个解 $\boldsymbol{x}^*$ 是 Pareto 最优的, 如果不存在 $\boldsymbol{x} \in X$, 使得 $f_l(\boldsymbol{x}) \leqslant f_l(\boldsymbol{x}^*)$ $(l = 1, \cdots, k)$, 并且至少有一个 $h \in \{1, \cdots, k\}$, 使得 $f_h(\boldsymbol{x}) < f_h(\boldsymbol{x}^*)$.

设计向量 $\boldsymbol{x}^*$ 是 Pareto 最优的, 如果不存在可行解向量 $\boldsymbol{x}$, 这个解在使目标函数 f_h 值减小时不会使其他目标函数 $f_l(l \neq h)$ 的值增加. 生成 Pareto 最优解的两种方法, 即分别是目标规划和目标实现, 它们通常用于解设计问题.

目标规划法

最简单的目标规划, 就是多个目标的集合, 并为每个目标函数赋予一定的权重系数. 最优解 $\boldsymbol{x}^*$ 就是使达到目标的偏差最小, 因此, 目标规划数学表达就是解最小

化问题

$$
\begin{aligned}
\min \quad & z=\left[\sum_{h=1}^{k} c_h(d_h^{+}+d_h^{-})^{p}\right]^{1/p}, \\
\text{s.t.} \quad & \boldsymbol{x}\in S, \\
& F_h(\boldsymbol{x})+d_h^{+}-d_h^{-}=f_h^{0}, \quad h=1,\cdots,k, \\
& d_h^{+}d_h^{-}=0, \quad h=1,\cdots,k, \\
& d_h^{+},d_h^{-}\geqslant 0, \quad h=1,\cdots,k,
\end{aligned}
$$

其中, p 是不小于 1 的参数, S 是可行解集.

缩放比例方程 $F_h(\boldsymbol{x})=m_h f_h(\boldsymbol{x})(h=1,\cdots,k)$ 是保证所有的目标函数在初始解向量 $\boldsymbol{x}^0$ 相等, 同时也确保在优化过程中不受目标函数数值上不同大小的影响, p 值是由设计者选择给出的. 假设目标

$$
f_h^{0}=\min_{\boldsymbol{x}\in X} F_h(\boldsymbol{x}), \quad h=1,\cdots,k,
$$

则对于任意 $\boldsymbol{x}\in X$ 有 $F_h(\boldsymbol{x})\geqslant f_h^0$, 因此, d_h^{+} 不需要定义, 并且目标规划表达式化简为最小化问题

$$
\begin{aligned}
\min \quad & z=\left[\sum_{h=1}^{k} c_h(d_h^{-})^{p}\right]^{1/\mathrm{p}} \\
\text{s.t.} \quad & \boldsymbol{x}\in X, \\
& d_h^{-}=F_h(\boldsymbol{x})-f_h^{0}, h=1,\cdots,k, \\
& d_h^{-}\geqslant 0, h=1,\cdots,k.
\end{aligned}
$$

由于系统可靠性目标偏差重要性是成本和重量目标偏差重要性的两倍, 因此, 分配给三个目标的权重系数分别为

$$
c_1=0.5, \quad c_2=0.25, \quad c_3=0.25.
$$

从目标规划表达式得出的 Pareto 最优解如表 10.4 所示.

表 10.4 多目标优化的 Pareto 最优解

阶段	r_j	x_i	属性值	目标向量
			目标规划	
1	0.94327	3	R_s=0.98429	(0.99,300.0,120.0)
2	0.89276	2	C =312.8	
3	0.95354	2	W =128.7	
4	0.89123	3	V = 47.0	
			目标实现	
1	0.94129	2	R_s=0.97739	(0.98,300.0,120.0)
2	0.90916	2	C = 287.19	
3	0.94080	2	W = 89.031	
4	0.91286	2	V = 32.0	

目标实现法

这种方法需要设置目标 f_h^0 和对于目标函数 F_h 设置非负权重 $c_h, h=1,\cdots,k$. 参数 c_h 与目标 f_h^0 上、下偏差有关. 求解最优解 $\boldsymbol{x}^*$, 使得 z 达到最小, 满足

$$\begin{aligned}&g_i(\boldsymbol{x}) \leqslant 0, \quad i=1,\cdots,m,\\&F_h(\boldsymbol{x})-f_h^0 \leqslant c_h z, \quad h=1,\cdots,k,\\&\sum_{h=1}^{k} c_h=1.\end{aligned}$$

对于这个目标的下偏差 (上偏差), 较小的 c_h 与更 (不) 重要的目标有关.

使用这个公式求最合适解与 f_h^0 和 c_h 的取值有很大的关系. 依赖于 f_h^0 的取值, 权重 c_h 可能不完全影响最合适解, 相反, 最合适解是由来自 $f_1^0,\cdots,f_k^0$ 的最接近的 Pareto 最优解决定的. 为了产生一个 Pareto 最优解集可能需要变化权重参数.

对于系统可靠性优化问题, 目标实现表达式是使得 z 达到最小, 约束条件为

$$\begin{aligned}&g_j(\boldsymbol{x}) \leqslant 0, \quad j=1,\cdots,m,\\&f_1(\boldsymbol{x})+0.2(z) \geqslant f_1^0,\\&f_2(\boldsymbol{x})-0.4(z) \leqslant f_2^0,\\&f_3(\boldsymbol{x})-0.4(z) \leqslant f_3^0,\\&z \geqslant 0.\end{aligned}$$

由目标实现的公式得出的最优解如表 10.4 所示.

10.6 模糊多目标优化

当一个实际问题的目标和约束条件明确时, 它可以用数学术语表达, 并采用或发展一种合适的方法解这个问题. 然而, 在现实生活的大多数情况下, 问题的目标和约束条件不能精确知道或者有明确定义. 有时一些资源的限制并不是非常严格的. 例如, 如下约束：① 总成本必须是 10000 美元左右; ② 总体积最好小于 20m^3, 但稍大于 20m^3 的也可. 在这些表述模糊的条件下, 经典优化方法是不能够实现目标的, 为了解模糊环境下的优化问题, Bellman 和 Zadeh[32] 首创模糊逻辑优化法. 这个方法在解一些定性描述、模糊目标和相关信息不是很明确的问题时是相当有效的. Park[260], Pupta 和 Al-Musawi[119] 以及 Dhingra[80] 在可靠性优化方面进行了一些有意义的模糊实例研究.

在一定程度上, 多目标优化本身就是一个模糊问题, 就是尽力寻找一种使得每个目标都达到满意的解决方案, 即使每个目标明确地被定义, 也可以归结为这种模糊问题. 在多目标模糊优化决策中, 对每个模糊目标和模糊约束定义隶属函

数. 这些隶属函数的值是衡量关于目标或约束的满意度. 假设有 k 个目标函数 $f_1(\boldsymbol{x}),\cdots,f_k(\boldsymbol{x})$ 在 $\boldsymbol{x}\in S$ 时同时最大化, 其中 S 是可行解集. 假设问题中没有模糊约束, 函数 $u_1(\boldsymbol{x}),\cdots,u_k(\boldsymbol{x})$ 就是与目标函数 $f_1(\boldsymbol{x}),\cdots,f_k(\boldsymbol{x})$ 相对应的隶属函数. 通过应用 Bellman 和 Dreyfus[31] 以及 Zimmermann[336] 的最大最小决策方法, 可以表达模糊优化问题为如下最大化问题:

$$\max\min\quad\{\mu_1(\boldsymbol{x}),\cdots,\mu_k(\boldsymbol{x})\},\quad \boldsymbol{x}\in S,$$

也可以改写成

$$\begin{aligned}&\max\quad \alpha,\\&\text{s.t.}\quad \mu_i(\boldsymbol{x})\geqslant\alpha, i=1,\cdots,k,\quad \boldsymbol{x}\in S.\end{aligned}$$

模糊多目标优化中最主要的问题就是如何为每个目标定义适当的隶属函数. 有几个方法定义隶属函数, 参见 Lai 和 Hwang[183]. 现在解释 Zimmermann[336] 对于模糊多目标优化采用的最大最小决策方法的过程.

假定解 $\boldsymbol{x}^i(1\leqslant i\leqslant k)$, 使得 $f_i(\boldsymbol{x})$ 达到最大, 其中 $\boldsymbol{x}\in S$. 令

$$f_i^*=f_i(\boldsymbol{x}^i),\quad i=1,\cdots,k,$$

$$f_{i,\min}=\min_{1\leqslant l\leqslant k}f_i(\boldsymbol{x}^l),\quad i=1,\cdots,k.$$

在表 10.5 中系统地给出了各个项目.

表 10.5 多目标函数各个优化解的值

目标	最优解 $\boldsymbol{x}$	f_1	f_2	$\cdots$	f_k
$\max f_1$	$\boldsymbol{x}^1$	$f_1^*=f_1(\boldsymbol{x}^1)$	$f_2(\boldsymbol{x}^1)$	$\cdots$	$f_k(\boldsymbol{x}^1)$
$\max f_2$	$\boldsymbol{x}^2$	$f_1(\boldsymbol{x}^2)$	$f_2^*=f_2(\boldsymbol{x}^2)$	$\cdots$	$f_k(\boldsymbol{x}^2)$
$\vdots$	$\vdots$	$\vdots$	$\vdots$		$\vdots$
$\max f_k$	$\boldsymbol{x}^k$	$f_1(\boldsymbol{x}^k)$	$f_2(\boldsymbol{x}^k)$	$\cdots$	$f_k^*=f_k(\boldsymbol{x}^k)$
		$f_{2,\min}=\min\limits_{1\leqslant l\leqslant k}f_1(\boldsymbol{x}^l)$	$f_{2,\min}=\min\limits_{1\leqslant l\leqslant k}f_2(\boldsymbol{x}^l)$	$\cdots$	$f_{k,\min}=\min\limits_{1\leqslant l\leqslant k}f_k(\boldsymbol{x}^l)$

第 $i(1\leqslant i\leqslant k)$ 个目标的隶属函数的定义为

$$\mu_i(\boldsymbol{x})=\begin{cases}1, & f_i(\boldsymbol{x})\geqslant f_i^*,\\ [f_i(\boldsymbol{x})-f_{i,\min}]/(f_i^*-f_{i,\min}), & f_{i,\min}\leqslant f_i(\boldsymbol{x})<f_i^*,\\ 0, & f_i(\boldsymbol{x})<f_{i,\min}.\end{cases}$$

注意: 隶属函数 $\mu_i(\boldsymbol{x})$ 是分段线性函数, 对所有的 $\boldsymbol{x}$ 有 $0\leqslant\mu_i(\boldsymbol{x})\leqslant 1$, 第 i 个目标的重要性越高, 函数 $\mu_i(\boldsymbol{x})$ 的值就越大.

这种模糊优化法也可以应用于模糊约束的单目标可靠性优化问题. 考虑

$$\begin{aligned}\max\quad & f(\boldsymbol{x}),\\ \text{s.t.}\quad & g_i(\boldsymbol{x}) \leqslant b_i 1 \leqslant i \leqslant m, x_j\ \text{是非负整数}.\end{aligned}$$

如果 $g_i(\boldsymbol{x}) \leqslant b_i$, 则 $g_i(\boldsymbol{x})$ 的值落在 b_i 与 b_i' 之间是可以忍受的, 它的隶属函数定义为

$$\mu_i(\boldsymbol{x}) = \begin{cases} 1, & g_i(\boldsymbol{x}) \geqslant b_i', \\ [b_i' - g_i(\boldsymbol{x})]/(b_i' - b_i), & b_i \leqslant g_i(\boldsymbol{x}) < b_i', \\ 0, & g_i(\boldsymbol{x}) < b_i, \end{cases}$$

其中 $1 \leqslant i \leqslant m$. 现在, 对应的模糊优化问题可以明确地表达为以下两种选择.

方案一:

$$\begin{aligned}\max\quad & \alpha,\\ \text{s.t.}\quad & \mu_i(\boldsymbol{x}) \geqslant \alpha, i = 1, \cdots, m,\end{aligned}$$

其中, $\mu_i(\boldsymbol{x})$ 受模糊约束的限制.

方案二:

$$\begin{aligned}\max\quad & f(\boldsymbol{x}),\\ \text{s.t.}\quad & \mu_i(\boldsymbol{x}) \geqslant \alpha, i = 1, \cdots, m.\end{aligned}$$

例 10-1　考虑一个 5 阶段的串联系统, 在每个阶段提供元件冗余, 使得在满足某些约束条件下, 系统可靠性达到最大和总成本最小. 当 x_j 个冗余元件被使用在并联中第 $j(j = 1, \cdots, 5)$ 级, 系统可靠度和成本如下:

$$R_{\mathrm{s}}(\boldsymbol{x}) = \prod_{j=1}^{5}[1 - (1 - r_j)^{x_j}],$$

$$c(\boldsymbol{x}) = \sum_{j=1}^{5} c_j[x_j + \exp(x_j/4)],$$

其中 $\boldsymbol{x} = (x_1, \cdots, x_5)$, 元件的可靠度 r_j 和其成本 c_j 的值如表 10.6 所示.

表 10.6　例 10-1 中元件的可靠度及参数的值

j	r_j	c_j	p_j	P	p_j	W
1	0.80	7	1		7	
2	0.85	7	2		8	
3	0.90	5	3	110	8	200
4	0.65	9	4		6	
5	0.75	4	2		9	

定义

$$\begin{aligned} f_1(\boldsymbol{x}) &= R_{\mathrm{s}}(\boldsymbol{x}), \\ f_2(\boldsymbol{x}) &= -c(\boldsymbol{x}), \end{aligned}$$

问题可以简化为

$$\begin{aligned}
\max \quad & [f_1(\boldsymbol{x}), f_2(\boldsymbol{x})], \\
\text{s.t.} \quad & \sum_{j=1}^{n} p_j x_j^2 \leqslant p, \\
& \sum_{j=1}^{n} w_j x_j \exp(x_j/4) \leqslant w, \\
& (1,1,1,1,1) \leqslant \boldsymbol{x} \leqslant (5,5,4,4,3), \\
& x_j \text{ 是整数}.
\end{aligned}$$

上述约束条件中的常量已在表 10.6 中给出.

例 10-1 中的目标数是 $k = 2$, 第一个目标方程 $f_1(x)$ 的最优解为

$$\boldsymbol{x}^1 = (3,2,2,3,3),$$

第二个目标方程的最优解为

$$\boldsymbol{x}^2 = (1,1,1,1,1).$$

$f_1(\boldsymbol{x}^i), f_2(\boldsymbol{x}^i), f_{1,\min}$ 和 $f_{2,\min}$ 的值如表 10.7 所示.

表 10.7 例 10-1 中每个最优解的目标函数值

目标	最优解 $\boldsymbol{x}$	f_1	f_2
$\max f_1$	$\boldsymbol{x}^1 = (3,2,2,3,3)$	$f_1^* = f_1(\boldsymbol{x}^1) = 0.9045$	$f_2(\boldsymbol{x}^1) = -146.125$
$\max f_2$	$\boldsymbol{x}^2 = (1,1,1,1,1)$	$f_1(\boldsymbol{x}^2) = 0.2984$	$f_2^* = f_2(\boldsymbol{x}^2) = -73.089$
$\min[f_i(\boldsymbol{x}^1), f_i(\boldsymbol{x}^2)]$		$f_{1,\min} = 0.2984$	$f_{2,\min} = -146.125$

第一个目标方程的隶属函数定义如下:

$$\mu_1(\boldsymbol{x}) = \begin{cases} 1, & R_{\mathrm{s}}(\boldsymbol{x}) \geqslant 0.9045, \\ [R_{\mathrm{s}}(\boldsymbol{x}) - 0.2984,)]/(0.9045 - 0.2984), & 0.2984 \leqslant R_{\mathrm{s}}(\boldsymbol{x}) < 0.9045, \\ 0, & R_{\mathrm{s}}(\boldsymbol{x}) < 0.2984. \end{cases}$$

类似地, 第二个目标方程的隶属函数定义如下:

$$\mu_2(\boldsymbol{x}) = \begin{cases} 1, & c(\boldsymbol{x}) \leqslant 73.089, \\ [146.125 - c(\boldsymbol{x})]/(146.125 - 73.089), & 73.089 < c(\boldsymbol{x}) \leqslant 146.125, \\ 0, & c(\boldsymbol{x}) > 146.125. \end{cases}$$

此时, 上述问题的模糊优化可以转化为

$$\max \quad \alpha,$$

$$
\begin{aligned}
\text{s.t.}\quad & \mu_1(\boldsymbol{x}) \geqslant \alpha, \\
& \mu_2(\boldsymbol{x}) \geqslant \alpha, \\
& \sum_{j=1}^{n} p_j x_j^2 \leqslant P, \\
& \sum_{j=1}^{n} w_j x_j \exp(x_j/4) \leqslant W, \\
& (1,1,1,1,1) \leqslant \boldsymbol{x} \leqslant (5,5,4,4,3), x_j \text{ 是整数}.
\end{aligned}
$$

这个问题的最优解为

$$\boldsymbol{x}^{*1} = (2,1,1,2,3),$$

相应地,

$$
\begin{aligned}
& \alpha = 0.5488, \\
& R_{\mathrm{s}}(\boldsymbol{x}^*) = 0.63437, \\
& c(\boldsymbol{x}^*) = 106.256.
\end{aligned}
$$

10.7 讨 论

多目标优化同时处理几个冲突的目标, 考虑单个目标的最优解也许不存在, 满足一个目标最优的解对其他目标可能不是最优. 这可以在表 10.3 中清楚地看到, 使系统可靠性最高的最优解使得系统总成本上升和总重量增加. 总成本降低会使系统可靠性降低和重量加重. 同样地, 重量最小引起成本增加和可靠性降低.

多目标优化方法要么通过权重或偏好与目标联系将问题转化为单目标优化, 或给出一个在交互决策中帮助决策者的非劣解集. 多目标优化适用于相互冲突目标的折中处理. 然而, 通过目标规划和目标实现方法得到的帕雷托最优解对目标的重要性系数是很敏感的. 模糊优化可以用于参数和目标都不能够精确描述的问题. 有关多目标决策模糊优化方法的具体情况可以参见 Chen 和 Hwang 的文献 [48], 以及 Lai 和 Hwang 的文献 [183].

Sakawa[279] 为了解具有多目标的大规模可靠性冗余问题采用大规模多目标优化方法. Sakawa[283] 对于满足一些约束的串–并联系统应用序贯替代优化技术 (SPOT) 优化系统可靠度、成本、重量、体积和重量与体积的乘积. SPOT 是一个交互的、在 Pareto 最优解集当中选择的多目标决策技术. 为了在可靠性系统中解多目标冗余分配问题, Misra 和 Sharma[231] 已经采用一个基于极大极小概念的多目标优化方法获得 Pareto 最优解. Misra 和 Sharma[232] 也提出了一个类似的方法. 在维修系统中一个多目标优化案例研究在第 14 章中被描述.

练　习

10.1　分别简述多属性决策 (MADM) 和多目标决策 (MODM), 它们的差异是什么? 指出多目标决策方法的共性特点.

10.2　解向量优化问题 (VMP) 有两个方法. 分别描述每个方法, 并指出这两种方法的难点. 什么类型的方法可以克服这些难点?

10.3　如果在多目标决策中一个可行解是非劣解, 什么条件下该解成为满意解? 满意解是非劣的吗?

10.4　简述产生帕雷托最优解的两种方法, 并讨论它们之间的区别.

10.5　在多目标决策中, 什么样的解同时使所有目标函数最大化? 解释正理想解和负理想解.

10.6　政府为了提高国防能力, 准备在军事上投资 23 亿美元, 另外, 政府又想让士兵人数最少. 讨论对应的属性、目标、目的以及这个问题的标准.

10.7　为什么模糊理论能够用于优化问题? 模糊优化适用于什么情况? 在模糊理论中, 哪个值被使用在度量目标或约束的满意度?

10.8　在例 10-1 中, 令第一个和第二个目标函数的解分别为 $\boldsymbol{x}^1=(3,2,2,3,2)$ 和 $\boldsymbol{x}^2=(1,1,1,1,1)$. 求它们各自的隶属函数.

10.9　在例 10-1 中假设目标是让系统的可靠性达到最大且有 $P=110, P'=130, W=200, W'=250$, 试求出第一个约束和第二个约束的隶属函数, 将问题转化为模糊优化问题.

10.10　解释多目标决策的交互方法, 并讨论这些方法的优缺点.

第 11 章　系统可靠性最优化的其他方法

11.1　引　言

如第 6 章所述, 设计者能通过提高单个元件的可靠度来改进系统可靠度. 然而, 这样的方法需要消耗某些资源为代价, 如成本、体积、重量等. 当这样的效用可以作为元件可靠度的函数被量化时, 为提高系统可靠度达到期望水平而极小化所需要的总效用是可能的. 对这类最优化问题描述两种方法.

11.2　效用函数的最优化

提高系统可靠度的标准途径之一是采用更高可靠度的元件. 然而, 提高元件的可靠度需要某些效用, 它们可能是成本、体积、重量、功耗等, 因此, 提高系统可靠度也需要这样的效用. 假设任一元件的可靠度从一个水平提高到另一个水平的效用可由数学函数来衡量. 这样的函数称为效用函数, 它不必是显函数. 可靠性工程师通常根据开发过程的知识建立效用函数, 然后测算通过提高元件可靠度使一般单调关联系统可靠度从现有水平提高到期望水平所需要的总效用, 考虑的问题是极小化这个总效用. 当效用函数对于所有元件都相同时, Albert[9] 对串联系统求解了这个问题. Lloyd 和 Lipow[202] 对这种方法作了很好的描述. Dale 和 Winterbottom[68] 对一般的单调关联结构提供了一种解决方法.

记号

$G_j(a_j, r_j)$	元件 j 的可靠度从 a_j 增加到 r_j 所需的效用,
$G(R^0, R^1)$	系统的可靠度从 R^0 增加到 R^1 所需的效用,
$h(\boldsymbol{r})$	作为元件可靠度函数的系统可靠度,
n	系统中元件的个数,
R^0	$h(\boldsymbol{r}^0)$, 系统可靠度的现有水平,
R^1	$h(\boldsymbol{r}^1)$, 系统可靠度的期望水平,
R_s	系统可靠度,
r_j	元件 j 的可靠度,
r_j^0	元件 j 可靠度的现有水平,
$\boldsymbol{r}$	$(r_1, r_2, \cdots, r_n)$,
$\boldsymbol{r}^0$	$(r_1^0, r_2^0, \cdots, r_n^0)$.

假设

- A1: $G_j(r_j^0, r_j)$ 是可加的, 即 $G_j(r_j^0, r_j) = G_j(r_j^0, v_j) + G_j(v_j, r_j)$ $(r_j^0 \leqslant v_j \leqslant r_j)$.
- A2: $G_j(r_j^0, r_j)$ 关于 $r_j(> r_j^0)$ 严格递增, 并且 $G_j(r_j, r_j) = 0$ $(0 \leqslant r_j \leqslant 1)$.
- A3: $G_j(r_j^0, r_j)$ 关于 r_j 在区间 (0,1) 内是可微的.
- A4: $\mathrm{d}^2 G_j(0, r_j)/\mathrm{d}^2 r_j > 0$ $(0 < r_j < 1)$.
- A5: 对于任意给定的 r_j^0 $(0 \leqslant r_j^0 < 1)$, 当 $r_j \to 1$ 时, $G_j(r_j^0, r_j) \to \infty$.
- A6: 如果元件可靠度水平从 $\boldsymbol{r}^0 = (r_1^0, \cdots, r_n^0)$ 增加到 $\boldsymbol{r} = (r_1, \cdots, r_n)$, 为了将系统可靠度从水平 $R^0 = h(r^0)$ 增加到 $R_{\mathrm{s}} = h(r)$, 则

$$G(R^0, R_{\mathrm{s}}) = \sum_{j=1}^{n} G_j(r_j^0, r_j). \tag{11.1}$$

注意, 为了使系统可靠度从一个水平提高到另一水平, 增加元件可靠度有多种选择. 假设系统可靠度是从水平 R^0 提高到期望水平 R^1, 则这个问题可以被转化为求解下列最小化问题:

$$\begin{aligned} \min \quad & G(R^0, R^1) = \sum_{j=1}^{n} G_j(r_j^0, r_j), \\ \text{s.t.} \quad & r_j^0 \leqslant r_j \leqslant 1, j = 1, \cdots, n, \\ & h(\boldsymbol{r}) = R^1. \end{aligned}$$

11.2.1 串联系统的 Albert 方法

一个由可靠度分别为$r_1^0, \cdots, r_n^0$ 的 n 个元件组成的串联系统可靠度为 $R^0 = \prod_{j=1}^{n} r_j^0$. 当所有元件的效用函数 $G_j(0, r_j)$ 相同时, Albert[9] 提出了一种求解串联系统效用最小化问题的简单且精致的方法. 不必明确地知道参数 $G_j(0, r_j)$. 为了使系统可靠度从 R^0 提高到期望水平 R^1 所需要的总效用最小, Albert[9] 的方法是将可靠度较低的元件提高到一个共同水平, 它不超过别的元件可靠度水平. 这种方法在每种情况下都给出一个精确最优解, 描述如下:

Albert 算法

- 步骤 0: 对元件重新编号, 使得 $r_1^0 \leqslant r_2^0 \leqslant \cdots \leqslant r_n^0$.
- 步骤 1: 定义 $r_{n+1} = 1$, 寻找 k, 使得 $r_k \leqslant \bar{r}_k \leqslant r_{k+1}$, 其中 $\bar{r}_k = \left(\dfrac{R^1}{\prod_{j=k+1}^{n+1} r_j^0} \right)^{1/k}$.

- 步骤 2: 将元件 $1,2,\cdots,k$ 的可靠度提高到 $\bar{r}_k$ 的水平, 从而使整个系统的可靠度提高到 R^1 水平. 对于第 k 个元件的最优可靠度为 $\bar{r}_k$, 元件 j $(j=k+1,\cdots,n)$ 的最优可靠度为 r_j^0.

例 11-1 令 $n=6$, $(r_1^0,\cdots,r_6^0)=(0.75,0.80,0.87,0.90,0.95,0.99), r_7^0=1.00$. 相应的系统可靠度为 $R^0=\prod_{j=1}^{6} r_j^0=0.4418$. 注意元件按照各自可靠度的递增顺序标记. 假设系统需要的可靠度为 $R^1=0.53$, 则有

$$\bar{r}_1=\frac{0.53}{(0.80)(0.87)(0.90)(0.95)(0.99)(1.00)}=1.1996>r_2,$$

$$\bar{r}_2=\left[\frac{0.53}{(0.87)(0.90)(0.95)(0.99)(1.00)}\right]^{1/2}=0.8484 \quad \text{且} \quad r_2<\bar{r}_2<r_3.$$

因此, $k=2$, 6 个元件的最优可靠度为

$$(0.8484,0.8484,0.8700,0.9000,0.9500,0.9900).$$

11.2.2 单调关联系统的 Dale 和 Winterbottom 方法

现在描述 Dale 和 Winterbottom[68] 针对由 n 个元件组成的一般单调关联系统的解决方法. 关于系统可靠度总效用增加的速率为

$$\frac{\mathrm{d}G(0,R_\mathrm{s})}{\mathrm{d}R_\mathrm{s}}=\sum_{j=1}^{n}\frac{\mathrm{d}G_j(0,r_j)}{\mathrm{d}r_j}\left[\frac{\partial h(r)}{\partial r_j}\right]^{-1}.$$

注意, 由假设 A1,

$$\frac{\mathrm{d}G(R^0,R_\mathrm{s})}{\mathrm{d}R_\mathrm{s}}=\frac{\mathrm{d}G(0,R_\mathrm{s})}{\mathrm{d}R_\mathrm{s}}, \quad R_\mathrm{s}>R^0,$$

$$\frac{\mathrm{d}G_j(r_j^0,r_j)}{\mathrm{d}r_j}=\frac{\mathrm{d}G_j(0,r_j)}{\mathrm{d}r_j}, \quad r_j>r_j^0.$$

令

$$D_j=\frac{\mathrm{d}G_j(0,r_j)}{\mathrm{d}r_j}\left[\frac{\partial h(r)}{\partial r_j}\right]^{-1}, \quad j=1,\cdots,n, \tag{11.2}$$

若希望将系统可靠度从 R^0 提高到 $R^1(>R^0)$, 为了寻找元件可靠度的最优增量, Dale 和 Winterbottom[68] 提出了一个迭代的方法, 其算法描述如下:

Dale 和 Winterbottom 算法

- 步骤 0: 令 $\boldsymbol{r}=(r_1^0,\cdots,r_n^0)$, 计算相应的 $D_1,\cdots,D_n$. 对元件重新编号, 使得 $D_1\leqslant D_2\leqslant\cdots\leqslant D_n$.

- 步骤 1: 如果 $D_1<D_2$, 增加可靠度 r_1 直到 $D_1=D_2$, 或者直到系统可靠度从 R_s 提高到 R^1, 无论哪个先发生.

- 步骤 2: 令 $R_s = R^1$, 转到步骤 4; 否则, 找使得 $D_1 = D_2 = \cdots = D_k$ 的最大 k. 如果 $k = n$, 转到步骤 3; 否则, 增加 $r_1, \cdots, r_k$ 直到 $D_1 = D_2 = \cdots = D_k = D_{k+1}$, 或者在 $D_1 = D_2 = \cdots = D_k$ 的条件下, 系统可靠度从 R_s 提高到 R^1, 无论哪个先发生, 重复步骤 2.
- 步骤 3: 在 $D_1 = D_2 = \cdots = D_n$ 的条件下, 增加所有的 r_i, 使得系统可靠度从 R_s 提高到 R^1.
- 步骤 4: 将 $\boldsymbol{r}$ 作为最优解, 停止.

以上程序对一般单调关联系统给出了一个精确最优解. 用 Dale 和 Winterbottom[68] 中的数值例子说明这个方法.

例 11-2 考虑一个并–串联系统, 系统中元件 1 和元件 2 与一个子系统串联, 这个子系统是由元件 3 和元件 4 并联组成. 对于元件的可靠度 r_1, r_2, r_3, r_4, 这个系统的可靠度为

$$h(r_1, r_2, r_3, r_4) = r_1 r_2 (r_3 + r_4 - r_3 r_4).$$

令 $(r_1^0, r_2^0, r_3^0, r_4^0) = (0.90, 0.95, 0.60, 0.80)$, 相应的系统可靠度为 $R^0 - 0.7866$. 假设系统可靠度期望水平是 $R^1 = 0.85$, 并且效用函数为

$$G_j(r_j^0, r_j) = \alpha_j \ln\left(\frac{1 - r_j^0}{1 - r_j}\right), \quad j = 1, \cdots, 4.$$

参数 α_j 提供了一种对增加元件可靠度的效用比较. 令

$$(\alpha_1, \alpha_2, \alpha_3, \alpha_4) = (2, 1, 2, 3),$$

于是有

$$\frac{\mathrm{d}G_j(0, r_j)}{\mathrm{d}r_j} = \frac{\alpha_j}{1 - r_j}, \quad j = 1, \cdots, 4$$

以及

$$\begin{aligned}
D_1 &= \frac{\alpha_1}{(1 - r_1)}\left[\frac{1}{r_2(r_3 + r_4 - r_3 r_4)}\right], \\
D_2 &= \frac{\alpha_2}{(1 - r_2)}\left[\frac{1}{r_1(r_3 + r_4 - r_3 r_4)}\right], \\
D_3 &= \frac{\alpha_3}{(1 - r_3)}\left[\frac{1}{r_1 r_2(1 - r_4)}\right], \\
D_4 &= \frac{\alpha_4}{(1 - r_4)}\left[\frac{1}{r_1 r_2(1 - r_3)}\right].
\end{aligned} \tag{11.3}$$

对 $(r_1, r_2, r_3, r_4) = (r_1^0, r_2^0, r_3^0, r_4^0)$, 使用方程 (11.3) 得到

$$(D_1, D_2, D_3, D_4) = (22.8, 24.2, 29.2, 43.9).$$

D_j 已经按升序排列, 没有必要重新排列元件. 按照步骤 1 中将元件 1 的可靠度从 0.90 提高到 0.90476. 对于 $(r_1, r_2, r_3, r_4) = (0.90476, 0.95, 0.60, 0.80)$, 得出系统的可靠度 $R_s = 0.79076$, 并且

$$(D_1, D_2, D_3, D_4) = (24.027, 24.027, 29.086, 43.629).$$

由于 $R_s < 0.85$, 继续执行这个程序. 注意现在步骤 2 对于 $k = 2$ 成立. 因此, 按照步骤 2, 将元件 1 和元件 2 的可靠度水平分别提高到 0.92 和 0.958333. 对于 $(r_1, r_2, r_3, r_4) = (0.92, 0.958333, 0.60, 0.80)$ 有 $R_s = 0.811133$, 并且

$$(D_1, D_2, D_3, D_4) = (28.355, 28.355, 28.355, 42.533).$$

因为 $R_s < 0.85$, 步骤 2 对于 $k = 3$ 再次成立. 提高元件 1, 2 和 3 的可靠度, 使得新元件的可靠度向量为 $(r_1, r_2, r_3, r_4) = (0.93726, 0.967614, 0.686299, 0.80)$, $R_s = 0.850006 (> R^1)$, 并且

$$(D_1, D_2, D_3, D_4) = (35.150, 35.150, 35.150, 52.725).$$

因此, 对于期望可靠度 $R^1 = 0.85$ 的最优解为

$$(r_1, r_2, r_3, r_4) = (0.937260, 0.967614, 0.686299, 0.800000).$$

11.3 讨　　论

本章讨论了系统可靠度效用函数的最小化问题, 它依赖于元件可靠度的效用函数. 问题是如何通过提高元件可靠度才能将系统可靠度提高到期望水平, 从而使所需的总效用最小. Albert[9] 为分析这个问题提供了一个数学基础. 当与元件相关的效用函数都相同时, Albert 的方法给出了当效用函数详细信息不清晰时串联系统元件可靠度的最优增量. 在效用函数是显式且可微的情况下, Dale 和 Winterbottom[68] 的方法给出了一般单调关联系统元件可靠度最优增量.

对有相同元件效用函数的串联系统, 两种方法可得到相同的最优解.

练　　习

11.1 令 $(r_1^0, \cdots, r_5^0) = (0.92, 0.88, 0.76, 0.95, 0.80), r_6^0 = 1.0, R^0 = \prod_{j=1}^{5} r_j^0$, $R^1 = 0.6$. 使用 Albert 方法找到这 5 个元件的最优可靠度.

11.2 在例 11-2 中, 令 $(r_1^0, r_2^0, r_3^0, r_4^0) = (0.93, 0.96, 0.60, 0.80)$ 和 $R^1 = 0.85$, 使用 Dale 和 Winterbottom 的算法求最优解.

第 12 章　有限资源下老化测试的最优化

12.1　引　　言

可靠性的传统观点认为, 为了消除顾客抱怨, 必须解决可靠性问题. 这种观点和动机影响着传统的制造过程, 包括瑕疵的检查、对于稳定过程的统计过程控制、特殊原因的检测以及失效预防的产品保证. 根据这个观点, 通过评估和调试可以增强可靠性. 这个过程相继发生. 根据这个途径发展的方法论近几年已经成熟, 已经从使用一些量规检验, 发展成为用一批成熟的工具和方法评估和跟踪可靠性.

在 IEEE 会报关于可靠性的专辑中, Kuo 和 Oh[179] 关注与可靠性相关的工程设计. 特别有趣的应用领域是先进材料成型和电子机械设备设计与制造. 为了设计对于制造变化和顾客使用具有鲁棒性的产品, 可以选择的方法是并行工程、计算机辅助模拟、加速寿命试验 (ALT) 以及物理实验. 将这些领域与关注的可靠性相结合是极其复杂的工作, 这需要工程师、统计学家和设计师们一起合作完成.

老化测试是在元件或系统的早期, 适当结合接近实际的电和热环境缩短时间跨度进行筛选过程 (代替全过程特征和控制). 老化测试很早就被认为是元件或系统交付客户之前检测早期失效的有效方法. 不使用老化测试, 有缺陷的元件频繁地被交付客户. 这导致昂贵的现场修理, 并且制造商失去信誉. 通过使用老化测试, 制造商交付的有缺陷的元件变少, 从而较低的失效率降低现场维修费用. 在当代市场中, 老化测试被微电子工业视为保持竞争力的关键. 关于老化测试应用的文献在 Kuo 和 Kuo[177] 以及 Kuo 等 [174] 中给出了评述.

老化测试在用于实现和提高电子设备现场可靠性方面是十分有效的筛选方法. 这是发现致命缺陷最有效的筛选, 因为时间、偏磁、电流、温度可以在相对较短的时间内加快缺陷检查. 一个典型的老化测试过程需要设备处于 125°C 温度下至少 48h. 老化测试试验对早期失效率有很大影响, 老化测试之后缺陷率得到报告. 老化测试期数的减少导致早期失效从制造商转移给顾客. 使用的老化测试有几个不同类型, 每一类产生一个老化测试重点的变化. 在它们中, 稳态老化测试、静态老化测试、动态老化测试和老化测试中试验被广泛用于半导体设备. 在 Kuo 等 [174] 中详细介绍了各种方法.

最小化系统生命周期成本的老化测试在许多应用领域已经被很好地研究, 但是在寻找最优老化测试时间方面还需要考虑决策过程中的物理约束. 决策过程中两类约束必须满足 ① 最小的系统可靠度需求; ② 对于老化测试最大的可用能力.

在 Chi 和 Kuo[53] 中有详细的叙述. 对于制定老化测试决策的指导在下文中给出建议.

12.2 问题的描述

Weibull 失效分布常常用于微电子元件初始失效率的建模. 它的概率密度函数为

$$g(t) = ab(at)^{b-1} \exp[-(at)^b], \quad t \geqslant 0, a > 0, 0 < b < 1.$$

Weibull 故障率可以写为

$$h(t) = ab(at)^{b-1}.$$

有老化测试与没有老化测试的失效率比较如图 12.1 所示.

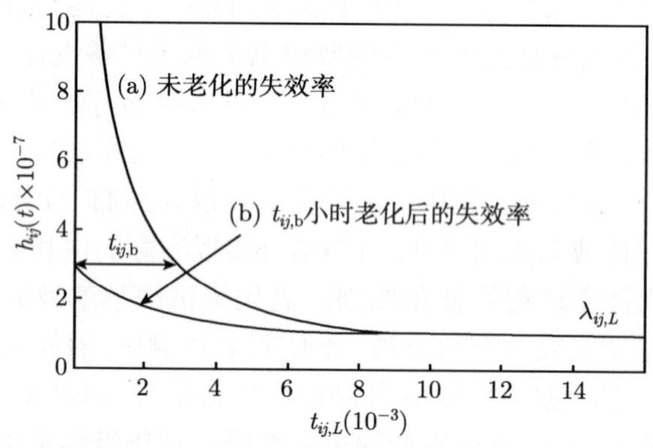

图 12.1 有和没有老化测试的元件失效率

考虑由许多电路板 (单元) 构成的微电子系统, 每个电路板或者单元含有电子元件, 我们采用如下记号.

记号

a_{ij}, b_{ij}	单元 j 中的元件 i 的 Weibull 规模和状态参数,
c_{ij}	单元 j 中的元件 i 的成本,
$c_{ij,\mathrm{b}}$	单元 j 中的元件 i 的设备老化测试成本,
$c_{ij,\mathrm{f}}$	单元 j 中的元件 i 的现场修理成本,
$c_{ij,\mathrm{s}}$	单元 j 中的元件 i 的工厂修理成本,
$e_{ij,\mathrm{b}}$	单元 j 中的元件 i 的在老化测试中的失效期望值,
$e_{ij,\mathrm{f}}$	$t_{ij,\mathrm{b}}$ 小时老化测试后在时刻 t 的失效期望值,
$h_{ij}(t)$	在现场操作时间 t, 单元 j 中的元件 i 的故障率 [173],
ℓ	用于计算可信性损失成本的比率.

n_{ij}	用于第 j 单元的第 i 类元件的数量,
$R_{ij}(t\|t_{ij,\mathrm{b}})$	$t_{ij,\mathrm{b}}$ 小时老化测试后在时刻 t 单元 j 中的元件 i 的可靠度,
$R_{ij,\min}(t)$	时刻 t 单元 j 中的元件 i 需要的最小可靠度,
$R_{\mathrm{s}}(t)$	时刻 t 的系统可靠度,
$R_{\mathrm{s}}(t\|t_{ij,\mathrm{b}})$	单元 j 中元件 i 经过 $t_{ij,\mathrm{b}}$ 小时老化测试后, 在时刻 t 系统可靠度,
$R_{\mathrm{s},\min}(t)$	时刻 t 需要的系统最小可靠度,
t	元件安装完成 (不论是否老化测试) 后的现场操作时间,
$t_{ij,L}$	达到 $\lambda_{ij,L}$ 的时刻,
V_t	老化测试设备 (例如炉的基座或支架) 的批能力,
$\lambda_{ij,L}$	单元 j 中元件 i 的稳态故障率.

元件在被组装成一个系统之前各自的老化测试时间为 $t_{ij,\mathrm{b}}$. 因此, 当元件组装时, 它们在初始失效曲线上位置各异 [173]. 通过实验和无约束成本最小化过程部分地回答了元件应该老化测试多久的问题. Kuo[173] 提出了一个满足可靠性需求的、更加严格的老化测试优化问题. 一般系统结构在可靠性和资源约束下的老化测试问题被描述如下:

12.2.1 目标函数和可靠性约束

假设所有元件在组装入一个单元之前在强迫环境下老化测试 $t_{ij,\mathrm{b}}$ 小时. 图示性操作过程如图 12.2 所示. 通过解下列最小化问题, Kuo[173] 已经得到了最优老化测试策略:

$$\min \quad C_{\mathrm{s}} = f(t_{11,\mathrm{b}}, t_{12,\mathrm{b}}, \cdots),$$

$$\text{s.t.} \quad R_{\mathrm{s}}(t|t_{ij,\mathrm{b}}) \geqslant R_{\mathrm{s},\min}(t), \tag{12.1}$$

$$R_{ij}(t|t_{ij,\mathrm{b}}) \geqslant R_{ij,\min}(t), \quad \text{对所有 } i \text{ 和 } j, \tag{12.2}$$

其中 C_{s} 是老化测试、工厂修理、现场修理和产品声誉损失的成本函数. 从系统的观点来看, 这个成本也依赖于系统结构和元件老化测试时间 $t_{ij,\mathrm{b}}$.

系统可靠度是元件可靠度的一个函数, 这个函数依赖于系统结构. 详细的系统成本以及可靠度函数参见 Kuo[173] 和 Kuo 等 [174].

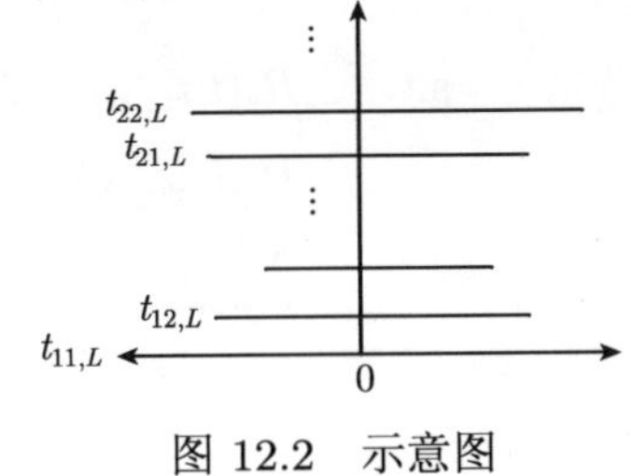

图 12.2 示意图

12.2.2 老化测试资源

决定最优老化测试时间, 除了唯一的可靠性约束之外, 还有其他约束, 即能力约束. 有足够大的老化测试设备吗? 有足够的时间执行老化测试吗? 权衡成本是什么?

考虑一个生产多种类型电子系统的公司. 在一个计划生产周期 T_{p}, 可用的老化测试设备能力 F_t 为

$$F_t = V_t \times T_{\mathrm{p}}, \tag{12.3}$$

其中 V_t 是老化测试设备 (如炉的基座或支架) 的批能力.

单元 j 中的元件 i 需求能力 (空间) 为 F_{ij}. 单元 j 中的元件 i 老化测试 $t_{ij,\mathrm{b}}$ 小时需要的能力为 $F_{ij}t_{ij,\mathrm{b}}$. 因此, 能力约束变为

$$\sum_i \sum_j F_{ij} t_{ij,\mathrm{b}} \leqslant F_t. \tag{12.4}$$

12.2.3 问题形式

如果没有最小可靠性约束, 而且能力无限, 那么老化测试最优化问题就变得很简单. 不幸的是, 在大多数情况下, 物理约束确实存在, 而且使得最优化问题难于解决. 例如, 当可靠性约束没有满足时, 可以增加老化测试时间以满足这个约束来提高最大系统可靠性. 然而, 由于增加了老化测试时间, 在某些点能力约束可能被违反.

通过老化测试获得的最大系统可靠度是所有元件被老化测试到 $t_{ij,L}$ 后在现场运行时间 t 的系统可靠度 (图 12.1). 换句话说, 最优的成本–效应老化测试策略可能与最小可靠度需求不一致, 尤其是当系统可靠度需求非常严格时, 这一点显得特别正确. 相反地, 能力约束可以通过减少老化测试时间得到满足, 但是这样做有可能违反可靠性约束.

因此, 目标是满足可靠性约束和能力约束条件最小化系统成本. 这个问题是解最小化问题

$$\begin{aligned}
\min \quad & C_{\mathrm{s}} = \sum_i \sum_j \left[c_{ij} + c_{ij,\mathrm{b}} + e_{ij,\mathrm{b}} c_{ij,\mathrm{b}} + (1+\ell)\, e_{ij,\mathrm{f}} c_{ij,\mathrm{f}}\right], \qquad (12.5)\\
\text{s.t.} \quad & R_{\mathrm{s}}(t|t_{ij,\mathrm{b}}) \geqslant R_{\mathrm{s,min}}(t),\\
& R_{ij}(t|t_{ij,\mathrm{b}}) \geqslant R_{ij,\min}(t) \quad \text{对所有 } i \text{ 和 } j,\\
& \sum_i \sum_j F_{ij t_{ij,\mathrm{b}}} \leqslant F_t,\\
& 0 < t_{ij,\mathrm{b}} < t_{ij,L}, \quad \text{对所有 } i \text{ 和 } j.
\end{aligned}$$

12.3 最优化与决策树

Kuo[173] 建议首先解只有 $0 < t_{ij,\mathrm{b}} < t_{ij,L}$ 一个约束的问题. 最优老化测试时间 (假设没有最小系统可靠性需求, 而且老化测试能力是足够的) 为

$$t_{ij,\mathrm{b}}^{*}=\left\langle\frac{a_{ij}\left[(1+\ell)\,c_{ij,\mathrm{f}}-c_{ij,\mathrm{s}}\right]}{(1+\ell)\,c_{ij,\mathrm{f}}\lambda_{ij,L}+Br}\right\rangle^{1/b_{ij}},\quad \text{对所有 } i \text{ 和 } j, \tag{12.6}$$

其中 B 和 r 是与 $c_{ij,\mathrm{b}}$ 有关的成本参数.

对式 (12.5), 由式 (12.6) 获得的最优老化测试时间被用于检查可靠性约束的有效性. 如果可靠性约束满足, 那么然后检查能力约束. 如果可靠性约束不满足, 解具有可靠性约束的成本优化问题. 这个过程被描述为如图 12.3 所示的决策树的形式, 并且每种情形描述如下:

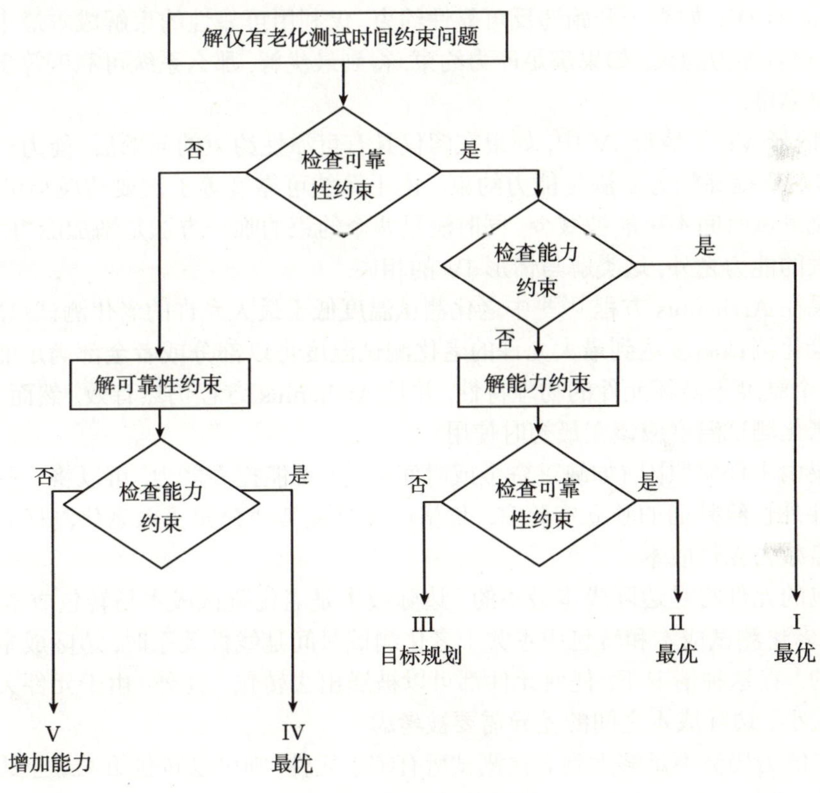

图 12.3 决策的流程图

- 情形 I: 如果满足约束, 则达到最优 (决策树中情形 I); 否则, 可以使用较长或较短的老化测试时间.

- 情形 II: 如果满足了可靠性约束, 但是违反了能力约束, 那么解仅有能力约束的问题. 应用非线性规划方法可以解这个问题. 检查具有新的优化老化测试时间 ($t_{ij,\mathrm{b}}$) 的可靠性约束. 如果可靠性约束仍然满足, 那么达到最优解 (决策树中情形 II). 这说明设备能力完全被利用或者它满足具有剩余能力的最小系统可靠度.

• 情形 III: 在情形 II 中, 如果在能力约束问题被解之后不满足可靠性约束, 则问题变得更加复杂. 通过使用目标规划, 可以解这个问题. 目标层依赖于公司策略. 最严格的约束成为第一个目标. 令可靠度函数为第一个目标, 成本函数为第二个, 能力约束是最后一个目标. 当解被获得时, 系统可靠度大于或等于需要的最小可靠度. 在相等的情形下, 已经达到最优 (与情形 V 相同). 因为可靠度函数是问题的第一个目标, 优化老化测试时间满足最小系统成本的可靠度要求. 因此, 当系统可靠性大于或等于需要的最小可靠度时, 对于每个元件获得的老化测试时间集是最优的.

• 情形 IV: 如果一开始违反可靠性约束, 仅利用可靠性约束解成本最小化问题, 然后检查能力约束. 如果满足能力约束, 得到最优解, 那么系统可靠度等于需要的最小可靠度.

• 情形 V: 在情形 IV 中, 如果在解仅具有可靠性约束的问题后, 能力约束被违反, 则需要提高能力以满足能力约束. 由于系统可靠度等于需要的最小可靠度, 最优老化测试时间不可能被减少. 同时满足两个约束的唯一方法是增加能力. 除了需要更大的能力之外, 这类解与情形 IV 的相同.

如果在 Arrhenius 方程 [173] 中老化测试温度低于最大允许的老化测试温度, 通过提高老化测试温度达到最大允许的老化测试温度可以部分或者全部满足能力约束, 即这个温度不破坏元件的物理特性, 并且 Arrhenius 方程仍然有效. 然而, 最大允许的老化测试温度应该在最初时使用.

如果由于任何原因 (如缺乏资金或时间紧迫) 不能提高能力, 可以将一些老化测试元件外包给外面的独立实验室. 价格应该是从其他公司买入老化测试元件的采购价格减去元件成本.

转包的元件将是边际成本最小的. 边际成本是老化测试成本与转包成本的差. 然而, 当老化测试成本和转包成本关于老化测试时间是线性关系时, 边际成本通常是相同的. 在这种情况下, 任何元件都可以被送出去转包. 此外, 由于元件大小以及批量大小、边际成本之间的差异需要被考虑.

如果能力仍然不足够大到老化测试所有剩余元件, 则可以转包第二最小边际成本的元件. 继续这个过程直到满足系统能力需求.

在情形 V, 系统可靠度等于需要的最小可靠度, 而且对于最小化系统成本, 可以获得每个元件的最优老化测试时间集. 已经计算出最小化系统成本的总老化测试时间和单个元件的老化测试时间. 总老化测试时间以及元件老化测试时间不能减少或者增加, 除非最小系统可靠性需求或者系统能力是柔性的. 由于公司在给定时间内没有足够的能力老化测试所有元件, 可以考虑转包. 换句话说, 由于转包不增加老化测试时间和边际系统可靠度.

最后, 在制定决策之前, 需要考虑如下所有约束:

- 条件 1：$c_{ij,\mathrm{b}} > c_{ij,\mathrm{f}}$, 没有老化测试;
- 条件 2：$c_{ij,\mathrm{f}} \gg c_{ij,\mathrm{b}}$, 老化测试到 $t_{ij,L}$.

条件 1 的含义为老化测试成本远远高于现场修理成本, 因此, 不值得老化测试. 条件 2 的含义为现场修理成本是非常高的, 或者元件是不可修复的, 所以更长的老化测试时间是有益的. 如果任意元件属于这两类, 最好规定这些元件的老化测试时间以排除优化问题中不必要的元件.

12.4 应用于电子产品

12.4.1 假设

(1) 系统有 4 个不同的单元, 如图 6.1 所示. 单元的失效时间是独立同分布的. 集成电路 (ICs) 用于 4 个不同的单元. 如果它的 ICs 失效, 则单元失效. 所有元件的数据已知. 为了方便起见, 指标 j 在下边讨论中介绍.

(2) 非 IC 元件失效率可以忽略.

(3) 对所有 $i, t_{i,L} = 10^4\mathrm{h}$. 没有元件老化测试超过 $t_{i,L}$. 证明参见文献 [128], [173].

(4) 老化测试能力已知, 并且每个类型的许多 Cs 是一起老化测试.

(5) 系统运行的开始点是时刻 0, 此刻不同的元件位于它不同的初始失效率曲线上 [179].

(6) 现场运行时间是 $t = 2 \times 10^4\mathrm{h}$, 用于可靠度计算.

(7) 术语 “串联” 和 “并联” 是指可靠性逻辑图, 与示意或者布局图无关.

12.4.2 无约束最小化

根据假设 $t_{i,L} = 10^4\mathrm{h}$, 由式 (12.6) 可获得最优老化测试时间 $t > 10^4\mathrm{h}$ (假设没有最小系统可靠度要求并且老化测试能力足够大). 依据表 12.1 给定的成本因子 $c_{i,\mathrm{f}}$ 和 $c_{i,\mathrm{s}}$, 对于 $\ell = 0$ (低惩罚), $\ell = 1$ (中惩罚) 和 $\ell = 3$ (高惩罚), 在通常工艺温度 25°C 下获得 $t^*_{i,\mathrm{b}}$, 并且列于表 12.2.

表 12.1 使用的各类 ICs 的数量以及它们的 Weibull 参数和成本因子

i	n_{i1}	n_{i2}	n_{i3}	n_{i4}	$\sum_j n_{ij}$	b_i	$a_i(10^3\mathrm{FIT})$	$\lambda_{i,L}(\mathrm{FIT})$	$c_{i,\mathrm{f}}$	$c_{i,\mathrm{s}}$
1	3	20	30	1	54	0.80	160	100	27.00	21.00
2	27	9	9	12	57	0.75	300	300	38.00	24.35
3	22	0	2	0	24	0.75	50	50	18.00	9.00
4	0	24	0	18	42	0.70	63	100	25.50	14.35
5	29	41	22	21	113	0.80	240	151	29.25	19.35
总和	81	94	63	52	290					

注：i 为元件序列号, $t_{i,L}$ 为对每一个 i 为 10^4, $Br = 0$, j 为单元序列号, FIT 为失效数/10^9h 机时.

表 12.2　在常规操作温度下的优化老化测试时间 (有和没有约束)

元件	无约束 $t_{i,\mathrm{b}}^*$			有约束 $t_{i,\mathrm{b}}^*$
	$\ell=0$	$\ell=1$	$\ell=3$	$\ell=0$
1	1554	5467	7722	5774
2	2553	5975	7923	4714
3	3969	6814	8369	7694
4	3016	6224	8035	7239
5	2591	6074	8072	5476
R_{s}	0.97706	0.98559	0.98687	0.9850

注: 0.9850 为 $R_{\mathrm{s,min}}$.

12.4.3　系统可靠度

优化具有复杂结构的系统比优化 "串联" 或者 "并联" 系统困难得多. 图 6.1 所示系统可靠度为

$$R_{\mathrm{s}}=1-[(1-R_1')(1-R_4')]^2R_3'-\{1-R_2'\,[1-(1-R_1')(1-R_4')]\}^2\,(1-R_3'),\quad(12.7)$$

其中 R_j' 是单元 j 的可靠度, $j=1,2,3,4$. 每个元件老化测试 $t_{i,\mathrm{b}}$ 小时的可靠度由下式计算得到:

$$R_i(t|t_{i,\mathrm{b}})=\begin{cases}\exp\left\langle-\dfrac{a_i}{b_i'}\left[(t+t_{i,\mathrm{b}})^{b_i'}-(t_{i,\mathrm{b}})^{b_i'}\right]\right\rangle, & 0\leqslant t\leqslant t_{i,L}-t_{i,\mathrm{b}},\\ \exp\left\langle-\dfrac{a_i}{b_i'}\left[(t_{i,L})^{b_i'}-(t_{i,\mathrm{b}})^{b_i'}\right]-\lambda_{i,L}\,(t-t_{i,L}+t_{i,\mathrm{b}})\right\rangle, & \text{否则},\end{cases}\tag{12.8}$$

其中 $b_i'=1-b_i$.

由于每个单元中的所有元件都是 "串联" 的, 单元 j 的可靠度为

$$R_j'=\prod_{i=1}^{5}(R_i)^{n_{ij}},\tag{12.9}$$

其中每个单元使用 5 种类型的元件.

对于各种惩罚, 使用式 (12.7) 可以获得无约束优化系统可靠度, 并且列于表 12.2 底部.

12.4.4　有约束最小化

假设最小需求系统可靠度为 0.9850, 考虑低惩罚 ($\ell=0$), 而且老化测试可用能力 V_t 为 2000 架.

对于 $\ell=0$, 只要无约束最优 R_{s} 至少是 $R_{\mathrm{s,min}}$, 并且 $\sum\limits_i F_i t_{i,\mathrm{b}}\leqslant F_t$, 最优解被获得. 然而, 无论是 $R_{\mathrm{s,min}}>0.97706$, 还是 $\sum\limits_i F_i t_{i,\mathrm{b}}>F_t$, 或者是两个条件共同满

足, 表 12.2 给定的 $t^*_{i,\mathrm{b}}$ 值是不可行的. 注意, 对于 $\ell=0$, 无约束最优 $R_\mathrm{s}(=0.97706)$ 小于系统最小需求可靠度 0.9850. 因此, 需要解有可靠性约束的成本最小化问题. 随机 Hooke-Jeeves 搜索技术 [187] 可用于解这类最优化问题.

使用可靠性约束

由于当老化测试执行达到稳态失效率时最大可靠度被获得, 由单独老化测试 (图 12.1) 系统可靠度不可能大于 $R_\mathrm{s}(t=20000\,|t_{i,\mathrm{b}}=t_{i,L})=0.9872$. 因此, 为了得到这个老化测试最优化问题的可行解, $R_{\mathrm{s,min}}$ 必须小于或等于 0.9872.

假设 $\ell=0$, $R_{\mathrm{s,min}}=0.9850$, 并且能力足够, 则 Kuo[173] 给定的最小化目标函数如下:

$$C_\mathrm{s}=\sum_{i=1}^{5}n_i\left[c_i+c_{i,\mathrm{b}}+e_{i,\mathrm{s}}c_{i,\mathrm{s}}+(1+\ell)e_{i,\mathrm{f}}c_{i,\mathrm{f}}\right], \tag{12.10}$$

其中, $e_{i,\mathrm{s}}$ 和 $e_{i,\mathrm{f}}$ 分别为工厂和现场的失效期望. 给出它们如下:

$$e_{i,\mathrm{s}}=\int_0^{t_{i,\mathrm{b}}}a_i\omega^{-b_i}\mathrm{d}\omega=\frac{a_i}{b'_i}\left(t_{i,\mathrm{b}}\right)^{b'_i},$$

$$e_{i,\mathrm{f}}=\begin{cases}\dfrac{a_i}{b'_i}\left[\left(t+t_{i,\mathrm{b}}\right)^{b'_i}-\left(t_{i,\mathrm{b}}\right)^{b'_i}\right], & 0\leqslant t\leqslant t_{i,L}-t_{i,\mathrm{b}},\\ \dfrac{a_i}{b'_i}\left[\left(t_{i,L}\right)^{b'_i}-\left(t_{i,\mathrm{b}}\right)^{b'_i}\right]-\lambda_{i,L}\left(t-t_{i,L}+t_{i,\mathrm{b}}\right), & \text{否则},\end{cases}$$

其中 $b'_i=1-b_i$. 代入常数和分解出共同因子后, 可以最小化

$$\begin{aligned}Y=&54(-0.0048t_{1,\mathrm{b}}^{0.20}+2.70\times10^{-5}t_{1,\mathrm{b}})+57(-0.0164t_{2,\mathrm{b}}^{0.25}+1.14\times10^{-5}t_{2,\mathrm{b}})\\&+24(-0.0018t_{3,\mathrm{b}}^{0.25}+9.00\times10^{-7}t_{3,\mathrm{b}})+42(-0.0023t_{4,\mathrm{b}}^{0.30}+2.55\times10^{-6}t_{4,\mathrm{b}})\\&+113(-0.0120t_{5,\mathrm{b}}^{0.20}+4.43\times10^{-6}t_{5,\mathrm{b}}),\end{aligned} \tag{12.11}$$

满足

$$R_\mathrm{s}\geqslant0.9850,$$

其中, 由 (12.7)~(12.9) 计算获得 R_s. 现在, 随机 Hooke-Jeeves 方法的应用得到最优老化测试时间和系统可靠度, 如表 12.2 右侧列所示.

使用能力约束

假设实验室一台设备, 它有 2000 个装配板 (V_t) 同时老化测试. 每个不同的元件装配板可以放于设备的一个架子上, 即对所有的 i 有 $F_i=1$. 假设 100 个系统安排在两个月内 ($T_\mathrm{p}=1440\mathrm{h}$) 老化测试, 相关数据如表 12.1 所示.

在生产计划期内老化测试设备可用能力 F_t 是 $F_t=V_t\times T_\mathrm{p}=2880000$ 架 小时. 在温度 T_2 的升高条件下, 老化测试可以略微减少通常工艺温度的老化测试时

间. 如果 t^*_{i,T_2} 是 T_2 温度下的最优老化测试时间, 则根据 Arrhenius 方程,

$$t^*_{i,T_2} = t^*_{i,\mathrm{b}} \exp\left[-\frac{E_\mathrm{a}}{k}\left(\frac{1}{T_1}-\frac{1}{T_2}\right)\right], \tag{12.12}$$

其中 E_a 为激活能量 (0.4eV), k 为 Boltzmann 常数 (8.60×10^{-5}eV/K), T_1, T_2 为绝对温度.

因此, 在 $T_1 = 25°\mathrm{C}$ 和 $T_2 = 125°\mathrm{C}$ 下的 t^*_{i,T_2} 和能力需求由表 12.3 给定. 为了达到最小成本和需求可靠性水平, 必须 3343806 架　小时的能力.

表 12.3　在 125°C 和需求能力下的老化测试时间

i	t^*_{i,T_2}/h	老化测试单元数/(×100)	能力需求	$c_{i,\mathrm{b}}$	P	边际成本
1	114.4	5400	617652	2.860	2.96	0.100
2	93.4	5700	532266	2.335	2.38	0.045*
3	152.4	2400	365784	3.810	3.91	0.100
4	143.4	4200	602280	3.585	3.67	0.085
5	108.5	11300	1225824	2.712	2.84	0.128
	总能力需求		3343806			

* 具有最小边际成本的元件.

正如图 12.3 情形 V 的讨论, 每个元件最小化系统成本的老化测试时间不可能改变. 既然制造商的实验室没有足够大的能力在 125°C 下老化测试所有元件, 那么一些元件应该在高于 125°C 的温度下老化测试或者以采购价格 P 外包给其他实验室.

假设在高于 125°C 的温度下老化测试不可行. 如果由于元件大小不同, 每个元件的边际成本不同, 那么下一步就是寻找最小的边际成本. 表 12.3 列出了 $c_{i,\mathrm{b}}$ 的值和每个元件的价格 P, 以便比较. 根据表 12.3, 元件 2 有最小边际成本. 当 $i = 2$ 时, 只要 $P < c_{i,\mathrm{b}}$, 元件 2 的整体或者部分需要外包老化测试, 而不是件减少元件 2 的老化测试时间. 由于它们只需要额外的 $463806 (= F_{\mathrm{req}} - F_t)$ 单位小时的能力, 故元件 2 只有 86%必须送到外面实验室, 仍有 14%在制造商的实验室里老化测试.

12.5　讨　　论

电子设备制造商为了保持在国际市场上的竞争力老化测试筛选很关键. 顾客认为的可靠性是驱动竞争的最重要因素. 然而, 老化测试非常昂贵且耗费时间. 传统地, 制造商们用 ad hoc 方式管理老化测试. 按照老化测试时间和老化测试设备利用可靠性需求和有限可用资源, 本章介绍了一种系统方法决策可靠性老化测试.

在 12.2.3 小节中给出了老化测试最优化问题的描述, 可以使用之前给出的多种技术求解. 然而, 而不是使用指定的最优化技术优化多约束条件的老化测试成本, 采用交互决策图一次性解单约束优化问题. 工程技术人员很容易理解图 12.3 的图解法. 因为常常发现并不是所有的约束在最优化过程中都起作用, 因此, 并不总是解全约束优化问题.

这个案例研究表明, 不仅优化方法论解决实际问题是重要的, 而且概念方法也同样重要.

练　习

12.1　什么是老化测试过程? 为什么需要老化测试工艺?

12.2　老化测试可以减少生产总成本吗? 如果是, 给出理由. 在浴盆曲线的三个周期中, 什么时候应该运用老化测试试验和老化测试处理?

12.3　如果老化测试设备能力不足且不可能增加, 外包一些老化测试元件是一个可行的方法. 你选择老化测试哪些元件? 分析需要选择多少元件外包老化测试.

12.4　为了减少早期的失效率, 老化测试是电子工业必须和常用的方法. 谁来执行老化测试, 并且优点、缺点是什么?

12.5　在表 12.2 中, 当 $\ell=0$ 时, 写出 $t_{i,\mathrm{b}}$ 和 R_{s} 的计算过程. 证明 $R_{\mathrm{s}}(t=20000|t_{i,\mathrm{b}}=t_{i,L})=0.9872$.

12.6　使用表 12.1, 当 $\ell=0$ 时, 求 $e_{i,\mathrm{s}}$ 和 $e_{i,\mathrm{f}}$. 当 $\ell=1$ 时, 求 C_{s}(忽略常数项).

12.7　老化测试, 通过应用高于通常水平强迫加速电子设备老化, 是一个用于剔除早期失效的技术. 为集成电路选择切合实际的老化测试方法, 必须研究与集成电路老化测试有关的基本条件, 如芯片的内部结构和制造、电路用途、电路布局、实际激活数和重点电路节点、故障范围、可能失效模式和机制以及加速因子. 有三种与产品等级有关的老化测试类型: 封装级老化测试 (PLBI)、印模级老化测试 (DLBI)、晶圆级老化测试 (WLBI). 只考虑 WLBI 和 PLBI, 由于 DLBI 通常要求使用已知优良的模 (KGD), 并且类似的最优化过程可以应用于 DLBI. WLBI 和 PLBI 的老化测试决策包括以下两个问题: ① 哪个老化测试策略给出有效成本解; ② WLBI 和 PLBI 需要多少老化测试时间? 老化测试时间极大地受到成本因素和可靠性需求的限制. 为了减少老化测试引起的成本, 一般推荐短期测试时间和小量测试样品.

WLBI 和 PLBI 的规格由几个因素决定, 如设备的物理性能、过程成熟度、市场需求和资源约束. 老化测试条件是依赖于设备的物理性能的. 过程进展包括老化测试的执行、WLBI 失效率、生产损失和 WLBI 后过程失效. 资源, 如成本和能力, 也可用于决定最优化老化测试策略.

为了找到 WLBI 和 PLBI 的最优老化测试时间, 提出如下三阶段方法:

- 阶段 1：计算不老化测试的成本.
- 阶段 2：分别计算最优 WLBI 和 PLBI 时间, 比较它们的不老化测试成本. 如果不老化测试更有益, 那么停止; 否则, 继续.
- 阶段 3：为了分配每个老化测试时间给 WLBI 和 PLBI, 为 WLBI 计算一个优于 PLBI 的最优老化测试时间.

在第 1 阶段得到 WLBI 和 PLBI 的最优时间, 以保证任务可靠性满足在 t_r 的需求水平 R_{req}, 即

$$R(t_r|t_{\text{bw}}^*) \geqslant R_{\text{req}} \quad 和 \quad R(t_r\left|t_{\text{bp}}^*\right.) \geqslant R_{\text{req}},$$

其中 $R(t)$ 是可靠度, R_{req} 是在时刻 t_r 的需求水平的可靠度, $t_{\text{b}}, t_{\text{e}}$ 分别是总老化测试时间和等价总老化测试时间, t_{bp} 和 t_{bp}^* 分别是 PLBI 时间和最优 PLBI 时间, t_{bw} 和 t_{bw}^* 分别是 WLBI 时间和最优 WLBI 时间, t_{ew} 是等价 WLBI 时间.

阶段 2 在 WLBI 和 PLBI 之间指定最优老化测试时间分配. 因此, 阶段 2 的结果可能是 $t_{\text{bw}}^* > 0, t_{\text{bp}}^* = 0$, 或者 $t_{\text{bw}}^* > 0, t_{\text{bp}}^* > 0$, 或者 $t_{\text{bw}}^* = 0, t_{\text{bp}}^* > 0$.

当得到 $t_{\text{bw}}^* = 0$ 或者 $t_{\text{bp}}^* = 0$ 时, 只有一个老化测试类型产生最优解.

(a) 一般老化测试成本模型包括老化测试固定成本、老化测试可变成本、工厂维修成本和现场维修成本 (参见文献 [172], [174]). 考虑由 WLBI 或者 PLBI 建立的成本模型.

(b) 假设初始失效阶段的失效率服从如图 12.1 给定的 Weibull 分布, 求仅有 WLBI 的可靠度、仅有 PLBI 的可靠度以及具有 WLBI 优于 PLBI 的可靠度.

(c) 建立仅有 WLBI 的最优化问题、仅有 PLBI 的最优化问题以及 WLBI 优于 PLBI 的最优化问题.

(d) 如果 DLBI 被看成是与 WLBI 和 PLBI 一起的, 你将怎样建立最小化总系统成本的最优化问题？

第 13 章　软件可靠性最优化设计的案例研究

13.1 引　　言

软件技术由于高成本、低可靠性、频繁延期而饱受争议. 软件开发费用的 40% 花在为排除错误和保证高质量的测试上. 但是 Simmons 等 [298] 指出高费用和延期仍然是低可靠性的结果. 保证软件系统的可靠性成为今天面临的一项最重要任务. 不幸的是, 软件可靠性仍然难以定位. 聚焦整个系统, 可以通过以下途径改进软件可靠性:

(1) 增加调试程序的时间;

(2) 使用更好的测试策略;

(3) 增加软件冗余.

为了发现更多的错误和使用更少的 CPU, 程序调试时间越长, 需要的调试人员、机时及纠错人员就越多. 虽然这些活动将增加软件可靠性, 但与此同时, 将明显增加软件的开发费用.

为了有效地排除软件错误, 人们需要设计模拟现实操作情景的抽样技术, 希望更早识别关键和频繁发生的错误. 这是一项困难的任务, 除非可以正确地模拟操作情景. 被选择的测试策略应该最大限度地覆盖潜在的错误.

为改进系统可靠性, 使用更可靠的元件和增加冗余已被广泛地用于硬件系统. 然而, 在引起故障的原因和可靠性模型测度方面软件都与硬件不同. 除非软件冗余的组件是统计独立的, 否则, 硬件冗余的常规方法不经过修改将不能用在软件冗余上. 使用 N 版程序, Ashrafi 等 [16] 说明了软件可靠性能被提高.

13.2 基本执行时间模型

软件可靠性可由各种随机过程建立模型. 为了描述在软件开发中的优化决策, 选择一个非常有前景的模型进一步改进. 考虑到故障的发生是一个随机过程, 使用非齐次泊松过程描述依赖时间的故障强度变量. 在 Musa 等 [241] 提出的基本执行时间模型中, 假设故障强度函数 λ 与经历的平均故障数 μ 线性相关.

$$\lambda(\mu) = \lambda_0 \left(1 - \frac{\mu}{v_0}\right), \tag{13.1}$$

其中 λ_0 为执行的初始故障强度, v_0 为无限时间里发生的总故障次数. 基本模型意味着一致的操作情景. 对于高度不一致的操作情景, 修改基本模型是必要的. 基本模型没有假设维修过程的质量, 然而在维修中引入新错误是可能的. 假设故障后就能立即纠正错误, 当经历的平均故障数 μ 与执行时间 τ 相关时, μ 将是 τ 的增函数,

$$\mu(\tau) = \nu_0 \left[1 - \exp\left(-\frac{\lambda_0}{\nu_0}\tau\right)\right], \tag{13.2}$$

但在无限时间里它是有限的. 结合 (13.1) 和 (13.2), 可以用执行时间表达故障强度函数,

$$\lambda(\tau) = \lambda_0 \exp\left(-\frac{\lambda_0}{\nu_0}\right)\tau. \tag{13.3}$$

从式 (13.1) 可用目标值和故障强度当前值去确定为达到目标值必须经历的额外故障期望次数, 即

$$\Delta\mu = \frac{\nu_0}{\lambda_0}(\lambda_{\rm p} - \lambda_{\rm F}), \tag{13.4}$$

其中 $\Delta\mu$ 是达到故障强度目标值的故障期望次数, $\lambda_{\rm p}$ 是故障强度值, $\lambda_{\rm F}$ 是故障强度目标值. 同样, 可用 (13.3) 确定达到故障强度目标值的额外执行时间

$$\Delta\tau = \frac{\nu_0}{\lambda_0}\ln\frac{\lambda_{\rm p}}{\lambda_{\rm F}}. \tag{13.5}$$

13.3 资 源 使 用

改进软件可靠性需要充足的资源. Musa 等 [241] 认为, 资源使用量与执行时间和经历的平均故障数成比例. 假设软件可靠性改进需要三类资源：故障确认人员 (记为 I)、故障更正人员 (记为 F) 和机时 (记为 C). 用 χ_r 表示资源 $r(I, F$ 或 $C)$ 的用量, 则

$$\chi_r = \theta_r\tau + \mu_r\mu, \tag{13.6}$$

其中 θ_r 为每机时使用资源 r 的数量, μ_r 为每个故障使用资源的数量.

例如, 一个测试组测试一个程序消耗了 10h 机时, 发现了 12 个故障. 每一个小时的执行时间消耗了 4 人时, 发现和更正每个故障的时间平均为 3h. 因此, 总共需要资源为

$$\begin{aligned}\chi_I &= \theta_I\tau + \mu_I\mu\\ &= (4)(10) + (3)(12)\\ &= 76\ \text{人时}.\end{aligned}$$

相关可靠性的费用函数表示改进软件可靠性的需求资源. 对于故障计数模型, 软件可靠性是初始错误和调试时间的函数. 因此, 将软件可靠性从一个等级提升到另一个等级需要的费用与调试期间移除错误的数量和调试时间有关.

通过结合识别故障的人数和使用的机时 $\Delta\tau$, 以及识别故障的人数、更正故障的人数、使用的机时 $\Delta\mu$, 可以表示出软件相关可靠性的费用函数

$$f(\lambda_{\mathrm{p}}, \lambda_{\mathrm{F}}) = C_1\theta_r\Delta\tau + C_2\mu_r\Delta\mu, \tag{13.7}$$

其中 C_1 为识别故障人员和使用的机时单位费用, C_2 为更正故障人员的单位费用. 使 λ_{p} 达到 λ_{F} 的调试时间增量 $\Delta\tau$ 和故障移除增量 $\Delta\mu$ 取决于所选择的可靠性模型. 用户可以指定他们自己的软件可靠性模型. 为了说明我们的过程, 软件可靠性模型使用了 $\Delta\tau$ 和 $\Delta\mu$. 在此研究中, $\Delta\tau$ 和 $\Delta\mu$ 的最终表达式已被引入, 如 (13.4) 和 (13.5) 中所示.

13.4 可靠性建模

在软件开发中, 冗余是由不同的团队或公司基于相同的规范开发的程序. 这些程序设计成相同的功能. 为了使冗余副本的故障尽可能独立, 对不同的冗余程序使用不同的计算机语言、开发工具、开发方法和测试方法.

已经表明软件冗余并不是完全独立的 (参见文献 Echhardt 和 Lee[84], Knight 和 Leveson[162]). 由于不同的开发团队引起的共同错误, 一些输入数据在同一个冗余中将发生多次故障. 正如 Chi 和 Kuo[55] 以及 Chi 等 [56] 指出的那样, 软件冗余的这种部分独立性可以由共因失效模型表示. 特别在核安全领域, 一些特殊的共因失效模型已经被提出. 多因失效模型的一般描述在 1.5.11 小节中被给出. 对于软件冗余共因失效模型在下面被提出.

13.4.1 双元件模型

两个具有部分独立软件组件的并联系统, 如图 13.1 (a) 所示, 由于共因失效, 可以转换为图 13.1 (b) 中的一个并–串联系统, 该系统有两个并联的独立组件的子系统

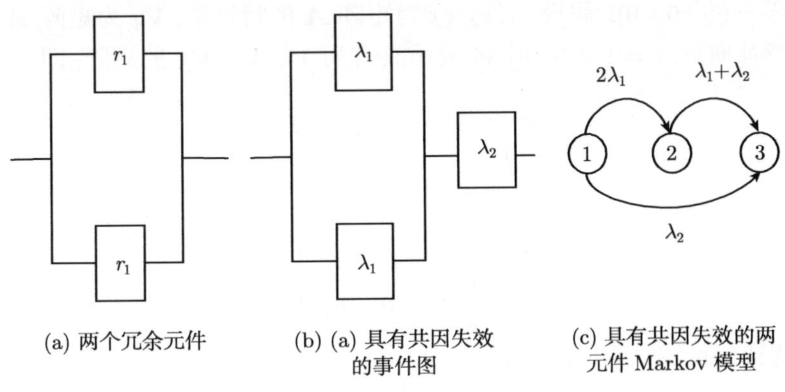

(a) 两个冗余元件　(b) (a) 具有共因失效的事件图　(c) 具有共因失效的两元件 Markov 模型

图 13.1 两元件软件的模型图

和一个共因组件.

为了计算系统的可靠度, 使用 Markov 过程理论. 考虑如下状态:

(1) 所有的元件都是好的;

(2) 两并联元件中一个失效, 共因元件是好的;

(3) 系统失效, 即并联元件全失效, 或共因元件失效.

如图 13.1 (b) 所示, 假设两并联元件中任何一个元件故障都服从参数为 λ_1 的指数分布, 共因元件故障服从参数为 λ_2 的指数分布, 则系统在任何时刻的状态可以通过 Markov 过程描述, 状态转移如图 13.1 (c) 所示. Markov 过程的状态表示已故障的元件数①. 用 $P_i(t)$ 表示系统在时刻 t 处于状态 i 的概率, 并且 $P_i'(t) = \mathrm{d}P_i(t)/\mathrm{d}t(i = 1,2,3)$.

$$\boldsymbol{P}(t) = \begin{bmatrix} P_1(t) \\ P_2(t) \\ P_3(t) \end{bmatrix}, \quad \boldsymbol{P}'(t) = \begin{bmatrix} P_1'(t) \\ P_2'(t) \\ P_3'(t) \end{bmatrix},$$

可以写出

$$\boldsymbol{P}'(t) = \boldsymbol{A}\boldsymbol{P}(t),$$

其中

$$\boldsymbol{A} = \begin{bmatrix} -(2\lambda_1 + \lambda_2) & 2\lambda_1 & \lambda_2 \\ 0 & -(\lambda_1 + \lambda_2) & \lambda_1 + \lambda_2 \\ 0 & 0 & 0 \end{bmatrix}.$$

这个微分方程的解为 $\boldsymbol{P}(t) = \mathrm{e}^{\boldsymbol{A}t}\boldsymbol{P}(0)$, 即

$$\boldsymbol{P}(t) = \left[\boldsymbol{I} + \sum_{n=1}^{\infty} (t^n/n!)\boldsymbol{A}^n\right]\boldsymbol{P}(0), \tag{13.8}$$

其中 $\boldsymbol{P}(0)^{\mathrm{T}} = (1 \quad 0 \quad 0)$. 假设 v_1, v_2, v_3 为矩阵 $\boldsymbol{A}$ 的特征值, $\boldsymbol{V}_i$ 为矩阵 $\boldsymbol{A}$ 特征值 v_i 对应的特征向量, $i = 1,2,3$. 用 $\boldsymbol{V}$ 表示具有列 $\boldsymbol{V}_1, \boldsymbol{V}_2, \boldsymbol{V}_3$ 的矩阵, 即

$$\boldsymbol{V} = (\boldsymbol{V}_1 \quad \boldsymbol{V}_2 \quad \boldsymbol{V}_3),$$

令

$$\boldsymbol{D} = \begin{bmatrix} v_1 & 0 & 0 \\ 0 & v_2 & 0 \\ 0 & 0 & v_3 \end{bmatrix}.$$

如果特征向量线性独立, 则有

① 当状态编号为 0, 1, 2 时这句话才正确 —— 译者注.

$$\begin{aligned}\boldsymbol{A} &= \boldsymbol{VDV}^{-1},\\ \boldsymbol{A}^n &= \boldsymbol{VD}^n\boldsymbol{V}^{-1}\end{aligned} \tag{13.9}$$

对于任何 $n \geqslant 1$, 其中

$$\boldsymbol{D}^n = \begin{bmatrix} v_1^n & 0 & 0 \\ 0 & v_2^n & 0 \\ 0 & 0 & v_3^n \end{bmatrix}.$$

将 (13.9) 代入 (13.8) 得到

$$\begin{aligned}\boldsymbol{P}(t) &= \boldsymbol{V}\left[\boldsymbol{I} + \sum_{n=1}^{\infty}(t^n/n!)\boldsymbol{D}^n\right]\boldsymbol{V}^{-1}\boldsymbol{P}(0)\\ &= \boldsymbol{V}\begin{bmatrix} \exp(v_1 t) & 0 & 0 \\ 0 & \exp(v_2 t) & 0 \\ 0 & 0 & \exp(v_3 t) \end{bmatrix}\boldsymbol{V}^{-1}\boldsymbol{P}(0).\end{aligned} \tag{13.10}$$

矩阵 $\boldsymbol{A}$ 的特征值为

$$\begin{aligned} v_1 &= -(2\lambda_1 + \lambda_2),\\ v_2 &= -(\lambda_1 + \lambda_2),\\ v_3 &= 0,\end{aligned}$$

其对应的特征向量为

$$\boldsymbol{V}_1 = \begin{bmatrix} 1 \\ -2 \\ 1 \end{bmatrix}, \quad \boldsymbol{V}_2 = \begin{bmatrix} 0 \\ -1 \\ 1 \end{bmatrix}, \quad \boldsymbol{V}_3 = \begin{bmatrix} 0 \\ 0 \\ 1 \end{bmatrix}.$$

现在

$$\boldsymbol{V} = \begin{bmatrix} 1 & 0 & 0 \\ -2 & -1 & 0 \\ 1 & 1 & 1 \end{bmatrix}, \quad \boldsymbol{D} = \begin{bmatrix} -(2\lambda_1 + \lambda_2) & 0 & 0 \\ 0 & -(\lambda_1 + \lambda_2) & 0 \\ 0 & 0 & 0 \end{bmatrix},$$

$$\boldsymbol{V}^{-1} = \begin{bmatrix} 1 & 0 & 0 \\ -2 & -1 & 0 \\ 1 & 1 & 1 \end{bmatrix}.$$

可以用数字验证 $\boldsymbol{A} = \boldsymbol{VDV}^{-1}$. 由 (13.10) 得到

$$\boldsymbol{P}(t) = \boldsymbol{V}\begin{bmatrix} \exp[-(2\lambda_1 + \lambda_2)t] & 0 & 0 \\ 0 & \exp[-(\lambda_1 + \lambda_2)t] & 0 \\ 0 & 0 & 1 \end{bmatrix}\boldsymbol{V}^{-1}\begin{bmatrix} 1 \\ 0 \\ 0 \end{bmatrix}$$

$$= \begin{bmatrix} \exp[-(2\lambda_1+\lambda_2)t] \\ 2\exp[-(\lambda_1+\lambda_2)t] - 2\exp[-(2\lambda_1+\lambda_2)t] \\ \exp[-(2\lambda_1+\lambda_2)t] - 2\exp[-(\lambda_1+\lambda_2)t] + 1 \end{bmatrix}.$$

因此, 系统可靠度为

$$R_s(t) = 1 - P_3(t) = 2\exp[-(\lambda_1+\lambda_2)t] - \exp[-(2\lambda_1+\lambda_2)t]. \tag{13.11}$$

13.4.2 三元件模型

具有三个部分独立软件组件并联的系统如图 13.2(a) 所示.

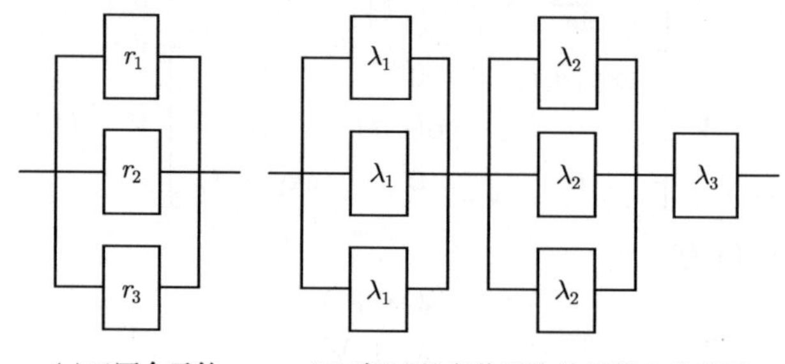

图 13.2 三个软件元件的模型图

因为一些输入数据可以引起一个, 或两个, 或三个组件同时故障, 这样的系统可以转换成如图 13.2(b) 所示的具有三个独立子系统的并–串联系统, 其中

- 第一个子系统有三个独立的组件并联, 每个组件故障率为 λ_1;
- 第二个子系统具有三个独立组件并联, 使得当软件组件 1 和 2 同时故障时, 第一个组件故障; 当软件组件 2 和 3 同时故障时, 第二个组件故障; 当软件组件 1 和 3 同时故障时, 第三个组件故障, 三个并联独立组件的故障率是 λ_2;
- 第三个子系统由一个组件构成, 当三个所有的软件组件同时故障时该组件故障, 其故障率为 λ_3.

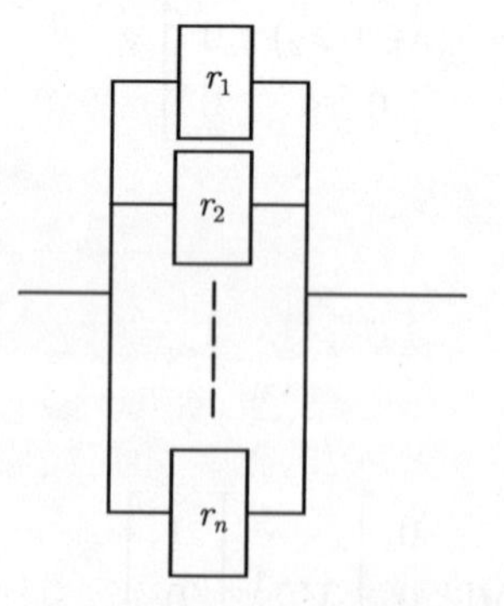

图 13.3 n 个冗余元件的模型图

一个具有 n 个部分独立软件组件并联的系统, 如图 13.3 所示的简化的系统, 可以像 Chi 和 Kuo[55] 所解释的那样进行分析. 一个具有共因失效系统的 Markov 模型如图 13.4 所示, 所有独立组件的故障率假设是相同的, 即 λ_c. 在这个简化模型中, 只有共因失效被认为是导致所有冗余件故障的原因, 从一种状态转移到另一种状态的转

移率取决于可用组件的数量, 即从状态 m 转移到状态 $m+1$ 的转移率为 $(n-m)\lambda_1$, 其中 λ_1 为从状态 $n-1$ 转移到状态 n 的转移率.

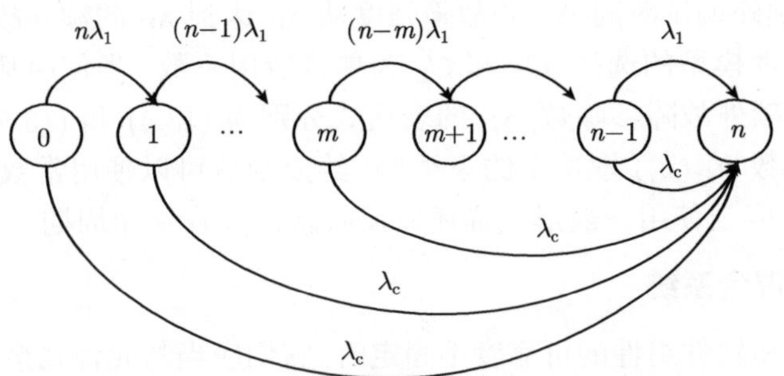

图 13.4　n 个冗余元件的一般 Markov 模型

13.5　软件可靠性最优化问题的形式

为了优化软件系统的可靠性, 将应用可靠性–冗余分配方法. 一般表达如下:

问题 13.1

$$\begin{aligned}\max \quad & R_{\mathrm{s}}=f(r_1,\cdots,r_n;x_1,\cdots,x_n),\\ \text{s.t.} \quad & \sum_{j=1}^{n} g_{ij}(r_j,x_j)\leqslant b_i, i=1,\cdots,m,\\ & 0\leqslant r_j\leqslant 1 \text{ 且 } x_j\in\{1,2,\cdots\}, j=1,\cdots,n,\end{aligned}$$

其中, r_j 和 x_j 表示组件的可靠度和冗余组件处于阶段 j 的水平.

13.5.1　一个纯软件系统

软件总是伴随着硬件. 然而, 当系统中硬件的可靠度已知时, 人们只有通过软件组件优化系统可靠性. 当考虑仅仅 n 个软件组件的系统可靠性优化问题时, 以上问题可以转换为如下形式:

问题 13.2

$$\begin{aligned}\max \quad & R_{\mathrm{s}}=f(r_1,\cdots,r_n;x_1,\cdots,x_n),\\ \text{s.t.} \quad & \sum_{j=1}^{n} g_{ij}\left[f_{ij}(r_j,r_j^*),h_{ij}(x_j)\right]\leqslant b_i, i=1,\cdots,m,\end{aligned}$$

其中, $f_{ij}(r_j,r_j^*)$ 表示为使第 j 个模块的可靠度从 r_j 增加到 r_j^* 的第 i 个相关可靠度成本函数, $h_{ij}(x_j)$ 为 x_j 组件消耗资源 i 的冗余成本函数.

上述目标函数的表达式是按照模块的可靠度, 依次是冗余模块数的函数和模块的可靠度. 上述问题中的约束函数是相关可靠性费用函数. 对于 i 和 j 相关可靠性

费用函数为

$$f(\lambda_{\mathrm{P}}, \lambda_{\mathrm{F}}) = C_1\theta_r\Delta\tau + C_2\mu_r\Delta\mu,$$

其中, 表达式中额外调试时间 $\Delta\tau$ 和故障强度从 λ_{P} 达到 λ_{F} 的额外故障移除数 $\Delta\mu$ 依赖于软件可靠性模型的选择. C_1 和 C_2 为单位费用系数. 当使用基本函数, 额外调试时间 $\Delta\tau$ 和额外故障移除数 $\Delta\mu$ 的表达式分别为 (13.4) 和 (13.5).

冗余费用函数 $h_{ij}(x_j)$ 取决于约束类型. 约束函数可以使用常数、增函数或减函数, 如有需要, 应当使用一般形式描述以反映软件开发生命周期.

13.5.2 软硬件混合系统

当硬件元件和软件组件的可靠度不固定时, 它们应当与元件冗余水平一起最优化. 在纯软件系统中, 每个阶段代表了一个独立的功能模块或子系统. 然而, 通过增加硬件部分的约束函数, 这个模型可以推广到去优化软硬件混合系统的可靠度. 假设硬件元件下标用 $1, 2, \cdots, d$ 表示, 软件组件下标用 $d+1, \cdots, n$ 表示. 这里, 被最大化的目标函数可以写成

$$R_{\mathrm{s}} = f(r_1, \cdots, r_n; x_1, \cdots, x_n).$$

新的约束为

$$\sum_{j=1}^{d} g_{ij}\left[f_{ij}(r_j), h_{ij}(x_j)\right] + \sum_{j=d+1}^{n} g_{ij}\left[f_{ij}(r_j, r_j^*), h_{ij}(x_j)\right] \leqslant b_i, \quad i = 1, \cdots, m.$$

上述公式中的目标函数用阶段可靠度表示. 每一阶段可以是纯软件组件、纯硬件元件或软件和硬件混合的组件. 约束函数用相关可靠性费用函数和冗余费用函数的乘积表示. 对于硬件元件 (参见文献 Lin 和 Kuo[200]), 相关可靠性费用函数为

$$r_j = \exp(-\lambda_j t),$$

$$f(r_j) = v_j\left(\frac{-t}{\ln r_j}\right)^{u_j}, \tag{13.12}$$

其中 t, u_j 和 v_j 为给定的常数. 对于软件组件, 相关可靠性费用函数为

$$f(\lambda_{\mathrm{P}}, \lambda_{\mathrm{F}}) = C_1\theta_r\Delta\tau + C_2\mu_r\Delta\mu, \tag{13.13}$$

其中额外调试时间 $\Delta\tau$ 和故障强度从 λ_{P} 达到 λ_{F} 的额外故障移除数 $\Delta\mu$, 也依赖于软件可靠性模型的选择. 典型的资源约束可以如 Musa 等 [241] 表达为

(1) 人力和计算机机时 (总费用),

$$f_{1j} = f(r_j, r_j^*) = C_1\theta_r\Delta\tau + C_2\mu_r\Delta\mu \leqslant b_1.$$

(2) 项目持续时间,

$$f_{2j} = t_r\Delta\tau \leqslant b_2,$$

其中, $t_r\Delta\tau$ 为故障鉴定时间. 假设故障更正时间很小可以忽略.

(3) 存储空间,

$$f_{3j} = M \leqslant b_3.$$

冗余费用函数可以表达为

$$h_{ij}(x_j) = kx_j. \tag{13.14}$$

冗余元件同原始元件共享：① 特殊费用; ② 一些设计成本; ③ 大部分测试费用; ④ 大部分文档成本. 所有这些确定了 k 值. 正因为如此, 增加一个冗余元件的成本通常不超过原始元件开发成本的 1.5 倍. 这些费用的分析应作进一步研究.

例 13-1 NASA(美国国家航空和航天总署) 打算设计一个航天飞机发射系统. 该系统有两个模块串联. 模块 A 包括一个硬件组件和一个软件组件, 它们都没有冗余元件. 第二个模块 B 有冗余元件. 在模块 B 中, 每一个硬件元件都有一个对应的软件组件串联. 两个模块的软件还没有开发出来. 模块 A 和 B 的软件故障相互独立. 然而, 模块 B 的软件冗余组件是共因失效. 为了完成 $t = 900$h 的任务, NASA 想要决定模块 B 的冗余水平和两个模块的软件可靠度, 使系统的可靠度最大. 总的硬件开发费用不能够超过 2000000 美元. 故障确认的人工费用不能够超过 1000000 美元.

表 13.1 例 13-1 中的硬件数据

模块 i	$\lambda_{\mathrm{H},i}$	v_i	u_i
A	0.00001679	0.040302	3.5
B	0.00002245	0.055045	3.5

定义

$r_{\mathrm{H,A}}$ 模块 A 的硬件可靠度, 即 $\exp(-\lambda_{\mathrm{H,A}}t)$,

$r_{\mathrm{H,B}}$ 模块 B 的硬件可靠度, 即 $\exp(-\lambda_{\mathrm{H,B}}t)$,

$r_{\mathrm{S,A}}$ 模块 A 的软件可靠度, 即 $\exp(-\lambda_{\mathrm{S,A}}t)$,

$r_{\mathrm{S,B}}$ 模块 B 的软件可靠度, 即 $\exp(-\lambda_{\mathrm{S,B}}t)$,

x_1 模块 A 的冗余性, 它被固定为 1,

x_2 模块 B 的冗余性.

两个硬件模块元件的可靠度和开发费用如表 13.1 所示. 通过表 13.1, 利用式 (13.12) 和 (13.13), 能够计算出硬件模块 A 和模块 B 的可靠度和开发费用. 对于模块 A 有

$$r_{\mathrm{H,A}} = \exp(-\lambda_{\mathrm{H,A}}t) = \exp[(-0.00001679)(900)] = 0.985.$$

开发费用为

$$f(r_{\mathrm{H,A}}) = v_{\mathrm{A}}\left[\frac{-t}{\ln r_{\mathrm{H,A}}}\right]^{u_{\mathrm{A}}} = 0.040302\left(\frac{-900}{\ln 0.00001679}\right)^{3.5} = \text{US\$ } 200000.$$

类似地, 对于模块 B, $r_{\mathrm{H,B}} = 0.98$, $f(r_{\mathrm{H,B}}) = \mathrm{US\$}300000$, 对于任务时间 $t = 900\mathrm{CPU}$ 小时, 问题转变为

$$\begin{aligned} \max_{r_{\mathrm{S,A}}, r_{\mathrm{S,B}}, x_2} \quad & R_{\mathrm{s}} = f(r_{\mathrm{H,A}}, r_{\mathrm{H,B}}, r_{\mathrm{S,A}}, r_{\mathrm{S,B}}, x_1, x_2) \\ \text{s.t.} \quad & 200000x_1 + 300000x_2 \leqslant b_0, \\ & C_{1\mathrm{A}}\theta_{I\mathrm{A}}\frac{v_{0\mathrm{A}}}{\lambda_{0\mathrm{A}}}\ln\frac{\lambda_{0\mathrm{A}}}{\lambda_{\mathrm{SA}}} + C_{2\mathrm{A}}\mu_{I\mathrm{A}}\frac{v_{0\mathrm{A}}}{\lambda_{0\mathrm{A}}}(\lambda_{0\mathrm{A}} - \lambda_{\mathrm{SA}}) \\ & + [1 + k(x_2 - 1)]\left[C_{1\mathrm{B}}\theta_{I\mathrm{B}}\frac{v_{0\mathrm{B}}}{\lambda_{0\mathrm{B}}}\ln\frac{\lambda_{0\mathrm{B}}}{\lambda_{\mathrm{SB}}} + C_{2\mathrm{B}}\mu_{I\mathrm{B}}\frac{v_{0\mathrm{B}}}{\lambda_{0\mathrm{B}}}(\lambda_{0\mathrm{B}} - \lambda_{\mathrm{SB}})\right] \leqslant b_1, \end{aligned}$$

其中, 下标 A 和 B 分别表示模块 A 和模块 B 对应的参数, k 是当原始元件开发成本假定为 1 时冗余的开发成本.

注意

$$f(r_{\mathrm{H,A}}, r_{\mathrm{H,B}}, r_{\mathrm{S,A}}, r_{\mathrm{S,B}}, x_1 = 1, x_2 = 1) = r_{\mathrm{H,A}}r_{\mathrm{S,A}}r_{\mathrm{H,B}}r_{\mathrm{S,B}},$$

$$f(r_{\mathrm{H,A}}, r_{\mathrm{H,B}}, r_{\mathrm{S,A}}, r_{\mathrm{S,B}}, x_1 = 1, x_2 > 1) = r_{\mathrm{H,A}}r_{\mathrm{S,A}}\left\langle 1 - \left[1 - r_{\mathrm{H,B}}\left(r_{\mathrm{S,B}}\right)^{1-\delta}\right]^{x_2}\right\rangle\left(r_{\mathrm{S,B}}\right)^{\delta},$$

其中 δ 是用到模块 B 软件时共因失效的比例. 表 13.2 给出了软件参数数据.

表 13.2 例 13-1 中的软件参数

模块 i	θ_{Ii}	μ_{Ii}	v_{0i}	λ_{0i}	C_{1i}	C_{2i}	k	δ	b_0/US$	b_1/US$
A	1	5	200	20	450	540	0.3	0.03	2000000	1000000
B	1	3	100	10	450	780				

这个问题可以用随机 Hooke-Jeeves 法和分支界定法求解. 最优解如表 13.3 所示.

表 13.3 例 13-1 中的最优解

	模块 A	模块 B
x_i	1	2
r_i	0.9970	0.9965
费用/US$	61000	30000
总费用/US$	100000	
R_{s}	0.9814	

13.6 讨 论

本章提出了改进软件可靠性的系统方法, 讨论了软件相关可靠度费用函数和具有共因失效模型的软件冗余的可靠度函数, 在并行编程和测试阶段中考察了系统和组件的可靠度. 因为更多的有关软件开发的信息在这个时候可以被使用, 如故障强度或故障率, 所以通过更新的数据可以更加精确地重新评估系统和组件的可靠度.

如果系统和组件的可靠度没有满足最低要求, 通过更新的数据可以重新分配资源和再次优化系统. 解集和对应的决策变量可以被一起获得. 管理者从多种方案中选择一种方案. 决定是否改进模块可靠度或者增加冗余数量.

练　习

13.1　在系统工程的测度中, 软件可靠性的典型应用是什么?

13.2　相同的数据由 Musa 等 [241] 提出的基本模型和对数泊松模型拟合, 所得参数如下表所示:

基本模型	对数泊松模型
$\lambda_0 = 20$ 个故障/CPU 小时 $\upsilon_0 = 120$ 个故障	$\lambda_0 = 50$ 个故障/CPU 小时 $\theta = 0.025$/故障

注意对数泊松模型常常有较高的初始故障强度: 与基本模型的故障强度相比, 它开始下降得更快, 但是最后下降得更慢. 首先, 使用这两个模型, 决定额外故障数和额外需要的执行时间达到 10 个故障/CPU 小时的故障强度目标. 然后, 对丁个故障/CPU 小时的故障强度目标重复计算. 假设在两种情形中均从初始故障强度开始.

13.3　下图表示具有两个处理器的一台机器上运行的时间共享系统事件图. 时间共享系统在一个一般操作系统下运行, 它们都在这两个处理器上运行. 主要转换器硬件的 10h 可靠度已经标出. 操作系统和时间共享系统在执行时间里测出的故障强度分别为 0.05 个故障/CPU 小时和 0.025 个故障/CPU 小时. 机器运行大约 20% 的时间, 另外, 处理器 60% 的能力由应用程序使用. 求整机的主要转换可靠度 (不考虑应用程序的可靠度).

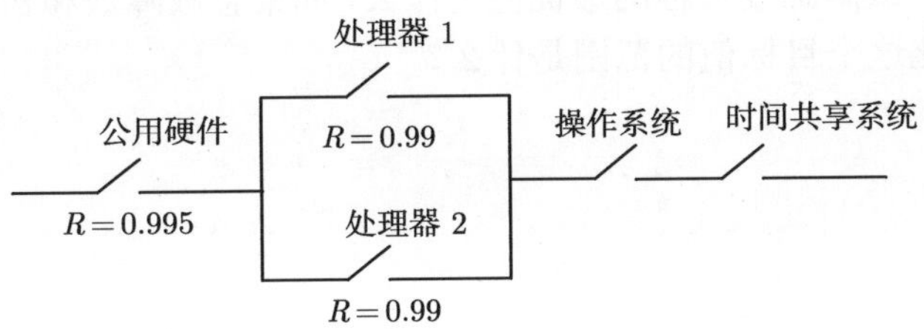

13.4　两个部分独立软件组件 (A 和 B) 的并联系统可以转化为两个独立组件并联和一个共因组件的串联系统. 建立

(a) 这个具有共因失效系统的 Markov 模型, 其中 λ_1 为每个独立组件的故障率, λ_2 为共因组件的故障率;

(b) Markov 模型的微分方程.

13.5　一个程序的初始故障强度为 10 个故障/CPU 小时. 想测试和调试这个

程序, 将故障强度降至一个故障/CPU 小时. 假设有以下资源使用参数:

使用资源	每小时	每个故障/h
确认故障	3①	2①
更正故障	0	6①
机时	1.5	1

① 度量是人时.

(a) 为了达到可靠性改进要求, 什么资源必须消耗? 使用基本的执行时间模型, 假设故障强度的衰减参数为 0.05;

(b) 如果故障强度目标值降为一半, 是否资源数量需要增加一倍?

13.6　以下问题使用基本执行时间模型. 正在对一个计划的软件系统 COM-PROD 进行系统分析, 决定关于故障强度目标的使用费用范围的函数. 希望调查故障强度目标从 1 个故障/100CPU 小时到 5 个故障/100CPU 小时的费用. 以下系统的测试费用已经确定 (变化范围):

失效强度目标 /(个故障/100CPU 小时)	系统测试费用 /千美元	系统测试费用范围 /千美元
1	1585	1230～1840
2	1490	1160～1710
3	1440	1100～1650
4	1400	1070～1600
5	1360	1040～1560

计算系统全部组件依赖于可靠度 (故障强度目标) 的费用. 假设这个系统将运行 4 年, 250 天/年, 10CPU 小时/天. 这个系统将有 5 批安装. 一个故障的总费用被估计为 100 美元. 故障强度目标的最优值是什么? 如果总故障数和初始故障强度的信息不完整, 据此这个目标值的范围是什么?

第 14 章　定期最优维修策略案例研究

对一个维修系统, 决定关键部件的更换年龄, 通常不只一个独立的 (冲突的) 标准是重要的. 在这个研究中, 数学模型采用了如下三个标准：① 最小更换成本率; ② 最大可用度; ③ 任务可靠度的下界. 为了获得这个多目标决策的解使用 4 种方法：① 严格筛选; ② 字典方法; ③ Waltz 字典式法; ④ 序惯多目标问题解技术 (SEMOPS). 以飞机的发动机为例, 利用 4 种不同的方法获得最优更换年龄. 基于 Hwang 等 [137] 的工作, 在这个案例中讨论这个方法的结果和意义.

14.1　引　　言

对每个军事或商业设备, 存在一些关键部件, 这些关键部件的失效可能导致停机或对使用该部件的个体造成威胁. 使用多种独立的 (冲突的) 标准确定关键部件的更换年龄是合理的. 经常使用的三个标准如下：

(1) 最小替换成本率;

(2) 最大可用度;

(3) 任务可靠度的下界.

任务失效预期成本与任务可靠度是线性关系的, 因此, 没有必要详细考虑. 在决定飞机关键部件的维修政策上, Ladany 和 Aharoni[182] 选择最保守 (最年轻) 的更换年龄：① 最小替换成本率; ② 任务可靠度下界; ③ 飞行失效成本. 在问题陈述和决策过程中, 存在以下不足：

(1) 维修系统效率的主要措施的可用性没有被考虑;

(2) 它们的替换成本率方程没有考虑预防替换和故障替换的停机时间;

(3) 严格筛选法太过保守, 而且让决策者没有任何灵活性.

在这个研究中, 遵照以上三个标准, 使用 4 种多标准决策法获得最佳维修计划策略. 对其他的多标准决策方法, 如替代值权衡法 [278], 参见文献 [48], [134], [135], [138], [183] 和 [331].

记号

$A(t_{\mathrm{p}})$　　关键部件的可用度,

C_{pr}　　预防替换的成本,

C_{fr}　　故障替换的成本,

$c(t_\mathrm{p})$	全部期望替换的成本率,
E_f	任务失效的期望成本,
$F(x,h)$	直到 x 时元件才开始失效, 在 x 和 $x+h$ 之间的失效概率,
$f(x), F(x)$	分别表示关键部件寿命的概率密度函数和累积分布函数,
H	任务持续时间,
$L(t_\mathrm{p})$	周期长度,
$M(t_\mathrm{p})$	周期 $\left[=\int_0^{t_\mathrm{p}} R(t)\mathrm{d}t\right]$ 内的平均寿命,
$R(x)$	生存函数 $[=1-F(x)]$,
$R(x,h)$	任务的可靠度 $[=1-F(x,h)]$,
t_dpr	预防替换的平均停机时间,
t_dfr	失效替换的平均停机时间,
t_p	预防替换的年龄.

14.2 评价函数

对于关键部件预防性替换, 最佳维修计划策略将被确定. 维修或替换的部件等同于新部件. 假设计划期很长, 上面所提到的三条标准被评价如下.

(1) 最小替换成本率:

$$
\begin{aligned}
L(t_\mathrm{p}) &= M(t_\mathrm{p}) + t_\mathrm{dpr}R(t_\mathrm{p}) + t_\mathrm{dfr}F(t_\mathrm{p}),\\
C(t_\mathrm{p}) &= \frac{\text{每个周期总的期望替代成本}}{\text{期望周期的长度}}\\
&= \frac{C_\mathrm{pr}R(t_\mathrm{p}) + C_\mathrm{fr}F(t_\mathrm{p})}{L(t_\mathrm{p})},
\end{aligned}
\tag{14.1}
$$

$t^*_\mathrm{p1}, t_\mathrm{p}$ 的最优值, 是用微积分方法求得 $C(t_\mathrm{p})$ 的最小解.

(2) 最大可用度:

$$
\begin{aligned}
A(t_\mathrm{p}) &= \frac{\text{周期内期望的运作时间}}{\text{期望周期}}\\
&= \frac{M(t_\mathrm{p})}{L(t_\mathrm{p})}.
\end{aligned}
\tag{14.2}
$$

$t^*_\mathrm{p2}, t_\mathrm{p}$ 的最优值, 是用微积分方法求得 $A\left(t_\mathrm{p}\right)$ 的最大解.

(3) 任务可靠度, 即部件在寿命 x 时开始到完成任务 h 时间的概率:

$$
R(x,h) = \frac{R(x+h)}{R(x)}. \tag{14.3}
$$

在预防替换年龄任务可靠度达到最小. 任务失效的期望成本可以转化为关于任务可靠度的等价边界条件 t_{p3}^*.

例 14-1 这里用 Bell 等 [27] 的数值例子, 飞机发动机的寿命近似服从威布尔分布, 形状参数 $\beta = 3.0$ 和特征寿命参数 α 为 1390h.

假设以下的成本 (千美元)、时间和任务可靠度下界是合理的:

$$
\begin{aligned}
&C_{\mathrm{pr}} = 25,\\
&C_{\mathrm{fr}} = 37.5,\\
&t_{\mathrm{dpr}} = 8\mathrm{h},\\
&t_{\mathrm{dfr}} = 16\mathrm{h},\\
&R(x,h)_{\min} = 0.985.
\end{aligned}
$$

直接代入威布尔方程和 (14.1)~(14.3), $C(t_{\mathrm{p}}), A(t_{\mathrm{p}})$ 和 $R(x,h)$ 的值在图 14.1 中给出.

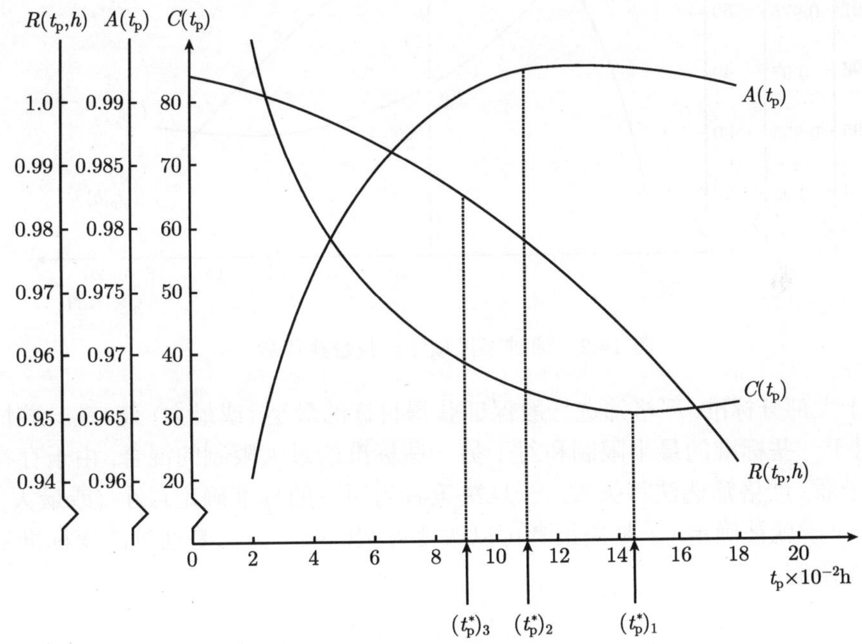

图 14.1 用最严格挑选方法的最优替换年龄

14.3 严格筛选

对每个多独立的标准, 部件将会有不同的最优预防替换年龄. 对于每个标准,严格筛选法使用最小的最佳预防替换年龄.

最佳预防替换年龄如表 14.1 所示, 选择最小的替换年龄 913h (图 14.2).

表 14.1 最优预防替换年龄

i	标准	t^*_{pi}/h
1	替换成本率 (最小)	1455 最优
2	可用度 (最大)	1129 最优
3	任务可靠度 (下界)	913 绝对最大

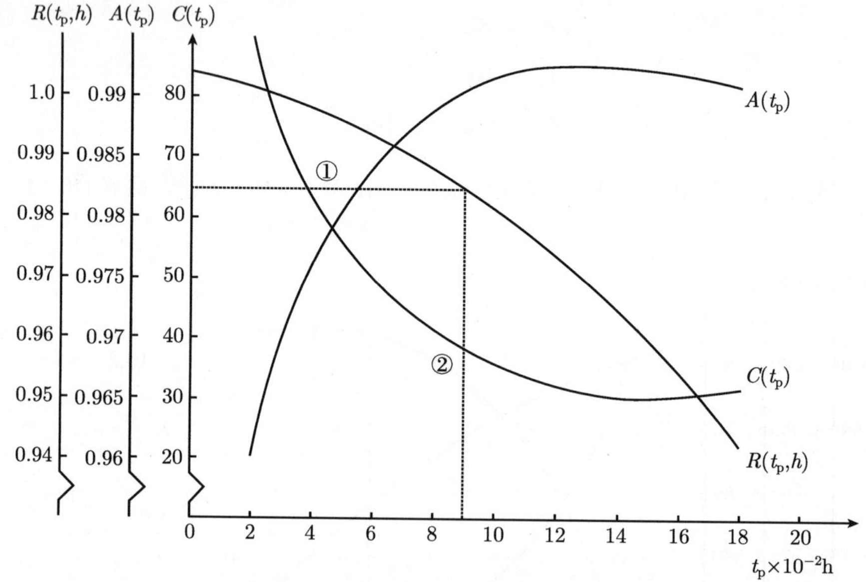

图 14.2 通过字母顺序法找替换年龄

对于大部分标准, 严格筛选一般保证获得目标的最小 (或最大) 值. 在一些情形下, 有对于一些标准的最小限制和对于另一些标准的最大限制的混合, 由于存在逻辑上的矛盾, 严格筛选法将失效. 一旦决策者为所有的标准确定最小 (或最大) 值时, 实质上解就被确定. 于是决策者可以改变方案的唯一方法是通过改变标准最大 (或最小) 限制.

14.4 字母顺序法

这个方法要求决策者按目标的重要性排序, 通过按照标准重要性顺序从最重要的标准开始优化, 最优解被获得 [135].

假设决策者以这样的顺序排列了这三个标准的重要性: ① 满足任务可靠度下

界; ② 最小替换成本率; ③ 最大可用度, 则

问题 14.1

不是求 $\max\limits_{t_p} R(t_p, h)$, 而是求满足以下约束条件的 t_p 值:

$$R(t_p, h) \geqslant R(t_p, h)_{\min}, \quad t_p \geqslant 0,$$

其中 $R(t_p, h)_{\min} = 0.985$, 解为 $t_p \leqslant 913\text{h}$ (表 14.2).

表 14.2 运用词典法标准重要性不同排序的结果

	优先权 1	优先权 2	优先权 3	t_p/h
案例 1	$C(t_p)$	*	*	1455
案例 2	$A(t_p)$	*	*	1129
案例 3	$R(t_p, h)$	$A(t_p)$	*	913
案例 4	$R(t_p, h)$	$C(t_p)$	*	913

* 这些标准对解无影响.

由于没有唯一解, 故任何 $t_p \leqslant 913\text{h}$ 都满足 $R(t_p, h) \geqslant R(t_p, h)_{\min}$.

问题 14.2

$$\begin{aligned} \max \quad & C(t_p), \\ \text{s.t.} \quad & R(t_p, h) \geqslant 0.985, t_p \geqslant 0. \end{aligned}$$

问题 14.2 的解为 $t_p = 913\text{h}$, 由于这是一个唯一解, 故终止.

现在, $t_p = 913\text{h}$ 是整个问题的解. 不重要的标准, 最大可用度, 在这个方法中被忽略.

通过词典法得到这个特定例子的最优替换年龄在图 14.2 中被说明. 由于在这个问题中有三个标准, 决策者能够用 3! =6 种不同的方法对重要性排序. 对于这个例子, 表 14.2 的结果表明, 解主要由第一优先权或第一优先权和第二优先权决定. 如果这三个标准的优先级被改变, 则解将是不同的. 因为解对决策者所决定的标准优先顺序非常灵敏, 当一些标准是几乎同等重要时, 分析师应用这个方法时应该谨慎.

14.5 Waltz 字母顺序法

Waltz 字母顺序法 [319] 减少解对决策者标准优先级的灵敏度是有用的. 在第一个标准被优化之后, 第二个准则在保持第一个准则占最优解一定百分比内被优化. 然后第三个准则在保持前两个准则以前步骤所得最优解一定百分比内被优化

为了便于说明, 假设决策者决定这三个标准的重要性顺序如下: ① 最小替换成本率; ② 最大可用度; ③ 任务可度下界. 于是

问题 14.3

$$\begin{aligned} \min \quad & C(t_{\mathrm{p}}), \\ \text{s.t.} \quad & t_{\mathrm{p}} \geqslant 0. \end{aligned}$$

问题 14.3 的解为 $t_{\mathrm{p}}^* = 1455\mathrm{h}$, $C(t_{\mathrm{p}}^*) = 28.92\mathrm{US\$/h}$ (图 14.3).

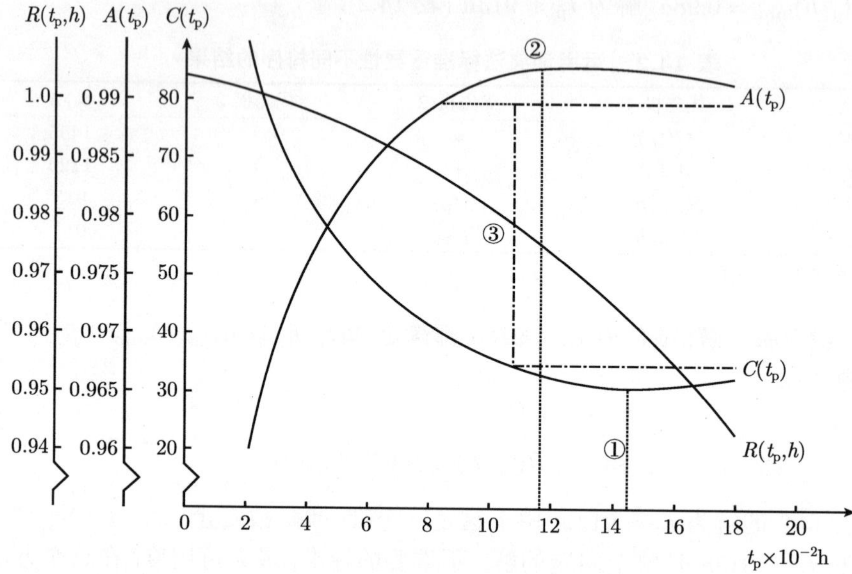

图 14.3　通过 Waltz 字母顺序法获得的替换年龄

然而, 如果决策者认为替换成本率 $\leqslant 30.5/\mathrm{h}$ 是满意的, 则

问题 14.4

$$\begin{aligned} \max \quad & A(t_{\mathrm{p}}), \\ \text{s.t.} \quad & C(t_{\mathrm{p}}) \leqslant 30.5, t_{\mathrm{p}} \geqslant 0. \end{aligned}$$

问题 14.4 的解为 $t_{\mathrm{p}}^* = 1129\mathrm{h}$, $A(t_{\mathrm{p}}^*) = 0.9888$ (图 14.3).

如果决策者认为可用度 $\geqslant 0.9875$ 是可以接受的, 则

问题 14.5

$$\begin{aligned} \max \quad & R(t_{\mathrm{p}}, h), \\ \text{s.t.} \quad & C(t_{\mathrm{p}}) \leqslant 30.5, A(t_{\mathrm{p}}) \geqslant 0.9875, t_{\mathrm{p}} \geqslant 0. \end{aligned}$$

问题 14.5 的解为 $t_{\mathrm{p}}^* = 1057\mathrm{h}$, $R(t_{\mathrm{p}}^*, h) = 0.98$ (图 14.3).

最后, 整个问题的解为 $t_{\mathrm{p}}^* = 1057\mathrm{h}$, $C(t_{\mathrm{p}}^*) = 30.5$, $A(t_{\mathrm{p}}^*) = 0.98877$, $R(t_{\mathrm{p}}^*) = 0.98$. 优先顺序解的灵敏度被降低. Waltz 字母顺序法得到这个例子的最优替换年龄在图 14.3 被说明.

从决策者的观点来看, Waltz 字母顺序法与其他方法有很大的不同. 在确定每个标准被松弛的量方面, 有可以使用的信息反馈到决策者. 对于每个标准获得满意解而不是最优解, 并且降低解对优先顺序的敏感度.

14.6 SEMOPs: 交互方法

SEMOPs 是由 Monarchi 等 [236] 提出来的, 这里, 决策者允许用一个目标和另一个目标相互交易. 通过这个方法产生一些隐含的交易信息, 以便决策者能够决定当前解是否满意.

这个算法在决策者的指导下产生信息. 有关目标之间关系的信息是根据一个目标达到或没有达到如何影响其他目标的期望水平 (ALs)(这个方法的详细资料参见文献 [135]).

考虑问题包括三个目标和一个非负决策变量的例子.

- 标准函数和目标:

$$f_1 = C(t_\mathrm{p}) \leqslant \mathrm{AL}_1, \quad f_2 = A(t_\mathrm{p}) \geqslant \mathrm{AL}_2, \quad f_3 = R(t_\mathrm{p}, H) \geqslant \mathrm{AL}_3.$$

- 目标水平 (GL, 最终期望水平):

$$\mathrm{GL}_1 = 30.5\mathrm{US\$/h}, \quad \mathrm{GL}_2 = 0.9885, \quad \mathrm{GL}_3 = 0.99.$$

- f_i 的相关范围:

$$(f_{1\mathrm{L}}, f_{1\mathrm{U}}) = (0, 80), \quad (f_{2\mathrm{L}}, f_{2\mathrm{U}}) = (0.9, 1), \quad (f_{3\mathrm{L}}, f_{3\mathrm{U}}) = (0.9, 1).$$

标准函数变换为

$$Y_i = \frac{f_i - f_{i\mathrm{L}}}{f_{i\mathrm{U}} - f_{i\mathrm{L}}},$$

即

$$Y_1 = \frac{f_1}{80}, \quad Y_2 = \frac{f_2 - 0.9}{1 - 0.9}, \quad Y_3 = \frac{f_3 - 0.9}{1 - 0.9}.$$

开始, 假设期望水平等于目标水平, 即

$$\mathrm{AL}_i = \mathrm{GL}_i, \quad i = 1, 2, 3.$$

定义

$$A_i = \frac{\mathrm{AL}_i - f_{i\mathrm{L}}}{f_{i\mathrm{U}} - f_{i\mathrm{L}}}, \quad i = 1, 2, 3,$$

则这些 A_i 的值为

$$A_1 = 0.38125, \quad A_2 = 0.885, \quad A_3 = 0.9.$$

定义

$$d_1 = \frac{Y_1}{A_1}, \quad d_2 = \frac{A_2}{Y_2}, \quad d_3 = \frac{A_3}{Y_3},$$

注意 d_2 和 d_3 分别被定义为 Y_2/A_2 和 Y_3/A_3 的倒数, 因为第二个和第三个目标包括最大值. 令

$$\boldsymbol{d} = (d_1, d_2, d_3), \quad \boldsymbol{f} = (f_1, f_2, f_3).$$

表 14.3 第一个周期 (SEMOPS) 的结果, AL=GL=(30.5,0.9885,0.99)

s_1	t_p	$\boldsymbol{d}$	$\boldsymbol{f}$
$s_1 = 3.9696$	613	$\boldsymbol{d}_1 = (1.4010, 1.0316, 0.9662)$	$\boldsymbol{f}_1 = (42.73, 0.9858, 0.9992)$
$s_{1.1} = 3.7903$	1058	$\boldsymbol{d}_{1.1} = (1.0000, 0.9969, 1.1252)$	$\boldsymbol{f}_{1.1} = (30.49, 0.9888, 0.9800)$
$s_{1.2} = 3.4051$	925	$\boldsymbol{d}_{1.2} = (1.0588, 1.0000, 1.0638)$	$\boldsymbol{f}_{1.2} = (32.29, 0.9885, 0.9846)$
$s_{1.3} = 3.0010$	635	$\boldsymbol{d}_{1.3} = 1.3615, 1.0275, 0.9713)$	$\boldsymbol{f}_{1.3} = (41.53, 0.9861, 0.9927)$

第一个周期

第一个周期解决的主要问题为

$$\begin{aligned} \min \quad & s_1 = d_1 + d_2 + d_3, \\ \text{s.t.} \quad & t_p > 0. \end{aligned}$$

也构造了三个辅助问题, 试图依次满足每一个目标. 如果不等式 $f_1 \leqslant 30.5$ 作为一个约束条件被引进, d_1 从替换目标函数中删除, 则变为

$$\begin{aligned} \min \quad & s_{1.1} = d_2 + d_3, \\ \text{s.t.} \quad & f_1 \leqslant 30.5, t_p > 0. \end{aligned}$$

同样地, 第二个和第三个辅助问题为

$$\begin{aligned} \min \quad & s_{1.2} = d_1 + d_3, \\ \text{s.t.} \quad & f_2 \geqslant 0.9885, t_p > 0; \\ \min \quad & s_{1.3} = d_1 + d_2, \\ \text{s.t.} \quad & f_3 \geqslant 0.9900, t_p > 0. \end{aligned}$$

4 个问题的最优解在表 14.3 中被给出, 可用度的改变与其他目标得到与否是相互独立的. 选择这个目标期望水平并将它作为约束条件似乎是合理的, 假设决策者为目标 2 设立了一个新的期望水平 0.987.

第二个周期

期望水平现在是 $\text{AL}_1 = (30.5, 0.987, 0.99)$, 达到第二个目标已经被作为约束条件, 一个主要问题和两个的辅助问题在这个周期中被解如下:

$$\begin{aligned}
\min \quad & s_{2.2} = d_1 + d_3, \\
\text{s.t.} \quad & f_2 \geqslant 0.987, t_{\rm p} > 0; \\
\min \quad & s_{2.21} = d_3, \\
\text{s.t.} \quad & f_2 \geqslant 0.987, f_1 \leqslant 30.5, t_{\rm p} > 0; \\
\min \quad & s_{2.23} = d_1, \\
\text{s.t.} \quad & f_2 \geqslant 0.987, f_3 \geqslant 0.99, t_{\rm p} > 0.
\end{aligned}$$

最优结果在表 14.4 中被给出, 表 14.4 的检查发现, 如果 $f_1 \leqslant 38.33$ 是满意的, 那么决策者已经得到了一个满意的解. 然而, 决策者认为替换成本率太高, 从表 14.4 中可以看出, 通过降低可用度替换成本率可以被减少. 因此, 决策者将第三个目标的期望水平定为 0.985.

表 14.4　第二个周期 (SEMOPS) 的结果, $\mathbf{AL_1} = (30.5, 0.987, 0.99)$

s_2	$t_{\rm p}$	$\boldsymbol{d}$	$\boldsymbol{f}$
$s_{2.2} = 2.9975$	705	$\boldsymbol{d}_{2.2} = (1.2567, 1.0000, 0.9892)$	$f_{2.2} = (38.33, 0.9870, 0.9910)$
$s_{2.21} = 2.7934$	1058	$\boldsymbol{d}_{2.21} = (1.0000, 0.9800, 1.1252)$	$f_{2.21} = (30.49, 0.9888, 0.9800)$
$s_{3.23} = 2.0081$	705	$\boldsymbol{d}_{3.23} = (1.2567, 1.0000, 0.9892)$	$f_{3.23} = (38.33, 0.9870, 0.9910)$

第三个周期和终止

第三个周期要解决的主要问题如下:

$$\begin{aligned}
\min \quad & s_{3.23} = d_1, \\
\text{s.t.} \quad & f_2 \geqslant 0.987, f_3 \geqslant 0.985, t_{\rm p} > 0,
\end{aligned}$$

而且不再有辅助问题. 结果在表 14.5 中给出, 从表中可以看出决策者对这个结果是满意的: $t_{\rm p} = 913\text{h}$, $f_1 = C(t_{\rm p}) = 32.53\text{US\$/h}$, $f_2 = A(t_{\rm p}) = 0.9885$, $f_3 = R_3(t_{\rm p}, H) = 0.985$.

表 14.5　第三个周期 (SEMOPS) 的结果, $\mathbf{AL_2} = (30.5, 0.987, 0.985)$

s_3	$t_{\rm p}$	$\boldsymbol{d}$	$\boldsymbol{f}$
$s_{3.23} = 1.0662$	913	$\boldsymbol{d}_{3.23} = (1.0662, 0.9836, 1.0000)$	$\boldsymbol{f}_{3.23} = (32.52, 0.9885, 0.9850)$

SEMOPS 产生信息以便决策者可以发现约束集的不一致性和选择一个可接受的条件. SEMOPS 的最主要的特征就是它的互动性. 允许决策者保持隐秘的变换使得将数字判断转换为价值判断, 这避免了特定偏好结构问题. 由于收到的信息涉及可行选择方案, 决策者可以提出一连串目标. 决策者也可以在交互过程中修订参考标准. 正如数值例子指出的那样, SEMOPS 也指出, 对于冲突的期望水平修正的必要性, 以便一个可接受的解可以被确定. 通过揭示决策者的期望将不得不进行修改以达到一个可行的替代方案, SEMOPS 完成这个方案.

14.7 结 论

至于决策者应该使用哪种方法, 没有一个明确答案. 然而, 建议采用以下途径:

首先使用严格筛选法求解问题, 如果决策者对获得的解是满意的, 那么这个问题就被解决; 否则, 决策者就必须修正或提供更多的信息, 如标准重要性的顺序, 再使用字母顺序法解问题. 如果决策者还不满意, 则对每个标准, 目标应该稍微被放宽. 如果这样之后结果还是不令人满意, 那么交互方法, 即应该使用 SEMOPS. 这种方法立即给决策者带来信息, 以便决策者能够评估和修正不一致的约束集, 结果一个可接受的解可以很快被确定. 显然, 如果决策者对这个简单方法的解是满意的, 则这个过程将被结束; 否则, 更复杂的方法将被使用于解这个问题.

第 15 章　可靠性最优化的案例研究

15.1　任务有效性维修的案例研究

为了执行一系列具有固定的间隙飞行任务, 需要一套军事系统. 这套系统由 4 个子系统串联组成. 为了提高这套系统的可靠性, 每个子系统由许多并联的计算机控制装置 (元件) 构成, 令 r_{ij} 为第 i 个系统中第 j 个元件的可靠度. 安装在相同的子系统中的元件不必是一样的, 因为它们可能由不同的供应商提供. 从软件系统方面, 情况更是如此. 在给定任务完成之后, 一些元件将需要维修. 令 t_{ij} 为任务结束后第 i 个系统第 j 个元件所需的维修工作量. 维修工作量 t_{ij} 通常用天数表示, 然而, 在结束任务后不是所有的元件都需要维修, 如图 15.1 中所描述的, 令 S_{ij} 表示第 i 个子系统第 j 个元件的维修状态.

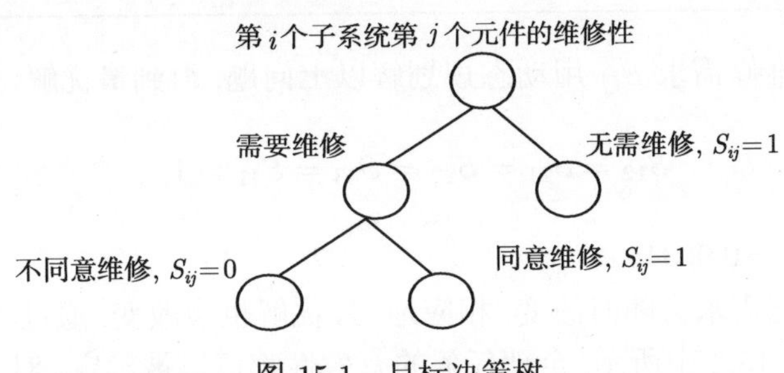

图 15.1　目标决策树

注意: 如果不需要维修, 或者维修请求被批准, 则 S_{ij} 取 1; 否则, 取 0. 表 15.1 列出了可靠度、维修数据和任务需求状态.

维修人员在任务之间 14 天分配, 因此, 不是所有请求的维修都可以被满足.

问题 15.1

在完成下一个任务之前, 为了使系统可靠性达到最大, 寻找 $R_s = R_1R_2R_3R_4$ 在条件 $\sum_M t_{ij}S_{ij} \leqslant 14$ 下的最大值, 其中 M 为请求维修的所有元件的个数, $S_{11} = S_{32} = 1$, 其他的 S_{ij} 为 0 或 1,

$$R_1 = 1 - (1 - 0.85S_{11})(1 - 0.80S_{12}),$$

$$R_2 = 1 - (1 - 0.95S_{24})\prod_{j=1}^{3}(1 - 0.90S_{2j}),$$

$$R_3 = 1 - (1 - 0.75S_{31}) \prod_{j=2}^{3} (1 - 0.80S_{3j}),$$

$$R_4 = 1 - \prod_{j=1}^{2} (1 - 0.98S_{4j}).$$

表 15.1　元件的可靠性和维修性数据

子系统 i	元件 j	可靠度 r_{ij}	维修工作量 t_{ij}/天	所需维修状态	S_{ij}
1	1	0.85	4	否	1
	2	0.80	3	是	1 或 0
2	1	0.90	2	是	1 或 0
	2	0.90	2	是	1 或 0
	3	0.90	2	是	1 或 0
	4	0.95	3	是	1 或 0
3	1	0.75	4	是	1 或 0
	2	0.80	5	否	1
	3	0.80	5	是	1 或 0
4	1	0.98	2	是	1 或 0
	2	0.98	2	是	1 或 0

对于一系列维修需求 S_{ij} 用动态规划解以上问题, 得到最优解

$$S_{12} = S_{21} = S_{22} = S_{33} = S_{41} = 1,$$

系统可靠度为 $R_s = 0.90345$.

因为维修状态需求会随时改变, 相应地, 最优解也会改变. 通过考虑一系列 S_{ij} 的最优维修, 如表 15.2 中所示, 全部任务的有效性都可以被确定. 对于表 15.2 中的需求, 表 15.3 给出了最优维修计划表.

表 15.2　关于所需 10 个连续任务的元件的维修状态报告

子系统 i	元件 j	所需维修状态 k									
		1	2	3	4	5	6	7	8	9	10
1	1	否	否	否	否	是	否	否	否	否	是
	2	是	是	是	是	否	是	是	是	是	否
2	1	是	是	是	否	否	否	是	是	是	否
	2	是	是	否	否	否	是	是	是	否	否
	3	是	否	否	否	是	是	是	否	否	是
	4	是	是	是	否	否	否	是	是	是	否
3	1	是	否	是	是	否	是	否	是	否	是
	2	否	是	否	是	否	是	否	是	否	是
	3	是	否	是	否	是	否	是	否	是	否
4	1	是	是	是	否	否	否	是	是	是	否
	2	是	否	否	否	是	是	是	否	否	否

表 15.3 10 个任务的最佳的维修进度安排

子系统 i	元件 j	所需维修状态 k									
		1	2	3	4	5	6	7	8	9	10
1	1	1*	1*	1*	1*	1	1*	1*	1*	1*	1
	2	1	1	1	1	1*	1	1	1	1	1*
2	1	1	1	0	1*	1*	1*	1	1	0	1*
	2	1	1	1*	1*	1*	1	0	0	1*	1*
	3	0	1*	1*	1*	1	1	0	1*	1*	0
	4	0	0	1	1*	1*	1*	0	0	1	1*
3	1	0	1*	1	1	1*	0	1*	1	1*	1
	2	1*	1	1*	1	1*	1	1*	1	1*	1
	3	1	1*	1	1*	1	1*	1	1*	1	1*
4	1	1	1	0	1*	1*	1*	1	0	1	1*
	2	0	1*	1*	1*	1	1	1	1*	1*	1*

* 表示不必要维护.

15.2 PWR 冷却系统的案例研究

一个典型的压水堆 (PWR) 有两个冷却系统：主要和次要的. PWR 主要冷却系统的主要元件是冷却泵、蒸汽发生器、稳压器和管道设备. 在主要冷却系统中, 为了将反应堆产生的热量通过管道设备传输到蒸汽发生器中, 冷却泵使水循环. 转移到蒸汽发生器中的热量最终由位于辅助冷却系统中的涡轮发电机转换成电. 因为主要冷却系统必须完成以上的关键功能, 它需要有很高的可靠性.

图 15.2(a) 给出了 PWR 主要冷却系统流程图, 反应堆被两个并联的支路连通,

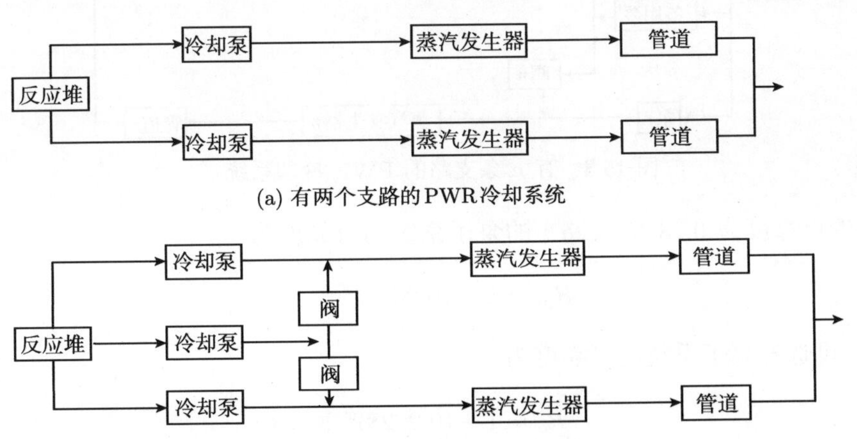

(a) 有两个支路的PWR冷却系统

(b) 有两个支路、一组可选择的泵和两个开关阀的PWR冷却系统

图 15.2 PWR 冷却系统

每个支路均由一个冷却泵, 一个蒸汽发生器和管道组成. 如果任一个支路出现故障, 那么另一个支路能使系统继续工作. 如图 15.2(b) 所示, 为了增加系统可靠性, 一组可选择泵通过开关阀与每个蒸汽发生器建立联系. 然而, 如图 15.2(b) 中所示, 具有两个并联支路的配置不可能确保所需系统的可靠性. 为了增加系统可靠性到预期水平, 可以增加并联支路的数量. 但是, 如此增加并联支路数量会导致更高的系统成本. Anand 和 Chidambaram[11] 已考虑了选择一个最佳并联支路数量和每个元件的最佳冗余水平的问题, 以致在确保系统可靠性条件下, 使系统成本达到最小. 他们已经用非线性整数规划刻画这个问题, 并应用由 Mohan 和 Shanker[235] 提出的随机搜索方法以及 Conely 和 Kossik[65] 的多阶段 Monte Carlo 模拟方法, 这个问题被描述如下:

问题描述

如图 15.3 所示, 假设 PWR 冷却系统由 n 个并联支路组成, 每个支路通过开关阀与可选择泵相连接. 令

x_{gi} 并联支路 i 中的蒸汽发生器数量,

x_o 并联中可选择泵的数量,

x_{pi} 并联支路 i 中的冷却泵的数量,

x_{vi} 在支路 i 中与可选择泵子系统相联的开关阀数量.

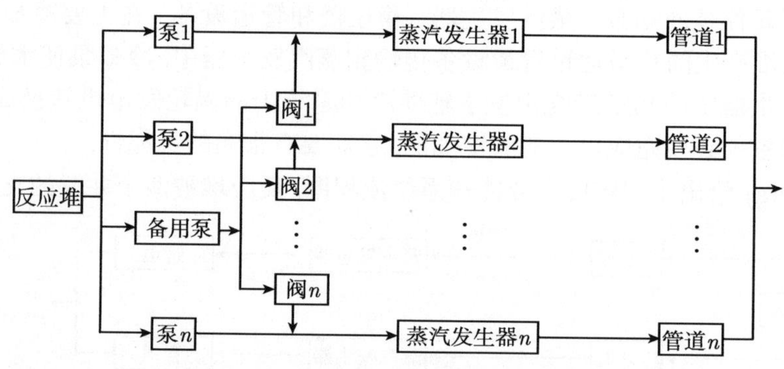

图 15.3 有 n 条支路的 PWR 冷却系统

每个泵的可靠度为 0.7372, 支路 i 的泵子系统的可靠度为

$$R_{pi} = 1 - (0.2628)^{x_{pi}}.$$

同样地, 可选择泵子系统的可靠度为

$$R_o = 1 - (0.2628)^{x_o}.$$

令 $X_g = \sum_{i=1}^{n} x_{gi}$. 每个蒸汽发生器串联管道数为

$$t = \left\lfloor \frac{2.38}{X_{\mathrm{g}}} \right\rfloor + 1, \tag{15.1}$$

其中, $\lfloor \cdot \rfloor$ 表示整数部分. 每个管道的可靠度为 $1 - 8.76 \times 10^{-6}$, 每个蒸汽发生器的管道的可靠度为 $(1 - 8.76 \times 10^{-6})^t$. 现在, 在支路 i 中蒸汽发生器子系统的可靠度为

$$R_{\mathrm{g}i} = 1 - [1 - (1 - 8.76 \times 10^{-6})^t]^{x_{\mathrm{g}i}}. \tag{15.2}$$

在支路 i 中, 开关阀子系统的可靠度为

$$R_{\mathrm{v}i} = 1 - (0.0365)^{x_{\mathrm{v}i}}.$$

每个支路中的管道设备由 6 个部分组成, 支路 i 中的管道设备的可靠度为

$$R_1 = (1 - 8.76 \times 10^{-7})^6.$$

因此, PWR 冷却系统的可靠度为

$$\begin{aligned} R_{\mathrm{s}} =& 1 - R_{\mathrm{o}} \prod_{i=1}^{n} (1 - R_{\mathrm{p}i} R_{\mathrm{g}i} R_1 - R_{\mathrm{v}i} R_{\mathrm{g}i} R_1 + R_{\mathrm{p}i} R_{\mathrm{g}i} R_{\mathrm{v}i} R_1) \\ & - (1 - R_{\mathrm{o}}) \prod_{i=1}^{n} (1 - R_{\mathrm{p}i} R_{\mathrm{g}i} R_1), \end{aligned} \tag{15.3}$$

条件为

系统运转最大压力值

$$P_{\max} = 1411 \mathrm{kg/cm}^2,$$

冷却管道直径

$$D = 2.56 \mathrm{cm},$$

次蒸汽压力值

$$P_{\mathrm{s}} = 677 \mathrm{kg/cm}^2.$$

Henley 和 Kumamoto[124] 给出的成本 (美元) 如下:

(1) 每个泵的成本为

$$455000 + 49.0 P_{\max} = 524000.$$

一组可选择泵的成本与上面是一样的.

(2) 每个蒸汽发生器的成本为

$$(582000 + 83.0 P_{\max} + 304.0 P_{\mathrm{s}}) \left[\frac{1}{4} (X_{\mathrm{g}})^{-0.69} \right] = 220000 (X_{\mathrm{g}})^{-0.69}.$$

(3) 每个支路中的主要冷却管道的成本为

$$(150000 + 37.0P_{\max})(D/2.29)^2 = 253000.$$

(4) 每个开关阀的成本是 45000.

(5) 每个稳压器的成本为

$$105.0(P_{\max}/n) + 26000 = 148000/n + 26000.$$

(6) 每个反应堆核的成本为

$$236P_{\max} + 30000n = 333000 + 30000n.$$

现在, PWR 冷却系统的总成本为

$$C_{\mathrm{s}} = 524000(X_{\mathrm{p}} + x_{\mathrm{o}}) + 220000(X_{\mathrm{g}})^{0.31} + 45000X_{\mathrm{v}} + 309000n + 481000, \quad (15.4)$$

其中,

$$X_{\mathrm{p}} = \sum_{i=1}^{n} X_{\mathrm{p}i}, \quad x_{\mathrm{g}} = \sum_{i=1}^{n} X_{\mathrm{g}i}, \quad x_{\mathrm{v}} = \sum i = 1^n x_{\mathrm{v}i}.$$

由 Anand 和 Chidambaram[11] 研究的冗余分配问题如下:

问题 15.2

$$\begin{aligned} \min \quad & C_{\mathrm{s}}, \\ \text{s.t.} \quad & R_{\mathrm{s}} \geqslant R_{\mathrm{s}}^0, \\ & 2 \leqslant n \leqslant 7, \\ & 1 \leqslant x_{\mathrm{o}} \leqslant 5, \\ & 1 \leqslant x_{\mathrm{g}i} \leqslant 5, \\ & 1 \leqslant x_{\mathrm{p}i} \leqslant 5, \\ & 1 \leqslant x_{\mathrm{v}i} \leqslant 5, \end{aligned}$$

其中 $i = 1, \cdots, n$, R_{s}^0 表示所需系统可靠度的最小值.

注意, 这个问题与典型的可靠性系统中冗余分配非线性规划表达式是不同的, 决策变量数依赖 n 的选择值. 从式 (15.1) 和 (15.2) 中可见, 在系统中蒸汽发生器的可靠性依赖于蒸汽发生器的总数.

Anand 和 Chidambaram[11] 采用 Conely 和 Kassik[65] 的多阶段 Monte Carlo 模拟法解上面的问题, 并且把它的性能与 Mohan 和 Shanker[235] 的随机搜索技术比较. 随机搜索技术通过随机过程产生解集, 使得系统可靠度要高于系统所需可靠度

的下限 R_s^0. 当系统最小可靠度 R_s^0 较高时, 这种方法的效率不高. 在多阶段 Monte Carlo 模拟法中, 迭代产生随机解. 在每次迭代中就产生一个解, 迭代中每个变量的样本空间依赖上一个迭代的解. 多次迭代使得每个变量的样本空间不断减少.

启发式方法

Prasad 和 Kuo[269] 已经使用一个简单的启发式方法解上面的冗余分配问题. 在这种方法中, 对于 $\{1,\cdots,7\}$ 中的每个 n 的值, 其他变量的整数约束被松弛, 解这个非线性规划问题. 通过简单的过程导出所考虑问题解舍入获得最优解. 最后, 在 6 个解中的最好解可被作为所需解. 每个非线性规划问题的最优解通过以下方式完成:

舍入程序

如果一个变量 (在最优解中) 的小数部分至少是 0.75, 则将那个变量的值调高为最接近它的那个整数. 将所有小数部分小于 0.75 的变量的值调低. 令 I 表示调低的所有变量的集合. 如果当前的整数解是可行的, 则停止舍入程序; 否则, 对在 I 中的每个变量, 由于在变量中有 1 的增量, 计算 C_s 的增量 ΔC 和 R_s 的增量 ΔR. 选择在 I 中的给出最小比率 $\Delta C/\Delta R$ 的变量, 以 1 的幅度增加那个变量. 如果作为结果的解可行, 则停止运行程序; 否则, 从 I 中删除此变量, 并重复程序直到获得一个可行的解为止.

现在用 $R_s^0 = 0.9999$ 说明启发式方法, 对于每个 n 值, 用惩罚方法解松弛问题, 在惩罚方法中, 违反约束将严重惩罚, Hooke-Jeeves 搜索方法解无约束问题, 向量 $(x_o, x_{g1}, x_{p1}, x_{v1}, x_{g2}, x_{p2}, x_{v2}, \cdots, x_{gn}, x_{pn}, x_{vn})$ 表示解.

表 15.4 所示的是最优解和相应的舍入解. 6 个整数解中最好的是 $n = 2$, $x_o = 1, (x_{g1}, x_{p1}, x_{v1}) = (1,3,1), (x_{g2}, x_{p2}, x_{v2}) = (1,3,1)$ 和对应的成本以及系统可靠度为

$$C_s^* = 0.513 \times 10^7, \quad R_s^* = 0.99991287.$$

Anand 和 Chidambaram[11] 报告, 对于 $R_s^0 = 0.9999$, 多阶段 Monte Carlo 方法和随机搜索方法分别得到最优成本为 0.547×10^7 和 0.575×10^7. 启发式方法得到的最优解比这两个概率方法得到的最优解更好. 从计算时间可见, 这个问题在主频是 800MHZ 的 486 型 PC 上对每个 n 值在 0.2s 内得到解 (包括舍入过程), 整个问题在 1.2s 内得到解. 这个执行时间是非常短的, 然而由 Anand 和 Chidambaram 所报告的情况至少花费一台 PC/AT 计算机 120s 的时间.

表 15.5 给出了对于不同的 R_s^0 值应用三种方法得到的目标值. 从表中可见, 在目标值和计算时间两方面, Prasad 和 Kuo[269] 的启发式方法是三种方法中最好的. 在表 15.6 中给出了 7 个 R_s^0 值以及 Prasad 和 Kuo[269] 方法得到的解. 有趣的是, 在所有这些情形中, n 取 2.

表 15.4 不同 n 值的解

n	最优解	成本/10^7	R_s	舍入解	成本/10^7	R_s
2	(1,1,3.41,1,1,2.50,1)	0.5083	0.999902	(1,1,3,1,1,3,1)	0.5130	0.999913
3	(1.91,1,2,1,1,1.50, 1,1,1.50,1)	0.5474	0.999902	(2,1,2,1,1,2,1,1, 1,1)	0.5520	0.999913
4	(1,1,1.41,1,1,1.50, 1,1,1.50,1,1,1.50,1)	0.5856	0.999903	(1,1,2,1,1,2,1,1, 1,1,1,1,1)	0.5903	0.999913
5	(1,1,1,1,1,1,1,1, 1,1,1,1.41,1,1,1.50,1)	0.6235	0.999903	(1,1,1,1,1,1,1,1, 1,1,1,2,1,1,1,1)	0.6281	0.999913
6	(1,1,1,1,1,1,1,1, 1,1,1,1,1,1,1,1,1,1,1)	0.6656	0.999913	(1,1,1,1,1,1,1,1,1,1, 1,1,1,1,1,1,1,1,1)	0.6656	0.999913
7	(1,1,1,1,1,1,1,1,1,1, 1,1,1,1,1,1,1,1,1,1,1,1)	0.7553	0.999977	(1,1,1,1,1,1,1,1,1,1,1, 1,1,1,1,1,1,1,1,1,1,1)	0.7553	0.999977

表 15.5 对于几个最小可靠度三种方法的比较

	R_s^0	Prasad 和 Kuo 法		多阶段 Monte Carlo 法		Mohan 和 Shanker 法	
		成本/10^7	可靠度	成本/10^7	可靠度	成本/10^7	可靠度
1	0.9	0.303	0.98177956	0.507	0.99967055	0.431	0.99874639
2	0.99	0.356	0.99521039	0.507	0.99967055	0.431	0.99874639
3	0.999	0.461	0.99966402	0.507	0.99967055	0.470	0.99967049
4	0.9999	0.513	0.99991287	0.547	0.99991336	0.575	0.99874639
5	0.99999	0.618	0.99999355	0.629	0.99999395	*	*
6	0.999999	0.727	0.99999958	0.738	0.99999958	*	*
7	0.9999999	0.832	0.99999997	0.906	0.99999997	*	*

* 表示该方法不能得到解.

表 15.6 PWR 冷却系统的最优解

	R_s^0	最优的 n 值	最优解 $(x_o, x_{g1}, x_{p1}, x_{v1}, \cdots, x_{gn}, x_{pn}, x_{vn})$
1	0.9	2	(1, 1, 1, 1, 1, 1, 1)
2	0.99	2	(1, 1, 1, 1, 1, 2, 1)
3	0.999	2	(2, 1, 3, 1, 1, 1, 1)
4	0.9999	2	(1, 1, 3, 1, 1, 3, 1)
5	0.99999	2	(3, 1, 3, 1, 1, 3, 1)
6	0.999999	2	(4, 1, 3, 2, 1, 4, 1)
7	0.9999999	2	(5, 1, 4, 2, 1, 4, 1)

15.3 天然气管道设计的案例研究

一家天然气管道公司需要为距离 1200 英里的新设施安装气泵. 每个气泵能有效地送气 35 英里. 传统的设计建议对每个工作站增加冗余确保可靠的天然气供应

给顾客. 结合安全考虑, 气泵通常每隔 30 英里安置一个, 而不是 35 英里安置一个. 两家不同的气泵制造商提供他们的产品 (可靠性不同) 供天然气管道公司选择.

制造商 A 保证他的气泵平均故障前时间至少为 240000h, 并且这些气泵仅需很低的维修量. 每个泵的成本为 40 万美元. 另一方面, 制造商 B 保证他的泵的平均故障前时间为 300000h, 并且这些泵也仅需最低的维修量. 制造商 B 所报的单位成本是 45 万美元. 为了简化潜在的操作困难, 天然气管道公司想购买来自制造商 A 或制造商 B 的气泵, 但不是两者都有. 为了保证每年系统至多 96h 故障, 气体管道公司应设计怎样一个最优系统配置?

明显地, 气体管道公司会选择一个购买成本最低, 但仍然能满足最低的无故障运转需求的厂商. 对于间隔 30 英里安装气泵的现行设计等价于建造 $1200/30 = 40$ 个气泵工作站.

从制造商 A 选择泵的总购买成本为

$$C_{\mathrm{A}} = u_{\mathrm{A}} \sum_{i=1}^{40} x_i,$$

其中, $u_{\mathrm{A}} = 400000$ 为制造商 A 泵的单价, x_i 是安置在工作站 i 的泵的数量, $i = 1, 2, \cdots, 40$. 制造商 A 安装泵的系统可靠度为

$$R_{\mathrm{sA}} = \prod_{i=1}^{40} [1 - (1 - r_{\mathrm{A}})^{x_i}],$$

其中, r_{A} 指制造商 A 生产的一个泵的可靠度. 一年管道的可靠度, 即对 $t = 8760\mathrm{h}$ 为

$$r_{\mathrm{A}} = \exp(-\lambda t) = \exp(-8760/240000) = 0.964158.$$

假设气泵在初始失效期之外运作, 在报废期之前发生故障.

问题 15.3

因为每年 96h 故障时间等价于最小可靠度要求为

$$R_{\mathrm{s}}^0 = \frac{8760 - 96}{8760} = 0.989041,$$

并且所有气泵从同一个公司购买, 使得

$$\begin{aligned} \min \quad & C_{\mathrm{A}} = 400000 \left(\sum_{i=1}^{40} x_i \right), \\ \text{s.t.} \quad & R_{\mathrm{sA}} = \prod_{i=1}^{40} [1 - (0.035842)^{x_i}] \geqslant 0.989041, \\ & x_i \text{ 为正整数.} \end{aligned}$$

如果放宽对 x_i 的整数限制, 则上面的问题就成为一个凸规划问题, K–T 条件 (在第 6 章中描述) 给出唯一最优解. 对松弛问题, K–T 条件给出的最优解为

$$x_i = \frac{\ln\left(1 - 0.989041^{1/40}\right)}{\ln(0.035842)} = 2.4626.$$

通过在每个工作站上安装两个或三个气泵, 具有整数变量的问题 15.3 的启发式解可以被获得. 令 m 表示安装两个气泵的工作站的数量, 并且所有其他工作站 (具有三个气泵) 的数量 $(40-m)$. 于是气泵总成本为

$$C_{\mathrm{A}} = 400000\,[2m + 3(40-m)] = 400000(120-m).$$

现在, 找最优 m 的问题是在条件

$$R_{\mathrm{sA}} = [1-(0.035842)^2]^m[1-(0.035842)^3]^{40-m} \geqslant 0.989041$$

下, m 达到最大, m 为在 $0 \sim 40$ 的整数.

这个问题的最优解是 $m = 7$, 也就是说, 有 7 个工作站必须安装两个泵, 其他 33 个工作站必须安装三个泵, 这就意味着最优解为在整个管道上安装 113 个泵. 7 个工作站的选择可以是任意的, 为了满足最低可靠性要求, 使用制造商 A 生产的泵最低成本为 $C_{\mathrm{A}} = 4520$ 万美元.

对制造商 B, 同样的分析得出, 如果有 12 个工作站安装两个泵, 在其他 28 个工作站安装三个泵, 则在可靠性约束下, 总的购买成本达到最小. 相应的购买成本 $C_{\mathrm{B}} = 4320$ 万美元, 因为 C_{B} 比 C_{A} 低, 所以最佳的决策策略是在 12 个工作站上安装两个泵和在其他 28 个工作站上安装三个泵, 并且从制造商 B 处购买所有所需气泵.

其他设计选择

虽然每个气泵被设计供应气 35 英里, 但是也可以每隔 15 英里安装一个泵, 以致一个气泵的故障不会使整个输气线路瘫痪. 这个设计可以被描述成一个相继 n 中取 2 的 F 系统, 这个系统中仅当两个连续抽气泵出故障整个系统才瘫痪. 对制造商 A, 有安装在每个工作站 x_{o} 个气泵和每个工作站有同样数量的气泵的系统可靠度被给出,

$$R_{\mathrm{sA}} = \sum_{j=0}^{\lfloor (n+1)/2 \rfloor} \binom{n-j+1}{j} [(1-r_{\mathrm{A}})^{x_{\mathrm{o}}}]^j [1-(1-r_{\mathrm{A}})^{x_{\mathrm{o}}}]^{n-j}, \tag{15.5}$$

其中, r_{A} 为制造商 A 提供的每个泵的可靠度. 已知 $n = 1200/15 = 80$ 个工作站和 $r_{\mathrm{A}} = 0.964158$, 再求

$$\min \quad C_{\mathrm{A}} = u_{\mathrm{A}}(80x_{\mathrm{o}}),$$

$$\text{s.t.} \quad R_{\text{sA}} = \sum_{j=0}^{\lfloor (n+1)/2 \rfloor} \binom{n-j+1}{j} (1-r_{\text{A}})^{j(x_{\text{o}})}[1-(1-r_{\text{A}})^{x_{\text{o}}}]^{n-j} \geqslant 0.989041.$$

当 $x_{\text{o}} = 1$ 时有 $R_{\text{sA}} = 0.906471$, 小于期望值 $R_{\text{s}}^{0} = 0.989041$. 如果取 $x_{\text{o}} = 2$, 即在每个工作站上增加一个额外的泵, 然后 R_{sA} 增加到 0.999870, 这是远远超过期望值 $R_{\text{s,min}}$ 的. 因此, 仅需在某些工作站上增加冗余.

然而, 当安装在每个工作站上的气泵的数量是不相同的时, 式 (15.5) 不再有效. 事实上, 为了使系统可靠性达到最大, 按照下列重要性的序列 (参见文献 Zuo 和 Kuo[337]), 冗余可以被增加到工作站上, 直到系统的可靠度达到 $R_{\text{sA}} = 0.989041$:

工作站 $2, 79, 4, 77, 6, 75, \cdots$.

当从制造商 B 选择泵时, 每个泵的可靠度为

$$r_{\text{B}} = \exp(-8760/300000) = 0.971222,$$

对应的 80 中取 2 的 F 系统的可靠度为 0.938293. 注意到, 虽然在每个情形中都需要 80 个气泵, 但是这是比使用 A 或 B 的有规则冗余系统配置更无吸引力 (在 40 个工作站上每个安装两个泵, R_{sA} 和 R_{sB} 分别为 0.949881 和 0.967403).

对于制造商 A, 按照重要性序列增加冗余, 需要在下面的工作站上配两个泵和在其他工作站上配一个泵:

2, 4, 6, 8, 10, 12, 14, 16, 18, 20, 22, 24, 26, 28, 30, 32, 34, 36, 38; 79, 77, 75, 73, 71, 69, 67, 65, 63, 61, 59, 57, 55, 53, 51, 49, 47, 45.

现在, 系统是一个 n 中取 k 的 F 线性系统, 具有不等元件的 F 系统和 $k = 2$, 系统的可靠度为

$$R_{\text{s}}(n;k) = 1 - Q(n;k), \tag{15.6}$$

其中,

$$Q(n;k) = Q(n-1;k) + [1 - Q(n-k-1;k)]p_{n-k} \prod_{j=n-k+1}^{n} (1-p_j),$$

$$Q(j;k) = 0, \quad j < k,$$

$$p_0 \equiv 1.$$

然后, 使用式 (15.6), 对可靠度 0.99045 的系统, 需要 $80 + 37 = 117$ 个气泵, 成本 C_{A} 为 4680 万美元. 如果移除增加到第 38 个工作站上的一个气泵, 系统可靠度为 0.988081, 这个可靠性是不令人满意的.

同样地, 对于制造商 B, 根据重要性序列, 增加冗余. 从 $2 \sim 34$ 的偶数站和从 $47 \sim 79$ 的奇数站, 需分派两个气泵, 其他工作站分配一个气泵.

然后, 使用式 (15.6) 对可靠度为 0.989572 的系统需要 $80 + 34 = 114$ 个气泵, 成本 C_{B} 为 5130 万美元. 如果移除增加到第 47 站上的一个气泵, 则得出系统可靠度为 0.988024, 这个可靠性也是不令人满意的. 表 15.7 概括了以上分析结果.

表 15.7 天然气管道设计案例研究总结

	制造商 A			制造商 B		
	v^*	可靠度	成本/万美元	v^*	可靠度	成本/万美元
每个工作站有冗余的串联的 40 个工作站	113	0.989537	45.2	108	0.989447	43.2
在重要工作站上有冗余的 80 种取 2 的 F	117	0.990451	46.8	114	0.989572	51.3

$*$ v 指气泵的个数.

练 习

15.1 在一个给定的系统中, 一些元件可能比其他元件重要. Birnbaum[36] 定义元件可靠性重要度 (B 重要) 为

$$\begin{aligned}I_i =&\frac{\partial R_{\rm s}}{\partial P_i}(n;k)\\ =&R_{\rm s}(p_1,\cdots,p_{i-1},1,p_{i+1},\cdots,p_n;k)\\ &-R_{\rm s}(p_1,\cdots,p_{i-1},0,p_{i+1},\cdots,p_n;k).\end{aligned}$$

I_i 衡量元件 i 的可靠性变化导致系统可靠性变化.

已知 n 个元件的可靠度, 证明对于线性 n 中连续取 k 系统的最优设计的必要条件为

(a) 在元件可靠度非减的顺序中, 从位置 1 到位置 $\min\{k,n-k+1\}$ 中安排元件;

(b) 在元件可靠度非减的顺序中, 从位置 n 到位置 $\max\{k,n-k+1\}$ 中安排元件;

(c) 如果 $n<2k$, 则以任何顺序从位置 $n-k+1$ 到位置 k 安排 $2k-n$ 个最可靠的元件.

15.2 火车站有 11 条线路 (标为 $1,\cdots,11$), 这些线路接收和发出火车. 线路的使用等价于线路使用的概率. 对于大火车, 接收火车的线路和与此线路邻近的两条线路必须是空闲的, 即一列大火车进站时至少需要使用三条相邻的线路. 显然, 线路 1 或线路 11 不能用来接收大火车, 因为线路 1 或线路 11 仅仅有一条邻近的线路. 大火车在不延误的情况下进站的概率是多少? 考虑到强制于车站的限制, 把站看成是一个线性相继 11 中取 3 的 G 系统. 假定对于所有的 i, $u_i=\Pr\{$线路使用中$\}$ 为 0.4.

参考文献

[1] J. Abadie. Une méthode arborescente pour les programmes partiellment discrets. *R.I.R.O*, **3**: 24–50, 1969.

[2] J. Abadie. Une méthode de résolution des programmes non-linéaires partiellment discrets sans hypothese de convexité. *R.I.R.O*, **1**: 23–38, 1971.

[3] J. Abadie, H. Dayan, and J. Akoka. Quelques experiences numeriques sur la programmation non-linéaires en nombres entiers. *R.A.I.R.O Recherche opérationelle*, **10**(10): 65–70, 1976.

[4] Aeronautical Radio Inc. (ARINC) *Reliability Engineering*. Prentice-Hall, Englewood Cliffs, NJ, 1964.

[5] K. K. Aggarwal. Redundancy optimization in general systems. *IEEE Transactions on Reliability*, **R-25**(25): 330–332, 1976.

[6] K. K. Aggarwal and J. S. Gupta. On minimizing the cost of reliable systems. *IEEE Transactions on Reliability*, **R-24**(24): 205, 1975.

[7] K. K. Aggarwal, J. S. Gupta, and K. B. Misra. A new heuristic criterion for solving a redundancy optimization problem. *IEEE Transactions on Reliability*, **R-24**(24): 86–87, 1975.

[8] K. K. Aggarwal, K. B. Misra, and J. S. Gupta. Reliability evaluation – a comparative study of different techniques. *Microelectronics and Reliability*, **14**(1): 49–56, 1975.

[9] A. Albert. *A Measure of the Effort Required to Increase Reliability.* Technical Report 43, Applied Mathematics and Statistics Laboratory; Stanford University, Stanford, 1958.

[10] O. G. Alekseev and I. F. Volodos. Combined use of dynamic programming and branch and bound methods in discrete programming problems. *Automation Remote Control*, **37**: 557–565, 1967.

[11] S. Anand and M. Chidambaram. Optimal redundancy allocation of a PWR cooling loop using a multi-stage Monte Carlo method. *Microelectronics and Reliability*, **34**(4): 741–745, 1994.

[12] K. Andrzejczak. Structure analysis of multistate coherent systems. *Optimization*, **25**(2–3): 301–316, 1992.

[13] I. Antonopoulou and S. Papastavridis. Fast recursive algorithm to evaluate the reliability of a circular consecutive *k*-out-of-*n*: F system. *IEEE Transactions on Reliability*, **R-36**(36): 83–87, 1987.

[14] E. H. L. Arts and J. Korst. *Simulated Annealing and Boltzmann Machines*. Wiley, New York, 1989.

[15] N. Ashrafi and O. Berman. Optimization models for selection of programs, considering cost and reliability. *IEEE Transactions on Reliability*, **R-41**(2): 281–287, 1992.

[16] N. Ashrafi, O. Berman, and M. Cutler. Optimal design of large software-systems using

N-version programming. *IEEE Transactions on Reliability*, **R-43**(2): 344–350, 1994.

[17] M. M. Atiqullah and S. S. Rao. Reliability optimization of communication networks using simulated annealing. *Microelectronics and Reliability*, **33**(9): 1303–1319, 1993.

[18] R. J. Aust. A dynamic programming branch and bound algorithm for pure integer programming. *Computers and Operations Research*, **5**: 27–38, 1976.

[19] D. S. Bai, W. Y. Yun, and S. W. Chung. Redundancy optimization of k-out-of-n: G systems with common-cause failures. *IEEE Transactions on Reliability*, **R-40**(1): 56–59, 1991.

[20] S. K. Banerjee and K. Rajamani. Optimization of system reliability using a parametric approach. *IEEE Transactions on Reliability*, **R-22**(22): 35–39, 1973.

[21] S. K. Banerjee and K. Rajamani. Parametric representation of probability in two dimensions–a new approach in system reliability evaluation. *IEEE Transactions on Reliability*, **R-21**(21): 56–60, 1973.

[22] S. K. Banerjee, K. Rajamani, and S. S. Deshpande. Optimal redundancy allocation for non series-parallel networks. *IEEE Transactions on Reliability*, **R-25**(25): 115–117, 1976.

[23] R. E. Barlow and F. Proschan. *Statistical Theory of Reliability and Life Testing*. Holt, Rinehart, and Winston, New York, 1975.

[24] L. A. Baxter and F. Harche. On the optimal assembly of series-parallel systems. *Operations Research Letters*, **11**(3): 153–157, 1992.

[25] T. Böck. *Evolutionary Algorithms in Theory and Practice*. Oxford University Press, New York, 1996.

[26] T. Böck, D. B. Fogel, and Z. Michalewicz. *Handbook of Evolutionary Computation*. Oxford University Press, Oxford, 1997.

[27] C. F. Bell, M. Kamins, and J. J. McCall. Some elements of planned replacement theory. In L. S. Gephart, editor, *Proceedings of 1966 Annual Symposium on Reliability*, pp. 98–117, San Francisco, CA, 25–27 January 1966.

[28] F. Belli and P. Jedrzejowicz. An approach to the reliability optimization of software with redundancy. *IEEE Transactions on Software Engineering*, **SE-17**(3): 310–312, 1991.

[29] R. Bellman. *Dynamic Programming*. Princeton University Press, Princeton, NJ, 1957.

[30] R. E. Bellman and S. E. Dreyfus. Dynamic programming and reliability of multicomponent devices. *Operations Research*, **6**: 200–206, 1958.

[31] R. Bellman and S. E. Dreyfus. *Applied Dynamic Programming*. Princeton University Press, Princeton, NJ, 1962.

[32] R. E. Bellman and L. A. Zadeh. Decision making in a fuzzy environment. *Management Science*, **17**(4) B141–164, 1970.

[33] D. Beraha and K. B. Misra. Reliability optimization through random search algorithm. *Microelectronics and Reliability*, **13**(4): 295–297, 1974.

[34] O. Berman and N. Ashrafi. Optimization models for reliability of modular software systems. *IEEE Transactions on Software Engineering*, **SE-19**(11): 1119–1123, 1993.

[35] D. P. Bertsekas. *Constrained Optimization and Lagrange Multiplier Methods*. Academic Press, New York, 1982.

[36] Z. W. Birnbaum. On the importance of different components in a multicomponent system. In P. R. Krishnaiah, editor, *International Symposium on Multivariate Analysis-II*, pp. 581–592. Academic Press, New York, 1969.

[37] G. Black and F. Proschan. On optimal redundancy. *Operations Research*, **7**: 581–588, 1959.

[38] L. D. Bodin. Optimization procedure for the analysis of coherent structures. *IEEE Transactions on Reliability*, **R-18**(18): 118–126, 1969.

[39] P. J. Boland and F. Proschan. Optimal arrangement of systems. *Naval Research Logistics Quarterly*, **31**(3): 399–407, 1984.

[40] P. J. Boland, F. Proschan, and Y. L. Tong. Optimal arrangement of components via pairwise rearrangements. *Naval Research Logistics*, **36**(6): 807–815, 1989.

[41] D. B. Brown. A computerized algorithm for determining the reliability of redundant configurations. *IEEE Transactions on Reliability*, **R-20**(20): 121–124, 1971.

[42] R. L. Bulfin and C. Y. Liu. Optimal allocation of redundant components for large systems. *IEEE Transactions on Reliability*, **R-34**(3): 241–247, 1985.

[43] R. M. Burton and G. T. Howard. Optimal system reliability for a mixed series and parallel structure. *Journal of Mathematical Analysis and Applications*, **28**(2): 370–382, 1969.

[44] M. F. Cardoso, R. L. Salcedo, and S. F. de Azevedo. Nonequilibrium simulated annealing: a faster approach to combinatorial minimization. *Industrial and Engineering Chemistry Research*, **33**(8): 1908–1918, 1994.

[45] L. Chambers. *Practical Handbook of Genetic Algorithms*. Vols. 1 and 2, CRC Press, New York, 1995.

[46] V. Chankong and Y. Y. Haimes. *Multiobjective Decision Making: Theory and Methodology*. North-Holland, New York, 1983.

[47] R. S. Chen, D. J. Chen, and Y. S. Yeh. A new heuristic approach for reliability optimization of distributed computing systems subject to capacity constraints. *Computers and Mathematics with Applications*, **29**(3): 37–47, 1995.

[48] S. J. Chen and C. L. Hwang. *Fuzzy Multiple Attribute Decision Making – Methods and Applications*. Springer-Verlag, New York, 1992.

[49] M. S. Chern. On the computational complexity of reliability redundancy allocation in a series system. *Operations Research Letters*, **11**: 309–315, 1992.

[50] M. S. Chern and R. H. Jan. Parametric programming applied to reliability optimization problems. *IEEE Transactions on Reliability*, **R-34**(34): 165–170, 1985.

[51] M. S. Chern and R. H. Jan. Reliability optimization problems with multiple constraints. *IEEE Transactions on Reliability*, **R-35**(35): 431–436, 1986.

[52] M. S. Chern, R. H. Jan, and R. J. Chern. Parametric nonlinear integer programming: the right-hand side case. *European Journal of Operational Research*, **54**(2): 237–255, 1991.

[53] D. Chi and Way Kuo. Burn-in optimization under reliability and capacity restrictions. *IEEE Transactions on Reliability*, **R-38**(2): 193–198, 1989.

[54] D. H. Chi. Optimization of software system reliability by redundancy and software quality management. Ph.D. dissertation, Iowa State University, Ames, 1989.

[55] D. H. Chi and Way Kuo. Optimal design for software reliability and development cost. *IEEE Journal on Selected Areas in Communications*, **8**(2): 276–281, 1990.

[56] D. H. Chi, H. H. Lin, and Way Kuo. Software reliability optimization and redundancy. In H. D. Rue, editor, *Proceedings of 1989 Annual Reliability Maintainability Symposium*, pp. 41–45, Atlanta, GA, 24–28 January, 1989.

[57] D. T. Chiang and S. Niu. Reliability of a consecutive k-out-of-n: F system. *IEEE Transactions on Reliability*, **R-30**(30): 87–89, 1981.

[58] D. W. Coit and A. Smith. Penalty guided genetic search for reliability design optimization.

Computers and Industrial Engineering, **30**(4): 895–904, 1996.

[59] D. W. Coit and A. E. Smith. Optimization approaches to the redundancy allocation problem for series-parallel systems. In B. W. Schmeiser and R. Uzsoy, editors, *Proceedings of the Fourth Industrial Engineering Research Conference*, pp. 342–349, Nashville, TN, May 1995.

[60] D. W. Coit and A. E. Smith. Reliability optimization of series-parallel systems using a genetic algorithm. *IEEE Transactions on Reliability*, **R-45**(2): 254–260, 1996.

[61] D. W. Coit and A. E. Smith. Solving the redundacy allocation problem using a combined neural network/genetic algorithm approach. *Computers and Operations Research*, **23**(6): 515–526, 1996.

[62] D. W. Coit and A. E. Smith. Considering risk profiles in design optimization for series-parallel systems. In N. J. McAfee, editor, *Proceedings of the 1997 Annual Reliability and Maintainability Symposium*, pp. 271–277, Philadephia, PA, 13–16 January 1997.

[63] D. W. Coit and A. E. Smith. Redundancy allocation to maximize a lower percentile of the system time-to-failure distribution. *IEEE Transactions on Reliability*, **R-47**(1): 79–87, 1998.

[64] D. W. Coit, A. E. Smith, and D. M. Tate. Adaptive penalty methods for genetic optimization of constrained combinatorial problems. *INFORMS Journal on Computing*, **8**(2): 173–182, 1996.

[65] W. C. Conely and R. Kossik. A 100 000 variable nonlinear problem. *International Journal of Mathematical Education in Science and Technology*, **14**(1): 117–125, 1983.

[66] M. W. Cooper. The use of dynamic programming methodology for the solution of a class of nonlinear programming problems. *Naval Research Logistics Quarterly*, **27**: 89–95, 1980.

[67] M. W. Cooper. A survey of methods for pure nonlinear integer programming. *Management Science*, **27**: 353–361, 1981.

[68] C. J. Dale and A. Winterbottom. Optimal allocation of effort to improve system reliability. *IEEE Transactions on Reliability*, **R-35**(35): 188–191, 1986.

[69] L. Davis, editor. *Handbook of Genetic Algorithms*. Van Nostrand Reinhold, New York, 1991.

[70] D. L. Deeter and A. E. Smith. Heuristic optimization of network design considering all-terminal reliability. In N. J. McAfee, editor, *Proceedings of the 1997 Annual Reliability and Maintainability Symposium*, pp. 194–199, Philadelphia, PA, 13–16 January 1997.

[71] D. L. Deeter and A. E. Smith. Economic design of reliable networks. *IIE Transactions*, **30**(12): 1161–1174, 1998.

[72] E. V. Denardo and B. L. Fox. Shortest route methods: 2. Group knapsacks, expanded networks, and branch-and-bound. *Operations Research*, **27**: 548–566, 1979.

[73] B. Dengiz, F. Altiparmak, and A. E. Smith. A genetic algorithm approach to optimal topological design of all terminal networks. In C. H. Dagli, M. Akay, C. L. P. Chen, B. R. Férnandez, and J. Ghosh, editors, *Intelligent Engineering Systems Through Artifical Neural Networks*, Vol. 5, pp. 405–410, American Society of Mechanical Engineers, New York, 1995.

[74] B. Dengiz, F. Altiparmak, and A. E. Smith. Efficient optimization of all-terminal reliable networks using an evolutionary approach. *IEEE Transactions on Reliability*, **R-46**: 18–26, 1997.

[75] B. Dengiz, F. Altiparmak, and A. E. Smith. Local search genetic algorithm for optimal

design of reliable networks. *IEEE Transactions on Evolutionary Computation*, **EC-1**(3): 179–188, 1997.

[76] J. E. Dennis and R. B. Schnabel. *Numerical Methods for Unconstrained Optimization and Nonlinear Equations*. Prentice-Hall, New York, 1983.

[77] C. Derman, G. J. Lieberman, and S. M. Ross. On optimal assembly of systems. *Naval Research Logistics Quarterly*, **19**: 569–574, 1972.

[78] C. Derman, G. J. Lieberman, and S. M. Ross. Assembly of systems having maximum reliability. *Naval Research Logistics Quarterly*, **21**(1): 1–12, 1974.

[79] C. Derman, G. J. Lieberman, and S. M. Ross. On the consecutive k-out-of-n: F system. *IEEE Transactions on Reliability*, **R-31**(31): 57–63, 1982.

[80] A. K. Dhingra. Optimal apportionment of reliability and redundancy in series systems under multiple objectives. *IEEE Transactions on Reliability*, **R-41**(4): 576–582, 1992.

[81] S. E. Dreyfus. *The Art and Theory of Dynamic Programming*. Academic Press, New York, 1977.

[82] D. Z. Du and F. K. Hwang. Optimal consecutive 2-out-of-n systems. *Mathematics of Operations Research*, **11**(1): 187–191, 1986.

[83] D. Z. Du and F. K. Hwang. Optimal assembly of an s-stage k-out-of-n system. *SIAM Journal of Discrete Mathematics*, **3**: 349–354, 1990.

[84] D. E. Echhardt, Jr and L. D. Lee. A theoretical basis for the analysis of multiversion software subject to coincident errors. *IEEE Transactions on Software Engineering*, **SE-11**(12): 1511–1517, 1985.

[85] E. El-Neweihi. A relationship between partial derivatives of the reliability function of a coherent system and its minimal path (cut) sets. *Mathematics of Operations Research*, **5**(4): 553–555, 1980.

[86] E. El-Neweihi, F. Proschan, and J. Sethuraman. Optimal allocation of components in parallel-series and series-parallel systems. *Journal of Applied Probability*, **23**: 770–777, 1986.

[87] E. El-Neweihi, F. Proschan, and J. Sethuraman. Optimal assembly of systems using Schur functions and majorization. *Naval Research Logistics Quarterly*, **34**(5): 705–712, 1987.

[88] G. W. Evans. An overview of techniques for solving multiobjective mathematical programs. *Management Science*, **30**(11): 1268–1282, 1984.

[89] H. Everett III. Generalized Lagrange multiplier method for solving problems of optimal allocation of resources. *Operations Research*, **11**(3): 399–417, 1963.

[90] L. T. Fan, C. S. Wang, F. A. Tillman, and C. L. Hwang. Optimization of systems reliability. *IEEE Transactions on Reliability*, **R-16**(16): 81–86, 1967.

[91] A. J. Federowicz and M. Mazumdar. Use of geometric programming to maximize reliability achieved by redundancy. *Operations Research*, **16**(5): 948–954, 1968.

[92] A. V. Fiacco and G. P. McCormick. Extension of SUMT for nonlinear programming: equality constraints and extrapolation. *Management Science*, **12**(11): 816–828, 1966.

[93] A. V. Fiacco and G. P. McCormick. *Nonlinear Programming: Sequential Unconstrained Minimization Techniques*. Wiley, New York, 1968.

[94] C. Floudas. *Nonlinear and Mixed-Integer Optimization: Fundamentals and Applications*. Oxford University Press, New York, 1995.

[95] T. Fogarty, editor. *Evolutionary Computing*. Springer-Verlag, Berlin, 1994.

[96] D. E. Fyffe, W. W. Hines, and N. K. Lee. System reliability allocation and a computational algorithm. *IEEE Transactions on Reliability*, **R-17**(17): 64–69, 1968.

[97] M. R. Garey and D. S. Johnson. *Computers and Intractability: a Guide to the Theory of NP-Completeness*. Freeman, San Francisco, CA, 1979.

[98] M. Gen and R. Cheng. Optimal design of system reliability using interval programming and genetic algorithms. *Computers and Industrial Engineering*, **31**(1–2): 237–240, 1996.

[99] M. Gen and R. Cheng. *Genetic Algorithms and Engineering Design*. Wiley, New York, 1997.

[100] M. Gen, K. Ida, and J. U. Lee. A computational algorithm for solving 0–1 goal programming with GUB structures and its application for optimization problems in system reliability. *Electronics and Communications in Japan*, **73**(12): 88–96, March 1990.

[101] M. Gen, K. Ida, M. Sasaki, and J. U. Lee. Algorithm for solving large-scale 0–1 goal programming and its application to reliability optimization problem. *Computers and Industrial Engineering*, **17**(1–4): 525–530, 1989.

[102] M. Gen, K. Ida, and T. Taguchi. *Reliability Optimization Problems: a Novel Genetic Algorithm Approach*. Technical Report ISE93-5, Ashikaga Institute of Technology, Ashikaga, Japan, 1993.

[103] M. Gen, K. Ida, Y. Tsujimura, and C. E. Kim. Large-scale 0–1 fuzzy goal programming and its application to reliability optimization problem. *Computers and Industrial Engineering*, **24**(4): 539–549, 1993.

[104] M. Gen, H. Okuno, and S. Shinofuji. An optimizing method in system reliability with failure-modes by implicit enumeration algorithm. *Journal of Operations Research, Japan*, **19**: 99–116, 1976.

[105] Y. G. Genis and I. A. Ushakov. Optimization of the reliability of multipurpose systems. *Engineering Cybernetics*, **21**(3): 54–61, 1983.

[106] A. M. Geoffrion. An improved implicit enumeration approach for integer programming. *Operations Research*, **17**: 437–454, 1969.

[107] P. M. Ghare and R. E. Taylor. Optimal redundancy for reliability in series system. *Operations Research*, **17**: 838–847, 1969.

[108] A. Glankwahmdee, J. S. Liebman, and G. L. Hogg. Unconstrained discrete nonlinear programming. *Engineering Optimization*, **4**: 95–108, 1979.

[109] R. J. Glauber. Time dependent statistics of the Ising model. *Journal of Mathematical Physics*, **4**: 294–307, 1963.

[110] F. Glover and M. Laguna. *Tabu Search*. Kluwer Academic Publishers, Boston, MA, 1997.

[111] D. E. Goldberg. *Genetic Algorithms in Search, Optimization, and Machine Learning*. Addison-Wesley, Reading, MA, 1989.

[112] K. Gopal, K. K. Aggarwal, and J. S. Gupta. An improved algorithm for reliability optimization. *IEEE Transactions on Reliability*, **R-27**(27): 325–328, 1978.

[113] K. Gopal, K. K. Aggarwal, and J. S. Gupta. A new method for solving reliability optimization problem. *IEEE Transactions on Reliability*, **R-29**(29): 36–38, 1980.

[114] R. Gordon. Optimum component redundancy for maximum system reliability. *Operations Research*, **5**: 229–243, 1957.

[115] K. K. Govil and R. A. Agarwala. Lagrange multiplier method for optimal reliability allocation in a series system. *Reliability Engineering*, **6**(3): 181–190, 1983.

[116] D. L. Grosh. *A Primer of Reliability Theory*. Wiley, New York, 1989.

[117] O. K. Gupta and A. Ravindran. Nonlinear integer programming algorithms: a survey. *Opsearch*, **20**(4): 189–206, 1983.

[118] O. K. Gupta and A. Ravindran. Branch-and-bound experiments in convex nonlinear programming. *Management Sciences*, **31**(12): 1533–1546, 1985.

[119] S. D. Gupta and M. J. Al-Musawi. Reliability optimization in cable system design using a fuzzy uniform-cost algorithm. *IEEE Transactions on Reliability*, **R-37**(37): 75–80, 1988.

[120] G. Hadley. *Nonlinear and Dynamic Programming*. Addison-Wesley, Reading, MA, 1964.

[121] P. Hansen. Methods of nonlinear 0–1 programming. *Annals of Discrete Mathematics*, **5**: 53–70, 1979.

[122] P. Hansen, B. Jaumard, and V. Mathon. Constrained nonlinear 0–1 programming. *ORSA Journal on Computing*, **5**(2): 97–119, 1993.

[123] Ir. R. N. von Hees and Ir. H. W. von den Meerendonk. Optimal reliability of parallel multi-component systems. *Operations Research Quarterly*, **12**(1): 16–26, 1961.

[124] E. J. Henley and H. Kumamoto. *Designing for Reliability and Safety Control*. Prentice-Hall, Englewood Cliffs, NJ, 1985.

[125] M. R. Hestenes. Multiplier and gradient method. *Journal of Optimization Theory and Applications*, **4**(5): 303–320, 1969.

[126] M. Hikita, Y. Nakagawa, K. Nakashima, and H. Narihisa. Reliability optimization of systems by a surrogate-constraints algorithm. *IEEE Transactions on Reliability*, **R-41**(3): 473–480, 1992.

[127] D. S. Hochbaum. Lower and upper bounds for the allocation problem and other nonlinear optimization problems. *Mathematics of Operations Research*, **19**(2): 390–409, 1994.

[128] D. P. Holcomb and J. C. North. An infant mortality and long-term failure rate model for electronic equipment. *AT&T Technical Journal*, **64**(1): 15–31, 1985.

[129] J. H. Holland. *Adaptation in Natural and Artificial Systems*. University of Michigan Press, Ann Arbor, MI, 1975.

[130] R. Hooke and T. A. Jeeves. Direct search solutions of numerical and statistical problems. *Journal of the Association of Computing Machinery*, **8**: 212–229, 1961.

[131] Y. C. Hsieh, T. C. Chen, and D. L. Bricker. *Genetic Algorithms for Reliability Design Problems*. Technical Report, Department of Industrial Engineering, University of Iowa, 1997.

[132] C. L. Hwang, L. T. Fan, F. A. Tillman, and S. Kumar. Optimization of life support system reliability by an integer programming method. *AIIE Transactions*, **3**(3): 229–238, 1971.

[133] C. L. Hwang, K. C. Lai, F. A. Tillman, and L. T. Fan. Optimization of system reliability by the sequential unconstrained minimization technique. *IEEE Transactions on Reliability*, **R-24**(24): 133–135, 1975.

[134] C. L. Hwang and M. J. Lin. *Group Decision Making under Multiple Criteria – Methods and Applications*. Springer-Verlag, New York, 1987.

[135] C. L. Hwang and A. S. M. Masud. *Multiple Objective Decision Making–Methods and Applications, a State-of-the Art Survey*. (in collaboration with S. R. Paidy and K. Yoon) Springer-Verlag, New York, 1979.

[136] C. L. Hwang, F. A. Tillman, and Way Kuo. Reliability optimization by generalized Lagrangian-function and reduced-gradient methods. *IEEE Transactions on Reliability*,

R-28(28): 316–319, 1979.

[137] C. L. Hwang, F. A. Tillman, W. K. Wei, and C. H. Lie. Optimal scheduled maintenance policy based on multiple-criteria decision-making. *IEEE Transactions on Reliability*, **R-28**(28): 394–397, 1979.

[138] C. L. Hwang and K. Yoon. *Multiple Attribute Decision Making – Methods and Application*. Springer-Verlag, New York, 1981.

[139] F. K. Hwang. Fast solutions for consecutive k-out-of-n: F systems. *IEEE Transactions on Reliability*, **R-31**(5): 447–448, 1982.

[140] F. K. Hwang. Optimal assignment of components to a two-stage k-out-of-n system. *Mathematics of Operations Research*, **14**(2): 376–382, 1989.

[141] F. K. Hwang and Dinghua Shi. Redundant consecutive-k systems. *Operations Research Letters*, **6**(6): 293–296, 1987.

[142] F. K. Hwang and U. G. Rothblum. Optimality of monotone assemblies for coherent systems composed of series modules. *Operations Research*, **42**(4): 709–720, 1994.

[143] K. N. Hyun. Reliability optimization by 0–1 programming for a system with several failure modes. *IEEE Transactions on Reliability*, **R-24**(24): 206–210, 1975.

[144] K. Ida, M. Gen, and T. Yokota. System reliability optimization with several failure modes by genetic algorithm. In M. Gen and T. Kobayashi, editors, *Proceedings of the 16th International Conference on Computers and Industrial Engineering*, pp. 349–352, Ashikaga, Japan, March 1994.

[145] T. Inagaki, K. Inoue, and H. Akashi. Interactive optimization of system reliability under multiple objectives. *IEEE Transactions on Reliability*, **R-27**(27): 264–267, 1978.

[146] K. Inoue, S. L. Gandhi, and E. J. Henley. Optimal reliability design of process systems. *IEEE Transactions on Reliability*, **R-23**(23): 29–33, 1974.

[147] R.-H. Jan, F.-J. Hwang, and S.-T. Cheng. Topological optimization of a communication network subject to a reliability constraint. *IEEE Transactions on Reliability*, **R-42**(1): 63–70, 1993.

[148] P. A. Jensen. Optimization of series-parallel-series networks. *Operations Research*, **18**: 471–482, 1970.

[149] Filus Jerzy. A problem in reliability optimization. *Journal of the Operational Research Society*, **37**(4): 407–412, 1986.

[150] L. Jianping. A bound heuristic algorithm for solving reliability redundancy optimization. *Microelectronics and Reliability*, **36**(3): 335–339, 1996.

[151] K. C. Kapur and L. R. Lamberson. *Reliability in Engineering Design*. Wiley, New York, 1977.

[152] J. D. Kettelle, Jr Least-cost allocation of reliability investment. *Operations Research*, **10**: 249–265, 1962.

[153] J. H. Kim and B. J. Yum. A heuristic method for solving redundancy optimization problems in complex systems. *IEEE Transactions on Reliability*, **R-42**(4): 572–578, 1993.

[154] J. Y. Kim and L. C. Frair. Optimal reliability design for complex systems. *IEEE Transactions on Reliability*, **R-30**(30): 300–302, 1981.

[155] Y. H. Kim, K. E. Case, and P. M. Ghare. A method for computing complex system reliability. *IEEE Transactions on Reliability*, **R-21**(21): 215–219, 1972.

[156] K. E. Kinnear, editor. *Advances in Genetic Programming*. MIT Press, Cambridge, MA, 1994.

[157] S. Kirkpatrick. Optimization by simulated annealing: quantitative studies. *Journal of Statistical Physics*, **34**(5–6): 975–986, 1984.

[158] S. Kirkpatrick, C. D. Gelatt Jr, and M. P. Vecchi. Optimization by simulated annealing. *Science*, **220**: 671–680, 1983.

[159] S. Kirkpatrick, C. D. Gelatt Jr, and M. P. Vecchi. Optimization by simulated annealing. *Science*, **220**(4598): 671–680, 1983.

[160] Sun Wah Kiu and D. F. McAllister. Reliability optimization of computer-communication networks. *IEEE Transactions on Reliability*, **R-37**(5): 475–483, 1988.

[161] S. G. Kneale. Reliability of parallel systems with repair and switching. In W. T. Sumerlin, editor, *Proceedings of the Seventh National Symposium on Reliability and Quality Control*, pp. 129–133, Philadelphia, PA, 9–11 January 1961.

[162] J. C. Knight and N. G. Leveson. An experimental evaluation of the assumption of independence in multiversion programming. *IEEE Transactions on Software Engineering*, **SE-12**(1): 96–109, 1986.

[163] T. Kohda and K. Inoue. A reliability optimization method for complex systems with the criterion of local optimality. *IEEE Transactions on Reliability*, **R-31**(31): 109–111, 1982.

[164] P. J. Kolesar. Linear programming and the reliability of multicomponent systems. *Naval Research Logistics Quarterly*, **14**(3): 317–327, 1967.

[165] J. M. Kontoleon. Optimum link allocation of fixed topology networks. *IEEE Transactions on Reliability*, **R-28**(28): 145–147, 1979.

[166] John R. Koza. *Genetic Programming: on the Programming of Computers by Means of Natural Selection*. MIT Press, Cambridge, MA, 1992.

[167] John R. Koza. *Genetic Programming II: Automatic Discovery of Reusable Programs*. MIT Press, Cambridge, MA, 1994.

[168] D. K. Kulshrestha and M. C. Gupta. Use of dynamic programming for reliability engineers. *IEEE Transactions on Reliability*, **R-22**(22): 240–241, 1973.

[169] A. Kumar, R. M. Pathak, and Y. P. Gupta. Genetic-algorithm-based reliability optimization for computer network expansion. *IEEE Transactions on Reliability*, **R-44**(1): 63–72, 1995.

[170] A. Kumar, R. M. Pathak, Y. P. Gupta, and H. R. Parsaei. A genetic algorithm for distributed system topology design. *Computers and Industrial Engineering*, **28**(3): 659–670, 1995.

[171] Way Kuo. Optimization techniques for systems reliability with redundancy. M.S. Thesis, Kansas State University, Manhattan, 1977.

[172] Way Kuo. Software reliability estimation: a realization of competing risk. *Microelectronics and Reliability*, **23**(2): 249–260, 1983.

[173] Way Kuo. Reliability enhancement through optimal burn-in. *IEEE Transactions on Reliability*, **R-33**(33): 145–156, 1984.

[174] Way Kuo, K. Chien, and T. Kim. *Reliability, Yield, and Stress Burn-in: a Unified Approach for Microelectronics Systems Manufacturing and Software Development*. Kluwer Academics, Boston, MA, 1998.

[175] Way Kuo, C. L. Hwang, and F. A. Tillman. A note on heuristic methods in optimal system reliability. *IEEE Transactions on Reliability*, **R-27**(27): 320–324, 1978.

[176] Way Kuo and R. Kim. An overview of manufacturing yield and reliability modeling for semiconductor products. *Proceedings of the IEEE*, **87**(11): 1329–1344, 1999.

[177] Way Kuo and Y. Kuo. Facing the headaches of early failures: a state-of-the-art review of

burn-in decisions. *Proceedings of the IEEE*, **71**(11): 1257–1266, 1983.

[178] Way Kuo, H. Lin, Z. Xu, and W. Zhang. Reliability optimization with the Lagrange multiplier and branch-and-bound technique. *IEEE Transactions on Reliability*, **R-36**(36): 624–630, 1987.

[179] Way Kuo and L. Oh. Design for reliability. *IEEE Transactions on Reliability*, **R-44**(2): 170–171, 1995.

[180] Way Kuo and V. R. Prasad. An annotated overview of system reliability optimization. *IEEE Transactions on Reliability*, **R-49**(2): 176–191, 2000.

[181] Way Kuo, W. Zhang, and M. J. Zuo. Consecutive *k*-out-of-*n*: G: the mirror image of a consecutive *k*-out-of-*n*: F system. *IEEE Transactions on Reliability*, **R-39**(2): 244–253, 1990.

[182] S. P. Ladany and M. Aharoni. Maintenance policy of aircraft according to multiple criteria. *International Journal of Systems Science*, **6**(11): 1093–1101, 1975.

[183] Y. J. Lai and C. L. Hwang. *Fuzzy Multiple Objective Decision Making – Methods and Applications*. Springer-Verlag, New York, 1994.

[184] B. K. Lambert, A. G. Walvekar, and J. P. Hirmas. Optimal redundancy and availability allocation in multistage systems. *IEEE Transactions on Reliability*, **R-20**(20): 182–185, 1971.

[185] A. H. Land and A. G. Doig. An automatic method of solving discrete programming problems. *Econometrica*, **28**: 497–520, 1960.

[186] E. L. Lawler and M. D. Bell. A method for solving discrete optimization problems. *Operations Research*, **14**: 1098–1112, 1966.

[187] J. P. Lawrence, III and K. Steiglitz. Randomized pattern search. *IEEE Transactions on Computers*, **C-21**(4): 382–385, 1972.

[188] K. W. Lee, J. J. Higgins, and F. A. Tillman. Stochastic modeling of human-peformance reliability. *IEEE Transactions on Reliability*, **R-37**(5): 501–504, 1988.

[189] K. W. Lee, J. J. Higgins, and F. A. Tillman. Stochastic models for mission effectiveness. *IEEE Transactions on Reliability*, **R-39**(3): 321–324, 1990.

[190] K. W. Lee, F. A. Tillman, and J. J. Higgins. A literature survey of the human reliability component in a man–machine system. *IEEE Transactions on Reliability*, **R-37**(1): 24–34, 1988.

[191] K. W. Lee, F. A. Tillman, and J. J. Higgins. System effectiveness model with degrees of failure. *IEEE Transactions on Reliability*, **R-37**: 24–34, 1988.

[192] G. Leipins and M. Hilliard. Genetic algorithm: foundations and applications. *Annals of Operations Research*, **21**: 31–58, 1989.

[193] C. E. Lemke and K. Spielberg. Direct search algorithms for zero–one and mixed integer programming. *Operations Research*, **15**: 892–914, 1967.

[194] D. Li. Iterative parametric dynamic programming and its applications in reliability optimization. *Journal of Mathematical Analysis and Applications*, **191**(3): 589–607, 1995.

[195] D. Li and Y. Y. Haimes. A decomposition method for optimization of large-system reliability. *IEEE Transactions on Reliability*, **R-41**(2): 183–188, 1992.

[196] C. H. Lie, Way Kuo, F. A. Tillman, and C. L. Hwang. Mission effectiveness model for a system with several mission types. *IEEE Transactions on Reliability*, **R-33**(4): 346–352, 1984.

[197] F. H. Lin and Way Kuo. *Reliability Importance and Invariant Optimal Allocation.* Technical Report, Texas A&M University, College Station, TX, 1996.

[198] F. H. Lin, Way Kuo, and F. Hwang. Structure importance of consecutive-k-out-of-n systems. *Operations Research Letters*, **25**: 101–107, 1999.

[199] H. H. Lin and Way Kuo. A comparison of heuristic reliability optimization methods. *Proceedings of 1987 International Industrial Engineering Conference.* pp. 583–589, Institute of Industrial Engineers, Washington, D.C., 1987.

[200] H. H. Lin and Way Kuo. Reliability related software life cycle cost model. In J. S. Sindt, editor, *Proceedings of 1987 Annual Reliability Maintainability Symposium*, pp. 364–368, Philadephia, PA, 27–29 January, 1987.

[201] J. M. Littschwager. Dynamic programming in the solution of a multistage reliability problem. *Journal of Industrial Engineering*, **15**: 168–175, 1964.

[202] D. K. Lloyd and M. Lipow. *Reliability: Management, Methods and Mathematics*. Prentice-Hall, Englewood Cliffs, NJ, 1962.

[203] D. G. Luenberger. Quasi-convex programming. *SIAM Journal of Applied Mathematics*, **16**: 1090–1095, 1968.

[204] R. Luus. Optimization of system reliability by a new nonlinear integer programming procedure. *IEEE Transactions on Reliability*, **R-24**(24): 14–16, 1975.

[205] S. R. V. Majety and J. Rajagopal. *Dynamic Penalty Function for Evolutionary Algorithms with an Application to Reliability Allocation.* Technical Report, Department of Industrial Engineering, University of Pittsburgh, Pittsburgh, PA, 1997.

[206] D. M. Malon. Optimal consecutive 2-out-of-n: F component sequencing. *IEEE Transactions on Reliability*, **R-33**(33): 414–418, 1984.

[207] D. M. Malon. Optimal consecutive k-out-of-n: F component sequencing. *IEEE Transactions on Reliability*, **R-34**(1): 46–49, 1985.

[208] D. M. Malon. When is greedy module assembly optimal? *Naval Research Logistics Quarterly*, **37**: 847–854, 1990.

[209] A. W. Marshall and I. Olkin. *Inequalities: Theory of Majorization and Its Applications*. Academic Press, New York, 1979.

[210] R. E. Marsten and T. L. Morin. A hybrid approach to discrete mathematical programming. *Mathematical Programming*, **14**(1): 21–40, 1978.

[211] G. P. McCormick. *Nonlinear Programming: Theory, Algorithms and Applications*. Wiley, New York, 1983.

[212] D. W. McLeavey. On an algorithm of Ghare and Taylor. *Operations Research*, **21**: 1315–1318, 1973.

[213] D. W. McLeavey. Numerical investigation of optimal parallel redundancy in series systems. *Operations Research*, **22**: 1110–1117, 1974.

[214] D. W. McLeavey and J. A. McLeavey. Optimization of system reliability by branch-and-bound. *IEEE Transactions on Reliability*, **R-25**(25): 327–329, 1976.

[215] M. Messinger and M. L. Shooman. Techniques for optimum spares allocation: a tutorial review. *IEEE Transactions on Reliability*, **R-19**(19): 156–166, 1970.

[216] N. Metropolis, A. W. Rosenbluth, M. N. Rosenbluth, A. Teller, and E. Teller. Equation of state calculations by fast computing machines. *Journal of Chemical Physics*, **21**: 1087–1092, 1953.

[217] Z. Michalewicz. *Genetic algorithms + data structure = evolution programs*. Springer-Verlag, New York, 1996.

[218] MIL-STD-721B. Definitions of effectiveness terms for reliability, maintainability, human factors, and safety. *Microelectronics and Reliability*, **11**(5): 429–433, 1972.

[219] H. Mine. Reliability of physical system. *IRE Transactions on Circuit Theory*, **CT-6**: 138–151, 1959. (special supplement).

[220] K. Misra and V. Misra. A procedure for solving general integer programming problems. *Microelectronics and Reliability*, **34**(1): 157–163, 1994.

[221] K. B. Misra. A method of solving redundancy optimization problems. *IEEE Transactions on Reliability*, **R-20**(20): 117–120, 1971.

[222] K. B. Misra. Reliability optimization of a series-parallel system. Part I: Lagrange multiplier approach; Part II: maximum principle approach. *IEEE Transactions on Reliability*, **R-21**(21): 230–238, 1972.

[223] K. B. Misra. A simple approach for constrained redundancy optimization problems. *IEEE Transactions on Reliability*, **R-21**(21): 30–34, 1972.

[224] K. B. Misra. A method for redundancy allocation. *Microelectronics and Reliability*, **12**(4): 389–393, 1973.

[225] K. B. Misra. Reliability optimization through sequential simplex search. *International Journal of Control*, **18**: 173–183, 1973.

[226] K. B. Misra. Optimum reliability design of a system containing mixed redundancies. *IEEE Transactions on Power Apparatus Systems*, **PAS-94**(3): 983–993, 1975.

[227] K. B. Misra. On optimal reliability design: a review. *System Science*, **12**(4): 5–30, 1986.

[228] K. B. Misra. An algorithm to solve integer programming problems: an efficient tool for reliability design. *Microelectronics and Reliability*, **31**(2–3): 285–294, 1991.

[229] K. B. Misra and M. D. Ljubojevic. Optimal reliability design of a system: a new look. *IEEE Transactions on Reliability*, **R-22**(22): 255–258, 1973.

[230] K. B. Misra and U. Sharma. An efficient algorithm to solve integer programming problems arising in system reliability design. *IEEE Transactions on Reliability*, **R-40**(1): 81–91, 1991.

[231] K. B. Misra and U. Sharma. An efficient approach for multiple criteria redundancy optimization problems. *Microelectronics and Reliability*, **31**(2–3): 303–321, 1991.

[232] K. B. Misra and U. Sharma. Multicriteria optimization for combined reliability and redundancy allocation in systems employing mixed redundancies. *Microelectronics and Reliability*, **31**(2–3): 323–335, 1991.

[233] M. Mitchell. *An Introduction to Genetic Algorithms*. MIT Press, Cambridge, MA, 1996.

[234] K. Mizukami. Optimum redundancy for maximum system reliability by the method of convex and integer programming. *Operations Research*, **16**: 392–406, 1968.

[235] C. Mohan and K. Shanker. Reliability optimization of complex systems using random search technique. *Microelectronics and Reliability*, **28**(4): 513–518, 1988.

[236] D. E. Monarchi, C. C. Kisiel, and L. Duckstein. Interactive multi-objective programming in water resources: a case study. *Water Resources Research*, **9**(4): 837–850, 1973.

[237] T. L. Morin and R. E. Marsten. An algorithm for nonlinear knapsack problems. *Management Science*, **22**(10): 1147–1158, 1976.

[238] T. L. Morin and R. E. Marsten. Branch-and-bound strategies for dynamic programming. *Operations Research*, **24**: 611–627, 1976.

[239] D. F. Morrison. The optimum allocation of spare components in system. *Technometrics*, **3**(3): 399–406, 1961.

[240] F. Moskowitz and J. B. McLean. Some reliability aspects of system design. *IRE Transactions on Reliability and Quality Control*, **PGRQC-8**: 7–35, 1965.

[241] J. D. Musa, A. Iannino, and K. Okumoto. *Software Reliability: Measurement, Prediction, Application*. McGraw-Hill, New York, 1987.

[242] B. L. Myers and N. L. Enrich. Algorithmic optimization of system reliability. *22nd Annual Technical Conference Transactions, American Society for Quality Control*, pp. 455–460, 1968.

[243] Y. Nakagawa. Studies on optimal design of high reliability system: single and multiple objective nonlinear integer programming. Ph.D. thesis, Kyoto University, 1978.

[244] Y. Nakagawa, M. Hikita, and H. Kamada. Surrogate constraints algorithm for reliability optimization problem with multiple constraints. *IEEE Transactions on Reliability*, **R-33**(33): 301–305, 1984.

[245] Y. Nakagawa and S. Miyazaki. An experimental comparison of the heuristic methods for solving reliability optimization problems. *IEEE Transactions on Reliability*, **R-30**(30): 181–184, 1981.

[246] Y. Nakagawa and S. Miyazaki. Surrogate constraints algorithm for reliability optimization problem with two constraints. *IEEE Transactions on Reliability*, **R-30**(30): 175–180, 1981.

[247] Y. Nakagawa and K. Nakashima. A heuristic method for determining optimal reliability allocation. *IEEE Transactions on Reliability*, **R-26**(26): 156–161, 1977.

[248] Y. Nakagawa, K. Nakashima, and Y. Hattori. Optimal reliability allocation by branch-and-bound techniques. *IEEE Transactions on Reliability*, **R-27**(27): 31–38, 1978.

[249] A. D. Narasimhalu and H. Sivaramakrishnan. A rapid algorithm for reliability optimization of parallel redundant systems. *IEEE Transactions on Reliability*, **R-27**(27): 263–268, 1978.

[250] D. S. Necsulescu and M. Krieger. Reliability optimization – a case study. *IEEE Transactions on Reliability*, **R-31**(31): 101–104, 1982.

[251] J. A. Nelder and R. Mead. A simplex method for function minimization. *The Computer Journal*, **7**(4): 308–313, 1965.

[252] A. C. Nelson, Jr, I. R. Batts, and R. L. Beadles. A computer program for approximating system reliability. *IEEE Transactions on Reliability*, **R-19**(19): 61–65, 1970.

[253] G. L. Nemhauser and L. A. Wolsey. *Integer and Combinatorial Optimization*. Wiley, New York, 1988.

[254] G. E. Neuner and R. N. Miller. Resource allocation for maximum reliability. In L. S. Gephart, editor, *Proceedings of 1966 Annual Symposium on Reliability*, pp. 332–346, San Francisco, CA, 25–27 January 1966.

[255] C. A. Ntuen, E. H. Park, and W. Byrd. A heuristic program for reliability and maintainability allocation in complex hierarchical systems. *Computers and Industrial Engineering*, **25**(1–4): 345–348, 1993.

[256] P. D. O'Connor. *Practical Reliability Engineering*. 3rd edition, Wiley, Chichester, NY, 1995.

[257] L. Painton and J. Campbell. Identification of components to optimize improvements in system reliability. In G. E. Apostrolakis and J. S. Wu, editors, *Proceedings of the SRA PSAM-II Conference on System-based Methods for the Design and Operation of Technological Systems and Processes*, pp. 10.15–10.20, San Diego, CA, March 1994.

[258] L. Painton and J. Campbell. Genetic algorithms in optimization of system reliability. *IEEE Transactions on Reliability*, **R-44**(2): 172–178, 1995.

[259] S. G. Papastavridis and M. Sfakianakis. Optimal-arrangement and importance of the components in a consecutive-k-out-of-r-from-n: F system. *IEEE Transactions on Reliability*, **R-40**(3): 277–279, 1991.

[260] K. S. Park. Fuzzy apportionment of system reliability. *IEEE Transactions on Reliability*, **R-36**(36): 129–132, 1987.

[261] D. Petrovic. Decision support for improving systems reliability by redundancy. *European Journal of Operational Research*, **55**(3): 357–367, 1991.

[262] H. Pham. Optimal design of parallel-series systems with competing failure modes. *IEEE Transactions on Reliability*, **R-41**(4): 583–587, 1992.

[263] H. Pham. On the optimal design of n-version software systems subject to constraints. *Journal of Systems and Software*, **27**(1): 55–61, 1994.

[264] M. J. D. Powell. An efficient method for finding the minimum of a function of several variables without calculating derivatives. *The Computer Journal*, **7**(2): 155–162, 1964.

[265] M. J. D. Powell. A method for nonlinear constraints in minimization problems. In R. Fletcher, editor, *Symposium of the Institute of Mathematics and its Applications, University of Keele, England, 1968*, pp. 283–298. Academic Press, London, 1969.

[266] V. R. Prasad, Y. P. Aneja, and K. P. K. Nair. Optimization of bicriterion quasi-concave function subject to linear constraints. *Opsearch*, **27**(2): 73–92, 1990.

[267] V. R. Prasad, Y. P. Aneja, and K. P. K. Nair. A heuristic approach to optimal assignment of components to a parallel-series network. *IEEE Transactions on Reliability*, **R-40**(5): 555–558, 1991.

[268] V. R. Prasad and Way Kuo. *An Evolutionary Algorithm for Reliability–Redundancy Allocation Problem.* Technical Report, Department of Industrial Engineering, Texas A&M University, College Station, TX, 1997.

[269] V. R. Prasad and Way Kuo. *Redundancy Allocation in a Power Cooling System.* Technical Report, Department of Industrial Engineering, Texas A&M University, College Station, TX, 1998.

[270] V. R. Prasad and Way Kuo. Reliability optimization of coherent systems. *IEEE Transactions on Reliability*, **R-49**(3): 2000.

[271] V. R. Prasad, Way Kuo, and K. M. Oh Kim. Optimal allocation of s-identical, multi-functional spares in a series system. *IEEE Transactions on Reliability*, **R-48**(2): 118–126, 1999.

[272] V. R. Prasad, K. P. K. Nair, and Y. P. Aneja. Optimal assignment of components to parallel-series and series-parallel systems. *Operations Research*, **39**: 407–414, 1991.

[273] V. R. Prasad and M. Raghavachari. Optimal allocation of interchangeable components in a series-parallel system. *IEEE Transactions on Reliability*, **R-47**(3): 255–260, 1998.

[274] F. Proschan and T. A. Bray. Optimum redundancy under multiple constraints. *Operations Research*, **13**: 800–814, 1965.

[275] V. Ravi, B. Murty, and P. Reddy. Nonequilibrium simulated-annealing algorithm applied reliability optimization of complex systems. *IEEE Transactions on Reliability*, **R-46**(2): 233–239, 1997.

[276] G. V. Reklaitis, A. Ravindran, and K. M. Ragsdell. *Engineering Optimization: Methods and Applications*. Wiley, New York, 1983.

[277] D. F. Rudd. Reliability theory in chemical system design. *Industrial and Engineering Chemistry Fundamental*, **1**(2): 138–143, 1962.

[278] M. Sakawa. Multiobjective optimization by the surrogate worth trade-off method. *IEEE Transactions on Reliability*, **R-27**(27): 311-314, 1978.

[279] M. Sakawa. Multiobjective reliability and redundancy optimization of a series-parallel system by the surrogate worth trade-off method. *Microelectronics and Reliability*, **17**(4): 465–467, 1978.

[280] M. Sakawa. Decomposition approaches to large-scale multi-objective reliability design. *Journal of Information and Optimization Science*, **1**(2): 103–120, 1980.

[281] M. Sakawa. Multiobjective optimization for a standby system by the surrogate worth trade-off method. *Journal of Operational Research Society*, **31**: 153–158, 1980.

[282] M. Sakawa. Optimal reliability-design of a series-parallel system by a large-scale multiobjective optimization method. *IEEE Transactions on Reliability*, **R-30**(30): 173–174, 1981.

[283] M. Sakawa. Interactive multiobjective optimization by sequential proxy optimization technique (SPOT). *IEEE Transactions on Reliability*, **R-31**(31): 461–464, 1982.

[284] H. Sarper. No special schemes are needed for solving software reliability optimization models. *IEEE Transactions on Software Engineering*, **SE-21**(8): 701–702, 1995.

[285] M. Sasaki. A simplified method of obtaining highest system reliability. In M. P. Smith, editor, *Proceedings of the Eighth National Symposium on Reliability and Quality Control*, pp. 489–502, Washington, D.C., 9–11 January, 1962.

[286] M. Sasaki. An easy allotment method achieving maximum system reliability. In R. E. Kuehn, editor, *Proceedings of the Ninth National Symposium on Reliability and Quality Control*, pp. 109–124, San Francisco, CA, 22–24 January, 1963.

[287] M. Sasaki, M. Gen, and M. Ida. A method for solving reliability optimization problem by fuzzy multiobjective 0–1 linear programming. *Electronics and Communications in Japan Part II: Fundamental Electronic Science*, **74**(12): 106–116, 1992.

[288] V. Selman and N. T. Grisamore. Optimum system analysis by linear programming. *1966 Processing Annual Symposium on Reliability, American Society for Quality Control*, pp. 696–703, 1966.

[289] J. G. Shanthikumar. Reliability of systems with consecutive minimal cutsets. *IEEE Transactions on Reliability*, **R-36**(36): 546–549, 1987.

[290] J. Sharma and K. V. Venkateswaran. A direct method for maximizing the system reliability. *IEEE Transactions on Reliability*, **R-20**(20): 256–259, 1971.

[291] U. Sharma and K. B. Misra. An efficient algorithm to solve integer-programming problems in reliability optimization. *International Journal of Quality and Reliability Management*, **7**(5): 44–56, 1990.

[292] U. Sharma, K. B. Misra, and A. K. Bhattacharjee. Application of an efficient search technique for optimal design of a computer communication network. *Microelectronics and Reliability*, **31**(2–3): 337–341, 1991.

[293] J. Shen and M. Zuo. Optimal design of series consecutive k-out-of-n: G systems. *Reliability Engineering and System Safety*, **45**(3): 277–283, 1994.

[294] A. C. Shershin. Mathematical optimization techniques for the simultaneous apportionments of reliability and maintainability. *Operations Research*, **18**(1): 95–106, 1970.

[295] H. V. K. Shetty and D. P. Sengupta. Reliability optimization using SLUMT. *IEEE Transactions on Reliability*, **R-24**(24): 80–82, 1975.

[296] D. H. Shi. A new heuristic algorithm for constrained redundancy-optimization in complex systems. *IEEE Transactions on Reliability*, **R-36**(36): 621–623, 1987.

[297] A. E. Shura-Bura. The method of sequential optimization for solving problems of optimal multilevel redundancy. *Engineering Cybernetics*, **20**(2): 66–71, 1982.

[298] D. Simmons, N. Ellis, H. Fujihara, and W. Kuo. *Software Measurement: a Visualization Toolkit for Project Control and Process Improvement*. Prentice-Hall, NJ, 1998.

[299] G. Syswerda. Uniform crossover in genetic algorithms. In J. Schaffer, editor, *Proceedings of the Third International Conference on Genetic Algorithms*, pp. 2–9, San Mateo, CA, May 1989, Morgan Kaufmann, 1989.

[300] T. Taguchi, K. Ida, and M. Gen. Method for solving nonlinear goal programming with interval coefficients using genetic algorithm. *Computers and Industrial Engineering*, **33**(3–4): 597–600, 1997.

[301] F. A. Tillman. Optimization by integer programming of constrained reliability problems with several modes of failure. *IEEE Transactions on Reliability*, **R-18**(18): 47–53, 1969.

[302] F. A. Tillman, C. L. Hwang, L. T. Fan, and S. A. Balbale. System reliability subject to multiple nonlinear constraints. *IEEE Transactions on Reliability*, **R-17**(17): 153–157, 1968.

[303] F. A. Tillman, C. L. Hwang, L. T. Fan, and K. C. Lai. Optimal reliability of a complex system. *IEEE Transactions on Reliability*, **R-19**(19): 95–100, 1970.

[304] F. A. Tillman, C. L. Hwang, and Way Kuo. Determining component reliability and redundancy for optimum system reliability. *IEEE Transactions on Reliability*, **R-26**(26): 162–165, 1977.

[305] F. A. Tillman, C. L. Hwang, and Way Kuo. Optimization techniques for system reliability with redundancy – a review. *IEEE Transactions on Reliability*, **R-26**(26): 148–155, 1977.

[306] F. A. Tillman, C. L. Hwang, and Way Kuo. *Optimization of Systems Reliability*. Marcel Dekker, New York, 1980.

[307] F. A. Tillman, C. L. Hwang, and Way Kuo. System effectiveness models: an annotated bibliography. *IEEE Transactions on Reliability*, **R-29**(29): 295–304, 1980.

[308] F. A. Tillman, Way Kuo, and C. L. Hwang. A numerical simulation of the system effectiveness-a renewal theory approach. In H. J. Kennedy, editor, *Proceedings of the 1982 Annual Reliability and Maintainability Symposium*, pp. 252–261, Los Angeles, CA, 26–28 January, 1982.

[309] F. A. Tillman, C. H. Lie, and C. L. Hwang. Analysis of pseudo-reliability of a combat tank system and its optimal design. *IEEE Transactions on Reliability*, **R-25**(25): 239–242, 1976.

[310] F. A. Tillman, C. H. Lie, and C. L. Hwang. Simulation model of mission effectiveness for military systems. *IEEE Transactions on Reliability*, **R-27**(27): 191–194, 1978.

[311] F. A. Tillman and J. M. Littschwager. Integer programming formulation of constrained reliability problems. *Management Science*, **13**(11): 887–899, 1967.

[312] F. A. Tillman, Way Kuo, R. F. Nassar, and C. L. Hwang. Numerical evaluation of instantaneous availability. *IEEE Transactions on Reliability*, **R-32**(32): 119–123, 1983.

[313] S. G. Tzafestas. Optimization of system reliability: a survey of problems and techniques. *International Journal of Systems Science*, **11**(4): 455–486, 1980.

[314] I. A. Ushakov. A heuristic method of optimization of the redundancy of multifunction systems. *Engineering Cybernetics*, **10**(4): 612–613, 1972.

[315] P. J. M. van Laarhoven and E. H. L. Arts. *Simulated Annealing: Theory and Applications*.

D. Reidel Publishing Company, Dordrecht, Holland, 1987.

[316] V. L. Volkovich and V. A. Zaslavskii. An algorithm for solving the problem of the optimization of the reliability of a complex system using reserve elements of different types in the subsystems. *Kibernetika (Kiev)*, **134**(5): 54–61, 1986.

[317] A. F. Voloshin, V. A. Zaslavskii, and S. V. Kudryavtsev. Combined algorithms for discrete programming in solving problems of the optimization of the reliability of complex systems. *Veslnik Kievskogo Universiteta Modelirovaniei Optimizatsiya Slozhnykh Sistem*, **115**(6): 53–56, 1987.

[318] G. A. Walters and D. K. Smith. Evolutionary design algorithm for optimal layout of tree networks. *Engineering Optimization*, **24**: 261–281, 1995.

[319] F. M. Waltz. An engineering approach: Hierarchical optimization criteria. *IEEE Transactions on Automatic Control*, **AC-12**(2): 179–180, 1967.

[320] L. R. Webster. Choosing optimum system configurations. In E. F. Jahr, editor, *Proceedings of the Tenth National Symposium on Reliability and Quality Control*, pp. 345–359, Washington, D.C., 7–9 January, 1964.

[321] L. R. Webster. Optimum system reliability and cost effectiveness. In S. Zwerling, editor, *Proceedings of 1967 Annual Symposium on Reliability*, pp. 489–500, Washington, D.C., 10 12 January, 1967.

[322] V. K. Wei, F. K. Hwang, and V. T. Sos. Optimal sequencing of items in a consecutive 2-out-of-n: system. *IEEE Transactions on Reliability*, **R-32**(32): 30–33, 1983.

[323] P. Wolfe. Methods of nonlinear programming. In R. Graves and P. Wolfe, editors, *Recent Advances in Mathematical Programming*, pp. 67–86, McGraw-Hill, New York, 1963.

[324] C. F. Woodhouse. Optimal redundancy allocation by dynamic programming. *IEEE Transactions on Reliability*, **R-21**(21): 60–62, 1972.

[325] Weapon Systems Effectiveness Industry Advisory Committee (WSEIAC). *Final Report of Task Group I Requirements Methodology.* Technical Report AFSC-TR-65-1, System Effectiveness Division, System Policy Directorate; Headquarters, US Air Force Systems Command, Andrews, AFB, MD, 1965.

[326] Z. Xu, Way Kuo, and H. Lin. Optimization limits in improving system reliability. *IEEE Transactions on Reliability*, **R-39**(1): 51–60, 1990.

[327] S. Yamada and S. Osaki. Optimal software release policies with simultaneous cost and reliability requirements. *European Journal of Operational Research*, **31**(1): 46–51, 1987.

[328] T. Yokota, M. Gen, and K. Ida. System reliability of optimization problems with several failure modes by genetic algorithm. *Japanese Journal of Fuzzy Theory and Systems*, **7**(1): 117–135, 1995.

[329] T. Yokota, M. Gen, K. Ida, and T. Taguchi. Optimal design of system reliability by an approved genetic algorithm. *Transactions of Institute of Electronics, Information and Communication Engineers*, **J78A**(6): 702–709, 1995.

[330] T. Yokota, M. Gen, and Y. X. Li. Genetic algorithm for non-linear mixed integer programming problems and its applications. *Computers and Industrial Engineering*, **30**(4): 905–917, 1996.

[331] K. Yoon and C. L. Hwang. Multiple attribute decision making: an introduction. In M. S. Lewis-Beck, editor, *Quantitative Applications in the Social Science Series*. SAGE, Thousand Oaks, CA, 1995.

[332] D. K. Yun and K. S. Park. Redundancy optimization by linear knapsack approach.

International Journal of Systems Science, **13**(8): 839–848, 1982.

[333] V. A. Zaslavskiy. Optimization of the reliability of nonseries systems when there are constraints. *Soviet Automatic Control*, **15**(5): 50–59, 1983.

[334] F. Zettwitz. An enumeration algorithm for combinational problems of the reliability analysis of binary coherent systems. *Optimization*, **19**(6): 875–888, 1988.

[335] W. Zhang, C. Miller, and Way Kuo. Application and analysis for consecutive *k*-out-of-*n*: G structure. *Reliability Engineering and System Safety*, **33**(2): 189–197, 1991.

[336] H. Zimmermann. Fuzzy programming and linear programming with several objective functions. *Fuzzy Sets and Systems*, **1**: 45–55, 1978.

[337] M. J. Zuo and Way Kuo. Design and performance analysis of consecutive *k*-out-of-*n* structure. *Naval Research Logistics Quarterly*, **37**(2): 203–230, 1990.

附录 1　动态规划概述

动态规划为解决许多领域的多阶段决策提供了一个强有力的工具. 动态规划基于最优性原理, 应用了不变嵌入法技术. 动态规划的实质概念是问题与一系列结构联系在一起. 正如提及的, 动态规划的里程碑是 Bellman[29] 在 1957 年提出的最优性原理, 它表述为 "最优策略具有这样的性质: 无论初始状态和初始决策是什么, 其后诸策略以第一个决策所形成的状态作为初始状态必须构成最优策略".

考虑一个多阶段动态规划, $\boldsymbol{x}_n$ 为状态向量, 为阶段 n 的变量集; $\boldsymbol{\theta}_n$ 是决策向量 (或控制向量), 为阶段 n 的决策变量 (或控制变量) 集.

阶段的记号实际上是抽象的, 并且每个阶段的函数是从输入状态变量向输出状态变量转换. 这个变换一般被表达为

$$\boldsymbol{x}_n = \boldsymbol{T}_n(\boldsymbol{x}_{n+1};\theta), \quad n = N, N-1, \cdots, 2, 1. \tag{A1.1}$$

方程 (A1.1) 是向量形式. 如果有 s 个状态变量和一个决策变量, 则 (A1.1) 可以写为

$$x_{i,n} = T_{i,n}(x_{1,n+1}, x_{2,n+1}, \cdots, x_{s,n+1}, \theta). \tag{A1.2}$$

多阶段过程优化目的是寻找决策变量集 $\theta_1, \theta_2, \cdots, \theta_N$, 以使期望性能指标或回报函数最大 (或最小). 多阶段决策过程的本质特征是边际效益或与每个阶段有关的回报. 目标函数可以表述为这些边际效益的和,

$$S(x_{N+1};\theta_N, \cdots, \theta_2, \theta_1) = \sum_{n=1}^{N} g_n(x_{n+1};\theta_n). \tag{A1.3}$$

目标函数的值取决于初始状态和决策序列 $\theta_N, \cdots, \theta_2, \theta_1$. 如果用 $f_N(x_{N+1})$ 代替最大回报或目标函数, 则

$$\begin{aligned} f_N(x_{N+1}) &= f_N(x_{1,N+1}, x_{2,N+1}, \cdots, x_{s,N+1}) \\ &= \max S(x_{N+1};\theta_N, \cdots, \theta_1) \\ &= \max_{\theta_n} \sum_{n=1}^{N} g_n(x_{n+1};\theta_n). \end{aligned} \tag{A1.4}$$

因此, 如果从初始状态 x_{N+1} 优化策略, $f_N(x_{N+1})$ 是从 n 阶段过程的运作获得的最大回报值.

如果在每个阶段都有一个决策变量, 由于优化必须考虑 N 个所有的决策变量, 所以 (A1.4) 就变为一个 n 维优化问题, 对于一个一阶段过程, 等式 (A1.4) 变为

$$f_1(x_2) = \max_{\theta_1}\{g_1(x_2;\theta_1)\}, \tag{A1.5}$$

这是在 $n = 1, 2, \cdots, N$ 的系列问题中最简单的优化问题. 这一系列的其他问题可以由 (A1.4) 获得形式

$$f_n(x_{n+1}) = \max_{\theta_n}\max_{\theta_{n-1}}\cdots\max_{\theta_1}\{g_n(x_{n+1};\theta_n) + \cdots + g_1(x_2;\theta_1)\}.$$

因为 n 阶段之后的阶段的输入全部受 θ_n 的影响, 并且阶段 n 的状态不受之后阶段决策的影响, 可以重新写出这个为

$$f_n(x_{n+1}) = \max_{\theta_n}\{g_n(x_{n+1};\theta_n) + \max_{\theta_{n-1}}\cdots\max_{\theta_1}[g_{n-1}(x_n;\theta_{n-1}) + \cdots + g_1(x_2;\theta_1)]\}. \tag{A1.6}$$

表达式

$$\max_{\theta_{n-1}}\cdots\max_{\theta_1}[g_{n-1}(x_n;\theta_{n-1}) + \cdots + g_1(x_2;\theta_1)]$$

表示 $n-1$ 阶段过程初始状态为 x_n 的最大回报 (或目标函数). 因此, 可以写成

$$f_{n-1}(x_n) = \max_{\theta_{n-1}}\cdots\max_{\theta_1}[g_{n-1}(x_n;\theta_{n-1}) + \cdots + g_1(x_2;\theta_1)]. \tag{A1.7}$$

式 (A1.6) 可以进一步简化为

$$f_n(x_{n+1}) = \max_{\theta_n}[g_n(x_{n+1};\theta_n) + f_{n-1}(x_n)]$$

或

$$f_n(x_{n+1}) = \max_{\theta_n}\left\langle g_n(x_{n+1};\theta_n) + f_{n-1}[T(x_{n+1};\theta_n)]\right\rangle, \tag{A1.8}$$

最后一个表达式是所谓的函数方程, 并且它是优化原理的数学表述. 它表达了 n 阶段和 $n-1$ 阶段之间的递推关系. 这个解产生对于最优策略对应的最大回报的值作为集合 $\{\theta_n\}$ 的函数.

进一步处理作为优化工具的动态规划详细资料参见文献 Bellman[29] 以及 Bellman 和 Dreyfus[31].

附录 2 Hooke-Jeeves(H-J) 算法

以下算法由 Hooke 和 Jeeves[130] 提出, n 维实数空间上无任何约束最小化 $f(\boldsymbol{x})$.

• 步骤 0: 选择起始点 $\boldsymbol{x}^{(0)}$ 和增量 $\Delta_1,\cdots,\Delta_n$. 确定步长减少因子 $\alpha<1$ 和较小的 $\varepsilon>0$. 令 $k=0$, $\boldsymbol{x}_{\rm p}^{(k+1)}=\boldsymbol{x}^{(0)}$.

• 步骤 1: 如果 $\sum\limits_{j=1}^{n}\Delta_j^2\leqslant\varepsilon$, 转到步骤 4.

• 步骤 2: 在点 $\boldsymbol{x}_{\rm p}^{(k+1)}$ 执行探测移动, 如果移动产生的一个点 $\boldsymbol{y}$ 满足 $f(\boldsymbol{y})<f[\boldsymbol{x}^{(k)}]$, 则令 $\boldsymbol{x}^{(k+1)}=\boldsymbol{y}$, 并转到步骤 3; 否则, 令 $\Delta_j=\alpha\Delta_j(j=1,\cdots,n)$, 令 $\boldsymbol{x}_{\rm p}^{k+1}=\boldsymbol{x}^k$, 转到步骤 1.

• 步骤 3: 令 $k=k+1$, 执行模式移动获得一个新点

$$\boldsymbol{x}_{\rm p}^{(k+1)}=\boldsymbol{x}^{(k)}+[\boldsymbol{x}^{(k)}-\boldsymbol{x}^{(k-1)}],$$

转到步骤 2.

• 步骤 4: 把 $\boldsymbol{x}^{(k)}$ 作为近似最优解, 终止.

在点 x 探索移动

• 步骤 0: 令 $j=1, f^*=f(\boldsymbol{x})$.

• 步骤 1: 评估

$$f_j^+=f(x_1,\cdots,x_{j-1},x_j+\Delta_j,x_{j+1},\cdots,x_n).$$

如果 $f_j^+<f^*$, 令 $x_j=x_j+\Delta_j$, 转到步骤 2; 否则, 评估

$$f_j^-=f(x_1,\cdots,x_{j-1},x_j-\Delta_j,x_{j+1},\cdots,x_n).$$

如果 $f_j^-<f^*$, 令 $x_j=x_j-\Delta_j$.

• 步骤 2: $j=j+1$. 如果 $j\leqslant n$, 令 $f^*=f(\boldsymbol{x})$, 转到步骤 1; 否则, 把 $\boldsymbol{x}$ 作为探索移动的解, 并终止.

H-J 算法的流程图如图 A2.1 所示.

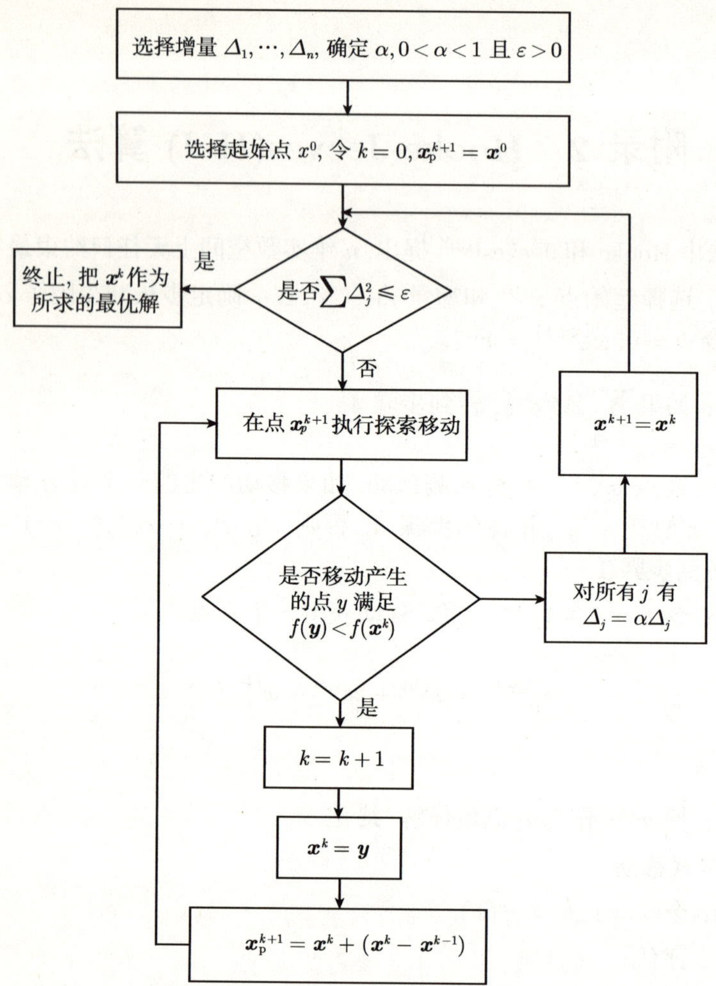

图 A2.1　Hooke-Jeeves 方法的流程图

附录 3　从 U^k 到 U^{k+1} 的多面体推导

$\mathbf{R}^{m-1}$ 中的多面体 U^k 是用它的顶点集表示. 为了获得多面体

$$U^{k+1} = U^k \cap \left\{ \boldsymbol{u} \in \mathbf{R}^{m-1}; \boldsymbol{hu} > h_0 \right\},$$

从 U^k, 对于 U^k 定义的关联矩阵 $\boldsymbol{W}$ 也可以被使用. 对于多面体 U^k, 令

$V = \{1, 2, \cdots, n_v\}$ 为 U^k 的顶点集,

$P = \{1, 2, \cdots, n_{\mathrm{p}}\}$ 为 U^k 的支撑超平面集,

$\boldsymbol{v}_j = (v_{j,1}, \cdots, v_{j,m-1})^{\mathrm{T}}$, 第 j 个顶点, $1 \leqslant j \leqslant n_v$,

$$w_{ij} - \begin{cases} 1, & \text{第 } j \text{ 个顶点在第 } i \text{ 个平面}, \\ 0, & \text{否则}, \end{cases}$$

$\boldsymbol{W} = (w_{ij})_{p \times v}$.

多面体 U^1 的顶点为

$$\begin{aligned} \boldsymbol{v}_1 &= (1, 0, 0, \cdots, 0), \\ \boldsymbol{v}_2 &= (0, 1, 0, \cdots, 0), \\ &\vdots \\ \boldsymbol{v}_{m-1} &= (0, 0, 0, \cdots, 1), \\ \boldsymbol{v}_m &= (0, 0, 0, \cdots, 0). \end{aligned}$$

注意对于 U^1, $n_{\mathrm{p}} = m$, 即 U^1 有 m 个支撑超平面. 第 i 个支撑超平面为 $u_i = 0 (i = 1, \cdots, m-1)$, 并且第 m 个为 $\sum_{i=1}^{m-1} u_i = 1$. 相应的关联矩阵 $\boldsymbol{W}$ 为

$$w_{ij} = \begin{cases} 0, & i = j, \\ 1, & \text{否则}. \end{cases}$$

U^1 的质心为 $\boldsymbol{u}^1 = (1/m, \cdots, 1/m)$. 可以使用以下算法从 U^k 获得 U^{k+1}:

导出新多面体的算法

- 步骤 1: 获得 U^k 顶点的子集,

$$\begin{aligned} V^- &= \{j \in V : \boldsymbol{hv}_j < h_0\}, \\ V^0 &= \{j \in V : \boldsymbol{hv}_j = h_0\}, \\ V^+ &= \{j \in V : \boldsymbol{hv}_j > h_0\}. \end{aligned}$$

- 步骤 2：如果 $V^+=\varnothing$, 令 $U^{k+1}=\varnothing$, 终止; 否则, 转到步骤 3.
- 步骤 3：找支撑超平面的一个子集 P^+, 它至少通过 V^+ 上的一个顶点. 令 $\bar{V}=V^0, K=V^+$ 且 $\ell=n_v$.
- 步骤 4：从 K 中选择一个顶点.
- 步骤 5：令 $J=V^-$.
- 步骤 6：从 J 中选择一个顶点 j, 计算

$$t=\sum_{p\in P^+} w_{pj}w_{pk},$$

它是在 P^+ 通过顶点 j 和 k 的平面个数. 如果 $t\neq m-2$, 转到步骤 7; 否则, 重置 $\ell=\ell+1$, 并令

$$v_\ell=v_k+\alpha(v_j-v_k),$$

其中 $\alpha=(h_0-hv_k)/(hv_j-hv_k)$. 令 $w_{p\ell}=w_{pj}(w_{pk})$ $(p\in P^+)$, 再令 $\bar{V}=\bar{V}\cup\{\ell\}$.

- 步骤 7：令 $J=J\backslash\{j\}$. 如果 $J\neq\varnothing$, 转到步骤 6; 否则, 转到步骤 8.
- 步骤 8：令 $K=K\backslash\{k\}$. 如果 $K\neq\varnothing$, 转到步骤 4; 否则, 转到步骤 9.
- 步骤 9：令 $P=P^+\cup\{n_{\rm p}+1\}, V=\bar{V}\cup V^+$, 对于 $j\in V$ 有

$$w_{(n_{\rm p}+1)j}=\begin{cases}1, & j\in\bar{V},\\ 0, & \text{否则}.\end{cases}$$

对 V 和平面中的顶点重新编号 $1,2,\cdots$, 相应变更 $\boldsymbol{W}$.

- 步骤 10：把 P,V 和 $\boldsymbol{W}$ 分别作为 U^{k+1} 的支撑超平面集、顶点集和关联矩阵, 终止.

附录 4　n 中连续取 k 系统

假设 n 个元件线性 (环型) 连接, 如果当且仅当至少有 k 个连续元件失效, 那么这个系统才出现故障, 这种结构称为线性 (环型) n 中连续取 k 的 F 系统. 如果当且仅当至少有 k 个连续元件工作, 这个系统才工作, 这种结构称为 n 中连续取 k 的 G 系统.

符号

k	系统工作 (失效) 所需要的连续好 (坏) 元件的最小数,
n	系统中元件的数,
p	具有独立和同分布元件系统的元件可靠度,
p_i	系统中元件 i 的可靠度, $i=1,2,\cdots,n$,
$Q_{\rm C}(k,n)$	$1-R_{\rm C}(k,n)$,
$Q_{\rm L}(k,n)$	$1-R_{\rm L}(k,n)$,
q	具有独立和同分布元件系统的元件不可靠度, $q=1-p$,
q_i	系统中元件 i 的不可靠度, $q_i=1-p_i, i=1,2,\cdots,n$,
$R_{\rm C}(k,n)$	环型 n 中连续取 k 系统的可靠度,
$R_{\rm L}(k,n)$	线性 n 中连续取 k 系统的可靠度.

对于具有独立和同分布元件的线性 n 中连续取 k 的 F 系统, 可靠度的精确计算, Chiang 和 Niu[57] 给出了第一个表达式

$$R_{\rm L}(k,n)=\sum_{r=1}^{n-k+1}\sum_{m=r+1}^{r+k-1}R_{\rm L}(k,n-m)p^r q^{m-r}+p^{n-k+1}, \tag{A4.1}$$

其中 r 表示序列中第一个失效的元件, m 表示在位置 r 之后的第一个工作的元件. 式 (A4.1) 是递推的. 采用适当的规划方法, 它的复杂度为 $O(kn)$. 对于 n 中连续取 2 的 F 系统, 可靠度的近似公式为

$$R_{\rm L}(2,n)=\sum_{j=0}^{[(n+1)/2]}\begin{pmatrix} n-j+1 \\ j \end{pmatrix}q^j p^{n-j}. \tag{A4.2}$$

环型 n 中取 k: 具有相同元件的 F 系统.

在这个系统中, n 个元件环型安装, 因此, 第 1 个和第 n 个元件相邻 (连续). Derman 等 [79] 介绍了环型具有独立同分布元件的 n 中取连续 k 的 F 系统的概

念为

$$R_{\mathrm{C}}(k,n;p)=p^2\sum_{i=0}^{k-1}(i+1)q^i R_{\mathrm{L}}(k,n-i-2;p). \tag{A4.3}$$

具有不同元件的系统

对于 n 中连续取 k 的可靠性评价: Hwang[139] 和 Shanthikumar[289] 对独立, 但不一定相同的元件的 F 系统可靠度首次进行了讨论. 他们的方法是基于不相交事件的分析.

令 E_i 表示元件 i 是最后一个工作元件的事件. 因为这些 E_i 是不相容事件, 并且系统正常工作 $E_{n-k+1},\cdots,E_n$ 中的一个必定发生, 则

$$R_{\mathrm{L}}(k,n)=\sum_{i=n-k+1}^{n}\Pr(E_i)R_{\mathrm{L}}(k,i-1) \tag{A4.4}$$

$$=\sum_{i=n-k+1}^{n}p_i\left(\prod_{j=i+1}^{n}q_j\right)R_{\mathrm{L}}(k,i-1), \tag{A4.5}$$

其中边界条件:

对于 $u<v$, $R_{\mathrm{L}}(v,u)=1$.

相应地, 令 F_i 表示在元件 i 系统第一次失效的事件. 下标 i 是最小的, 使得 k 个连续元件 $\{i-k+1,i-k+2,\cdots,i-1,i\}$ 都失效. 特别地, 如果 $i>k$, 则 F_i 意味着元件 $(i-k)$ 是正常工作的. 因为这些 F_i 是不相交事件, 并且对于第一个工作元件失效其中一个必定发生. 于是有

$$Q_{\mathrm{L}}(k,n)=\sum_{i=k}^{n}[1-Q_{\mathrm{L}}(k,i-k-1)]p_{i-k}\prod_{j=i-k+1}^{i}q_j, \tag{A4.6}$$

边界条件为

如果 $u<v$, 则 $Q(v,u)=0$, $p_0\equiv 1$.

因此,

$$Q_{\mathrm{L}}(k,n)=Q_{\mathrm{L}}(k,n-1)+R_{\mathrm{L}}(k,n-k-1)p_{n-k}\prod_{j=i-k+1}^{n}q_j. \tag{A4.7}$$

Shanthikumar[289] 也报告了算法, 给出如下: 为了计算具有独立元件的线性 n 中连续取 k: F 系统的可靠度,

$$R_{\mathrm{L}}(k,n)=R_{\mathrm{L}}(k,n-1)-R_{\mathrm{L}}(k,n-k-1)p_{n-k}\prod_{j=i-k+1}^{n}q_j, \tag{A4.8}$$

$$Q_{\rm L}(k,n)=Q_{\rm L}(k,n-1)+R_{\rm L}(k,n-k-1)p_{n-k}\prod_{j=i-k+1}^{n}q_j, \tag{A4.9}$$

其中 $p_0\equiv 1$. 当元件独立且同分布时, 有如下结论:

$$R_{\rm L}(k,n)=R_{\rm L}(k,n-1)-pq^kR_{\rm L}(k,n-k-1), \tag{A4.10}$$

$$Q_{\rm L}(k,n)=Q_{\rm L}(k,n-1)+pq^kR_{\rm L}(k,n-k-1). \tag{A4.11}$$

对于环型具有统计独立但不必相同元件的 n 中连续取 k 的 F 系统, 使用 Hwang[139] 的递推法可以得到精确的可靠度. 环型系统可以表述为几个线性子系统的线性连接.

n 中连续取 k 的 G 系统

n 中连续取 k 的 G 系统在 Kuo 等的文献 [181] 中被很好地描述. 他们建立了 n 中连续取 k 的 F 系统和 n 中连续取 k 的 G 系统的关系, 并在系统可靠性评价、可靠性边界评价和对于 n 中连续取 k 的 G 系统的设计方面报告了相似的结论.

n 中连续取 k 的 F 系统和 n 中连续取 k 的 G 系统的关系被描述如下:

引理 A4.1　在一类 n 中连续取 k 系统 (如 F 系统) 中元件 i 的可靠度为 p_i, 等于在另一类 n 中连续取 k 系统 (如 G 系统) 中元件 i 的不可靠度 $q_i, i=1,2,\cdots,n$, 给定有 n 和 k 值的两类系统, 则其中一类系统的可靠度与另一类系统的不可靠度相等.

由于如上描述的 n 中连续取 k 的 F 系统和 n 中取连续 k 的 G 系统的对偶性, 所以关于 n 中连续取 k 的 F 系统的可靠度和可靠度边界评价的结果很容易在 Kuo 等的文献 [181] 中找到.

索　　引[①]

① 为方便读者, 本书同时给出索引的英文拼写.

D

H

I

K

N

O

P

Z

其他

《现代数学译丛》已出版书目

(按出版时间排序)

1 椭圆曲线及其在密码学中的应用——导引　2007. 12 〔德〕Andreas Enge　著　吴　铤　董军武　王明强　译

2 金融数学引论——从风险管理到期权定价　2008. 1 〔美〕Steven Roman　著　邓欣雨　译

3 现代非参数统计　2008. 5 〔美〕Larry Wasserman　著　吴喜之　译

4 最优化问题的扰动分析　2008. 6 〔法〕J. Frédéric Bonnans 〔美〕Alexander Shapiro　著　张立卫　译

5 统计学完全教程　2008. 6 〔美〕Larry Wasserman　著　张　波　等译

6 应用偏微分方程　2008. 7 〔英〕John Ockendon, Sam Howison, Andrew Lacey & Alexander Movchan　著　谭永基　程　晋　蔡志杰　译

7 有向图的理论、算法及其应用　2009. 1 〔丹〕J. 邦詹森 〔英〕G. 古廷　著　姚兵　张忠辅　译

8 微分方程的对称与积分方法　2009.1〔加〕乔治 W. 布卢曼 斯蒂芬 C. 安科 著　闫振亚　译

9 动力系统入门教程及最新发展概述　2009.8 〔美〕Boris Hasselblatt & Anatole Katok　著　朱玉峻　郑宏文　张金莲　阎欣华　译　胡虎翼　校

10 调和分析基础教程　2009.10 〔德〕Anton Deitmar 著　丁勇　译

11 应用分支理论基础　2009. 12 〔俄〕尤里・阿・库兹涅佐夫　著　金成桴　译

12 多尺度计算方法——均匀化及平均化　2010. 6　Grigorios A. Pavliotis, Andrew M. Stuart 著　郑健龙　李友云　钱国平　译

13 最优可靠性设计：基础与应用 2011. 3 〔美〕Way Kuo, V. Rajendra Prasad, Frank A.Tillman, Ching-Lai Hwang 著　郭进利　闫春宁　译　史定华 校